彩图 1　锦绣茶尊：凤庆香竹箐古茶树（树龄 3 200 多年）

彩图 2　茶的自然历史博物馆：云县白莺山古茶园

彩图 3　双江勐库冰岛古茶园

彩图 4　双江勐库大雪山野生茶树

彩图 5　日本茶道

彩图 6　韩国茶道

彩图 7　晒青绿茶茶艺：精心备具

彩图 8　晒青绿茶茶艺：仙茗入瓯

彩图 9　晒青绿茶茶艺：普降甘霖

彩图 10　晒青绿茶茶艺：鉴赏汤色

彩图 11　滇红茶茶艺：备具

彩图 12　滇红茶茶艺：投茶

彩图 13　滇红茶茶艺：冲泡

彩图 14　滇红茶茶艺：赏汤

彩图 15　普洱生茶茶艺：悉心备具

彩图 16　普洱生茶茶艺：仙茗进殿

彩图 17　普洱生茶茶艺：茗承玉露

彩图 18　普洱生茶茶艺：甘霖初降

彩图 19　普洱熟茶茶艺：备具布席

彩图 20　普洱熟茶茶艺：普洱进殿

彩图 21　普洱熟茶茶艺：悬壶高冲

彩图 22　普洱熟茶茶艺：流霞初现

彩图 23　潮汕工夫茶茶艺：悬壶高冲

彩图 24　潮汕工夫茶茶叶关公巡城

彩图 25　武夷岩茶茶艺：夫妻和合

彩图 26　武夷岩茶茶艺：鲤鱼翻身

彩图 27　铁观音茶艺：春风拂面

彩图 28　铁观音茶艺：观音出海

彩图 29　台湾小壶茶法：出汤

彩图 30　台湾小壶茶法：分茶

彩图 31　君山银针茶艺：帝子沉湖

彩图 32　君山银针茶艺：醉赏茶舞

彩图 33　白茶茶艺：备席迎宾

彩图 34　白茶茶艺：观赏汤色

彩图 35　花茶茶艺：香茗酬知己

彩图 36　花茶茶艺：品茶品人生

彩图 37　佤族土罐烤茶：烤茶

彩图 38　白族三道茶茶艺

彩图 39　布朗族糊米茶茶艺：茶席布置

彩图 40　傣族竹筒香茶茶艺

彩图 41　藏族酥油茶茶艺

彩图 42　纳西族盐巴茶茶艺

彩图 43　回族茶艺

彩图 44　彝族俐侎人雷响茶茶艺

彩图 45　茶席设计：光辉岁月

彩图 46　白茶茶席：清莲

彩图 47　茶席设计：归园田居

彩图 48　茶席设计：在水一方

"十四五"职业教育国家规划教材

"十二五"职业教育国家规划教材
经全国职业教育教材审定委员会审定

云南省普通高等学校"十二五"规划教材
云南省精品教材

茶道与茶艺

（第3版）

主　编　王绍梅　宋文明
副主编　邹　瑶　李亚莉
参　编　杨净云　刘兴祝　范春梅　刘贞淑

重庆大学出版社

内容提要

本书以培养应用型高技能人才为宗旨，以职业能力培养为核心，基于茶艺师职业岗位工作过程进行设计与开发，紧紧围绕茶艺师岗位工作的实际需要，突出茶艺师职业岗位知识和技能，在保持学科知识系统性和完整性的同时，强化实践技能训练，培养学生的实际操作能力。本书内容全面，文化内涵深厚，注重学生人文素养和职业综合能力的培养。全书内容包括：绪论，茶道，茶艺概论，泡茶基本技法与技艺，绿茶茶艺，红茶茶艺，普洱茶茶艺，乌龙茶茶艺，黄茶、白茶、花茶茶艺，民俗茶艺，茶席设计，茶艺服务，科学饮茶，茶叶储藏与保管等。

本书既可作为应用型本科、高职高专、高职本科茶学及相关专业茶道与茶艺课程的教材，也可作为旅游、酒店管理、文秘等专业学生选修茶道与茶艺课程的教材，以及茶艺师就业培训、岗位培训、职业技能等级考核鉴定的培训教材。同时，还可供广大茶道茶艺爱好者自学茶道茶艺使用。

图书在版编目(CIP)数据

茶道与茶艺 / 王绍梅，宋文明主编. --3版. -- 重庆：重庆大学出版社，2021.2(2023.12重印)

ISBN 978-7-5624-8527-8

Ⅰ. ①茶…　Ⅱ. ①王…　②宋…　Ⅲ. ①茶道—中国—职业教育—教材②茶艺—中国—职业教育—教材　Ⅳ. ①TS971.21

中国版本图书馆CIP数据核字(2020)第097672号

茶道与茶艺

(第3版)

主　编　王绍梅　宋文明

副主编　邹　瑶　李亚莉

责任编辑：沈　静　　版式设计：沈　静

责任校对：邹　忌　　责任印制：张　策

*

重庆大学出版社出版发行

出版人：陈晓阳

社址：重庆市沙坪坝区大学城西路21号

邮编：401331

电话：(023) 88617190　88617185(中小学)

传真：(023) 88617186　88617166

网址：http://www.cqup.com.cn

邮箱：fxk@cqup.com.cn (营销中心)

全国新华书店经销

重庆升光电力印务有限公司印刷

*

开本：787mm×1092mm　1/16　印张：19.5　字数：489千　插页：16开4页

2011年9月第1版　2021年2月第3版　2023年12月第11次印刷

印数：23 001—25 000

ISBN 978-7-5624-8527-8　定价：49.00元

第3版前言

近年来,国家对职业教育高度重视。2021年4月,习近平总书记对职业教育工作作出重要指示强调,在全面建设社会主义现代化国家新征程中,职业教育前途广阔、大有可为。2022年8月,国家主席习近平向世界职业技术教育发展大会致贺信,指出职业教育与经济社会发展紧密相连,对促进就业创业、助力经济社会发展、增进人民福祉具有重要意义。2022年10月,中国共产党第二十次全国代表大会报告指出,要实施科教兴国战略,强化现代化建设人才支撑。职业教育迎来了一个新的发展时期。

2021年3月,习近平总书记来到福建武夷山市星村镇燕子窠生态茶园。习近平总书记强调,要统筹做好茶文化、茶产业、茶科技这篇大文章。

茶产业的发展需要大量高素质的茶学人才。茶道与茶艺是我国优秀传统茶文化的重要组成部分,高素质茶学人才的培养需要开设茶艺茶道课程,茶道与茶艺课程建设需要好的教材。

《茶道与茶艺》作为云南省普通高等学校"十二五"规划教材自2011年9月出版以来,受到普遍好评。2012年8月,《茶道与茶艺》被评为云南省省级精品教材。2013年8月,《茶道与茶艺》被教育部遴选立项为"十二五"职业教育国家规划教材。2014年10月,按照《教育部关于"十二五"职业教育教材建设的若干意见》的要求,修订后的《茶道与茶艺(第2版)》出版。2020年,为了及时将茶艺行业的新知识、新技术、新方法、新观念反映到教材中,对《茶道与茶艺(第2版)》进行修订。2021年2月,《茶道与茶艺(第3版)》出版。2022年,《茶道与茶艺(第3版)》被推荐为"十四五"首批职业教育国家规划教材。2023年,《茶道与茶艺(第3版)》被评为"十四五"职业教育国家规划教材。

根据专家审读意见,再次对《茶道与茶艺(第3版)》进行修订。本次修订在原来的基础上做了以下修改。

1. 融入党的二十大精神和习近平总书记有关职业教育的讲话。

2. 在学习项目4至学习项目9中融入新媒体素材和数字化技术,加入视频微课。

3. 在学习项目9民族茶艺中增加了拉祜族茶艺、布朗族茶艺、彝族茶艺、回族茶艺。

4. 在各章学习目标中增加了课程思政目标。

5. 将部分彩图修改更新,使之更切合教材内容,更贴合目前茶艺的流行趋势和审美观念。

本次修订的具体分工是:滇西科技师范学院王绍梅修订绪论、学习项目1中的中国茶道、日本茶道、学习项目2至学习项目5、学习项目10,临沧技师学院宋文明修订学习项目9、学习项目11,四川农业大学邹瑶修订学习项目12,云南农业大学李亚莉修订学习项目6,漳州科技职业学院范春梅修订学习项目7,云南农业职业技术学院杨净云修订学习项目8,昆明学院刘兴祝修订学习项目13,漳州科技职业学院刘贞淑修订学习项目1中的韩国茶道。王绍梅拍摄了绿茶、红茶、黄茶、白茶、花茶、普洱茶茶艺和民族茶艺视频,范春梅拍摄了乌龙茶茶艺视频,王绍梅完成全书统稿。

本书在编写过程中参阅了许多专家、学者的教材、专著和研究文献,在此向各位专家学者表示最衷心的感谢,向他们对知识传播所做出的贡献表示崇高的敬意!

本书修订得到了重庆大学出版社和编者所在院校的大力支持,在此表示衷心的感谢!

编　者

〖第2版前言〗

《茶道与茶艺》作为云南省普通高等学校“十二五”规划教材，自2011年9月出版以来，受到了普遍的好评。2012年8月，《茶道与茶艺》被评为云南省精品教材。2013年8月，《茶道与茶艺》被教育部遴选立项为“十二五”职业教育国家规划教材。2014年6月，《茶道与茶艺》正式经全国职业教育教材审定委员会审定，确定为“十二五”职业教育国家规划教材，这是对教材编者极大的鼓励和鞭策。

《茶道与茶艺(第2版)》的修订，根据《教育部关于“十二五”职业教育教材建设的若干意见》的要求，对教材的形式和内容作了一些改动，以适应职业院校项目学习、案例学习等不同学习方式的需要，注重吸收茶叶行业发展的新知识、新技术、新工艺、新方法、新观念，紧密对接茶艺师职业标准和岗位要求，丰富实践教学内容，注重弘扬优秀的传统中国茶文化，吸收茶产业文化和优秀企业文化，推动优秀民族文化传承与创新，推动茶文化和优秀企业文化走进校园。

考虑到第1版教材出版时间不长，体系较合理，层次较分明，内容新颖，与茶艺师职业岗位知识与技能要求已基本对接，本次修订没有作大的重编，只对部分章节作了重编修订，现将修订内容说明如下。

1. 编写人员作了适当的调整：增加了临沧高级技工学校高级讲师宋文明为第二主编，云南农业大学副教授李亚莉博士和四川农业大学邹瑶博士为副主编，云南农业职业技术学院副教授杨净云、昆明学院讲师刘兴祝、天福集团漳州茶叶公司茶艺技师漳州科技职业学院讲师范春梅、漳州科技职业学院讲师刘贞淑、北京日本茶道艺术学会秘书长唐雅琴为编写人员。

2. 本次教材修订的具体分工是：王绍梅修订绪论、学习项目1中的中国茶道、学习项目2至学习项目5、学习项目10，唐雅琴修订学习项目1中的日本茶道，刘贞淑修订学习项目1中的韩国茶道，李亚莉修订学习项目6、学习项目9中的实训部分，范春梅修订学习项目7，杨净云修订学习项目8，宋文明修订学习项目9的理论部分、学习项目11，邹瑶修订学习项目12，刘兴祝修订学习项目13，王绍梅负责全书的统稿。

3. 将第1版的章节改为学习项目，每个学习项目前补写学习目标、任务引入、案例导读、案例分析。

4. 根据行业发展的新动态，对部分项目的内容进行了重新编写。

本书的修订得到了重庆大学出版社和编者所在院校的大力支持，在此表示衷心的感谢！

编　者

【第1版前言】

中国是茶的故乡。在悠悠历史长河中,茶被人们赋予了深厚的文化内涵,饮茶不仅是满足生理的需要,更是人们修身养性、契合大道的需要,由此形成了文化内涵深厚、独具特色的中国茶道与茶艺。随着我国社会的发展,经济、文化的繁荣,以及人们生活水平的不断提高,茶在人们的社会生活中占有越来越重要的地位,饮茶成为人们追求健康、美化生活、加深友谊、沟通自然、丰富人生、净化心灵、修身养性的重要途径。科学高雅的饮茶方式走进了寻常百姓家,茶艺馆、茶室遍布全国各地,茶文化产业成为茶产业的一个重要组成部分,茶艺师成为一个社会需求量大、收入较高的职业工种,茶道与茶艺渗透到人们生活的方方面面。

茶道与茶艺目前已成为我国高职高专院校茶学专业一门主要专业课程。茶道与茶艺的思想内涵将对学生的思想追求产生深远的影响。学习茶道与茶艺可以提高茶学专业学生的学习兴趣和综合人文素质,同时,也可以为茶学专业学生的就业拓展提供条件。本次编写的教材《茶道与茶艺》以学科知识的系统性与国家茶艺师职业岗位技能的有机融合为基础,融思想性、艺术性、实用性于一体,力求反映新知识、新技术,以系统掌握茶道与茶艺的基础理论、各类茶的冲泡技艺和突出云南茶叶的冲泡技艺为特色,实现教材的通用性与区域性的结合。本书既可供茶学专业的学生使用,也可供广大茶道与茶艺爱好者学习。

本书具体编写分工为:第1章至第8章、第10章、第11章由临沧师范高等专科学校王绍梅编写,第9章由临沧市技工学校宋文明编写,第12章由临沧师范高等专科学校邹瑶编写,第13章由临沧师范高等专科学校刘兴祝编写,王绍梅对全书进行了统稿。

本书所用的图片一部分由临沧师范高等专科学校张玉超老师帮助拍摄,一部分由临沧市茶叶生产办公室江红键副主任提供,在此表示衷心的感谢!

本书在编写过程中,参阅了许多学者的教材、专著和研究文献,在此对被参阅和借鉴教材、专著、资料的作者表示最衷心的感谢,向他们对知识传播所作出的贡献表示崇高的敬意!

由于编者水平有限,书中不足之处在所难免,敬请广大读者批评指正。

编　者

目 录

绪　论

〖学习目标〗

1. 了解茶道与茶艺的关系。

2. 认识茶道与茶艺课程的性质。

3. 了解茶道与茶艺课程的基本任务。

中国是世界上最早发现和利用茶的国家，是世界茶文化的发祥地。在利用茶的悠久历史的过程中，中国人将传统民族文化的思想精髓深深融入其中，形成了思想内涵深厚、表现形式丰富多彩的茶道与茶艺。

任务1　茶道与茶艺的关系

茶道是指以一定的环境气氛为基调，以品茶、置茶、烹茶、点茶为核心，以语言、动作、器具、装饰为体现，以饮茶过程中的思想和精神追求为内涵的品茶约会的整套礼仪和个人修养的全面体现，是有关修身养性、学习礼仪和进行交际的综合文化活动与特有风俗。

茶道起源于中国。早在唐代，我国就出现了茶道一词，但由于受老子"道可道，非常道；名可名，非常名"的影响，中国人不轻言道。20世纪80年代以前，茶道一词在我国使用频率并不高。而且"茶道"一词从使用以来，历代茶人都没有为其下过一个准确的定义，其内涵并无明确的界定，有时是指煮茶之道和饮茶之道，有时也指饮茶过程中所领悟之道。茶道传播到日本，被发挥到极致，但在日本，茶道的概念同样也不大确定，有时它指"具有深远的哲理"的精神层面，如归纳为"和、敬、清、寂"四规，有时又指具体的操作方法，如"煎茶道""末茶道"等，这里的茶道就是指泡茶方法等技术层面。

茶艺是泡茶与饮茶的技艺。自从20世纪70年代中国台湾地区的茶人们明确提出"茶艺"这个名词以来，"茶艺"已被海峡两岸的广大茶文化工作者和大多数民众所接受。20世纪80—90年代，在内地各地的街头巷尾随处可见"茶艺馆"的招牌，在各种大小茶文化盛会及茶艺馆中，"茶艺表演"也往往成为重要节目，各种各样的"茶艺大赛"此起彼伏，在各种视听媒体中，"茶艺"也是一个出现频率较高的名词，并已逐渐成为人们的日常用语。目前，茶艺已成为一门实用的生活艺术，渗透到社会生活的方方面面，也进入了寻常百姓家。

茶艺与茶道既有联系又有区别。茶艺是泡茶的技艺与品茶的艺术，更着重于物质与技艺的层面，而茶道则是茶艺在实践过程中所追求和体现的道德理想，更着重于精神层面。茶艺是茶道的基础，是茶道的必要条件，是茶道的载体，是茶事活动中物质与精神的中介，是表现茶道的外在形式。只有通过茶艺活动，没有生命的茶叶才能与茶道联系起来，升华为充满诗情画意和富有哲理色彩的茶文化。茶艺的重点在"艺"，重在习茶艺术，以获得审美的享受，茶艺可以独立存在；而茶道的重点在“道”，茶道必须以茶艺为载体，依存于茶艺，旨在通过茶事活动修身养性，参悟大道。王玲教授在《中国茶文化》一书中说：“茶艺与茶道精神，是中国茶文化的核心。我们这里所说的艺是指制茶、烹茶、品茶等艺茶之术；我们这里所说的道，是指艺茶过程中所贯彻的精神。有道而无艺，那是空洞的理论；有艺而无道，艺则无精、无神。”“茶艺，有名，有形，是茶文化的外在表现形式；茶道，就是精神、道理、规律、本源与本质，它经常是看不见、摸不着的。但你却完全可以通过心灵去体会。茶艺与茶道结合，艺中有道，道中有艺，是物质与精神高度统一的结果。”

任务2　茶道与茶艺课程的性质和基本任务

茶道与茶艺是茶文化的一个重要组成部分，是茶文化的核心和灵魂。随着社会经济的发展，以及人民生活水平和文化修养的不断提高，人们喝茶已不再满足于茶的解渴生津、提神醒脑、清热解毒、降脂减肥等生理功效，而普遍追求更高层次的审美体验和精神享受，越来越多的人修习茶艺茶道，茶艺师也成了一个职业工种。随着茶文化的发展以及茶艺师职业资格认证的推行，茶道与茶艺发展成为一门应用性学科，成为茶学、旅游、酒店管理、文秘等专业学生丰富生活情趣，提升综合素质，开拓就业渠道的重要课程，同时也成为茶艺服务业工作者必修的课程。

茶道与茶艺课程的基本任务：结合茶艺师职业岗位的要求，通过课堂讲授和实训实习，使学生了解中国茶道的形成与发展过程；系统地学习茶道与茶艺的基础知识和基本原理，较全面地掌握中国茶道的基本理论和基本精神；掌握茶艺的基本要素及其相互关系，泡茶的基本技法和技艺；熟练掌握红茶、绿茶、普洱茶、乌龙茶、黄茶、白茶、花茶等茶类的冲泡技艺以及各种民俗茶艺；获得茶席设计的相关知识和基本技能；掌握科学饮茶和茶叶储藏保管的基本知识，茶艺服务的礼仪与技巧，具备中、高级茶艺师的基本素质和知识、技能水平，获得从事茶事服务工作的能力，全面提升其职业素质和综合素质。

学习项目1　茶　道

〖学习目标〗

知识目标

1. 掌握茶道的含义。

2. 了解中国茶道的形成与发展过程,把握中国茶道的基本精神和茶道理论。

3. 了解日本茶道的发展历程、精神内涵、礼仪规范。

4. 了解韩国茶道的发展历程、种类、精神内涵。

技能目标

1. 掌握日本茶道的基本程序。

2. 掌握韩国茶道的基本程序。

课程思政目标

1. 通过学习中国茶道的发展历程、基本精神,让学生深刻感悟到中国茶道思想的真谛,以茶修身养性,培养学生礼敬长者、尊重他人、和诚待人的处世之道,淡泊名利、志存高远的情怀,树立正确的世界观、人生观。

2. 通过学习中国茶道,激发学生对中国传统优秀文化的热爱,自觉成为民族文化的践行者、弘扬者。

3. 通过了解日本茶道、韩国茶道的发展历程、基本精神,让学生深刻感受中国茶道文化对世界茶道文化的影响,进一步树立民族文化自信。

〖任务引入〗

婉婷大学毕业后,进入一家国际茶文化传播有限公司工作。这家公司经常参加国际国内的大型茶文化活动,在活动中常常进行茶道表演。婉婷要参与编排、表演茶道节目,需要了解茶道的含义、中国茶道的形成和发展历程、中国茶道的风格特点等相关知识,了解日本茶道、韩国茶道与中国茶道的异同点,深刻领会中国茶道的基本精神和茶道理论,将其融入茶道编排、表演过程中,使茶道表演真正富有“道”的内涵,让人们获得更深层次的精神享受。

〖案例导读〗

在一次茶文化活动中,某茶文化传播有限公司的茶道表演《茶语禅音》将茶与禅的结合诠释得淋漓尽致,充分体现了“茶禅一味”的意境,得到了专家评委和观众的一致好评,获得了一等奖。

〖案例分析〗

某茶文化公司的茶道表演《茶语禅音》之所以获得成功,主要在于该节目的编排中借用了茶本身的生命启示及清高静寂的品性特征来揭示禅机,用器具、音乐、背景和肢体语言巧妙表达“禅”的妙境,突出了茶所具有的深厚的文化底蕴和茶道精神内涵,体现了“茶禅一味”的意境,震撼了人们的心灵。

任务1　中国茶道

“神农尝百草，日遇七十二毒，得茶而解之。”《神农本草经》中的这段记载，使茶的可考历史可以追溯到中国上古神农氏时代。从此，茶进入了中国人的生活，与中华民族传统文化相结合，绵延数千年，最终形成了东方文化中积淀深重、天下独绝的中国茶道。

茶道最早出现于中国，早在唐代我国就有茶道这个词语。“茶道”一词最早见于唐天宝年间的进士封演所著的《封氏闻见录》：“楚人陆鸿渐（陆羽）为茶论，说茶之功效。并煎茶炙茶之法，造茶具二十四副，以都统笼贮之。远近倾慕，好事者家藏一副。有常伯熊者，又因鸿渐之论广润色之，于是茶道大行。”唐代刘贞亮在《茶十德》中也曾指出：“以茶散郁气，以茶驱睡气，以茶养生气，以茶除病气，以茶利礼仁，以茶表敬意，以茶尝滋味，以茶养身体，以茶可行道，以茶可雅志。”陆羽的挚友皎然在《饮茶歌・诮崔石使君》中写道：“越人遗我剡溪茗，采得金芽爨金鼎。素瓷雪色缥沫香，何似诸仙琼蕊浆……孰知茶道全尔真，唯有丹丘得如此。”也用了茶道一词。可见，茶道一词在我国已使用了1 200多年。

中国茶道不仅是深沉的，而且是隽永的、艺术的、美学的。中国茶道和一脉相承的中国历史一起走来，从炎黄联盟至春秋战国，从百家争鸣至秦皇汉武，从魏晋南北朝至唐宋元明清，一以贯之的民族历史，极其重要的道、儒、佛等教派思想，深深地融会在茶文化当中，成为中国茶文化最基本的思想文化精粹和美学哲学基础，使中国茶道美学已不仅是生活美学，而且是意蕴深远的水墨画，是激越典丽的唐诗宋词，是天人合一的道家修行，是参禅顿悟的佛门要义，是宏阔深切的艺术美学和哲学美学。

茶道是一种文化，一门艺术，一份美学。

茶道属于东方文化，是茶文化的核心，是茶艺的指导思想，是茶艺的灵魂，是我们祖先以茶为物质媒体，在长期的茶事实践中，融入民族传统文化的精华所形成的以饮茶为契机的综合文化体系。

1.1.1　茶道的基本含义

道有多种含义：一是指宇宙万物的本体，二是指事物的规律和准则，三是指技艺与技术。与茶结缘的茶道之“道”，是煮茶、饮茶的规律、技术及技艺与煮饮过程中所悟到的道的融合。

茶道是指以一定的环境气氛为基调，以置茶、烹茶、点茶、品茶为核心，以语言、动作、器具、装饰为体现，以饮茶过程中的思想和精神追求为内涵的品茶约会的整套礼仪和个人修养的全面体现，是有关修身养性、学习礼仪和进行交际的综合文化活动与特有风俗。

茶道是以饮茶为契机的综合文化体系。茶道具有一定的时代性和民族性，涉及艺术、道德、哲学、宗教等各个方面。

茶道是中国特定时代产生的综合性文化，带着东方农业民族的生活气息和艺术情调，追求清雅、和谐，基于儒家的治世机缘，倚于佛家的淡泊情操，洋溢道家的浪漫理想，借品茗贯彻和普及清和、精俭、廉洁、求真、求美的高雅精神。可以说茶道即是在日常的平凡生活中去体道悟道。茶道的理论浅到“不过是烧水点茶”，深到“思接千载，学贯三教，视通万里”。在茶道中，集中反映了中华民族平和敦厚、崇尚自然、重生乐生、追求怡真的民族个性。

1.1.2 中国茶道的形成

茶“发乎于神农，闻于鲁周公，兴于唐而盛于宋”“神农尝百草，日遇七十二毒，得茶而解之”的传说，虽然是有关茶的传说中的一种，但历代都是作为茶的源头载入史册的。神农相传为上古时代的部落首领、农业始祖、中华药祖。史书还将他列为三皇之一，也有说是炎帝。至今，中华民族自称“炎黄子孙”，正是奉神农为民族始祖的传统信仰的遗韵，而中国茶道也正是源自远古的茶图腾信仰。

“图腾”是印第安语，意为“他的亲族”。古时人们认定每一个氏族都源于某种动物或植物，于是把这种动物或植物作为本族的祖先、保护者、氏族的标志和象征来崇拜。据说，神农当年是在鄂西神农架中尝百草的。神农架是一片古老的山林，充满着神奇的气息，远古时代多种原始文化曾在这里交汇融合。在神农架这一片物产丰富、人文深蕴的土地上，至今还保留着一些原始宗教茶图腾的文化遗迹。以茶为图腾的民族中最突出的是德昂族，这个以茶叶为祖先的古老民族，原称“崩龙”，在这个民族的神话史诗《达古达楞格莱标》（德昂语，意为“最早的祖先传说”，后人称为“天王地母说”）中说道：“很古很古的时候，大地一片浑浊……天上美丽无比，到处是茂盛的茶树，茶叶是茶树的生命，翡翠一样的茶叶，成双成对把枝干抱住，茶叶是万物的阿祖。天上的日月星辰，都是茶叶的精灵化出……狂风撕碎了小茶树的身子，一百零二片叶子飘飘下凡……一百零二片叶子在狂风中变化，单数叶变成五十一个精悍的小伙子，双数叶变成五十一个美丽的姑娘……茶叶是崩龙的命脉，有崩龙的地方就有茶山，神奇的传说流传到现在，崩龙人的身上还飘散着茶叶的芳香。”

以茶为图腾祖先的不仅有古崩龙人，许多古老民族都曾信奉过茶图腾。由于最早的“茶”是初民们赖以存活、维系生命的充饥食物，因此，不懂生育奥秘、充满着原始思维的图腾意识和感恩之情的初民们便将“茶”视作“给予生命的母亲”，从而形成茶图腾崇拜。其后代也因而将“茶”视为“祖先”，形成崇拜“茶”的原始宗教。远古的茶图腾信仰至今仍存在于众多有关茶的神话和茶祭仪式之中。例如，生活在云南沧源、西蒙、澜沧、耿马、双江、镇康等地的佤族人认为茶可通神，在各种祭祀活动中都要用茶。佤族群众普遍信仰原始宗教，认为神灵无处不在，山有神、地有神、树有神、水有神，每村每寨都要选一座山为神山，选一片靠近村子的树林为“龙”树林（即神林），选一棵参天大树为龙树（即神树）。佤族人每逢节日或小孩出生3天、7天都要带上茶叶、盐、米前往祭拜，以求寨人、家人平安。每年农历二月初八是佤族祭祀日，家家户户都要端上猪肉、鸡肉、茶叶、米饭、水酒前往“龙”树林和龙树脚进行祭拜活动，求神灵保护人丁兴旺，五谷丰登，家业兴旺。此外，佤族人在遇到久病不愈、家畜不顺、工作上有挫折等情况时，也要带上茶、米、水酒前去祭拜，以求身心健康、家庭兴旺发达、工作顺利。

远古的茶图腾崇拜，由于它是一种原始宗教，因此在人们表现出虔诚的狂热状态和执着追求生命“正道”的同时，必然还伴着某种深入持久而厚重的信仰、法度与礼仪，这些成为茶道的源泉。有着茶图腾的烙印及民族品格折射的茶道，是随着历史和文化的变迁，渐渐改变、慢慢形成的。

1.1.3 中国茶道的发展历程

1)唐代茶道(煎茶道)

中国茶道成熟于中唐。陆羽是中国茶道的鼻祖。陆羽著的世界上第一部茶学专著《茶经》,首开为茶著书的先河,在茶论、说茶之功效、煎茶炙茶的方法和茶具等方面作了全面系统地论述,首创了法度周全的茶道。唐代封演所写的《封氏闻见录》中所说的"茶道",是指陆羽倡导的饮茶之道,它包括鉴茶、选水、赏器、取火、炙茶、碾末、烧水、煎茶、品饮等一系列程序、礼法和规则。陆羽强调的是"精行俭德"的人文精神,注重烹瀹条件和方法,追求怡静舒适的雅趣,以茶道修身养性、齐家治国。

唐代的茶叶有粗茶、散茶、末茶、饼茶4种。在饮用方式上,唐代有煎茶法、庵茶法、煮茶法等方式。唐中叶盛行煎茶,煎茶法用的茶是饼茶。饼茶须经炙、碾、罗三道工序,将饼茶加工成细末状颗粒的茶末,再进行煎茶。庵茶法则是将茶叶先碾碎,再煎熬、烤干、舂捣,然后放在瓶子或细口瓦器之中,灌上沸水浸泡后饮用。煮茶法即是把姜、葱、枣、橘皮、薄荷等物与茶放在一起充分煮沸后饮用的方法,这种方法在唐代以前就盛行,而在唐代已经过时,陆羽认为这种方法所煮出来的茶"斯沟渠间弃水耳,而习俗不已",而民间有许多人习惯这样饮用。现代民间喜爱的打油茶等,就是原始煮茶遗风。

唐代茶道以文人为主要群体,文人茶道有炙茶、碾茶、罗茶、候汤、温盏、点茶等过程,追求借茶励志的操守,淡泊清尚的气度。许多文人以茶修道并有建树。皎然在其《饮茶歌·诮崔石使君》中写道:"一饮涤昏寐,情思爽朗满天地。再饮清我神,忽如飞雨洒轻尘。三饮便得道,何须苦心破烦恼……孰知茶道全尔真,唯有丹丘得如此。"皎然认为,饮茶能清神、得道、全真,神仙丹丘子深谙其道。皎然诗中的"茶道"是关于"茶道"的最早阐述。诗人卢仝的《走笔谢孟谏议寄新茶》一诗脍炙人口:"一碗喉吻润,两碗破孤闷。三碗搜枯肠,唯有文字五千卷。四碗发轻汗,平生不平事,尽向毛孔散。五碗肌骨清,六碗通仙灵。七碗吃不得也,唯觉两腋习习清风生……"细致地描写了饮茶的身心感受,提高了饮茶的精神境界,对饮茶风气的普及和茶文化的传播,起了推波助澜的作用,"七碗茶歌"流传千古,卢仝也因此与陆羽齐名。刘贞亮《茶十德》认为饮茶使人恭敬、有礼、仁爱、志雅,可行大道。

2)宋代茶道(点茶道)

宋代是中国茶道发展的鼎盛时期,饮茶方法在唐代基础上又迈进了一步,迅速发展了合于时代的、高雅的点茶法。与唐代茶道相比,宋代茶道走向多级,宋代茶道出现了文人茶道、宫廷茶道、宗教茶道、民间茶道的分化。

(1)**文人茶道**

宋代,文人仍然是茶道活动的主要群体,文人们把饮茶与文化活动的过程融为一体,以茶激扬文思,以茶助诗,以茶助词,以茶励志,以茶修身,以茶养性。宋代文人茶道继承了唐代文人茶道浪漫风雅的风格,许多文人对煎茶之道和饮茶悟道有细致入微的描写。如苏轼《试院煎茶》一诗:"蟹眼已过鱼眼生,飕飕欲作松风鸣。蒙茸出磨细珠落,眩转绕瓯飞雪轻。银瓶泻汤夸第二,未识古人煎水意。君不见昔日李生好客手自煎,贵从活火发新泉。又不见今时潞公煎茶学西蜀,定州花瓷琢红玉……"把煎茶之道描写得细致入微。黄庭坚《阮郎归》一词中的"消滞思,解尘烦,金瓯雪浪翻。只愁啜罢水流天,余清搅夜眠"十分精细地表现了饮茶后怡情悦志的感受。

(2)宫廷茶道

宋代的茶叶生产空前发展,饮茶之风非常盛行,形成了奢华极致的宫廷茶道。宫廷茶道突出茶叶精美、茶艺精湛、礼仪繁缛、等级鲜明,以教化民风为目的,致清导和为宗旨。宋徽宗赵佶所著的《大观茶论》,说茶"祛襟涤滞,致清导和""冲淡简洁,韵高致静""天下之士,励志清白,竟为闲暇修索之玩",就是宫廷茶道有代表性的思想和精神追求。宋代气候转冷,贡茶生产任务南移。977 年,宋太宗为了"取象于龙凤,以别庶饮,由此入贡",派遣官员到福建建安北苑专门监制"龙凤茶"。龙凤茶是用定型模具压制茶膏并刻上龙、凤、花、草图案的一种饼茶,压模成型的茶饼上有龙或凤的造型,称为"龙团凤饼"。龙是皇帝的象征,凤是吉祥之物,龙凤茶为专用贡茶,显示了皇帝的尊贵和皇室与贫民的区别。"龙凤茶"的创制,把我国古代蒸青团茶的制作工艺推向一个历史高峰,拓宽了审美的范围,即由对色、香、味的品尝,扩展到对形的欣赏,为后代茶叶形制艺术的发展,奠定了审美基础。宋徽宗在《大观茶论》中写道:"采择之精,制作之工,品第之胜,烹点之妙,莫不盛造其极。"现今云南所生产的"七子饼茶"之类的产品,在一定程度上沿袭了宋代"龙凤茶"的风格。

(3)宗教茶道

宗教茶道也是宋代茶道的一个重要组成部分。中国佛、儒、道"三教合一",佛家以"茶禅一味"悟茶道,中国茶道几乎汲取了佛教思想中的一切精华,茶道与禅宗几乎不可分。茶与禅的碰撞点,最早发生于茶的药用功能中,僧侣打坐易瞌睡,饮茶可提神醒脑。在佛教中有浓郁的崇茶风气,其原因有 3 个:首先,茶是佛寺相沿已久的传统食品,茶崇拜意识早已成为僧人们内在的血液里的成分。其次,茶是佛寺日常生活中最普遍、最频繁使用的饮料,僧人们因而对茶有一种与生命相连的亲切感。最后,茶的清心醒脑作用,是佛僧坐禅的最佳依赖和帮助。茶本身所具有的深厚的文化底蕴,茶本身的生命启示及清高静寂的品性特征无不暗含或揭示禅机,能表达"禅"的妙境。相传唐高僧从谂禅师,常住赵州观音寺,人称"赵州古佛",因其嗜茶成癖,所以每说话之前总要说声"吃茶去",后世禅门中"吃茶去"广泛流传,"吃茶去"3 个字,成为禅林法语。茶禅一味,道就寓于吃茶的日常生活中,吃茶即修道。相传,"茶禅一味"是宋代四川成都昭觉禅师佛果克勤的手书,他以此四字赠予留学日僧珠光。"日僧珠光访华,就学于著名的克勤禅师。珠光学成回国,克勤书'茶禅一味'相赠,今藏于日本奈良大德寺中"(《佛学典故汇释·茶禅·赵州茶》)。

(4)民间茶道

宋代民间饮茶之风盛行,形成了富有特色的民间茶道。宋代民间茶道以斗香斗味的"斗茶"活动和"分茶"技艺为特色。

"斗茶"又称"茗战",就是品茗比赛,把茶叶质量的评比当作一场战斗来对待。斗茶的主要内容是评比调茶技术和茶质优劣。由于宫廷、寺庙、文人聚会中茶宴的逐步盛行,特别是一些地方官吏和权贵为博取帝王欢心,千方百计献上优质贡茶,为此先要比试茶的质量,斗茶之风便日益盛行起来,蔓延至民间。范仲淹的名作《和章岷从事斗茶歌》对当时盛行的斗茶活动作了极其精彩生动的描述,全文如下。

年年春自东南来，建溪先暖水微开。
溪边奇茗冠天下，武夷仙人从古栽。
新蕾昨夜发何处，家家嬉笑穿云去。
露芽错落一番荣，缀玉含珠散嘉树。
终朝采掇未盈襜，唯求精粹不敢贪。
研膏焙乳有雅制，方中圭兮圆中蟾。
北苑将期献天子，林下雄豪先斗美。
鼎磨云外首山铜，瓶携江上中泠水。
黄金碾畔绿尘飞，紫玉瓯心雪涛起。
斗茶味兮轻醍醐，斗茶香兮薄兰芷。
其间品第胡能欺，十目视而十手指。
胜若登仙不可攀，输同降将无穷耻。
吁嗟天产石上英，论功不愧阶前蓂。
众人之浊我可清，千日之醉我可醒。
屈原试与招魂魄，刘伶却得闻雷霆。
卢仝敢不歌，陆羽须作经。
森然万象中，焉知无茶星。
商山丈人休茹芝，首阳先生休采薇。
长安酒价减百万，成都药市无光辉。
不如仙山一啜好，泠然便欲乘风飞。
君莫羡花间女郎只斗草，赢得珠玑满斗归。

"斗茶"是重在观赏的综合性技艺，包括鉴茶辨质、细碾精罗、候汤熁盏、调和茶膏、点茶击拂等环节，每个环节都必须精究熟谙，最关键的工序为点茶与击拂，最精彩部分集中于汤花的显现。衡量斗茶胜负的标准是看汤色和汤花，一是看茶面汤花的色泽和均匀程度，汤花色泽鲜白、茶面细碎均匀为佳；二是看盏的内沿与汤花相接处有没有水的痕迹，汤花保持时间较长、紧贴盏沿不散退的为胜，而汤花散退较快、先出现水痕的则为输。斗茶时，操作者需要心到、手到、眼到，既认真谨慎、一丝不苟，又运用自如、风致潇洒；观赏者屏息静声，视操作起落倾旋，观茶汤变幻聚散，既兴味盎然、扣人心弦，又妙趣横生、雅韵悠然。斗茶时白色汤花与黑色建盏争相辉映的外部景观，那茶香的清心扑鼻，茶味的妙不可言，不仅给人物质的享受，更能给人带来精神的享受。宋诗的"开山祖师"梅尧臣在《尝茶和公仪》中对斗茶也作了细致入微的描写："都篮携具向都堂，碾破云团北焙香。汤嫩水清花不散，口甘神爽味偏长。莫夸李白仙人掌，且作卢仝走笔章。亦欲清风生两腋，从教吹去月轮旁。"

宋代还流行一种技巧性很高的烹茶技艺，叫作分茶，是在点茶时使茶汁的纹脉形成物象的技艺。宋代陶谷在《清异录・茶百戏》中写道："近世有下汤运匕，别施妙诀，使汤纹水脉成物象者。禽兽虫鱼花草之属，纤巧如画，但须臾即就散灭。此茶之变也，时人谓之'茶百戏'。"分茶时，碾茶为末，注之以汤，以筅击拂，这时盏面上的汤纹就会变幻出各种图样来，犹如一幅幅水墨画，所以有"水丹青"之称。

此外，宋代民间还有一些调饮方式，如擂茶，是一种将擂茶角子用沸水冲泡而成的茶饮，也有生料捣烂后再煮烧一下的，有的就成了粥状，故有“茗粥”之称。宋代有一种“豆子茶”，是取适量的茶叶和炒香的黄豆、芝麻、姜、盐放入茶碗中，直接用开水沏泡而成。

3）明清茶道（泡茶道）

（1）明代茶道

明代饮茶风气鼎盛，是中国古代茶文化又一个兴盛期的开始，并形成了饮茶方法史上一次重大变革。明太祖朱元璋正式以国家法令形式废除团饼茶，他于洪武二十四年（1391 年）九月六日下诏：“罢造龙团，惟采茶芽以进。”从此，向皇室进贡的只要芽叶形的散茶。皇室提倡饮用散茶，民间自然蔚然成风，并将唐烹宋点的饮用法改为随冲泡随饮用的冲泡法——瀹饮法，茶道程序由复杂转向简单。此外，明代紫砂茶具逐渐兴起，形成一个发展高峰，“景瓷宜陶”成为明代茶具的代表。

明代宁王朱权改革传统茶道，“取烹茶之法，末茶之具，崇新改易，自成一家”（《茶谱》）。他晚年崇尚道家思想，认为茶发“自然之性”，饮者要“清心神”“参造化”“通仙灵”，追求秉于性灵、回归自然的境界。

明代茶道追求简洁，但仍然强调水质、茶具、茶叶俱佳，并要“造时精，藏时燥，泡时洁。精、燥、洁，茶道尽矣”，同时还特别重视饮茶环境，追求环境的清幽雅静。明代张源《茶录》中写道：“饮茶以客少为贵，客众则喧，喧则雅趣乏矣。”明末冯可宾在《芥茶笺》一书中讲“茶宜”的 13 个条件：一是“无事”，神怡务闲，悠然自得，有品茶的工夫；二是“佳客”，有志同道合、审美趣味高尚的茶客；三是“幽坐”，有幽雅的环境，悠然静坐，心地安适，自得其乐；四是“吟咏”，以诗助茶兴、以茶发诗思；五是“挥翰”，濡毫染翰，泼墨挥洒，以茶相辅，更尽清兴；六是“徜徉”，小园幽径，闲庭信步，时啜佳茗，雅趣无穷；七是“睡起”，酣睡初醒，大梦归来，品饮佳茗，又入佳境；八是“宿醒”，宿醉难消，茶可涤荡；九是“清供”，清鲜瓜果，佐茶爽口；十是“精舍”，茶室雅致，气氛沉静；十一是“会心”，心有灵犀，心生默契，启迪性灵；十二是“赏鉴”，精于茶道，色香味形，仔细品赏，古玩字画，更添雅趣；十三是“文童”，童仆文静伶俐，以供茶役。“茶忌”7 条是：一是“不如法”，煎水瀹茶不得法；二是“恶具”，茶具粗恶不堪；三是“主客不韵”，主人、客人举止粗俗，无风流雅韵之态；四是“冠裳苛礼”，官场往来，繁文缛节，勉强应酬，使人拘束，不能尽自然之兴；五是“荤肴杂陈”，腥膻大荤，与茶杂陈，莫辨茶味，有失茶清；六是“忙冗”，忙于俗务，无暇品赏；七是“壁间案头多恶趣”，环境俗不可耐，难有品茶兴致。这些都反映了中国茶道是以中国古代哲学为指导思想，以中国道德观念为追求目标。

（2）清代茶道

清代初期乌龙茶出现后，我国六大茶类已齐全，人们饮茶的种类已不再单一。清代沿袭了明代的政治体制和文化观念，形成了更为讲究的饮茶风尚。清朝满族祖先本是中国东北地区的游猎民族，以肉食为主，进入北京成为统治者后，养尊处优，需要茶叶尤其是助消化功能好的茶叶饮用，以解其肉食之腥腻，所以饮茶风气更甚，并使普洱茶、普洱茶膏等深受帝王、后妃、贵族的喜爱，普洱茶开始入贡朝廷，名声大振。“普洱茶名遍天下，味最酽，京师尤重之”（清・阮福《普洱茶记》）。有的用于泡饮，有的用于熬煮奶茶。清朝皇帝均嗜茶，尤其以康熙、乾隆两位文韬武略的皇帝对茶的嗜好最甚，传说碧螺春的茶名就是康熙皇帝所赐，而乾隆皇帝一生与茶结缘，品茶鉴水有许多独到之处，晚年退位后，在北海镜清斋内专设“焙茶坞”，悠闲品茶。乾隆皇帝一生作茶诗近三百首，是历代帝王中写作茶诗最多的一个，他的诗作对煎茶饮茶及其感悟有细致入微的描写,如在《坐龙井上烹茶偶成》中写道:“龙井新茶龙井泉,一家风味称烹煎。寸芽生自烂石上,时节焙成谷雨前。何必凤团夸御茗,聊因雀舌润心莲。呼之欲出辨才在,笑我依然文字禅。”帝王嗜茶,使清代形成了更为精美绝伦的宫廷茶道,如三清茶、太子茶等。民间大众饮茶方法也很讲究,如“杭俗烹茶,用细茗置茶瓯,以沸汤点之,名为撮泡”(陈师《茶考》)。当时人们泡茶时,茶壶、茶杯要用开水洗涤,并用干净布擦干,茶杯中的茶渣必须先倒掉,然后再斟。闽粤地区民间,嗜饮工夫茶者甚众,故精于此“茶道”之人亦多。各地风俗习惯不同,饮茶的种类也不同,如江浙一带人喜饮绿茶,北方人喜饮花茶或绿茶,西北部少数民族喜饮黑茶,闽粤台地区喜饮乌龙茶,由此形成了更为丰富多彩的茶道。

4)现代茶道

中国现代古茶道虽然衰微,却未失传。据《金陵野史》记载,抗战之前,中国茶道专家夏自怡曾在金陵举行茶道集会,所用为蒙山野茶、野明前、狮峰明前3种名茶,烹茶之水汲自雨花台第二泉,茶道过程有献茗、受茗、闻香、观色、尝味、反盏6项程序,在南京引起了轰动。20世纪80年代以来,随着社会经济和文化的发展,中国传统茶道又得到复兴和弘扬,出现了众多的流派,涌现出一批有影响的茶艺(道)队。由于现代社会经济、文化、科学技术的发展,茶具更加精美绝伦、丰富多彩,玻璃、瓷器、紫砂、土陶竹木、金银、玉器等各类茶具较之以前更加异彩纷呈。制茶机械不断创新,制茶技术更加精妙,各种名优茶不断开发创制成功,茶叶种类更加丰富。现代茶道,流派众多,各流派茶道各具特色,不但重视人、茶、水、器、境、艺各要素之间的配合,在动作、程序、文化理念等方面亦各有特点,不但使人们获得感官上的至美的享受,而且更加突出整个茶道活动过程中的文化内涵和精神追求,使茶道成为现代人澡雪心灵、远离浮躁、陶冶情操、修身养性的一个重要途径。

1.1.4 中国茶道的基本精神

中国茶道融会了中国传统文化组成部分的道、儒、佛三家文化的思想精华,在茶道中不仅包含了“克明俊德,格物致知,以身许国,穷通兼达”的儒家思想,而且包含了“天人合一,宁静致远,道法自然,守真养真”的道家哲学理念,还包含了“茶禅一味,梵我一如,普爱万物,见性成佛”的佛法真如,使中国茶道表现出其特有的精神特点:一为中和之道,二为自然之性,三为清雅之美,四为明伦之礼。中国茶人在茶事活动中,通过不断的实践、理论的升华和总结归纳,形成了中国茶道的基本精神(也称茶道四谛):和、静、怡、真。其中,“和”是中国茶道的哲学思想核心,“静”是中国茶道修习的不二法门,“怡”是中国茶道修习实践中的心灵感受,“真”是中国茶道的终极追求。此外,茶人们还总结出了中国茶德和茶人精神。

1)中国茶道的基本精神

(1)和——中国茶道哲学思想的核心

“和”是道、儒、佛三教共同的哲学思想理念。茶道所追求的“和”源于《周易》中的“保合太和”。“保合太和”的意思是指世间万物皆由阴阳两要素构成,阴阳协调,保全太和之元气以普利万物才是人间正道。以哲学范畴的“和”为基础,儒、佛、道三家对茶道中的和,各有自己的理解与诠释。

儒家从“太和”的哲学理念中推衍出“中庸之道”的思想。在儒者的眼中,和是中,和是度，和是宜，和是一切恰到好处，无过亦无不及。其对和的诠释在茶事活动的全过程中表现得淋漓尽致。如在泡茶时动作快慢适中，开合有度，投茶量、水温、浸泡时间掌握得当，表现为"酸甜苦涩调太和，掌握迟速量适中"的中庸之美；在待客时真诚热情，尊敬长者、礼敬嘉宾，表现为"春茶为礼尊长者，备茶浓意表浓情"的明伦之礼；在饮茶的过程中，品茶者知道礼赞泡茶者和自然灵物之茶，表现为"饮罢佳茗方知深，赞叹此乃草中英"的谦和之仪；在品茗的环境与心境方面，追求清幽雅静和闲适平和，表现为"朴实古雅去浮华，宁静致远隐沉毅"的俭德之行。一个"和"字是茶事活动的宗旨，"此所谓赏天地自然之和气，移山川石木于炉边，五行具备也，没有天地之流，品风味于口，可谓大矣，以天地之和气为乐，乃茶道之道也"（泽庵《茶亭之记》）。

道家从"和"这一哲学范畴引申出"天人合一""知和曰常"等理念，认为天地万物都包含阴阳两个因素，生是阴阳之和，道是阴阳之变。还认为人与自然界万物同是阴阳两气相和而生，人与自然万物本为一体，应具有亲和之感。知道了"和"的内涵，就知道了"道"的根本。在处世方面道家提倡"和其光，同其尘"（《老子》第四章），即认为好坏均可相安相处，为人不露锋芒，处世与世无争。在茶道中，道家对和的理解表现于特别注重亲和自然，追求"天人合一，物我两忘"的境界以及"致清导和"的养生理念。

佛家提倡人们修习"中道妙理"。在《杂阿含经·卷九》中引用佛陀说："汝当平等修习摄受，莫着，莫放逸，莫取向。"在《无量经》中佛陀说："父子兄弟夫妇，家室内外亲属，当相敬爱，无相憎嫉。有无相通，无得贪惜。言色常和，莫相违戾。"这是和诚处世的伦理。在茶道中，佛教的和最突出的表现是"茶禅一味"。

从哲学之和，可以演绎出伦理之和。如茶人性情要和顺，待人要和善，说话要和婉，处世要和诚，家庭要和睦，邻里要和好，国家民族之间要和平，人与自然要和谐发展等。

从哲学之和，可以演绎出美学之和。以中庸为美，以和谐为美等，如在茶事活动中，动作既优美又不过度夸张，快慢有序，开合适度，茶与茶具要相适宜，音乐、挂画等与所泡的茶要协调等。

（2）静——中国茶道修习的必由途径

茶清净淡泊，朴素天然，无味乃至味也。"茶之为物……冲淡闲洁，韵高致静"（赵佶《大观茶论》）。茶须静品，只有在宁静的意境下才能品出茶的真味，才能感悟品茶的要义，才能获得品饮的愉悦。静品才能使人安详平和，才能实现人与自然的完美结合，才能进入超凡忘我的仙境。静才能明心见性，洞察秋毫。日本学者仓泽行洋先生认为："茶道是茶至心之路，同时也是心至茶之路。"中国茶道也认为茶道是修身养性之道，是追寻自我之道，静是茶道修习的必由之道。

道家的清静思想对中国传统文化和民族心理的影响极其深远，其"虚静观复法"（大意是致虚达到了极点，守静达到了纯笃，就能观察到芸芸万物在茁壮成长之后各自复归于它们的根蒂）在中国茶道中演化为"茶须静品"的理论与实践。中国茶道正是通过茶事活动创造一种平和宁静的氛围和一个空灵虚静的心境，使茶的清香静静地浸润人们的心田和肺腑，使人们的精神在虚静中升华净化，在虚静中与大自然融涵玄会，达到天人合一的境界。

儒家学者对静可修身养性也有独到而深刻的认识。白居易在《座右铭》中写道："修外以治内，静养和与真。"苏轼有诗云："欲令诗语妙，无厌空且静。静故了群动，空故纳万境。"这首充满哲理玄机的诗，合于诗道，也合于茶道。中国古代许多士大夫们都有在茶中静品得趣的感悟和体验，林逋在《尝茶次寄越僧灵皎》中写道："静试恰如湖上雪，对尝兼忆剡中人。"

佛家提倡"茶禅一味"，"禅"的梵语直译成汉语就是"静虑"之意，即专心一意，沉思冥想，排除一切干扰，以静坐的方式去领悟佛法真谛。

饮茶讲究追求环境和心境的安宁、清净。茶性平和，饮茶易入静，内心发出的中和之气，可保持平衡的心态，便于收心向佛，故茶与佛结缘。参禅时饮茶，提神醒脑，倦意顿消，精力集中，禅意顿悟。品茶时看茶烟袅袅，闻茶香悠悠，端杯细品慢啜，沉迷茶境，杂念顿消，由茶入佛，参悟禅理，故"茶禅一味"。

佛教依静修持的道理与茶道"茶须静品"有异曲同工之效，故"欲达茶道通玄境，除却静字无妙法"。中国茶道追求极富中国传统审美文化特色的虚静之美。

(3)怡——中国茶道修习实践中的心灵感受

"怡"者，和悦愉快之意也。中国茶道形式丰富，不拘一格，雅俗共赏，最能让茶人们在茶事活动中得到愉悦的身心享受。

中国茶道之"怡"可以分为3个层次。

①生理上愉悦的直观感受。修习茶道，参与茶事活动，首先是对美的直观感受。幽雅的茶事环境，意境深远的插花，精美的茶具，形状各异的茶，清甜的泉水，煮水的松涛声，如梦似幻的茶汤色泽，醉人的茶香，鲜爽甘醇的茶味，悠扬悦耳的背景音乐，动人的解说，使人从视觉、听觉、味觉、嗅觉等方面产生感官上愉悦的直观感受。例如，唐代诗人崔珏在《美人尝茶行》一诗中写道："朱唇啜破绿云时，咽入香喉爽红玉。"皮日休《茶中杂咏・煮茶》一诗描写的："香泉一合乳，煎作连珠沸。时看蟹目溅，乍见鱼鳞起。声疑松带雨，饽恐烟生翠。"宋代诗人王禹偁《龙凤茶》一诗中所写的"香于九畹芳兰气，圆如三秋皓月轮"等均属于这一层次的直观感受。

②心理上愉悦的审美领悟。茶道审美的心理活动并不是只停留在生理上的直觉感受，茶的色香味以及茶事活动中的美妙情景必然会撩动茶人的情思，唤起美好的记忆，引发茶人的联想，加深茶人对茶道之美的领悟，从而体验到全身心的舒畅和愉悦，使人感到心旷神怡。如唐代诗人崔道融的诗："瑟瑟香尘瑟瑟泉，惊风骤雨起炉烟。一瓯解却心中醉，便觉身轻欲上天。"宋代诗人林逋的《茶》一诗："石碾轻飞瑟瑟尘，乳花烹出建溪春。世间绝品人难识，闲对《茶经》忆古人。"宋代黄庭坚在《品令・茶词》中写道："凤舞团团饼。恨分破，教孤令。金渠体净，只轮慢碾，玉尘光莹。汤响松风，早减了，二分酒病。味浓香永。醉乡路，成佳境。恰如灯下，故人万里，归来对影。口不能言，心下快活自省。"便属于这一层次的审美领悟。

③精神上愉悦的感悟与升华。茶人在茶事活动时，在审美观照过程中，经过感知、理解、想象等多种心理活动，而品出了茶的物外高意，悟出了茶道的玄机妙理，不仅得到了身心的美好享受，而且产生了精神上的升华。这种精神享受与升华是中国茶道使人着迷、乐此不疲的根本原因。刘禹锡的《西山兰若试茶歌》："斯须炒成满室香，便酌砌下金沙水。骤雨松风入鼎来，白云满盏花徘徊。悠扬喷鼻宿酲散，清峭彻骨烦襟开。"唐代诗人钱起在《与赵莒茶宴》中写道："竹下忘言对紫茶，全胜羽客醉流霞。尘心洗尽兴难尽，一树蝉声片影斜。"宋代黄庭坚在《一斛珠》中写道："香芽嫩蕊清心骨。醉中襟量与天阔。夜阑似觉归仙阙。走马章台，踏碎满街月。"所描述的都是饮茶带来的精神上的感悟与升华。

中国茶道雅俗共赏，不同地位、不同信仰、不同文化层次的人都能在茶道活动中获得愉悦的享受。上流社会人士讲茶道，重在“茶之珍”，意在以精美的茶叶、奢华的茶具来炫耀富贵，展示权势，附庸风雅，获得心理上的满足与愉悦；文人学士讲茶道重在“茶之韵”，意在以茶寄托情怀，激扬文思，交朋结友，修身养性；佛门高僧讲茶道，重在“茶之德”，意在提神解困，参禅悟道，明心见性，普度众生；道家羽士讲茶道重在“茶之功”，意在养生保健，延年益寿，羽化成仙；普通百姓讲茶道重在“茶之味”，意在涤烦解渴，消食解腻，提神解乏，招待亲朋，联络感情。无论什么人都可以从中国茶道中获得生理上的快感、精神上的满足和心灵上的愉悦，这正是中国茶道区别于强调“清寂”的日本茶道的根本标志之一。

(4) **真——中国茶道的终极追求**

真，原是道家的哲学范畴。庄子认为：“真者，精诚之至也。不真不诚，不能动人。……真者，所以受于天也，自然不可易也。故圣人法天贵真，不拘于俗。”（《庄子·杂篇·渔父》）在道家学说中，真与“天”“自然”等概念相近，真即本性、本质，所以道家追求“抱朴含真”“返璞归真”，要求“守真”“养真”“全真”。道教主张“天人合一”，“天”代表大自然及自然规律，“天人合一”即把人与自然看成是一个相互包容和联系的整体，强调物我、情景的合一。“天人合一，宁静致远，道法自然，守真养真”是道家哲学理念。

道家的思想对中国茶道影响极深。茶人所追求的“超凡脱俗”“返璞归真”的思想，正洋溢着道教的气韵，闪烁着道教文化的色彩。茶的保健功效及茶清净淡薄，朴素天然，素雅俭静的特性与道教所追求的养生观正好相符。苏轼曾在《游诸佛舍一日饮酽茶七盏戏书勤师壁》一诗中云：“何须魏帝一丸药，且尽卢仝七碗茶。”

在中国茶道中所追求的“真”有4重含义。

①追求物之真。中国茶道要求以艺示道、以道驭艺，茶应该是真茶，在茶中不添加任何香精香料或其他食品添加剂，以保持茶的真香本味；环境最好是真山真水；器皿一般采用真竹、真木、真石、真陶、真瓷；字画最好是名家真迹；插花最好是新鲜的真花，而不用干花、绢花、塑料花等假花。

②追求情之真。茶人在茶事活动过程中，彼此之间真心相待，真情相向，真诚交流，使相互之间的友谊得到发展，达到互见真心的境界。茶人之间的真情相向可使人们更好地体味品茶的真趣。

③追求性之真。在品茗过程中，茶人在茶烟袅袅、茶香悠悠的无我境界中可将自己融入无限的大自然之中，真正放松自己的心情，放飞自己的心灵，放牧自己的天性，达到“天人合一”“返璞归真”的境界。

④追求道之真。即在茶事活动中，茶人们要以淡泊的襟怀，旷达的心胸，超逸的性情和闲适的心态去品味茶的物外高意，将自己的感情和生命都融入大自然，去感悟真理、追求真理，追求对“道”的真切体悟，使自己的心能契合大道，达到修身养性、陶冶情操、澡雪心性、品味人生之目的。由此可见，“真”既是中国茶道的起点，又是中国茶道的终极追求。

2) 中国茶德

茶学专家庄晚芳教授1990年明确主张“发扬茶德，妥用茶艺，为茶人修养之道”。他提出中国茶德应该是“廉、美、和、敬”，并解释为：廉俭育德，美真康乐，和诚处世，敬爱为人。其具体含义为如下。

廉:推行清廉,勤俭育德。以茶敬客,以茶代酒,减少洋饮,节约外汇。

美:名品为主,共尝美味,共闻清香,共叙友情,康乐长寿。

和:德重茶礼,和诚相处,搞好人际关系。

敬:敬人爱民,助人为乐,器净水甘。

此外,中国农业科学院茶叶研究所的陈启坤和姚国坤先生则主张,中国茶德可用"理、敬、清、融"4个字来表达。其具体含义如下。

(1)**理**

理者,品茶论理,理智和气之意。朋友对饮,以茶引言,促进相互理解;和谈商事,以茶待客,以礼相处,理智和气,营造和谈气氛;解决矛盾纠纷,茶桌之中,心平气和,以礼服人,明理消气,促进和解;写文章,搞创作,以茶益思,益智醒脑,思路敏捷,文思泉涌,下笔有神,洋洋洒洒,"唯有文字五千卷"。

(2)**敬**

敬者,客来敬茶,"以茶表敬意"(刘贞亮《茶十德》),以茶示礼之意。无论是过去的以茶祭祖敬神,还是现在的客来敬茶,都充分表明了上茶的敬意。客人来访,初次见面,敬茶以示礼貌,以茶为媒介,一边喝茶一边交谈,增进相互了解;知己相逢,敬茶洗尘,品茶叙旧,增进情谊;朋友相聚,以茶传情,互爱同乐,既文明又敬重,是文明敬爱之举;上级长辈来临,敬茶以示尊重;节日问候、祝寿贺喜,以精美的茶叶作为礼品,是现代生活中品味高尚的表现。

(3)**清**

清者,廉洁清白,清心健身之意。"品茶可清心",以茶代酒,清茶一杯,既是古代清官的廉政之举,又是现代提倡精神文明的高尚表现。今天,在物欲横流的社会中,强调廉政建设,提倡廉洁奉公,"清茶一杯"的精神文明更值得发扬。"清"字的另一层含义是清心健身之意。茶有良好的保健作用,故饮茶可促进身体健康,养颜美容,延年益寿。

(4)**融**

融者,祥和融洽,和睦友谊之意。朋友相会,亲人见面,清茶一杯,互诉衷肠,气氛融和,有水乳交融之意;团体商谈,协商议事,清茶一杯,气氛和睦融洽,促进互谅互让,有益于联合与协作,往往使商谈交流活动更有效;举行茶话会,大家欢聚一堂,手捧香茗,谈天说地,真心交流,真是其乐融融也。

1.1.5 陆羽《茶经》的主要内容和茶道理论

中国茶道始于唐代,至今已有1 200多年的历史。茶道的创始者是"一生为墨客,几世作茶仙"的陆羽。

1)陆羽的生平介绍

陆羽(733—804年),唐复州竟陵人,字鸿渐,一名疾,字季疵,号竟陵子、桑苎翁、东冈子。他一生嗜茶,精于茶道,工于诗词,善于书法,因编著了世界第一部茶学专著——《茶经》而闻名于世,流芳千古,被誉为中国茶圣。

陆羽的身世坎坷凄凉,极富传奇色彩。据《天门县志》《上饶县志》以及陆羽的《陆文学自传》记载,陆羽大约出生于唐玄宗时的开元二十一年(733年),3岁时被弃于竟陵的一座小石桥下,被路过小桥的竟陵龙盖寺住持智积禅师发现,抱回寺中抚养。因陆羽无名无姓,也无法访得其父母是谁，智积禅师便用《易经》让陆羽自己抓阄卜卦，为他取名，占得“渐”卦，卦辞是：“鸿渐于陆，其羽可用为仪。”于是智积禅师按照卦辞为他定姓为“陆”，取名为“羽”，字“鸿渐”。

陆羽在龙盖寺期间，智积禅师教他学文习字，习诵佛经，还教他煮茶。陆羽虽然生长在寺庙之中，与古佛青灯黄卷为伴，但他却执意不愿削发为僧。9 岁那年，有一次智积禅师让陆羽抄诵佛经，但陆羽却向老僧发难，师徒之间展开了一场佛儒之道的大辩论。陆羽在其《陆文学自传》中记载了这场争论。

陆羽不愿学习佛家教义，还公然宣称要学习并宣传孔孟之道。智积禅师恼陆羽桀骜不驯，藐视尊长，不愿皈依佛门，就用繁重的劳动来迫他悔悟，罚他“扫寺地，洁僧厕，践泥圬，负瓦施屋，牧牛一百二十蹄”。陆羽并不因此低头屈服，相反，求知的欲望更加强烈。他无纸学写字，就以竹画牛背为书。有一次，他偶然得到一本张衡写的《南都赋》，就终日念念有词，攻读不倦。智积禅师知道后，怕他在外面活动会受儒家学说的影响，就把陆羽禁闭在寺院中，令他栽花种树修剪园林树木，还派年长的僧人管束他。陆羽不堪忍受折磨和凌辱，12 岁时，逃离龙盖寺，到一个戏班子学戏，作了伶人。

陆羽虽然相貌丑陋，且有口吃，但他聪明过人，机智幽默，饰演丑角非常受欢迎，后来还编著了三卷笑话书——《谑谈》。唐天宝五年(746 年)，陆羽结识被贬为竟陵太守的河南尹李齐物，李齐物十分赏识陆羽的才华和抱负，赠送诗书并介绍陆羽到火门山邹夫子处读书，使陆羽开始了真正的学子生涯。这对陆羽后来成长为唐代著名文人，被尊为“茶圣”具有重要意义。

唐天宝十年，陆羽揖别邹夫子离开火门山，结识了被贬为竟陵司马的礼部郎中崔国辅，他们交游三年，常在一起品茶鉴水、谈诗论文，友谊至深。唐天宝十三年，陆羽为考察茶事，出游巴山峡川，行前崔国辅以白驴、乌犎牛及文槐书函相赠。崔国辅与陆羽的雅意高谊被载入了《唐才子传·崔国辅传》，传为千古美谈。

唐天宝十四年，安禄山叛乱，陆羽随难民渡过了长江。南渡长江后，陆羽沿着长江对今湖北、江西、江苏、浙江等地的江河山川，风物特产，尤其是茶园名泉，进行了实地考察，并先后结识了无锡尉皇甫冉、诗僧皎然，成为挚友。

上元元年(760 年)，陆羽结庐于苕溪之滨，开始了他“闭门著书，不杂非类，名僧高士，谭宴永日”以及“细写《茶经》煮香茗，为留清香驻人间”的隐居生活。他在隐居期间，一方面继续游历名山大川访泉问茶，广泛搜集资料，一方面同名僧高士保持交往，寻求知音，共研茶道。永泰元年(765 年)，《茶经》初稿完成后，社会名流争相传抄，广受好评。后来陆羽又结识了大书法家、政治家、诗人颜真卿，成为颜真卿的幕僚，并参与了大型韵书《韵海镜源》的修编勘校工作，在湖州期间，陆羽与他的红颜知己——唐代诗坛女杰、女道士李冶(字季兰)过往甚密。这些对他写出学贯三教、博大精深的《茶经》很有帮助。

陆羽划时代的科学巨著《茶经》的写作过程前后经历了近 30 年时间，贡献给人类一个规模宏大、无体不备的茶文化体系，使陆羽被誉为中国茶圣。

2)《茶经》的主要内容

《茶经》全书分上、中、下 3 卷，共有 10 章，展现出一个异彩纷呈的茶叶大世界。卷上分一之源、二之具、三之造 3 章；卷中仅有四之器 1 章；卷下包括五之煮、六之饮、七之事、八之出、九之略、十之图 6 章。

(1)一之源

一之源主要介绍了茶之起源、性状、名称、功效等。开篇就是“茶,南方之嘉木也。一尺、二尺乃至数十尺;其巴山峡川有两人合抱者,伐而掇之”。指出当时巴山峡川一带“有两人合抱者”,并高达数十尺的野生茶树。这是世界上最早记载野生大茶树的重要文献,比英国勃鲁士1842年在印度发现野生茶树要早1 000多年,从而雄辩地证明,中国是世界茶树的原产地。

(2)二之具

二之具介绍了各种采茶和制茶的工具,以及制作工具的用料、规格、用途和操作方法。通过这些介绍,我们可以看出,唐代的饼茶生产已具有相当的规模。

(3)三之造

三之造主要介绍了采茶的时间节令、选茶的标准和制茶的方法,“凡采茶,在二月、三月、四月之间。茶之笋者,生烂石沃土,长四五寸,若薇蕨始抽,凌露采焉……其日,有雨不采,晴有云不采;晴,采之、蒸之、捣之、焙之、穿之、封之、茶之干矣”。本章还介绍了成茶的外形品质情况,产生的原因及鉴评的要点。

(4)四之器

四之器主要介绍了饼茶的炙、碾、煮、饮的各种器皿,共28件,其中3项为主项的附件。详细地说明了各种茶器的造型和质地以及尺寸大小,使用这些茶器的规则和对茶汤品质的影响。从中可以看出唐代饮茶的习俗。

(5)五之煮

五之煮介绍了煮茶的方法、茶汤的调制及水的品第、煮茶燃料的选择等。陆羽已娴熟地驾驭煮茶这个高难的技术工作,并将这个工作流程完全艺术化,升华到一种审美体验。当一件事物使人们摆脱了物役束缚,成为一种妙趣横生的享受时,人们就在精神上获得了绝对的自由。因此,陆羽的煮茶,已不是物役工作,而是充满美学意蕴的茶艺和茶道的组成部分。

(6)六之饮

六之饮考证了饮茶源流,介绍了饮茶方法,提出了对烹饮的意见。饮茶是茶艺的高潮,更是《茶经》全书的主旨与目的。因此饮茶有“九难”,即制造、鉴别、器具、火工、用水、碾末、烹煮、饮用,这8个问题正是《茶经》全书论述的主要内容。解决了这8个问题,才能饮上好茶,才能将饮茶从生理的渴求中、从感官的愉悦中,上升到精神享受和美的感受。

(7)七之事

七之事引录了上古至唐代有关茶事的历史文献48则。这是《茶经》字数最多的一章,约占全书的1/3,充分显示了陆羽渊博的学识。从茶文献角度来看,陆羽在此章中引录的书目达45种之多,体裁有史料、诗赋、寓言、小说、传记、故事、药剂等。我们通过这些文献,也可稍稍窥探到唐代以前的茶事源流。

(8)八之出

八之出介绍了对唐代全国主要产茶区和茶叶品质作了全面叙述和比较。《茶经》所列的唐代8个大的产茶区,涉及今天的湖南、湖北、陕西、河南、安徽、浙江、江苏、四川、重庆、江西、福建、广东、广西13个省,其中比较著名的产茶区就有40多个,许多产茶区,陆羽都实地考察过。

(9)九之略

九之略介绍了论述在某些情况下,如何简省制茶和饮茶的工具,全章仅170字,却表现出作者对现场旋摘旋烹饮茶的癖爱。如此可以省却许多茶具,因地制宜地进行制茶和烹茶。

(10)**十之图**

十之图介绍了教人用素绢将《茶经》内容写出,张挂于壁上,让人一目了然。由于《茶经》内容丰富多彩,一般人难以精通。如果将《茶经》悬挂于壁上,人们就能按图索骥,进行规范化操作,可见陆羽的良苦用心。

从上面的介绍中,我们可以看出,《茶经》内容博大精深。该书以茶叶百科全书式的恢宏目光关注历史,探索现实,沿波讨源地探索唐代以前茶事发展历程,又全面系统地总结了整个中唐时期茶文化发展经验。虽然《茶经》只有7 000多字,但贡献给人类的是一个规模宏大、无体不备的茶文化体系。自此后至清代1 000多年间,虽然有100多部茶书相继问世,但没有一部能超越其上。这保持了千年岿然不动的权威地位的事实,本身就雄辩地证明了《茶经》巨大的科学价值。

3)《茶经》中的茶道理论和思想

(1)**"精行俭德"的理想人格**

陆羽《茶经》在"一之源"就开宗明义地指出:"茶之为用,味至寒,为饮最宜精行俭德之人。"这是以茶示俭,以茶示廉,倡导的是茶人之德,也是一种理想人格。在陆羽心目中,"精行俭德"既是做人的标准,又是处世的原则。从时代背景来看,在陆羽之前的魏晋南北朝,社会风气普遍奢侈糜烂,不少文人精神不振,不思报国,这种风气在唐朝仍在延续,人们追求刺激,贪图享受。显然这不符合陆羽的茶道思想,因而他力倡廉俭之风。从"精行俭德"4个字本身含义来看,可以理解为:行为专诚,德行谦卑,不放纵自己。它反映了陆羽作为儒者淡泊明志、宁静致远的心态。他着重以茶示俭,以茶示廉,其朴素古雅的用意与注重修身养性、齐家治国的理想追求是一致的。"精行俭德"作为陆羽《茶经》中的茶道道德观的核心,贯穿于《茶经》全文,也是他一生的行为准则。

(2)**风炉设计中的"中"道思想**

陆羽为文,惜墨如金,《茶经》全文只有7 000多字,但他不惜用244个字来描述他所设计的风炉。风炉是唐代烹茶专用的小型炉灶。陆羽的风炉有3只脚,3只脚之间设个窗户,炉口放置一个可堆放东西的支垛内分3格,它的"六分虚中"体现了《周易》"中"的基本原则。风炉一只脚上铸有"坎上巽下离于中",另一只脚上铸有"体均五行去百疾",所反映的是"中"道思想和儒家阴阳五行思想的糅合。坎、巽、离都是周易八卦名,其中,坎代表水,巽代表风,离代表火。风能兴火,火能熟水,故备其三卦,以此表达茶事即煮茶过程中的风助火、火熟水、水煮茶,三者相生相助,以茶协调五行,以达到一种和谐的平衡态。"体"指炉体,"五行"即谓金、木、水、火、土。风炉因其以铜铁铸成,所以得"金"之象,而上面有盛水器皿,又得"水"之象,中有木炭,还得"木"之象;以木生火,得"火"之象;炉置于地上,得"土"之象。故煮茶过程因循有序使金、木、水、火、土五行相生相克,达到阴阳协调的平衡之态,而煮出有益于人体健康的能"去百疾"的茶汤。陆羽在煮茶过程中将"中"道思想体现得淋漓尽致。

(3)**"伊公羹,陆氏茶"的以茶论道**

陆羽的风炉上铸有"伊公羹,陆氏茶"6个字,隐喻了陆羽写《茶经》的目的以及《茶经》这本书的性质。

伊公是后人对商汤时杰出的政治家伊尹的尊称。伊尹不仅善于烹调,且很有政治才能。

商汤向伊尹询问天下大治的道理，伊尹通过烹调美味佳肴必须做到五味调和、诸多原料调和、火候要恰到好处等道理，来阐发他治国平天下的良策，商汤听后无不点头称是。后来商汤拜伊尹为阿衡（即宰相）并且在他的辅佐下讨伐夏桀，建立了商朝。

陆羽在风炉上刻上“伊公羹，陆氏茶”，将“陆氏茶”与“伊公羹”相提并论，其用意十分明显。伊尹借汤说味，来阐发治国平天下的大道理，而陆羽则是以茶论道，通过著《茶经》来阐发修身、养性、齐家、治国、平天下的大道理。

任务2　日本茶道

中国是茶的故乡，也是茶道的故乡。由于中国古代饮茶重精神、讲茶道，重视将物质文明升华为精神文明，并使两者有机结合，从而使中国茶道对周边国家有较大的渗透力，成为对外文化传播的一个重要内容。受中国茶文化影响较深的日本，在接受中国茶文化传播的同时，融合自己的民族文化，形成了独具特色的日本茶道。

在日本，每逢庆贺、迎送或者宾主之间叙事、叙情的场合，往往要举行茶道。这是一种十分流行的品茶艺术和饮茶方式，是日本人修身养性、提高文化素养和进行社交的一种重要手段。

1.2.1　日本茶道的发展历程

追本溯源，日本茶道来自中国宋代的抹茶法。日本茶道虽然不像中国茶文化那样历史悠久，但形成也是较早的。805年，在中国留学的最澄和尚带回了茶籽，植于近江板本的日吉神社，从而形成了后来的日吉茶园。此外，同一时期到中国留学回去的空海和永忠和尚也都将中国饮茶的习惯带回日本。

1）日本茶道的初创期

815年4月，嵯峨天皇（786—842年，在位809—823年）游历江国滋贺韩崎时，路过永忠和尚掌管的崇福寺和梵释寺，在礼堂升佛后，接受了永忠和尚进奉的煎茶，给天皇留下深刻的印象。于是，天皇命令在宫廷内开辟茶园，设立茶所，开启了日本古代的茶文化。“弘仁茶风”即以嵯峨天皇为主体，在弘仁年间（810—824年）展开，这是唐文化在日本盛行的时代，茶文化是其中最高雅的文化之一，也是日本饮茶文化的黄金时代。此时，喝茶已是天皇、贵族和高级僧侣等上层社会模仿唐风之事，成为一种超凡脱俗的最高精神享受。因此，学术界称这一时期为“弘仁茶风”，也是日本茶道史上的初创时期。

2）日本茶道形成期

日本茶道的形成有荣西禅师的重大贡献。在“弘仁茶风”之后的300余年间，传入日本的茶和茶的品饮习俗在昙花一现之后又悄无声息地泯灭了。直到1168年和1187年，日本禅师荣西两次来到中国留学，宋代正是中国茶文化兴盛期，饮茶已成为寺院生活不可或缺的组成部分，中国茶道对荣西禅师产生了极大的影响，荣西禅师不仅懂得中国的一般茶道技艺，而且得悟禅宗茶道之理，这就是日本茶道特别突出禅宗苦寂思想的主要原因。1191年学成回国时，荣西禅师把茶种和茶技带回日本，在九州平户岛上的富春院及背振山等地撒下了茶籽，并在九州的圣福寺种了茶。1207年，荣西禅师将茶籽赠送给拇尾高山寺的明惠上人，并植于寺内，由于自然条件好，所产茶味醇正，于是人们将拇尾茶称作"本茶"，而把其他地方所产的茶称作"非茶"，并以品尝分辨"本茶"与"非茶"的功夫作为斗茶的重要内容。从此饮茶风俗逐渐在僧人中间流行开来。1214年，将军源实朝因醉酒引起头痛病，久治不愈，最后喝了荣西禅师进献的茶后才得以治愈。荣西禅师还著了《吃茶养生记》一书，宣传茶之德和饮茶的好处，从此，茶又在士大夫及武士阶层普及开来，荣西禅师也被尊为"日本茶祖"。茶道也在模仿中国茶会的基础上发展起来。

3）日本茶道确立期

正式首创日本茶道的是15世纪奈良称名寺的和尚村田珠光。村田珠光是日本为饮茶行为注入思想性的第一人，他把草庵茶思想和禅宗的思想交融后，开出了茶禅一味的道路，因此，被确立为日本茶道的开山之祖。他通过禅的思想，把茶道从一种饮食娱乐形式提升为一种艺术，一种哲学，一种宗教。他把佛教导入茶道，确立了茶道的理念。而其后继者武野绍鸥（1502—1555年）及其门徒千利休（1522—1591年）等人又逐步制订了更为详细、系统的规范，确定了茶会的种类，规范了茶器具的种类，确定了茶室、茶庭园的格局，制订了主人点茶和客人饮茶等基本动作流程等。武野绍鸥将日本歌道理论中蕴含的日本民族特有的素淡、纯净的艺术思想导入茶道，作为茶道艺术理论基础。武野绍鸥是日本茶道的先导者。日本茶道一直处于不断变化与完善之中，但基本格局定型于千利休时代，千利休集其大成，把日本茶道真正提高到艺术水平上，因此，千利休被奉为日本茶道的集大成者。千利休之后，日本茶道出现了许多流派，其中由千利休的后人开创的里千家流派、表千家流派、武者小路流派逐渐被视为茶道的正统，直至今日依旧占据着主流地位。

1.2.2 日本茶道的基本精神

千利休把深奥的禅宗思想渗入茶道之中，强调日本茶道的基本精神（也称四规）是"和、敬、清、寂"，并解释说：

"和"指和平安全的环境，人与人之间的和谐，即上下和谐、朋友和谐、夫妻和谐，人类缺乏和谐便没有了平和的世界，以和为贵是茶人的信条，"和"所追求的是主客之间心灵的默契与沟通。

"敬"指尊敬长者，敬爱朋友。茶人追求的是对所有人的敬。敬是一种礼，无敬则易起纷争。能真正礼敬所有的人，自然让客人心情愉快无纷争。

"清"为清静之意，指心无杂念，这是茶人追求的一种境界。

"寂"指放下所有思虑的一尘不染的心境，心无杂念、达到悠闲的境界。千利休提倡朴素廉洁，认为奢侈有害，生活恪守清寂的原则，把茶道作为陶冶性情的修身方法。

日本茶道在行茶道时除四规外，还有七则。所谓七则，即点茶有浓淡之分；茶水温度按季节的不同而改变；添炭、煮茶的火候要适度；使用的茶具要四季应时，要保持茶的色、香、味；备好一尺四寸见方的炉子，冬天炉子的位置要摆得适当并使之固定；茶室要清洁并插花，花的品种要与季节环境相匹配，以显示新颖、清雅的风格；无论下雨否，都应备好雨具。七则体现了一切为客人着想的思想。从这些规则中可以看出，日本茶道蕴含着很多来自艺术、哲学和道德伦理的因素。茶道将精神修养融于生活情趣之中，通过茶会的形式，宾主配合，在优雅寂静的环境中，以用餐、点茶、鉴赏茶具、谈心等形式陶冶情操，培养朴实无华、自然大方、洁身自爱的意识和品格，并养成循规蹈矩和认真的、无条件履行社会职责、服从社会公德的习惯。因此，日本人一直把茶道视为修身养性、提高文化素养的一种重要手段。

1.2.3 日本茶道的“家元制度”

日本茶道形成了师徒秘传的嫡系相承的组织形式，继承人只能是长子，代代相传，称为“家元制度”。“家元”即掌门人，负责继承上代的茶技，向下代传授，有绝对的权力和威望。现代的日本茶道主流为三千家（表千家流、里千家流、武者小路千家流）外，有乐流、久田流、织部流、南坊流、宗偏流、松尾流、玉川远州流等，各派都推选了自己流派的家元。要学茶的人们，在各自的流派入门，跟有教授资格的茶人修行，到一定的年限，从家元那里领到证书，认可各种门第资格，家元通过多层重叠的教授统辖着全国的茶人。

日本人很早就将茶道作为日本民族文化的代表。日本茶道在明治维新之前，茶人都属男性，但在明治维新以后，女性开始参与茶道。战后，女性的意识得到增强，参与各种社会文化活动，学习茶道的绝大多数是女性了。如今，茶道与插花艺术已成为日本女性的必修课之一，由于修习茶道可提高个人的艺术素养，培养温婉贤淑的女性气质。因此，持有一定级别的修习茶道证明书，是日本女性婚配时的有利条件。

1.2.4 日本茶会类型和出席茶会的礼仪

1)茶会分类

日本茶会大致分为3类。

①有“怀石料理”的正式茶会。怀石料理最初是指以寺院烹饪法烹制的菜肴，现在则主要是指全素菜肴。其“怀石”的说法来源于日本佛教，讲的是禅师静坐时，为抑制空腹之饥并取暖，常把一颗热石子放在怀里。因此，茶道点心就仿照怀石的作用。数量不多，追求精美。目前，茶道点心也称怀石料理，其色、香、味、形、器都很讲究，现在已发展成为专门的烹饪艺术。正式茶会有很多种，如晓茶会即拂晓前开始的茶会，朝茶会即早上6时开始的茶会，正午茶会即正午开始的茶会，夜间茶会即晚6时后开始的正式茶会。

②非正式茶会。它是以一种简略形式飨客的茶会。

③大寄茶会。它是一次招待多人且不定数的大茶会。

2)出席茶会的礼仪要求

①明确出席与否，准时赴会。亭主为了准备一次茶会，可以说是全身心地投入。如果无故缺席或迟到，会被视为极为失礼的行为。一般来说，提前十几分钟到达较为合适。

②注意穿着，少戴饰物，带好必需物品。在各种茶会中，正午茶会最正式也是要求最严格的，要求与会人员一定要穿最正式的和服。而其余正式和非正式茶会可穿着随意一些，但是也不可过于休闲。为防止饰物划伤茶道具，客人在进入茶室之前需要摘掉戒指、手表、项链等物，茶室中一般也不戴耳环，故出席茶会应少戴饰物。但要带好帛纱、怀纸、手帕、白色袜子、扇子等必需物品。

③分清主次。在茶室中只有正客可以直接与亭主会话，次客、三客、四客等想要发问或讲

话,需要经过正客。茶室需要保持宁静、祥和的气氛,禁止杂谈。

④喝茶只喝三口半。喝浓茶时,一碗茶大家按次序轮流饮,亭主按每人三口半的标准点出合适的分量,客人在品茶时必须只喝三口半。

1.2.5 日本茶道组成要素和礼仪规范

日本的茶道有抹茶道和煎茶道两种。将宋代的"抹茶"传入日本的是镰仓时代的荣西禅师,将明代的"煎茶"传入日本的是江户初期的隐元禅师。

一般来说,代表日本文化的茶道,是指"抹茶道"而言。茶道由4个要素组成,即宾主、茶室、茶具和茶。参加茶道的人称为茶人,要有一定的经验。茶室的大小不一,形状多样,要有幽雅的环境,布置要简朴而优雅,往往挂着与茶事主题有关的禅语挂轴和名贵字画,室内有插花装饰,供宾客欣赏。古老茶具多为"乐烧茶碗"和茶盘、茶盖、茶勺、茶桶、研茶锤等。茶具要四季应时,古朴典雅,并且多系历史珍品。茶是精致的绿茶末,用石臼研制而成,称作"抹茶"。

日本茶道的礼仪规范:进茶室,宾客要脱鞋躬身入内,表示谦逊。主人则跪在门前迎接,以示尊敬。客人依序面对主人就座后,宾主致辞,宾主对拜称"见过礼",主人致谢称"恳敬辞"。随后在庄严肃穆的气氛中,宾主正襟危坐,观赏茶室挂画,茶花。主人在客人坐定后,从水屋拿出(装有抹茶枣盒、茶筅、茶碗等早已备好的)茶具,清拭茶盒、茶匙,温洗茶碗,点茶,敬茶。主人在客人来之前会做好备炭、生火、煮水的准备。水煮沸后,轻轻地点茶小半碗。主人用双手捧起,敬献给客人。宾客品茶时也要双手捧碗,行礼、从左向右转一周,以示拜观茶碗。喝茶时一定要喝三口半,最后半口还应发出轻轻响声,表示对茶的赞美。茶有两种:一种是深绿色的浓茶,味道清香略苦,要轮流饮;一种是淡茶(薄茶),每人一碗单饮,亭主从正客开始,按顺序点茶并进献。在参加人数多的大茶会上,会有主人的学生在水屋一起点茶奉给主客以外的客人。有的茶会还有甜点心和简单素食,即"怀石料理"。客人们都饮完后,主人会再次拿出已清洁的茶具,摆在客人面前供客人欣赏,客人此时可以向主人询问所使用茶具的名字。主人会一一作出解答,为何今天会使用这些道具。客人在拜赏茶具后,一一向主人道谢,茶道仪式即告结束。要点一碗茶,若从单纯的制作角度上来讲,也许只需要两三分钟,可是,若想要通过点一碗茶的动作来表现大自然的循环运转的过程,来体现东方思想文化之深厚的内涵就不是短短几分钟所能完成的了。所以,在日本茶道里,完成一套规格高的点茶技法需要1个多小时,最简单的也需要20多分钟。就这样,东方的哲学思想赋予了点茶技法以丰富的内容,使得烧水刷碗等日常行为有了严格的规范。同时,以深厚的东方哲学思想为根基而设计的点茶技法,简洁准确,刚柔并济,有礼有节,令人百看不厌。当然,根据迎客、庆贺、欢聚、叙事、赏景、论学等不同内容,其茶道仪式也有所差别。目前,随着时代的变迁,日本茶道也发生了改革简化,现在普通茶道多用茶会的形式进行。

任务3 韩国茶道

韩国在地理位置上距中国比较近,中国茶文化很早就传播到韩国。茶文化与韩国的自然生态环境条件、历史、文化生活相融合,形成了独具风格的韩国茶道。被称为东方礼仪之国的韩国,传统文化、礼仪、饮食、住都融合在茶道上加以体现。韩国茶道是包含综合性的文化,是传统文化和现代文化共存的特殊的灵活的东西。制茶方法和茶叶形状的不断变化引起韩国泡茶法的变化,新茶具也在不断地出现。在不断更新的茶文化下,韩国茶道有文人茶道、仪式茶道、接宾茶道等多种具体形式。

1.3.1 韩国茶道的发展历程

谈韩国茶道的历史,往往要从828年新罗时代的历史纪录开始讲。《三国史记》第10卷《兴德王》有"入唐回使大廉,持种子来,王使植地理山,自善德王时有之,至于此盛焉"的记载。善德王是7世纪的王,这个历史纪录证明当时已经有饮茶风俗。经过高丽时代及朝鲜时代茶种类变化、饮茶方式及茶具变化等,韩国茶道在各时代都有变化和发展。

1)韩国茶道的初创期

7世纪是韩国茶道的初创期。史料上提到的普及茶的时代也是从7世纪开始的。这个时期与佛教有关的饮茶文化风俗频繁出现,如通度寺附近有茶村,是供茶的茶所,文献记载有供给弥勒的献茶礼、关于地藏法师的茶、忠谈师的献茶记录。还有十分重要的是被称为花郎徒、国仙徒的有关茶的痕迹。花郎徒、国仙徒在新罗时代是非常重要的团体,事君以忠、事亲以孝、交友以信、临战无退、杀生有择的他们为了培养浩然之气走过很多地方,各地方都能见他们留下的遗物,如石池灶、石井、茶灶。关于饮茶方式的记录,在真鉴禅师碑石里有"复有以汉茗为供者,则以薪爨石釜,不为屑而煮之曰,吾不识是何味,濡腹而已,守真忤俗,皆此类也"的记载,从中可知当时的饮茶方法。由此可见,茶文化在当时已融入王族、贵族、和尚、百姓的生活中。

2)韩国茶道形成期

韩国茶道的形成期为高丽时代。在高丽时代,茶是非常高贵的东西,茶被当作礼品,常常作为国际交流的礼物或赏赐给臣下的奖品。祭祀的时候会用到茶,国家举办大型活动如八关会、燃灯会、功德斋的时候,茶是不可缺少的。当时茶道形式方面已完善,而且茶已经上升到不能缺少的地位了。

国家机构名称中也可以看到"茶"字,如主管宫里有关茶工作的茶房、属于茶房的茶军士、王行幸的时候休息的茶院等。茶所是负责生产贡茶的特殊的行政区域。民间生活中可以看见茶店,证明以贵族为主的茶文化已经渗入百姓的生活中。

茶的名称也多样化,如雀舌、紫筍茶、茅茶、绿苔钱、脑原茶、大茶等。高丽时代流行的饮茶方式是点茶法。关于点茶法,爱茶的大文豪李奎报在他的诗里描述"手点花瓷夸色味",李齐贤描述"眩转瓷瓯乳花吐"。

高丽人的饮茶生活不仅促进了茶具和制茶发展,也引起了茶文学和哲学方面的进步,茶成为对精神具有重要作用,可修身养性的物质。李奎报著述的《东国李相国集》在韩国最早提倡茶禅一味的道理。《复活》诗云:"夜深莲漏响丁东,三语烦君别异同。多劫头燃难自求,片时目击摠成空。厌闻韩子题双鸟,深喜庄生说二虫。活火香茶真味道,白云明月是家风。生师演法机锋锐,御寇乘冷骨肉融。邂逅忘形聊得意,不惭当日老庞公。"高丽时代茶具的发展是十分明显的,高丽青瓷的生产证明了茶文化的发展和高丽时代的平稳。天地人造化出来的高丽青瓷的特征跟其他国家的青瓷颜色差异很大。它的颜色很独特,被称为翡色,这种翡色茶具包含了高丽时代人的魂、精神和韵味。

3)韩国茶道确立期

韩国之朝鲜时代是茶道历史上衰微后复兴的时段,特别是朝鲜晚期的时候确立了韩国茶道的具体面貌。韩国茶道衰微的原因是频繁的战争、过度的茶税、崇儒抑佛的政策引起寺的财政变差,不能继续茶园管理,对茶产业和产量造成很大的影响。从宫廷到百姓生活中,茶的用途很广,但是产量是有限的。所以朝鲜时代的前期到中期,是韩国的茶文化遇到危机的时段。朝鲜在18世纪时出现了三位对茶的发展有极大贡献的学者,复兴了茶文化。第一位是丁若镛(1762—1863年),号茶山,实学者,著书《牧民心书》《经世遗表》《钦钦新书》等。他专心著书是为了经世,帮助百姓生活。他在流配时期培育的徒弟们组织的团体"茶信契"里特别提到茶。"茶信契"是他的徒弟们通过喝茶,守信义,共同协助照顾茶园、生产、管理、共同分配茶,是在韩国茶历史上很有意义的有关茶的社会团体。第二位是金正喜(1786—1856年),号秋史、阮堂等,书画家、文臣,著书《阮堂集》《实事求是说》《金石过眼录》等。他与丁若镛和草衣禅师友谊深厚,因为茶的来往频繁,因此留下了关于茶的文学、艺术作品。第三位是草衣禅师(1786—1866年),诗书画之三绝。茶山丁若镛有缘跟他学儒家的思想。他与丁若镛、金正喜兄弟、国婿洪显周兄弟们进行了渊深的文学交流。草衣禅师39岁的时候建立了一枝庵,撰写了张源的《茶录》,书名为《茶神传》。在他52岁的时候,海居道人洪显周问他茶道是什么,他为了回答写了《东茶颂》,除了文献耽读以外,他还实际制茶、泡茶、品茶。朝鲜时代有身份制度,但克服身份上的等级差别,文士和高官显贵时常交流茶道。如此草衣禅师对茶道方面的贡献是非常大的,因此被称为韩国的茶圣。

1.3.2 韩国茶道的精神

饮茶文化形成的早期,土俗文化和佛教融合,地理环境、政治、社会都间接影响人民的茶道精神。茶在社会上被重视之后,它不仅仅是解渴的饮料,而是包含有历史、科学、文学、哲学之综合性的灵物了。特别是佛教、道家、儒家的思想渗入茶文化,与之结合的时候,大家才关注茶道精神的重要性,并且思想和茶慢慢地一体化了,如茶禅一味、茶道一味是茶道精神升华到了高的境界。

韩国朝鲜时代的茶人草衣禅师在《东茶颂》里提出:"体神虽全尤恐过中正,中正不过健灵并",主张"中正"。体指真水,神指真茶。"中正",不能缺也不能过多,不仅在泡茶方面需要,在采茶、制茶、泡茶等茶事活动等各方面都需要,这里也包含"和"的思想。物质和非物质之间的和谐、喝茶的环境和喝茶的气氛的和谐也属于"和"的范畴。心灵凝聚和谐的状态,和谐带来舒适、温柔、平安、发挥美德。

"思无邪":从朝鲜时代的草衣禅师作的诗"古来圣贤俱爱茶,茶如君子性无邪",可以知道韩国茶道思想。此外,高丽时代文人李穑在《茶后小咏》里写道:

小瓶汲泉水,破铛烹露芽;耳根顿清净,鼻观通紫霞。
俄然眼翳消,外境无纤瑕;舌辨喉下之,肌骨正不颇。
灵台方寸地,皎皎思无邪;何暇及天下,君子当正家。

可以想一想作家自己利用破锅泡茶的样子。他的生活很朴素,而且喝茶的时候认志思无邪,还想君子之道理,这就可以看到志向清德的儒生的面貌。

茶是世界万人一起共享的东西。不管是中国、日本还是其他国家提倡的茶道精神,在精神上的要求都是一样的。和、精、静、敬、俭、德等思想是茶人共同的茶道精神。韩国茶道以"和""静"为基本精神,其含义泛指"和、敬、俭、真"。

1.3.3 韩国茶会的类型和礼仪

韩国茶道界形成了各种特征的茶礼院。如佛教或天主教等组织的宗教茶会,个人组织的茶礼院或社会团组织的茶礼院等。茶礼院是指茶道教育机构,与茶会、茶道教室相通。这些茶礼院除了学习茶道以外,经过献茶礼、举办茶的活动,向社会服务的方式传播茶道精神。

每个国家都有礼仪。受过儒家教育的韩国,一直到现在都保留着许多传统礼仪。教育里重要内容之一的礼仪,是教养德目、维持社会秩序的一种方法。礼仪的种类有共同礼仪(指姿势、拜礼法、坐席配置、国民仪礼等),生活礼仪(指个人礼仪、语言礼仪、行动礼仪、对人关系、饮食礼仪、服装礼仪、家庭礼仪、学校礼仪、社会礼仪等),家庭礼仪。

茶文化包含了很多传统文化,礼仪也是其中之一。茶会上的礼仪已包括接待客人、泡茶、奉茶、喝茶、吃茶食、交流对话、姿势等步骤和对客人的心态。礼仪是茶文化的一个重要组成部分。

1.3.4 茶人茶话

1)涵虚己和(1376—1433 年)的真茶

"一椀茶出一片心,一片心在一椀茶,当用一椀茶一尝,一尝应生无量乐。"

茶人面临茶事的时候,唯专心做茶、泡茶、喝茶使人感觉到真实。上一句的内涵就是认真泡好的茶汤,可以享受到人生的快乐。非常精简的内容,不过包含的意义很大。

2)李穆(1471—1498 年)的吾心之茶

"神动气而入妙,乐不图而自至,是亦吾心之茶,又何必求乎彼也。"

《茶赋》的最后关键语就是吾心之茶。因为茶让精神进入到美妙的境地,不图谋快乐但是让人感觉到很快乐。这也就是我心气之茶,不用刻意去追求好茶也一样能满足,已经达到道人的境界。没有喝茶,可是感觉像喝茶一样,这都是心气的作用下生成的。我们日常生活中只喝茶,但是有必要明白这茶里面有提高我们思想境界的非常重要的部分,不要只强调茶的科学效能而忽视其精神的效能。

3)金正喜(1786—1856 年)之茶对联

"静坐处茶半香初,妙用时水流花开。"

茶人追求的泡茶、喝茶的气氛是肃静的,闻到茶香、焚香的香气,将人引导到新的境界,静态变成动态的情况下感觉到大自然的高境界。对茶见识广的金正喜是常常喝茶、品茶的茶人,他的诗文、书法、画幅等艺术作品里也可以看到茶人经过茶,可以达到的境界是如何的。

4)普雨(1515—1565 年)之茶偈

"茶即心,心即茶,离茶无地露真心。若向此中嚐一椀,了知无物不自心。"

佛教里,茶是供养物之一,茶汤里融入了宝贵、神灵的茶和泡茶者的诚心、敬慕的精神,即呈现茶心一体的思想。

1.3.5 韩国茶道的主要程序

韩国茶道的种类繁多,各具特色,韩国茶道有传统的宫廷茶道、成人茶道、五行茶道、献茶道、四仙花郎茶道、佳会闺秀茶道、文士茶道等,各种茶道的形式和茶的种类、器具、服装、场地布置不同。

目前,韩国茶道上较常见的是散茶泡茶法。韩国绿茶产量比较多,平时泡茶时常常用绿茶。常见的五人基本泡茶法(叶茶法)主要程序如下。

1)备茶具

①杯子。大小刚好为一只手抓的感觉。最好是白色的杯子,可以看到茶汤的颜色。材料是陶、瓷、金、银、木质。

②茶叶罐。藏茶,一般有盖。用陶瓷、金、银、木质等材料制作。

③茶壶。泡茶的器具,根据人数选择大小适宜的茶壶。茶壶的断水功能要好。

④杯托。奉茶、喝茶的时候放茶杯的托,但喝茶时杯托不用拿。

⑤茶匙。用来拨取茶叶,有以银、陶瓷做的汤匙造型,或者以竹子、松树制作的茶则。

⑥凉水器(茶盅)。用来凉水,也可以调整泡出的茶汤浓度,直接奉给客人。

⑦汤罐(煮水器)。装泡茶用的热水,有石头、不锈钢、琉璃、陶瓷等多种材质。

⑧退水器(水盂)。泡茶的过程中用来装温茶具或洗完杯子后的废水的器具。

⑨小床。像中国的奉茶盘一样,奉茶的时候使用。

⑩大床。布置泡茶具的床。

⑪中床。放汤罐及退水器的床。

⑫茶巾。泡茶时,擦茶器或者擦水的时候用的白色巾。

⑬床褓。为了茶具的卫生而使用的盖布,大部分颜色为红色,因为红色有辟邪的意思。夏天用薄的布料或者用苎麻,冬天用厚的布料。

⑭盖置。放茶壶盖子的道具。

2)泡茶

①行礼。

②把红盖布折起来放于右侧的退水器后面。

③用右手拿茶巾转到左手上,右手拿汤壶的水倒入茶盅里,把开水凉一凉。

韩国茶道

④将茶壶盖子打开放在盖置上。

⑤将茶盅的水倒入茶壶里,然后茶盅归位,把茶壶盖子盖上。

⑥把茶壶里的水倒入茶杯里。顺序是第一排的三杯先。

⑦将汤壶的水倒入茶盅里,汤壶归位。茶壶的盖子打开放在盖置上。茶巾转到右手上,然后归位。

⑧用右手拿起茶罐,递到左手上,右手揭开罐盖放在杯托上,接着右手拿茶匙,舀取茶罐里的茶叶置入茶壶中,茶匙归位。盖上茶罐的盖子,茶罐归位。

⑨茶盅的水倒入茶壶里,盖上茶壶盖子。

⑩依次将温杯水倒入退水器,杯子归位。

⑪拿起茶壶,把茶汤分 2 次或 3 次缓缓倒入茶杯里,茶壶归位。

⑫用右手拿一个茶托放在左手上,接着拿一只茶杯放在左手的茶托上奉给客人。从第一杯到第五杯都一样。

⑬跟客人一起行礼,说“请喝茶”之后,一杯茶分 3 口品饮。

⑭泡次是按茶的质量决定。

⑮收杯、整理茶具。打开红盖布,盖起泡茶具。

1.3.6 韩国的服装和茶服

韩服是韩国民众根据适合坐式生活样式制作的衣服,也是韩国文化的象征。衣服的条件是穿的人自己舒服,别人看起来也舒服,当然里外都要端正及干净。韩国民族祖先对衣服有特别的看法,《击蒙要诀》持身章有“童蒙之学,始于衣服冠属”之句,还有“大抵为人,先要身体端正,自冠巾衣服靴袜,皆收合爱护,常今净净整齐”之说。

1)韩服的构成

韩服比较宽松,可以遮盖身材,所以不管什么体型都可以穿。韩服上衣很端正,不是很长,很方便活动。韩服上衣的线是代表韩国曲线的美,所以穿的时候要把漂亮的线表现出来,袖子不宽不窄,下衣是男性穿裤子,女性穿裙子,有丰富的空间,对步幅没有障碍,裙子的颜色可以跟上衣一样,也可以不一样,根据季节、气候来选择。

2)茶服

在茶文化发展过程中,韩服也不断地发展变化并多样化。在茶道界工作的人们都会把韩服当茶服、工作服。穿着韩服举办活动、参加茶会是一种默认的约定。茶服在布料上强调实用性,除用传统的丝绸以外,还有棉、亚麻、人造纤维等。饰样上除了传统的宽松袖子以外,可见一般的衣服一样宽度的韩服。韩服当作茶服时,功能上要求泡茶、工作时便利,颜色上要求素朴、淡雅,尽量避开很鲜艳的颜色。此外,还要考虑符合场所、季节的需要。

〖思考题〗

1. 茶道的基本含义是什么?
2. 宋代茶道有哪些特点?
3. 中国茶道的基本精神是什么?
4. 为什么说“和”是中国茶道哲学思想的核心?
5. 在中国茶道中所追求的“真”包括哪些含义?
6. 试论陆羽及其《茶经》在中国茶学和茶文化史上的地位。
7. 陆羽为什么将“精行俭德”作为茶道道德观的核心?
8. 日本茶道的“四规”“七则”指的是什么?

实训1.1 中国茶道、日本茶道、韩国茶礼欣赏

〖实训目的〗

1. 通过本项目的实训,使学生了解中国茶道,加深学生对茶道内涵的认识和了解。

2. 让学生了解日本茶道的组成要素和礼仪规范,感受其精神内涵。

3. 让学生了解韩国茶礼的主要程序和特色,感受其精神内涵。

〖实训场地与器具〗

多媒体教室、中国茶道表演的VCD、日本茶道表演的VCD、韩国茶礼表演的VCD。

〖实训要求〗

认真观赏,注意感受中国古茶道、日本茶道、韩国茶礼的组成要素、礼仪规范、精神内涵的区别。

〖实训时间〗

2学时。

〖实训方法〗

1. 放映VCD。

2. 教师讲解,提示。

3. 学生观赏,讨论。

〖实训内容与操作标准〗

1. 中国茶道表演VCD欣赏

(1)放映中国茶道的VCD。

(2)教师略作讲解、提示,学生观赏。

(3)学生分组讨论中国茶道的特点及其精神内涵。

2. 日本茶道表演的VCD欣赏

(1)放映日本茶道的VCD。

(2)教师略作讲解、提示,学生观赏。

(3)学生分组讨论日本茶道的组成要素,礼仪规范,精神内涵。

3. 韩国茶礼表演的VCD欣赏

(1)放映韩国茶礼的VCD。

(2)教师作讲解、提示,学生观赏。

(3)学生分组讨论韩国茶礼的基本程序及特色、精神内涵。

〖达标测试〗

见表1.1。

表 1.1 达标测试表

班级： 组别： 学号： 姓名：

序　号	测试内容	评分标准	配　分	扣　分	得　分
1	中国茶道	能说出中国茶道的特点	25		
2	日本茶道	能说出日本茶道的特点	25		
3	韩国茶礼	能说出韩国茶礼的特点	25		
4	三者的异同点	能辨析三者的异同点	25		
合　计			100		

考核时间： 年 月 日 考评教师(签名)：

学习项目 2　茶艺概论

〖学习目标〗

知识目标

1. 掌握茶艺的概念，了解中国茶艺的特点、美学思想和美学表现法则。
2. 掌握茶艺工作中的仪表仪态、常用礼仪、语言规范等相关知识。
3. 初步掌握茶叶鉴赏的基础知识。
4. 了解茶具的种类、特点及相关知识，掌握茶具选配的原则。
5. 掌握泡茶用水的知识和水处理方法。
6. 掌握茶艺活动中背景音乐、插花、挂画、焚香的相关知识。
7. 了解茶艺程序编排和茶艺动作的基本要求。

技能目标

1. 熟练掌握茶艺工作中的基本姿态、常见礼仪。
2. 初步掌握茶叶品鉴的基本技能。
3. 掌握茶具选配的技巧。
4. 学会水处理的基本方法。
5. 初步掌握茶艺活动中背景音乐、挂画、焚香的选择和插花制作的技能。

课程思政目标

1. 通过仪表仪态、常用礼仪、茶艺语言规范以及茶艺工作者的形体、服饰、发型等的学习，学生懂礼仪，尊重他人，注重仪表和个人形象，提升自身形象气质。

2. 通过茶艺活动中茶具鉴赏、音乐、插花、焚香、挂画等的学习，感受中华优秀传统文化的丰富内涵，培养学生的生活情趣和热爱生活的态度，提升学生综合素养。

3. 通过中国茶艺的特点、茶艺美学思想和茶艺美学表现法则的学习与应用，培养学生中国式的审美观照，提升学生的美学素养和审美能力，增强文化自信。

〖任务引入〗

茶艺工作者要做好茶艺工作，必须掌握茶艺工作中的仪表仪态、常用礼节、语言规范，掌握茶叶基础知识，了解茶具的种类、特点及其相关知识，掌握茶具选配的原则，学会选择泡茶用水和水处理方法，在茶艺活动中能正确选择背景音乐、插花、挂画、焚香来营造意境，能根据茶类的特点、茶艺美学思想和美学表现法则来科学编排茶艺程序、茶艺动作。

〖案例导读〗

娇娇大学毕业后，在某茶文化传播公司担任了两年茶艺师，然后自己开了一个茶室。娇娇的茶室布置古朴典雅，音乐、插花、挂画、焚香随时间、季节和客人的不同而变化。茶类丰富，泡不同茶品有不同的茶具。茶室还配备了水处理器，以满足泡茶用水的需求，不同茶品的泡茶程序、动作不同,泡出的茶能充分展现其品质特征。茶艺师姿态优美、礼仪周全、语言规范,很多顾客觉得到娇娇的茶室喝茶是一种享受,娇娇的茶室生意兴隆,为娇娇赢得了很好的收益。

〖案例分析〗

娇娇的成功得益于掌握了茶艺基本知识和技能,能够营造出适宜品茶的优美环境和艺境,能根据茶品特点设计程序和动作,将茶品的色、香、味、形的美展现出来,让顾客在品饮过程中得到美的享受。

任务1 茶艺概述

2.1.1 茶艺的概念

早在唐代,“艺”与“茶”已开始联姻。陆羽在《茶经》“四之器”“五之煮”“六之饮”中对茶具、煮茶用水、燃料选择、炙茶方法、茶的烹煮技艺、茶的饮用作了详细的论述,这是最早的中国茶艺。陆羽是中华茶文化的奠基者,也是中华茶艺、茶道的创始人。

对于“茶艺”的概念,海内外学者们有着诸多的解释,目前主要有以下几种观点。

浙江湖州的茶文化专家寇丹先生提出:“茶艺有狭义和广义之分。”他概括地提出:“广义的茶艺是研究茶叶的生产、制作、经营、饮用的方法和探讨茶业的原理、原则,以达到物质和精神全面满足的学问。狭义的茶艺是如何泡好一壶茶的技艺和如何享受一杯茶的艺术。”

对于狭义的“茶艺”,也存在多种解释。中国台湾地区茶艺专家季野先生认为:“茶艺是以茶为主体,将艺术融入生活以丰富生活的一种人文主张,其目的在于生活而不在于茶。”季野先生的这种观点属于把茶艺归属于“生活艺术”的流派。这一流派的多数学者崇礼尚静,认为泡茶品茶是生活的乐趣,生活的享受,他们一般不主张把“茶艺”作为一种演出节目而大肆张扬。这一“生活艺术”流派在目前有着广大的群众基础。毕竟,对于广大的群众来说,饮茶是生活中的一个组成部分。学习茶艺不是为了表演,而是为了更好地享受饮茶的乐趣。中国台湾地区的茶艺专家范曾平先生则认为:“茶艺包括两个方面,科学的,人文的。也就是:第一,技艺,科学地泡好一壶茶的技术;第二,艺术,美妙地品享一杯茶的方式。中国茶艺之美是属于心灵美,欣赏茶艺之美,是要把自我投入整个过程当中来观察整体。”范曾平先生的观点相对比较全面,兼顾了泡茶的技艺和品茶的艺术两个方面,基本上代表了茶艺的主流。按照范先生的理论去实践,既可泡得一手好茶,又能够在品茗过程中得到艺术美的享受。而大陆茶艺专家武艺先生则认为:“茶艺是茶人根据茶道规矩通过艺术加工搬上舞台,向广大饮茶人和宾客展示冲、泡、饮等的技艺。”武艺先生的观点则把茶艺归属于“舞台艺术”的流派。这一流派的多数专家热衷于调动舞台表演艺术的一切手段,如灯光、音乐、背景、舞台动作、服装等,将泡茶过程高度艺术化。这类舞台表演型茶艺在茶文化宣传活动中起着极其重要的作用,通过观看丰富多彩的茶艺表演,可激发起人们对茶艺的兴趣。

茶艺大家林治先生提出茶艺的定义更为全面。他指出,茶艺是在茶道精神指导下的茶事实践,包括艺茶的技能、品茶的艺术,以及茶人在茶事活动过程中以茶为媒体去沟通自然、内省自性、完善自我的心理体验。林治先生的定义赋予了茶艺物质与精神的双重内涵。

1）茶艺是在茶道精神指导下的茶事实践

茶艺不同于一般喝茶，也不同于寻常品茶。在选茶、烹茶、品茶等艺茶过程中，始终贯彻着茶道精神，遵从中国茶道道法自然、崇尚朴素的审美原则，做到以道驭艺、以艺示道，从而使茶艺有着丰富的精神内涵，而不显得空洞、肤浅。

2）艺茶的技能

艺茶是一门生活艺能，是茶艺的基本功。艺茶包括了选茶、鉴水、用火、择器、造境等环节，每一个环节都有严格的技术、技能要求。茶艺的核心是茶，茶艺工作者必须要懂茶理茶性，根据不同的茶来择器、选水、造境、科学编排程序，要顺茶性、合茶理，灵活掌握茶水比例、水温、浸润时间等每一个环节，泡出茶的本色、真香、全味，为品茶作好准备。古人讲："要有惊人艺，先练基本功。"没有扎实的艺茶基本功，不可能根据茶品进行最佳的茶具搭配，也不可能营造出一个良好的品茗环境，更不可能把茶性发挥得淋漓尽致，泡出色香味俱全的好茶。茶艺爱好者在修习茶艺之初要重视最核心的艺茶基本功的训练，而不要错误地把茶艺当作表演艺术，只偏爱于学习程序和一些"优美"的表演动作，要真正了解茶性，反复实践，掌握好泡茶的每一个环节，以期在茶艺活动中泡出真正的好茶来。

3）品茶的艺术

品茶是一种艺术。在品茶过程中几乎荟萃了各大门类的艺术。营造品茗环境的有书法艺术、绘画艺术、雕塑艺术、建筑艺术、园林艺术等视觉艺术，有背景音乐、解说等听觉艺术。精美绝伦的茶具、工艺品等属于静态艺术，茶艺工作者的表演是动态艺术。在品茗过程中，茶人对茶的色、香、味的感受产生联想以及茶事操作者具有文学色彩的讲解，属于想象艺术。习茶之人必须要不断提高自身艺术修养，才能将品茶上升到一种艺术层次而不是停留在生理需要的范畴，才能在品茶过程中获得美的感受。

4）完善自我的心理体验

茶艺是雅俗共赏的生活艺术。人们在茶事活动过程中不仅能得到艺茶（即制茶、烹茶、品茶）的物质上的享受和精神上的满足，而且追求更高的境界。通过茶艺活动，以茶为媒介去感受自然、沟通自然、澡雪心灵、内省自性、完善自我，在茶艺活动中参禅悟道，"探虚玄而参造化，清心神而出尘表"（明·朱权），"流华净肌骨，疏瀹涤心源"（唐·颜真卿），感悟人生，得到"茶味人生"的启示。不断提高自身思想境界，使茶艺不仅成为饮茶的艺术，更成为生活的艺术、人生的艺术。

2.1.2 茶艺的分类

我国幅员辽阔，民族众多，饮茶历史悠久，各地各民族茶俗茶艺多姿多彩、繁花似锦，风格各异，美不胜收。茶艺的分类也多种多样。

1）以人为主体分类

以人为主体分类，即根据参与茶事活动的茶人的身份不同进行分类，可将茶艺分为宫廷茶艺、文士茶艺、民俗茶艺和宗教茶艺四大类型。

（1）宫廷茶艺

宫廷茶艺是我国古代帝王为敬神祭祖或宴赐群臣进行的茶艺。从唐代开始，宫廷中饮茶就相当普遍，茶进入宫廷后，褪去了一些自然质朴的本色，染上了许多奢华的味道。宫中帝王清饮、斗茶、清明盛宴、祭祖祭神、王公婚嫁、殿试赐茶、接待外国使节等都有十分讲究的茶礼程序。到了宋代，宫廷茶艺发展到登峰造极的地步，清代，宫廷茶艺又得到了进一步的发展。宫廷茶艺比较有名的有：唐代的清明茶宴、唐德宗时期的东亭茶宴，宋徽宗赐茶，以及清代的千叟茶宴、三清茶等。宫廷茶艺的特点是：场面宏大、礼仪烦琐、气氛庄严、茶具奢华、等级森严，且带有明显的政治导向和政治教化的色彩。

(2)**文士茶艺**

文士茶艺是在历代文人雅士们品茗斗茶的基础上发展起来的茶艺。文人一直是我国茶艺活动的主要群体，文人们的茶事活动常常与清谈、观花、赏月、抚琴、吟诗联句、挥毫泼墨、鉴赏古董字画等文学艺术活动相结合，浪漫风雅，文化底蕴丰富。文士茶艺比较有名的有唐代吕温写的三月三茶宴，颜真卿等名士的月下啜茶联句，白居易写的湖州茶山境会，以及宋代文人在斗茶活动中所用的点茶法、明清时期的瀹饮法等。文士茶艺追求"精俭清和"的精神，一般选用汤味淡雅、制作精良的阳羡茶、顾渚茶等名茶，并喜用宜兴紫砂壶(泡茶)、景德镇瓯(饮茶)、惠山竹炉(生火烧水)和汴梁(开封)锡铫(煮水)等茶器，用无锡惠山泉煮茶，室内品茗常以书、花、香、石、文具为摆设。文士茶艺的特点是文化内涵厚重，品茗时注重意境，格调高雅，茶具精巧典雅，表现形式多样，气氛轻松愉悦，深得愉情悦志、修身养性之真趣。

(3)**民俗茶艺**

我国是一个多民族相依共存的国家，虽然各民族对茶有着共同的爱好，但因生活环境、生活习惯等不同，饮茶的方式也不同，形成了各具特色的饮茶习俗。即使是在同一民族内部也是千里不同风，百里不同俗。在长期的茶事实践中，不少地方的民族都创造出了具有独特韵味的民俗茶艺，如藏族的酥油茶、蒙古族的奶茶、南疆维吾尔族的香茶、北疆维吾尔族的咸奶茶、白族的三道茶、土家族的擂茶、彝族的百抖茶、傣族的竹筒香茶、回族的罐罐茶、佤族的苦茶、苗族的油茶等。民俗茶艺的特点是表现形式多姿多彩，清饮调饮不拘一格，民族风情浓郁，特色鲜明。

(4)**宗教茶艺**

"江南风致说僧家，石上清泉竹里茶。法藏名僧知更好，香烟茶晕满袈裟。"(明代陆容《送茶僧》)。佛教自从传入我国，便与茶结下了千丝万缕的联系，当代佛学大师赵朴初在他的诗作《吟茶诗》中写道："七碗受至味，一壶得真趣。空持百千偈，不如吃茶去。"道教与茶结缘亦很深，道教名士钟情于茶，为茶著书立说，以茶招待来客，将饮茶作为养生之道。僧人道士们以茶礼佛、以茶参禅、以茶祭神、以茶助道、以茶待客、以茶修身、以茶养性，形成了多种茶艺形式，如禅茶茶艺、太极茶艺、道家神仙茶艺等。宗教茶艺的特点是：礼仪周全，气氛庄严肃穆，茶具古朴典雅，强调修身养性或以茶释道。

2)以茶为主体分类

以茶为主体进行分类。根据茶类来分，有绿茶茶艺、红茶茶艺、乌龙茶茶艺、黄茶茶艺、白茶茶艺、黑茶茶艺、普洱茶茶艺、花茶茶艺等。在大类下，还可逐类细分，直细到具体茶品，如龙井茶茶艺、碧螺春茶艺、君山银针茶艺、滇红金芽茶茶艺等。茶品不同，其品质特征不同，泡茶时茶具的选择不同，泡茶程序、水温、浸润时间等要素也各不相同。

3)以表现形式分类

根据茶艺的表现形式可分为表演型茶艺、待客型茶艺和营销型茶艺三大类。

(1)表演型茶艺

表演型茶艺分技艺表演型茶艺和艺术表演型茶艺。

技艺表演型茶艺主要是向观众展示高难度的茶叶冲泡技艺。例如,四川茶馆的盖碗茶掺茶绝技表演:茶客一进店,茶博士(茶堂倌)左手拿七八套茶碗,右手提壶快步迎上前来,“当当当”,先把茶托布在桌上,继而把茶盖搁在茶托旁,再把装好茶叶的茶碗放进茶托,然后扬臂运腕,把长嘴大铜壶提到齐肩高,老远做一个“雪花盖顶”,开水从壶嘴喷出,像一条优美的弧线,滴水不洒地倒了个满碗花,最后小指把茶杯盖轻轻一钩,来个“海底捞月”稳稳扣在碗口,有时则来个“二龙戏珠”,一手一把壶,或同冲一碗,或分冲两碗,同时倒,同时收,到胸前一挽,轻轻放下,脸不红,气不喘。茶客常常看得目瞪口呆,大声叫好。

艺术表演型茶艺是由一个或几个茶艺师在舞台上演示艺茶技巧,众多的观众在台下欣赏。从严格意义上说,因为在台下的观众中只有少数几名贵宾有机会品茶,其余的绝大多数人只能观赏艺茶的动作,根本无法鉴赏到茶的色、香、味、形,更品不到茶之韵,这种舞台式的表演称不上完整的茶艺,只能称为茶舞、茶技或泡茶技能的演示。艺术表演型茶艺的特点是动作优美夸张,调动了一切艺术因素,艺术化程度高,但往往文胜于质。目前许多文艺团体编创的茶艺,常常载歌载舞,热闹非凡,极尽夸张之能事,与茶的“清、静、雅”的本性相去甚远,很难将茶的精神体现出来。但艺术表演型茶艺适用于大型聚会,在激发人们对茶艺茶道的兴趣、推广普及茶道茶艺等方面有良好的作用,同时比较适合表现历史性题材或进行专题艺术化表演。

(2)生活型茶艺(待客型茶艺)

生活型茶艺常常由一个主人与几位朋友嘉客围桌而坐,一同赏茶、鉴水、闻香、品茗,有时是一个人静静地泡茶品饮。在场的每一个人都是茶事活动的直接参与者,每一个人都参与了茶艺美的创造,都充分领略到茶的色、香、味、韵,都可以自由地交流情感、切磋茶艺、探讨茶道奥义,或敞开心扉,真情交流,获得从生理到心理再到精神上的全面享受。生活型茶艺的特点是动作平实流畅优美,注重泡茶的技艺,注重领略茶的色香味形之美和感悟茶的精神内涵。这种茶艺广泛应用于社会生活中,普通家庭、茶室、企事业单位、行政机关都适用,是茶艺的主流形式。

(3)经营型茶艺

经营性茶艺主要用于茶叶企业、商家推广销售茶叶产品的活动中以及经营性茶馆、餐厅及其他营业性场所的茶艺。茶叶企业、商家推广销售茶叶产品时买卖茶叶的双方常常一起对茶叶进行品评鉴定,这种营销型茶艺较接近茶叶审评,对投茶量、开水量、水温、浸泡时间等有较为严格的要求,品茗时一般用内壁纯白的杯具,以便对茶叶品质进行准确的鉴评。而经营性茶馆则常常因客人的饮茶习惯不同而对投茶量、茶水比、浸润时间等作灵活地调整,并常常佐以各色茶点茶果,以满足客人的需求。因为常常需要在客人面前做冲泡表演,经营型茶艺也注重动作的流畅优美。

2.1.3 中国茶艺的特点

中国茶艺由于深深融会了中国传统文化的精神内涵，以中国茶道精神为思想指导，所以道心文趣兼备，从内涵上看，文质并重，尤重意境；从形式上看，百花齐放，不拘一格；从审美上看，强调自然，崇静尚俭；从目的上看，注重内省，追求怡真。

1）文质并重，尤重意境

“质”是指茶艺的思想内涵，是茶艺的内涵美，“文”是指服装、道具、表演程序和表现技巧，是茶艺的外在美的表现。一套茶艺如果只注重思想内涵而不重视服装、道具、表演程序和表演技巧，内在美缺乏必要的表现形式，则必然显得枯燥无味，不能吸引人。相反，如果只重视服装、道具、表演程序和表演技巧而无思想内涵，就显得虚浮空洞，不能打动人心。文质并重是中国茶艺的主要特点。中国茶艺历来追求通过茶艺外在的美的表现形式来诠释茶艺的思想内涵，文质并重，内涵美与外在美结合，意境高远，韵味无穷，引人入胜。

2）百花齐放，不拘一格

中国茶艺的表现形式多姿多彩。风格上有的儒雅含蓄，有的质朴粗犷，有的空灵玄妙，例如，禅宗茶艺空灵玄妙、禅机逼人，宫廷茶艺场面宏大、镂金错彩、极尽奢华，文士茶艺含蓄儒雅、清丽脱俗、引人遐思。方法上清饮调饮不拘一格，有的用调饮法为您献上清凉沁心的冰红茶或浓香扑鼻的奶茶，有的用清饮法为您敬上一盏花香茶香交融的花茶、一杯沁人心脾的龙井或香郁味醇的乌龙茶。不同的茶类、不同的区域、不同的民族有不同的风格和流派，如绿茶清饮清新淡雅，红茶调饮时尚温馨，佤族、彝族烤茶质朴粗犷、热情奔放，而乌龙茶的泡法则有闽北流派、闽南流派、广东流派、台湾流派四大流派，各派风格亦迥然不同。

3）道法自然，崇静尚俭

中国茶艺的表现特点是道法自然，崇静尚俭。老子云：“人法地，地法天，天法道，道法自然。”道法自然是中国茶艺表演的最高原则，是茶艺美学理论体系的基石。中国茶艺倡导“道法自然”，自然的本性是朴素，道法自然表现为追求自然美。自然美表现在天之自高、地之自厚、日月之自明、花之自开、水之自流，它们都表现在自在无为、淡然无极。中国茶艺要求茶人从精神上追求自由，反对心为物所役，力求去亲和自然、契合大道，做到物我两忘，达到至美天乐，道法自然。在泡茶时，要求动如行云流水，静如苍松屹立，笑如春花烂漫，言如山泉絮语，一举手一投足都纯任自然，发自心性，毫不取巧雕饰，毫不矫揉造作。中国茶艺这种以“自然为美”培养出了中国茶人自由旷达、潇洒不群、超然自得、不饰造作的个性。

崇静尚俭，是指中国茶艺要求简约玄淡，心静行俭，返璞归真，不铺张，不奢华，体行“精行俭德”的思想精髓。

4）内省自性，追求怡真

在茶艺活动过程中，中国茶人往往以茶为媒介，去感受大自然的信息，在茶香飘飘、茶烟袅袅中远离尘世的喧嚣和污染，进入物我两忘、“天人合一”的境界，获得茶艺活动中生理上、心理上、精神上愉悦的审美体验。茶清净淡泊、朴素自然、自守无欲、耐得寂寞的品性，使得茶人们在茶艺活动过程中以茶清心、以茶励志，内省自性，不断提高自我修养，胸怀大志，追求物之真、情之真、性之真、道之真。

2.1.4 中国茶艺的美学表现法则

中国茶艺之美，主要体现在自然、朴素、简洁、清雅、闲适、纯真，是一种自然美。茶艺活动要体现中国茶艺美的特点，就要遵循一定的美学表现法则。归纳起来，中国茶艺美学表现有以下9个法则。

1）气定神闲

中国茶道认为“茶道即人道”。茶道美首先是人的美。中国茶道以艺示道，在茶艺活动中首先要展现的就是茶人的形体、仪态、神韵和心灵之美。其中，最突出的是表现茶人神定气朗的神韵美。茶人们在长期的、经常性的茶事活动中，通过不断地修炼自己，坐姿端正、站姿挺拔、走姿优美，目光祥和、表情自信、举止从容、待人谦和，在茶事活动时能清除杂念、排除干扰，专注于茶事，不浮躁不安，不昏昏沉沉、无精打采，达到虚静空灵、闲适安详，表现出气定神闲、超凡脱俗的风采。

2）对称与不均齐相结合

对称是指以一条线为中轴，中轴线的两侧均等的一种美学表现形式。它是人类认识较早、较普遍重视的形式美法则。许多物体如人体、几何体及建筑如天安门、故宫、天坛等都是对称的形体。对称具有比较安静、稳定性强等美学特性，而且可以衬托出中心位置。对称在茶艺活动中使用很多，例如，茶桌上摆放的精巧的茶杯、几何形状的花瓶等一般都表现对称美，从对称美中可以表现出大自然的规律，但如果所有的器物都是对称的，则会显得呆板。

不均齐是指没有一定的规律，用禅语可解释为“无法”。不均齐美充满动态的感觉，可以使人发挥更多的美学联想。日本茶道特别崇尚不均齐的美学法则，日本茶人认为，正方形、正圆形以及一切对称的形体都缺乏美感，只有不均齐的东西才能给人以无穷的想象。

在茶艺活动过程中，将对称美与不均齐美有机地结合起来，可以相辅相成，相得益彰，在稳定中有动感，使茶艺的美显得既引人遐思、变化无穷，又有中心，不会显得过分凌乱。例如，在茶室中选用千年古树树根做成的、保持树根自然形态的根雕茶桌，茶桌桌面的年轮构成的自然纹理、茶桌的形状和桌面显现的图案，表现出不均齐美，而在茶桌上摆放的呈一定形状的茶杯、茶壶、茶碗等表现出对称美。几何形状的花瓶是对称美，而花瓶中错落有致的东方式（自由式）插花又是不均齐美，有一种灵动之气。

3）照应

照应是中国古典美学的一个重要的形式美的法则，也称为“呼应”。它来源于《周易·乾·文言》中的“同声相应”，这里的“应”原本是响应、共鸣的意思。“照应”所反映的是事物之间的相互依存关系，具有协调、同一的功能。通过“照应”可以把分散的美的各个要素，有机地整合为一个整体美。在茶艺活动中要注意“照应”的应用：茶与泡茶器具之间的“照应”——不同品质的茶选择不同的器具；插花、挂画、焚香与整体环境的“照应”——插花、焚香、挂画与整体环境之间彼此协调一致；背景音乐、解说词与茶艺程序、表演动作的“照应”——表演动作的节奏、开合随音乐节奏而改变，解说词与表演动作、茶艺程序相一致；茶艺程序编排的前后“照应”等。“照应”应用得当，可使茶艺表现出多姿多彩但又不显得紊乱的整体美。

4）反复

反复这一美学表现的基本法则源于《周易》。从审美角度看，反复的整体性强，给人整齐一律的美感。反复不是简单的重复，反复的巧妙应用可以深化主题，给人层层递进的美感，而不会使人感到单调、枯燥、乏味。例如，唐代卢仝所写的《走笔谢孟谏议寄新茶》一诗："一碗喉吻润，两碗破孤闷。三碗搜枯肠，唯有文字五千卷。四碗发轻汗，平生不平事，尽向毛孔散。五碗肌骨清，六碗通仙灵，七碗吃不得也，唯觉两腋习习清风生。"这一碗、两碗一直到七碗就是反复的妙用，在不断深化饮茶的生理、心理和精神上的感受。

茶艺活动过程中，在背景音乐、图案装饰、程序编排、艺茶动作、文字解说等方面合理、巧妙地应用反复，可增进茶艺的整体美感和节奏感，给人更强烈的审美感受。

5）节奏

节奏作为一个美学的表现法则源于宇宙的运动变化以及生命的成长发育。自然界里一切事物都有节奏，如四季的变更、昼夜的交替、生命的成长等都有其节奏。郭沫若先生曾概括总结说："本来宇宙间的事物没有一样是没有节奏的。譬如寒往则暑来，暑往则寒来，寒暑相推四时代序，这便是时令上的节奏；又譬如高而为山陵，低而为溪谷，陵谷相间，岭脉蜿蜒，这便是地壳的节奏。宇宙内的东西没有一样是死的，就因为有一种节奏（可以说就是生命）在里面流贯着。做艺术家的人就要在一切死的东西里面看出生命来，在一切平板的东西里看出节奏来。"音乐家用长短音交替和强弱音的反复来创造节奏，书法家、画家用线条和形象排列组织的动势去表现节奏。

在茶艺表演中，背景音乐、讲解、动作都应当富有节奏感。茶艺活动中的音乐有节奏，动作有节奏，讲解亦有节奏。茶艺背景音乐通过曲调的变化来表达节奏，茶人们通过阴阳、刚柔、动静、开合、往来、盈虚、顺逆、轻重、浓淡、快慢等对立面的相互转化以及连续、间断、反复等的变化来表现动作的节奏，用语音语调的高低、轻重、缓急、抑扬、顿挫来表达讲解的节奏。

在节奏的基础上赋予一定的情调色彩便形成韵律。韵律更能给人以情趣，更能打动人心，满足人的精神享受。中国茶艺特别注重韵律，认为"韵者，美之极"，并通过"气韵生动"来充分展示茶道的内在美和茶艺的艺术美。

6）简素

茶性自然、简洁，简素美是茶艺美的重要表现法则。《周易·系辞》中："乾以易知，坤以简能。易则易知，简则易从……易简而天下之理得矣。"老庄美学认为："朴素而天下莫能与之争美。"行于简易闲淡之中，而有深远无穷之味的美才是至美，这便是儒家美学认为的"大乐必易，大礼必简"。佛教美学中流传着"梅花一字师"的故事很能反映简素美的要义。唐代著名的诗僧齐已写了一首题为《早梅》的诗：

万木冻欲折，孤根暖独回。
前村深雪里，昨夜一枝开。
风遁幽香去，禽窥素艳来。
明年应如律，先发映春台。

诗人郑谷看了之后认为此诗虽然很好，但尚有不足，他建议齐己把“昨夜数枝开”改为“昨夜一枝开”。齐己听了之后顿觉心胸豁然开朗，做到了艺术上的大彻大悟，立刻伏拜于地上，连称郑谷“真乃吾一字之师也”。把“昨夜数枝开”改为“昨夜一枝开”，只改动了一个字，但全诗的意境全然不同。这“一枝独艳”的美，也正是中国茶艺追求的简素美。清代乾隆年间“扬州八怪”之一的郑板桥嗜茶爱竹，他一生画竹无数，画的竹子枝枝挺拔，风格朗秀，简素无杂，极具神韵，被后人视为一绝。郑板桥在谈他画竹心得时写道：

四十年来画竹枝，日间挥写夜间思。
冗繁削尽留清瘦，画到生时是熟时。

“冗繁削尽留清瘦”即是郑板桥对中国古典美学中简素美的深刻体会。

中国人特别崇尚简素美，中国民间有谚语曰：“最美不过素打扮”“淡极是最艳”，这是中国人对简素美的至深感悟。

中国茶艺特别强调简素美。“简”在中国茶艺中表现为不摆设多余的陈设，不佩戴多余的饰品，不做多余的动作，不讲多余的话。“素”表现为不浓妆艳抹，不镂金错彩，而是清丽脱俗，朴素儒雅，淡然无极。例如，茶具多选择浅淡的色彩，服装也以色彩素雅、款式简洁为主，茶艺工作者一般只化生活淡妆，饰物尽量少而精或者不戴饰物，素手纤纤，不涂抹色彩艳丽的指甲油，整个茶事环境简洁素雅。简素才能将茶的自然、简洁的本质淋漓尽致地表现出来。

7)调和与对比

调和是把两个接近的东西相并列、相联系，而对比是把两个差异很大的东西放在一起，相互衬托，以彰显其差异与强烈个性。调和与对比是反映事物矛盾的两种状态，调和是求同，对比是存异。调和使人在变化中感到协调一致，对比使人感到醒目活跃、心情激动。例如，色彩中的红与橙、橙与黄、黄与绿、绿与蓝、蓝与青、青与紫、紫与红都是邻近的调和色，而黑与白、黑与红、红与白、黄与蓝、红与绿等则是对比色。诗仙李白在《答族侄僧中孚赠玉泉仙人掌茶》一诗中写道：“仙鼠白如鸦，倒悬清溪月。”唐代诗人郑谷在《峡中尝茶》一诗中写道：“入坐半瓯轻泛绿，开缄数片浅含黄。”白鼠和溪月、泛绿和含黄都是色彩的调和。而白居易在《谢李六郎中寄新蜀茶》一诗中写道：“红纸一封书后信，绿芽十片火前春。”在《睡后茶兴忆杨同州》一诗中写道：“白瓷瓯甚洁，红炉炭方炽。”其中“红纸”和“绿芽”“白瓷”与“红炉”是颜色、质地的对比。白居易的《琵琶行》中：“大弦嘈嘈如急雨，小弦切切如私语。”这是声音的对比。

在茶艺活动中调和与对比的应用表现在色彩、声音、质地、形象等诸多方面。例如，在木质茶桌上摆一个竹制茶盘，木与竹是质地上的调和；在竹茶盘中摆放着一把粗犷古朴的紫砂壶并配有几只精巧的白瓷茶杯，壶与杯以及壶与茶盘之间都是质地和形象的对比；在泡红茶的茶席中，用红色的桌布做铺垫，上面摆放白瓷的杯具，是质地和色彩的对比，而花瓶中一枝粉红的梅花，则起到调和的作用；泡普洱熟茶时，泡茶器具选用了紫砂茶壶，品茗杯选择玻璃杯，是质地、色彩的对比。在解说过程中，声调抑扬顿挫，高低起伏；艺茶动作的快慢、开合等，都是对比与调和的运用。调和与对比是中国茶艺美学表现形式中不可缺少的技巧。巧妙运用对比与调和，可使茶艺活动中一切因素协调一致，不杂乱刺眼，同时又有变化、有活力而不枯燥单调。

8）清雅幽玄

清雅幽玄是中国茶艺追求的意境美。中国茶人在人格上追求清高，在气质上追求高雅，使中国茶艺形成了以“清”和“幽”为特点的美学表现形式。

以“清”为美，在茶艺活动中常表现为茶的清香、水的清纯、器的清洁、境的清雅、心的清闲。在茶事活动中，茶人们以茶会友，以琴棋书画助茶，以焚香、插花辅茶，为的是表茶人脱俗之清谊、显茶人之清傲、添茶境之清雅、增茶人之清兴。元代诗人叶颙的诗《石鼎茶声》：“青山茅屋白云中，汲水煎茶火正红。十载不闻尘世事，饱听石鼎煮松风。”写出了茶境之清幽与茶人心境之清闲。宋代诗人杜小山的《寒夜》一诗：“寒夜客来茶当酒，竹炉汤沸火初红。寻常一样窗前月，才有梅花便不同。”窗外，明月朗朗，枝头梅花数点，室内，竹炉火红，汤响松风，主客对饮，境何其清，情何其清。

“幽玄”用禅语解释称为“无底”，即高深莫测之意，表现为含蓄、有韵味、耐回想，宋代释了元在《游云门》一诗中写道：

一阵若邪溪上雨，雨过荷花香满路。
拖筇纵步入松门，寺在白云堆里住。
老僧却笑寻茶具，旋汲寒泉煮玉乳。
睡魔惊散毛骨清，坐看秦峰秋月午。
月明山鸟乱相呼，松杉竹影半窗户。
令人彻晓忆匡庐，作诗先寄江南去。

诗中的“坐看秦峰秋月午”“月明山鸟乱相呼，松杉竹影半窗户”就有浓浓的“幽玄美”的韵味。

在茶艺活动中，要表现清雅幽玄之美，主要是参与茶事活动之人要气质清高、心境清闲，所选之茶要清香雅致、水要清甜寒冽、器具清洁淡雅、环境要清净幽雅，让人们远离尘世喧嚣，在淡然无极的意境中感受茶之清雅、自然之玄妙。

9）多样统一

老子讲：“道生一，一生二，二生三，三生万物。万物负阴而抱阳，冲气以为和。”（《道德经》第四十二章）。“三生万物”是多样，“冲气以为和”是统一。老子的这一宇宙生发论是“多样统一”这一美学法则的理论基础。中国古典美学认为：“声一无听，物一无文。”这里的“一”是指“单一”或“单调”。单一的声音不可能具有音乐的美感，自然“无听”（不好听），单一的物体，不可能引起视觉的美感，自然“无文”（不好看）。中国古典美学在强调美的多样性的同时，也强调美的统一性，提出“和而不同，违而不犯”。“和而不同”是指多样性应和谐而不显得雷同。“违而不犯”是指多样性在变化中应统一而不显得杂乱。

“多样统一”是中国茶道形式美的高级法则，同时也是茶艺美的综合表现。茶艺活动涉及人、茶、水、器、境、艺六大要素，众多要素之间必须相互联系、相互协调，有主有次，形成一个整体，才能使茶艺具有美感。

在茶艺活动过程中，要以茶为核心，围绕着茶选配茶具，选择背景、音乐、挂画、焚香、插花、服装等，设计茶艺程序和艺茶动作，编写解说词。要以茶为中心，协调各因素之间的关系，使一切局部都从属于整体，局部美的魅力从整体中得到显现，同时，局部美在整体美中又保持相对独立，表现茶艺美的多样性和统一性，形成茶艺丰富多彩的整体和谐美。

中国茶艺美的表现形式法则，加上茶艺美学的思想理念，指导着我国的茶艺不断地创造出多姿多彩、千变万化的美。老子说："终日乾乾，与时偕行。"老子认为，"道"是随着时间的推移、时代的变迁而不断发展变化的。茶道美学的理念与法则也不是一成不变的，它随着社会科技、文化的发展、人们审美观念的变化而不断发展变化。石涛曾说："至人无法，非无法也，无法而法，方为至法。"学习茶艺美学法则之后，在茶艺活动中要灵活运用这些法则，进而突破这些法则，不断创造、丰富茶艺美。

2.1.5 中国茶艺的美学思想

源远流长的中国茶文化，融汇了道儒佛三教的思想。在茶事活动过程中，中国人重视精神追求，重视用心灵去体会茶之精神，使中国茶艺处处渗透着真、善、美的精神追求，体现着东方圆融和谐的美学思想。中国茶艺的美学思想主要表现在以下几个方面。

1）崇尚自然，返璞归真

我国茶艺茶道与道、儒、佛三教哲学有深厚的渊源，古人认为"道"出自自然，即"道法自然"，受道家"天人合一"哲学思想的影响，中国历代茶人都强调人与自然的统一。茶为自然之物，茶性清纯、淡雅、质朴，茶艺活动过程中，一切自然而然，毫不取巧雕饰，毫不矫揉造作，力求朴素简约，纯任心性，淡然无极，因此，"崇尚自然，返璞归真"就成为中国茶艺美学思想的核心。中国茶艺"崇尚自然、返璞归真"表现在以下几个方面。

①主张用本地水煎本地所产之茶，如虎跑泉水泡龙井茶、谷帘泉水泡庐山云雾茶。

②主张烹茶用天然之水，如泉水、雪水、雨水等。

③主张使用自然之茶。茶中不加各种化学香精香料色素，品出茶之真香本味本色。茶食茶点亦用纯自然原料加工，体现其自然淡雅之风味。

④主张用自产土制器皿烹茶。如许多民族喜欢用土陶罐煎茶，很多地方喜欢用紫砂壶泡茶。

陆游的《北岩采新茶用忘怀录中法煎饮欣然忘病之未去也》表现了我国茶人这种"崇尚自然，返璞归真"的精神追求。

槐火初钻燧，松风自候汤。
携篮苔茎远，落爪雪芽长。
细啜襟灵爽，微吟齿颊香。
归时更清绝，竹影踏斜阳。

2）高雅脱俗，怡情悦性

中国茶艺从唐代开始就以文人雅士为主体，文人雅士群体一直对中国茶艺的发展起着推波助澜的作用。我国文人雅士一方面追求崇高，追求浩然之气，使自己灵魂升华，追求借茶励志的操守，淡泊清尚的气度；另一方面，文人雅士们的茶事活动，文化内涵厚重，品茗时注重意境，茶具精巧典雅，气氛轻松愉悦，常和清谈、赏花、赏月、抚琴、吟诗联句、挥毫泼墨、鉴赏古董字画等相结合，深得愉情悦意、修身养性之真趣，这使中国茶艺表现出浪漫风雅、高雅脱俗、自然飘逸、怡情悦性的特点。

唐代元稹《一字至七字诗·茶》比较形象地表现了中国茶艺这种“高雅脱俗，怡情悦性”的风格。

茶
香叶，嫩芽。
慕诗客，爱僧家。
碾雕白玉，罗织红纱。
铫煎黄蕊色，碗转曲尘花。
夜后邀陪明月，晨前独对朝霞。
洗尽古今人不倦，将知醉后岂堪夸。

3）淡泊闲适，中庸圆融

淡泊闲适是中国茶人的性格特点，也是中国茶艺最重要的美学追求之一。茶性清净雅洁，茶的饮用也求淡，中国茶人常追求“君子之交淡如水”，追求淡泊闲适、随遇而安的生活。为人处世，追求圆融和谐的中庸之道。这种生活态度在苏东坡的《人生赏心十六乐事》一诗中表现得淋漓尽致。

清溪浅水行舟，微雨竹窗夜话。
暑至临流濯足，雨后登楼看山。
柳荫堤畔闲行，花坞樽前微笑。
隔江山寺闻钟，月下乐邻吹箫。
晨兴半柱茗香，午倦一方藤枕。
开瓮勿逢陶府，接客不着衣冠。
乞得名花盛开，飞来家禽自语。
客至汲泉煎茶，抚琴听者知意。

4）枯索静寂，悟道自省

茶之自然属性是清、静，饮茶可清心，这正是茶与佛教、道教思想的切合点。佛家对中国茶艺的最大影响莫过于禅宗那种人人想超脱世俗困扰，使精神进入绝对自由之境界，并肯定个人生命价值的种种意念。例如，和尚坐禅时要求姿势端正，不偏不倚，心里高度宁静，以便与禅作心灵对话，实现顿悟成佛。赵州和尚从谂禅师(778—897年)“吃茶去”成为法门偈语，道理亦为如此。

道家与茶结缘，亦为茶可助道。汲泉煎茶，以茶助读，可使齿颊生香，飘飘欲仙，使心进入幽冥的神仙境界。唐代诗人温庭筠的《西陵道士茶歌》就体现了道士伴茶夜读，以茶助道，枯索静寂、悟道自省的情景，诗云：

乳窦溅溅通石脉，绿城愁草春江色。
涧花入井水味香，山月当人松影直。
仙翁白扇霜鸟翎，拂坛夜读黄庭经。
疏香皓齿有馀味，更觉鹤心通杳冥。

任务2 茶艺工作者的要求

茶艺有6个基本要素:人、茶、水、器、境、艺。在茶艺活动过程中6个要素缺一不可,6个要素相互配合、相得益彰,才能使茶艺达到尽善尽美的境界,给人带来美的享受。

人是万物之灵,是社会的核心。在茶艺活动中,人是主体,茶艺诸要素中茶由人制、境由人创、水由人鉴、茶具器皿由人选择组合、茶艺程序由人编排演示,人是茶艺最根本的要素,也是最美的要素。从大的方面讲,人的美有两个方面的含义:一方面是作为自然人所表现的外在的形体、仪表仪态之美;另一方面是作为社会人所表现出来的内在的心灵美。从事茶艺工作的人既要有美的形体和仪表仪态,又要有美的心灵。

2.2.1 仪表美

仪表美是形体美、服饰美与发型美的有机综合美。仪表美给人的印象很直观,茶艺工作者的仪表会在客人的心理上引起某种感觉,或轻松愉快,或庄重典雅等。茶艺审美从一开始,人们就特别注意茶艺工作者的仪表美。

1)形体美

对于专业从事茶艺工作的人来说,美的形体非常重要。茶艺工作者的形体一般应具备以下标准:

①骨骼发育正常,关节不显粗大凸起。

②肌肉发达均匀,皮下脂肪适当。

③五官端正,与头部配合协调。

④双肩对称,男性要求宽阔,女性要求圆润。

⑤脊柱正视垂直,侧视曲度正常。

⑥胸部隆起,男性略呈V形。女性胸部丰满而不下垂,侧视应有明显曲线。

⑦女性腰细而结实,微呈圆柱形,腹部扁平。

⑧臀部圆满适度,富有弹性。

⑨双腿修长,大腿线条柔和,小腿腓部突出,足弓要高,脚位要正。

⑩男性的手要浑厚有力,女性的手要纤巧结实。手形、手相要美观,手指要修长,皮肤要细腻匀净,指甲要美观。

⑪牙齿要洁白整齐。人的形体中很多方面可以通过形体训练来改善,茶艺工作者要坚持科学的形体训练,以保持形体并有效改善形体,使自己的形体更美。

2)服饰美

俗话说:“三分长相,七分打扮。”“人靠衣装,马靠金鞍。”服饰可反映出着装人的性格、品位、文化修养与审美情趣,并会影响茶艺表演的效果。茶艺活动过程中的服饰首先应与所要冲泡的茶及其思想内容相配,然后还要注意式样、做工、质地和色彩。不同的茶艺要配不同的服装,如唐代宫廷茶艺应着唐代宫廷服饰,大理白族三道茶就应配白族服装。就一般的茶艺而言,茶艺师宜穿着具有民族特色的中式服装,如女性着旗袍、唐装、姊妹装等,男性着长袍、唐装或衬衣马甲等，或着少数民族服装，而不宜“西化”，穿着西装、打着领带或穿着袒胸露背的晚礼服泡茶，给人不伦不类的感觉。茶艺表演服装应式样简洁，做工精细，衣服的袖口不宜过宽，否则会沾到茶具或茶水，给人一种不卫生的感觉。服装材质以棉、麻、丝等自然材质为宜，穿着既透气舒适，又与茶的自然特性相适宜。茶性雅净，茶艺服装色彩宜素雅，不宜太鲜艳，要与环境、茶具相协调，否则会破坏清净幽雅的气氛，使人有躁动不安的感觉。

在茶艺活动过程中，茶艺工作者不可涂抹有香味的化妆品，以防混淆茶香；不可浓妆艳抹，不可涂有色指甲油，只宜清雅淡妆；不宜戴手表，不宜佩戴戒指、手链等首饰，以防划伤茶具；如果有条件，女性茶艺工作者戴一个玉手镯，玉器温润自然的特性与茶性的温润自然极其相宜，能为茶艺师平添不少风韵。

3）发型美

茶艺工作者的发型要与所冲泡的茶类相协调。长发者应梳好束到后面或盘起，不要让头发垂下来，否则会挡住视线影响操作。同时，还要避免头发掉落到茶具或操作台上，否则客人会感觉很不卫生。发型设计必须结合茶艺的内容、服装的款式以及表演者的年龄、身材、脸型、头型、发质等因素，尽可能取得整体和谐美的效果。中国茶艺属于传统的东方文化，带有典雅的风格，茶艺工作者的发型最好不要太前卫、新潮，而应该是自然、清新或高贵典雅。

2.2.2 风度美

风度美包括仪态美和神韵美两个部分。一个人的风度，是在长期的社会生活实践中和一定的文化氛围中逐渐形成的，是个人性格、气质、情趣、素养、精神世界和生活习惯的综合外在表现，是社交活动中的无声语言。一般从事不同的职业、生活在不同社会阶层的人会有不同的风度。茶人的风度美表现在仪态、神韵等不同的方面。

1）仪态美

茶艺工作者的仪态美主要表现在礼仪周全、举止端正。

（1）**礼仪美**

礼仪是一个宽泛的概念，是人们在共同生活和长期交往中约定俗成的社会规范，是调整和处理人们相互关系的手段，存在于一切社会交往活动中，其基本形式受物质水平、历史传统、文化心态、民族习俗等众多因素的影响。语言、行为表情、服饰是构成礼仪最基本的三大要素。中国是礼仪之邦，茶艺活动更是十分注重礼仪。

在茶艺活动中常用的礼节有：

①握手礼。一般在迎宾送客时使用。握手时，眼睛平视对方的眼睛，同时寒暄问候。握手时间一般以 3 ~5 秒为宜，上下稍许晃动 3 ~4 次，随后松开手来，恢复原状。

握手强调“五到”，即身到、笑到、手到、眼到、问候到。

握手时，伸手的顺序一般为：贵宾先，长者先，主人先，女士先。

握手时的禁忌：一是拒绝与他人握手；二是用力过猛；三是交叉握手；四是戴手套握手；五是握手时东张西望。

②鞠躬礼。一般用在迎宾送客或茶艺表演开始、结束时。鞠躬礼有全礼（真礼）、半礼（行礼）、草礼之分。行礼时两手在身体两侧自然下垂，行全礼弯腰约 90°，行半礼弯腰约 45°，

行草礼时弯腰小于45°。

③伸手礼。行伸手礼时五指自然并拢，手心向上，左手或右手从胸前自然向左或向右前伸。伸手礼主要在请客人帮助传递茶杯或其他用品时用，也可在向客人敬茶或敬奉茶食时使用，一般应同时讲“谢谢”或“请”。

④注目礼和点头礼。注目礼即眼睛庄重而专注地看着对方。点头礼即点头致意。这两个礼节一般在向客人敬茶或奉上某物品时联合应用。

⑤叩手礼。即以手指轻轻叩击茶桌来行礼。叩手礼的来源有一个典故，相传清代乾隆皇帝微服私访江南时，有一次乾隆皇帝装扮成仆人，而太监周日清装扮成主人到茶馆去喝茶。乾隆为周日清斟茶、奉茶，周日清诚惶诚恐，想跪下谢主隆恩又怕暴露身份引起不测，情急之下周日清急中生智，马上将右手的食指与中指并拢，指关节弯曲，在桌面上作跪拜状轻轻叩击，以后这一礼节便在民间广为流传。目前，按照不成文的习俗，长辈或上级给晚辈或下级斟茶时，下级或晚辈要用双手指（食指和中指）作跪拜状叩击桌面两三下；晚辈或下级为长辈或上级斟茶时，长辈或上级只需单指叩击桌面两三下表示谢谢。有的地方在平辈之间斟茶时，单指叩击表示我谢谢你，双指叩击表示我和我先生（太太）谢谢你；三指叩击表示我们全家人都谢谢你。

茶桌上还有其他一些礼节，例如，斟茶时只能斟到七分满，俗语：“酒满敬人，茶满欺人。”“茶七饭八酒十分。”当茶杯排为一个圆圈时，右手斟茶一定要反时针方向巡壶，不可顺时针方向巡壶等。因为反时针巡壶的姿势表示欢迎客人来！来！来！顺时针方向则好像是赶客人去！去！去！而左手上的动作则只能顺时针进行。此外，茶壶的壶嘴不能正对着客人，壶嘴正对客人就表示请客人离去。

另外，不同民族还有不同的茶礼和忌讳。例如，蒙古族敬茶时，客人应躬身双手接茶而不可单手接茶；土家族最忌讳用有裂缝或缺口的茶碗上茶；藏族同胞最忌讳把茶具倒扣放置，因为只有死人用过的茶碗才倒扣放置；生活在西北地区的民族同胞一般都忌讳高斟茶，特别是忌讳在斟茶时冲起满杯的泡沫；在广东客人用盖碗品茶时，如果不是客人自己揭开杯盖要求续水，茶艺馆的工作人员不可主动去为客人揭盖续水。

（2）姿态美

①站姿美。优美而典雅的站姿，是体现茶艺工作者良好素质的一个方面。挺拔的站姿可以给人优美高雅、庄重大方、精力充沛、信心十足和积极向上的印象。

②坐姿美。茶艺工作者不论是在茶客的桌上冲泡或在台上表演，坐姿是一种静态造型。坐姿不正确会显得懒散无礼，有失高雅。端正优雅的坐姿，会给人以文雅、稳重、大方、自然、亲切的美感。

③走姿美。茶艺表演时，要根据茶艺表演的主题、时代的背景、服饰的造型、情节的配合、音乐的节奏来确定走姿。走姿应随主题内容而变化，或矫健轻盈，或端庄典雅，或缓慢从容，可谓千姿百态，没有固定的模式。不管哪一种走姿都要让客人感到体态轻盈、优美高雅。

2）神韵美

神韵美是一个人的神情和风韵的综合反映。如果一个人只有形象美，而没有神韵美，这个人的美就显得呆板，没有活力，没有感染力。人的神韵美主要表现在脸部表情和眼神、手势等方面。有些文学作品中描写的眉目传情、顾盼生辉，如“回头一笑百媚生、六宫粉黛无颜色”

（唐·白居易《长恨歌》）及“一笑倾人城，再笑倾人国”（汉·李延年《佳人歌》）就是对人的神韵的最好描写。

表情是人的思想感情和内在情绪的外露。人的表情多种多样，不同的场合需要不同的表情，或轻松愉悦，或严肃庄重，或悲伤哀怨，或眉飞色舞、神采飞扬等。适当的表情有利于加强人与人之间的沟通，增进友谊。作为茶艺工作者，应该随时保持真诚的微笑、愉悦的表情，以微笑使人感到亲切，感到温暖，感到愉悦，给人留下美好的印象，得到他人的尊敬和友谊，创造良好的品茗氛围。

人们习惯将眼睛称为“心灵的窗户”。从一个人的眼神中可以看到他的整个内心世界、个人修养、性格特点和心理状态。在茶艺活动中，人的眼神非常重要，它甚至可以调节整个茶会的气氛。茶人的眼神应该是坦然、和善、坚定、乐观的，而不是游离不定、哀伤无神的。

茶人的神韵美应特别注意“巧笑倩兮，美目盼兮”，通过眉目传神、顾盼生辉来打动人心，给人或妩媚动人或活泼可爱或端庄典雅的感觉。

2.2.3 语言美

语言在社交中具有重要的作用，俗话说：“良言一句三冬暖，恶语伤人六月寒。”茶艺活动是现代文明社会中一种高雅的社交活动，因此，茶人在茶艺活动中要谈吐文雅，语调轻柔，语速适中，语气亲切，态度诚恳，讲究语言艺术。

茶艺活动中的语言美包括了语言规范和语言艺术两个层次。

1）语言规范

语言规范是语言美最基本的要求。茶艺活动中的语言规范可归纳为：

待客时要用礼貌敬语。敬语是服务行业的行业用语之一，包含尊敬语、谦让语和郑重语。敬语的最大特点是彬彬有礼、热情庄重，使听者消除生疏感，产生亲切感，故茶艺活动中对宾客一定要使用敬语。如称呼客人“您”而不是“你”，招呼客人就座时说“请坐”而不能生硬地说“坐”。

待客有“五声”。“五声”是指宾客到来时有问候声，落座后有招呼声，得到协助和表扬时有致谢声，麻烦宾客或工作中有失误时有致歉声，宾客离开时有道别声。常用的标准问候语有“您好！”“各位好！”“大家好！”等，时效式问候语有“早上好！”“中午好！”“下午好！”“晚上好！”等，欢迎用语有“欢迎光临！”“欢迎您的到来！”“见到您很高兴！”等，麻烦宾客时的致歉语有“对不起”“打扰了”“给您添麻烦了”“请原谅”等，回应宾客赞赏的用语有“谢谢您夸奖”“哪里”“我做的没您说的那么好”等，送别宾客时的用语有“请慢走”“再见”“欢迎您再来”“一路平安”“晚安”等。

杜绝“四语”，即不尊重宾客的蔑视语，缺乏耐心的烦躁语，不文明的口头语，自以为是或刁难他人的斗气语等“四语”，如：“有好茶，你喝得起吗？”“哎呀！你别磨磨蹭蹭地好不好？”“不行。”“没有了。”

2）语言艺术

“话有三说，巧说为妙。”美学家朱光潜先生曾说：“话说得好就会如实地达意，使听者感受到舒适，发生美的感受，这样的说话就成了艺术。”可见，语言艺术一要“达意”，二要“舒适”。

“达意”即语言准确，吐音清晰，用词得当，既不含糊其词，也不夸大其词，要委婉而准确地表达出所要表达的真正意思，让听者能准确理解其意。

“舒适”即要求说话的声音柔和悦耳，吐字娓娓动听，节奏抑扬顿挫，风格诙谐幽默，表情真诚，表达流畅自然，使听者如沐春风。要使听者产生“舒适”感，切忌说教式或背诵式地讲话，而应当如挚友谈心，相互有真情的交流和沟通，引发对美的共鸣。

在说话时辅以适当的身体语言如手势、眼神、面部表情则更能让人感受到情真意切，更能给人以美感。

2.2.4 心灵美

心灵美是人的其他美的真正依托，是人的思想、情操、意志、道德和行为美的综合体现，是人的深层的美。这种深层的美与仪表美、神韵美、语言美等相和谐，才可造就出茶人完整的美。

心灵美的核心是善。儒家学说认为“人之初，性本善”。人生来就有善心，而善心是心灵美的基础。孟子认为善心包括仁、义、礼、智等方面。茶人在人格上要做到自尊、自爱、自强、自立，在行动中表现出无私、无畏、无怨、无悔，从“爱己”之心出发，表现出“爱人”之行，在茶事活动和日常生活中时时处处事事尊重别人，无微不至地关心客人，千方百计地设法使客人感到舒适，才能达到最高层次的心灵美。

任务3 茶的鉴赏

茶是茶艺的核心与灵魂。唐代诗人杜牧在《题茶山》一诗中写道：“山实东吴秀，茶称瑞草魁。”瑞草是神话传说中的仙草，瑞草是美的，茶是瑞草之魁，茶自然就更美。我国茶类丰富，仅基本茶类就有绿茶、红茶、黄茶、白茶、青茶、黑茶六大类，每类茶都有各自的品质特征。茶叶的品质特征一般要通过茶叶审评来确定，茶叶审评通常包括干评外形和湿评内质两个项目，外形审评包括形状、整碎、色泽、净度 4 个因子，内质审评主要评香气、滋味、汤色、叶底 4 个因子。归纳起来，茶叶品质就表现在色、香、味、形 4 个方面，所以，茶叶要从色香味形 4 个方面进行鉴赏。中国茶叶一般色、香、味、形都很美，而且中国茶的美不仅表现在色、香、味、形上，还表现在茶的名字上。

2.3.1 茶名之美

中华民族文化有一个优良的传统，就是喜欢为美好的东西起一个美好的名字。我国名茶的名称大多数都很美，这些茶名大体上可分为五大类。

第一类是地名加茶树的品种名，如西湖龙井、武夷肉桂、闽北水仙、安溪铁观音、永春佛手等。其中的西湖、武夷、闽北、安溪、永春是地名，而龙井、肉桂、水仙、铁观音、佛手是茶树品种名称。这类茶名我们一看即可了解该茶的产地及品种，也就可以初步了解其品质特点。例如西湖龙井，产于云雾缭绕、风景秀丽、湖光山色的西湖地区，龙井是小叶种茶树，其特点是香高味醇，优异的生态环境加上优良的品种，那么，西湖龙井品质之优异也就可想而知了。

第二类是地名加茶叶的形状特征，这类命名让人一看即可了解该茶的产地和形态特征。如六安瓜片、平水珠茶、君山银针、黄山毛峰、信阳毛尖、高桥银峰等。其中，六安、平水、君山、黄山、信阳、高桥是地名，而瓜片、珠茶、银针、毛峰、毛尖等是茶叶的外形。

第三类是地名加上富有想象力的名称。如庐山云雾、敬亭绿雪、舒城兰花、恩施玉露、青城雪芽、南京雨花、顾渚紫笋、南糯白毫等，其中，庐山、敬亭、舒城、恩施、青城、南京、顾渚、南糯等都是地名，像云雾、绿雪、兰花、玉露、雪芽、雨花、紫笋、白毫等都可引发人们美妙的联想。

第四类是有着美妙动人的传说或典故。如碧螺春、文君嫩绿、大红袍、铁罗汉、水金龟、绿牡丹、白鸡冠等。例如，碧螺春原名“吓煞人香”。相传康熙己卯年抚臣宋荦以“吓煞人香”进贡，康熙皇帝认为茶是极品，但名称不雅，便根据该茶形状卷曲如螺，色泽碧绿，采制于早春而赐名“碧螺春”。

第五类是以形状、色泽等引发茶人美好的联想而命名。如仙人掌、寿眉、金佛、湘波绿、翠螺、佛手、奇兰、龙须茶、白牡丹、素心兰、迎春柳、兰贵人、竹叶青、东篱菊、瓶中梅、玉美人、金蝴蝶、九曲红梅等，只要听了这些名字，闭上眼睛都可以想象到它们的外形有多美。

赏析茶名之美，实际上是赏析中国传统文化之美，可以使茶人增加茶文化知识，增加艺术底蕴和美学素养。

2.3.2 茶的外形美

我国茶类丰富，有六大基本茶类和各种再加工茶类。干茶外观形状千差万别，散茶有针形、雀舌形、尖条形、花朵形、扁形、卷曲形、圆珠形、环钩形、条形、螺钉形、颗粒形等，紧压茶有砖形、枕形、碗臼形、圆（饼）形、柱形等。但在茶人眼里，无论什么茶，都有其形态之美。尤其是我国的各类名优茶，一般外形都有独特的美，所以名优茶评比中外形往往只评比形状和色泽。

绿茶、红茶、黄茶、白茶等多属芽茶，一般都是由细嫩的茶芽精制而成。以绿茶为例，没有展开的尖尖的茶芽，直的称为“针”或“枪”，弯曲的称为“眉”，卷曲的称为“螺”，圆的称为“珠”，一芽一叶的称为“旗枪”，一芽两叶的称为“雀舌”等。无论是细直如针或扁平似剑，还是卷曲如螺或圆润如珠，抑或是弯曲如眉或形如花朵，只要茶人会欣赏都是美。

乌龙茶属于叶茶，茶芽一般要到新梢发育即将成熟，顶芽开展度约八成时，采下带驻芽的二三片或三四片嫩叶，所以制成的成品茶显得“粗枝大叶”。但在茶人的眼里，乌龙茶也自有乌龙茶的美，例如，安溪铁观音即有“青蒂绿腹蜻蜓头”“美如观音重如铁”之说。

对于茶叶的外形美，审评的专业术语有显毫、匀齐、肥硕、紧秀、紧结、挺秀等。而文人墨客更是妙笔生花，李白在《答族侄僧中孚赠玉泉仙人掌茶》中写道：“丛老卷绿叶，枝枝相接连。曝成仙人掌，似拍洪崖肩。”王禹偁赞美龙凤茶“圆如三秋皓月轮”。苏东坡形容当时龙凤团茶的形状之美为“天上小团月”。清代乾隆皇帝把龙井茶形容为“润心莲”。

2.3.3 茶的色泽美

茶的色之美包括干茶的茶色、茶汤的汤色和叶底的颜色 3 个方面。不同的茶类应具有不同的干茶色泽、不同的汤色标准和不同的叶底色泽。

干茶色泽：绿茶有银白隐翠、翠绿、绿润、银绿、深绿、墨绿、苍绿、黄绿、糙米黄等类型；红茶有乌润、乌黑、黑褐、红褐、棕红等类型；乌龙茶有砂绿润、青褐、青绿、乌褐等类型；黄茶有金黄、嫩黄、黄褐等类型；白茶则为银白、灰绿；黑茶为油黑。无论何种茶叶，其色泽均以鲜亮、润泽为好，色泽枯、暗者多为陈茶或品质不佳之茶。

汤色的审评专业术语有浅绿、杏绿、绿亮、嫩绿、绿明、黄绿、橙黄、橙红、浅黄、金黄、杏黄、黄亮、红黄、黄红、红艳、红亮、深红、红浓、红褐等。不同茶类、茶品的汤色不同。但无论是什么汤色，都以茶汤清澈、明亮为佳，茶汤浑浊、色泽暗则品质不佳。

叶底的色泽有嫩绿、黄绿、绿亮、绿明、绿翠、红明、红亮、红艳、红黄、红匀、银白、灰绿、黄亮、黄明、嫩黄、黄褐、褐红等，叶底的颜色虽然随茶类而有不同要求，但好茶的叶底应该都是鲜亮有光泽、有活力的。

在茶艺过程中，尤其重视鉴赏茶的汤色之美。鉴赏茶的汤色宜用内壁洁白的素瓷杯。在光的折射作用下，杯中茶汤的底层、中层和表面会幻出 3 种色彩不同的美丽光环，十分神奇，很耐观赏。茶人们把色泽艳丽醉人的茶汤比作“流霞”，把色泽清淡的茶汤比作“玉乳”，把色彩变幻莫测的茶汤形容成“烟”。例如，唐代诗人李郢写道：“金饼拍成和雨露，玉尘煎出照烟霞。”苏轼在《西江月》中写道：“汤发云腴酽白，盏浮花乳轻圆。”李德载在《赠茶肆》中写道：“木瓜香带千林杏，金橘寒生万壑冰。”水汽氤氲，茶香缥缈，茶汤色泽似翠非翠、如梦似幻，这种意境真是美到极致了。

2.3.4 茶的香气美

茶的香气多种多样，有的甜香馥郁，有的清香淡雅，有的花香鲜灵，有的果香持久，有的陈香迷人，而且茶的香气会随温度的变化而变化，缥缈不定。自古以来，越是捉摸不定的美，越能打动人心，茶的这种缥缈不定的香气，引得多少文人墨客竞相讴歌赞美。温庭筠的《西陵道士茶歌》写道：“疏香皓齿有馀味，更觉鹤心通杳冥。”古代的文人特别爱用兰花之香来比喻茶香，因为兰花之香清纯、幽雅、缥缈不定、变幻莫测，是世人公认的“王者之香”，如唐代诗人李德裕描写茶香为：“松花飘鼎泛，兰气入瓯轻。”宋代诗人王禹偁在《龙凤茶》中描写：“香于九畹芳兰气，圆如三秋皓月轮。”范仲淹在《和章岷从事斗茶歌》中称：“斗茶味兮轻醍醐，斗茶香兮薄兰芷。”元代诗人李德载在《赠茶肆》中写道：“茶烟一缕轻轻扬，搅动兰膏四座香。”在诗人们笔下茶的“兰气”“疏香”，使人飘然欲仙。

1）茶叶的香气类型

茶叶的鲜叶品质、加工方法不同，形成的香气不同。按照评茶专业术语，成品茶叶的香型可分为毫香、清香、嫩香、花香型、果香型、甜香、火香、陈醇香、松烟香等。不同茶类其香型不同，一般绿茶多为清香型或嫩香型，红茶多为甜香型，青茶则属于花香型或果香型，花香型又分为清花香和甜花香两类，清花香有兰花香、栀子花香、珠兰花香、米兰花香、金银花香等，甜花香有玉兰花香、桂花香、玫瑰香或蔷薇香等，果香型又可细分为水蜜桃香、梨香、木瓜香、苹果香、桂圆香、槟榔香等。具体来说，成品茶叶的香气可分为：

（1）毫香型

凡有白毫的鲜叶，嫩度为单芽或一芽一叶，制作正常、白毫显露的干茶，冲泡时有典型的毫香，如白毫银针及部分毛尖、毛峰。

(2)**清香型**

香气清纯,柔和持久,香虽不高但缓缓散发,令人有愉快感。名绿茶的典型香气,部分闷堆轻的黄茶和做青轻、火工不足的乌龙茶也属此类香型。

(3)**嫩香型**

香气清新,有似熟板栗、熟玉米的香气。鲜叶原料细嫩柔软,制作良好的名优绿茶香气,如峨蕊、泉岗辉白以及部分毛尖、毛峰。

(4)**花香型**

散发出各种似鲜花的香气。铁观音、色种、乌龙茶、水仙、浪菜、台湾乌龙茶等均属于此类型。部分绿茶具有天然兰花香,如舒城兰花、涌溪火青、高档舒绿,祁门红茶则有玫瑰香。

(5)**果香型**

散发出类似各种水果的香气。闽北青茶及部分品种的茶属于此类,有的红茶带有苹果香。

(6)**甜香型**

包括清甜香、甜花香、干果香(枣香、桂圆香)、蜜糖香等,适中采鲜叶制成的工夫红茶常有此香气。

(7)**火香型**

包括米糕香、高火香、老火香、锅巴香等。鲜叶原料较老,含梗较多,烘焙时火功较重的茶,如黄大茶、武夷岩茶、古劳茶等。

(8)**陈醇香型**

原料较老,加工中经过渥堆陈化的茶,如普洱茶及大部分紧压茶。

(9)**松烟香型**

在干燥过程中,用燃烧松柏、枫球、黄藤的烟熏出来的茶,带有松烟香气,如小种红茶、六堡茶、沩山毛尖等。

2)茶叶香气的鉴赏

对于茶香的鉴赏,茶人们一般至少要三闻。一是闻干茶的香气;二是闻开泡后充分显示出来的茶的本香;三是闻茶香的持久性。闻香的办法也有3种:一是从氤氲的水汽中闻香;二是闻杯盖上的留香;三是用闻香杯慢慢地细闻杯底留香。

茶香有一大特点,就是会随温度的变化而变化,故闻茶香既要热闻又要冷闻,只有这样,才能全面地感受到茶香之美。

嗅香气的技巧:最适宜嗅茶叶香气的叶底温度为45~55 ℃,过高则感到烫鼻,低于30 ℃时香气低沉,特别是染有烟气等异味者,其茶香很容易随热气挥发而变得难以辨认。嗅香气时每次时间不宜过长,一般为3秒左右,其过程为:吸1秒→停0.5秒→吸1秒。

2.3.5 茶的滋味美

茶叶的滋味是由于鲜叶中的呈味物质,经过一定的加工工艺适度转化,并经过冲泡后溶于茶汤而形成的。鲜叶中的呈味物质主要有多酚类、氨基酸、可溶性糖和咖啡因等,经过不同的制造工艺,可形成各不相同的滋味特征。

茶的滋味,主要表现为苦、涩、甘、鲜、活五味。苦是指茶汤入口,舌根感到类似奎宁的一种不适味道。涩是指茶汤入口有一股不适的麻舌之感。甘是指茶汤入口回味甜美。鲜是指茶汤的滋味新鲜清爽宜人。活是品茶时人的心理感受到舒适、美妙、有活力。审评茶叶时，滋味的专业术语有鲜爽、浓烈、浓厚、浓醇、鲜浓、鲜醇、醇厚、甜醇、醇和、陈醇等。品鉴茶的滋味主要靠舌头，因为味蕾在舌头的各部位分布不均，一般人舌尖对咸味敏感，舌面对甜味敏感，舌侧对酸涩敏感，舌根对苦味敏感，所以在品茗时应小口细品，让茶汤在口腔内缓缓流动，使茶汤与舌头各部分的味蕾都充分接触，以便精细而准确地判断茶味。

1）茶叶滋味的类型

茶叶的品种繁多，其滋味千差万别，多种多样。童启庆教授在《习茶》一书中将茶叶的滋味分为 14 个类型。

（1）清鲜型

清香、味鲜、爽口。原料细嫩、制作精良的名优绿茶和红茶均为此滋味。如洞庭碧螺春、蒙顶甘露、南京雨花茶、都匀毛尖等。

（2）鲜浓型

鲜浓型包括鲜厚型。味鲜而浓，回味爽口，似吃新鲜水果的感觉。鲜叶嫩度高，叶厚芽壮，制造及时合理，如黄山毛峰、婺源茗眉等。

（3）鲜醇型

味鲜而醇，回味鲜甜爽口。鲜叶较嫩、新鲜、制造及时、揉捻较轻的茶叶，如太平猴魁、顾渚紫笋、白牡丹、高级烘青以及加工正常的高级祁红、宜红等。

（4）鲜淡型

味鲜甜舒服，较淡。鲜叶嫩而新鲜，因原料内含物含量和加工工艺所致，如君山银针、蒙顶黄芽等。

（5）浓烈型

有清香和熟板栗香，味浓而不苦，富收敛性而不涩，回味长而爽口，有甜感。以芽叶肥壮、内含物丰富、嫩度较好的一芽二三叶为原料，制茶工艺合理的绿茶均属此型，如屯绿、婺绿等。

（6）浓强型

味浓厚黏滞舌头，刺激性大，有紧口感，如发酵偏轻的大叶种红碎茶。

（7）浓厚（爽）型

有较强的刺激性和收敛性，回味甘爽。细嫩采原料，叶片厚实，制造合理的茶，如凌云白毫、南安石亭绿、舒绿、遂绿、滇红、武夷岩茶等。

（8）浓醇型

收敛性和刺激性较强，回味甜或甘爽。鲜叶嫩度好，制造得法，如优良的工夫红茶、毛尖、毛峰及部分乌龙茶。

（9）甜醇型

鲜甜醇厚，包括醇甜、甜和、甜爽。鲜甜醇厚之感，原料细嫩而新鲜，制造讲究，如安化松针、恩施玉露、白毫银针、小叶种工夫红茶等。

（10）醇爽型

不浓不淡，不苦不涩，回味爽口。鲜叶嫩度好，加工及时合理，如蒙顶黄芽、霍山黄芽、莫干黄芽以及一般高中档工夫红茶等。

(11)**醇厚型**

味尚浓,带刺激性,回味略甜或爽。鲜叶内质好,加工合理,绿茶、红茶和乌龙茶均有此味型,如涌溪火青、高桥银峰、古丈毛尖、庐山云雾、水仙、色种、铁观音、祁红、川红及部分闽红等。

(12)**醇和型**

味欠浓鲜,但不苦涩,有厚感,回味平和较弱,如中级工夫红茶、天尖(包括贡尖、生尖)、六堡茶等。

(13)**平和型**

清淡正常,不苦涩,有甜感。粗老采原料,芽叶一半以上老化,如低档红茶、绿茶、乌龙茶以及中下档黄茶、中档黑茶等。

(14)**陈醇型**

陈味带甜。制造中经过渥堆醇化,如普洱茶、六堡茶等。

2)品茶的技巧

品茶味时茶汤温度以 40 ~ 50 ℃为宜,如大于 70 ℃,味觉器官易烫伤,影响品味;而小于 40 ℃时,品评汤味灵敏度差,且溶解于茶汤中的与滋味有关的物质在汤温下降时易被析出,汤味由协调变为不协调。品茶时,每一口茶汤的量以 5 毫升为宜,时间掌握在 3 ~ 4 秒内,将茶汤在舌中回旋 2 次,品味 3 次即可,也就是 15 毫升的茶汤分 3 口喝。

古人品茶最重茶的"味外之味"。不同的人,不同的社会地位,不同的文化底蕴,不同的环境和心情,可从茶中品出不同的"味"。"吾年向老世味薄,所好未衰惟饮茶。"历尽沧桑的文坛宗师欧阳修从茶中品出了人情如纸、世态炎凉的苦涩味。"蒙顶露芽春味美,湖头月馆夜吟清。"仕途得意的文彦博从茶中品出了春之味。"森然可爱不可慢,骨清肉腻和且正。雪花雨脚何足道,啜过始知真味永。"豪气干云、襟怀坦荡的苏东坡从茶中品出了君子味。人生有百味,茶亦有百味,从一杯茶中我们可以有良多的感悟,所以人们常说"茶味人生",我们品茶要重在感受茶的"味外之味"。

任务 4　品茗用水

茶叶必须通过开水冲泡才能供人们饮用,水质直接影响茶汤的质量。"水为茶之母",用什么水泡茶,对茶的香气、滋味起着十分重要的作用。所以,中国人历来非常讲究泡茶用水。郑板桥写有一副茶联:"从来名士能评水,自古高僧爱斗茶。"

历代茶人对煮茶、泡茶用水十分讲究。陆羽在《茶经》中写道:"其水,用山水上,江水中,井水下,其山水拣乳泉,石池漫流者上。"明代茶人张源在《茶录》中写道:"茶者,水之神也;水者,茶之体也。非真水莫显其神,非精茶曷窥其体。"许次纾在《茶疏》中写道:"精茗蕴香,借水而发,无水不可论茶也。"张大复在《梅花草堂笔记》中写道:"茶性必发于水。八分之茶,遇十分之水,茶亦十分矣;八分之水,试十分之茶,茶只八分耳。""龙井茶,跑虎水"被誉为杭州的双绝,可见名茶必须配好水,才能相得益彰,给人以至高的享受。

2.4.1 宜茶美水的标准

最早提出水之美的标准的是宋徽宗赵佶，他在《大观茶论》中写道："水以清、轻、甘、洌为美。轻甘乃水之自然，独为难得。"后人在他提出的"轻、清、甘、洌"的基础上，又增加了个"活"字。现代茶人认为，"轻、清、甘、洌、活"5项指标俱全的水，才能称得上是宜茶美水。

1）水质要清

水清则无杂、无色、透明、无沉淀物，最能显出茶的本色。故清明不淆之水称为"宜茶灵水"，泡出的茶汤清澈明亮。

2）水体要轻

古代茶人以一个容器去称量各地名泉的比重，并以水的轻重，评出名泉的次第。北京玉泉山的玉泉水比重最轻，被御封为"天下第一泉"。现代科学研究也证明了这一理论是正确的。水的比重越大，说明溶解的矿物质越多。实验结果表明，当水中的低价铁超过0.1 ppm时，茶汤发暗，滋味变淡；铝含量超过0.2 ppm时，茶汤便有明显的苦涩味；钙离子达到2 ppm时，茶汤带涩味，而达到4 ppm时，茶汤变苦；铅离子达到1 ppm时，茶汤味涩而苦，且有毒性。水越轻，其矿物质含量越少，茶中内含物溶出越多，茶味也越好，所以水以轻为美。

3）水味要甘

明代田艺蘅在《煮泉小品》中写道："甘，美也。香，芳也""味美者曰甘泉，气氛者曰香泉""泉惟甘香，故能养人""凡水泉不甘，能损茶味"。所谓水甘，即水一入口，舌尖顷刻便会有甜滋滋的美妙感觉。咽下去后，喉中也有甜爽的回味，用这样的水泡茶自然会使茶汤滋味更加甘甜。

4）水温要洌

洌即冷寒之意。明代茶人认为："泉不难于清，而难于寒""洌则茶味独全"。因为寒洌之水多出于地层深处的泉脉之中，流淌于深山沟谷，所受污染少，水味甘甜，泡出的茶汤滋味纯正。

5）水源要活

"流水不腐，户枢不蠹。"我国民间亦说"水流三尺清"。现代科学证明了活水有自然净化作用，在流动的活水中细菌不易繁殖，并且活水中氧气和二氧化碳等气体的含量较高，泡出的茶汤特别鲜爽可口。

2.4.2 我国饮用水的水质标准

现代人在选择泡茶用水时，除了5项经验指标外，还有更科学的标准，有条件的可以通过测定水的物理性质和化学成分，科学地鉴定水质。鉴定水质常用的主要指标如下。

①悬浮物，是指经过滤后分离出来的不溶于水的固体混合物的含量。

②溶解固形物，是水中溶解的全部盐类的总含量。

③硬度，通常是指天然水中最常见的金属离子钙、镁的含量。

④碱度，是指水中含有能接受氢离子的物质的量。

⑤pH 值,表示溶液酸碱度。

泡茶用水一般宜使用天然水,如泉水、溪水、江河水、湖水、井水、雨水、雪水等,现在城市中多使用再加工水,如自来水、纯净水、净化水等,无论使用何种水,都必须要达到国家饮用水的水质标准。

我国饮用水的水质标准如下。

①感官指标。色度不得超过 15 度,浑浊度不得超过 5 度,不得有异臭异味,不得含有肉眼可见物。

②化学指标。pH 值为 6.5 ~ 8.5,总硬度不超过 25 度。铁不超过 0.3 毫克/升,锰不超过 0.1 毫克/升,铜不超过 1.0 毫克/升,锌不超过 1.0 毫克/升,挥发酚类不超过 0.002 毫克/升,阴离子合成洗涤剂不超过 0.3 毫克/升。

③毒理指标。氟化物不超过 1.0 毫克/升,氰化物不超过 0.05 毫克/升,砷不超过 0.05 毫克/升,镉不超过 0.01 毫克/升,铬(六价)不超过 0.05 毫克/升,铅不超过 0.05 毫克/升。

④细菌指标。细菌总数不超过 100 个/升,大肠菌群不超过 3 个/升。

2.4.3 泡茶用水的选择

从泡茶的角度来说,影响茶汤品质的主要因素是水的硬度。每千克水中钙、镁离子的含量超过 8 毫克的水称为硬水;反之,钙、镁离子含量小于 8 毫克/千克的水称为软水。如果水的硬度是由钙和镁的硫酸盐或氯化物引起的,是永久性硬水;如果水的硬度是由碳酸氢钙和碳酸氢镁引起的,是暂时硬水。暂时硬水通过煮沸,所含的碳酸氢盐就分解生成不溶于水的碳酸盐而沉淀,硬水就变成了软水。平时,铝壶烧水,壶底有一层白色沉淀物,就是碳酸盐。

水的硬度和 pH 值关系密切,而 pH 值又影响茶汤色泽及口味。当 pH 值小于 5 时,茶汤颜色变得浅淡,当 pH 值大于 5 时,汤色加深。当 pH 值达到 7 时茶黄素就倾向自动氧化,pH 值过大过小对茶汤品质均有不良影响。其次,水的硬度还影响茶叶中有效成分的溶解,软水中含其他溶质少,茶叶中有效成分的溶解度就高,口味较浓,而硬水中含有较多的钙镁离子和矿物质,茶叶中有效成分的溶解度就低,故茶味较淡,有时甚至会变苦或变涩,严重的不能饮用。所以,泡茶用水要选择软水或暂时硬水。

2.4.4 水的分类

宜茶用水可分为天水类、地水类、再加工水类 3 类。

1)天水类

天水类包括雨、雪、霜、露、雹等。古人认为,雨、雪、霜、露是灵水,视雨水、雪水为“天泉”,中国古代早就用雨水、雪水煎茶。古代的工业不发达,大气没有受到污染,雨水、雪水很洁净,用雨雪水煎茶,平添几分浪漫与高雅。现代科学证明,自然界中的水只有雨水、雪水为软水,用雨水、雪水泡出的茶,汤色明亮、香气清雅、滋味鲜爽。

(1)雨水

在雨水中,最宜茶的有立春雨水和秋雨雨水。李时珍认为,立春雨水中得到自然界春始生发万物之气,用于煎茶可补脾益气;而历代茶人认为,用雨水泡茶以秋雨最佳,因为秋天天高气爽,空中尘埃少,水质洁净,水味清冽。其次是梅雨,用于煎茶可涤清肠胃的积垢,使人饮食有滋味，精神更爽朗；再次是液雨（立冬后 10 日至小雪时下的雨），用于煎茶能消除胸腹胀闷。

（2）**雪水、霜水**

我国古代茶人喜爱用雪水、霜水煎茶者很多。文人逸士们敲冰扫雪用以煮茶，成为千古佳话，如宋代大文豪苏东坡既爱泉水、江水，也爱雪水，他有一首回文诗中写道："空花落尽酒倾缸，日上山融雪涨江。红焙浅瓯新火活，龙团小碾斗晴窗。"乾隆皇帝也特别喜爱雪水烹茶，他写道："遇佳雪，必收取，以松实、梅英、佛手烹茶，谓之三清。"他在《坐千尺雪烹茶作》中写道："汲泉便拾松枝煮，收雪亦就竹炉烹。泉水终弗如雪水，以来天上洁且轻。高下品诚定乎此，惜未质之陆羽经。"他认为用雪水烹茶更胜于泉水。曹雪芹似乎也对雪水烹茶情有独钟，他在《冬夜即事》一诗中写道："却喜侍儿知试茗，取将新雪及时烹。"在《红楼梦》第 41 回"栊翠庵茶品梅花雪"中描写妙玉在栊翠庵请宝钗、黛玉、宝玉品"体己茶"，"宝玉细细吃了，果觉清醇无比，赞赏不绝"。黛玉问及烹茶用水，妙玉回答："……这是我 5 年前在玄墓蟠香寺住着，收的梅花上的雪，统共得了那一鬼脸青的花瓮一瓮，总舍不得吃，埋在地下，今年夏天才开了。"可见古人对雪水煎茶的推崇。

霜与雪宜取冬霜和腊雪，用冬霜的水煎茶可解酒热，用腊雪水煎茶可解热止渴。

（3）**露水**

我国中医认为，露是阴气积聚而成的水液，是润泽的夜气。甘露是"神灵之精，仁润之泽。其凝如脂，其甘如饴"（《瑞应图》）。用草尖的露水煎茶可使人身体轻灵、皮肤润泽，用鲜花上的露水煎茶可美容养颜。清代风流天子乾隆皇帝就特别喜爱露水烹茶，尤其对用荷露烹茶有特别嗜好，他写荷露烹茶的诗至少有六首，他认为用荷露烹茶是一大风流韵事："平湖几里风香荷，荷花叶上露珠多。瓶罍收取供煮茗，山庄韵事真无过。"

冰雹味咸性冷，有毒，故不宜煎茶饮用。

在接收天水时一定要注意卫生，屋檐流水和不洁器皿上的天水皆不可用。现代工业发达、空气污染严重的地区的雨露霜雪也不能取用。

2）地水类

地水类包括了泉水、溪水、河水、江水、湖水、池塘水、井水等。茶圣陆羽在《茶经》中写道："其水，用山水上，江水中，井水下。"认为山水优于江水，江水优于井水。对于山水，陆羽主张"拣乳泉、石池漫流者上；其瀑涌湍漱，勿食之"。即要取涓涓汩汩缓缓而流的泉水，而瀑布湍急的流水不可用于煎茶。对于江水，陆羽主张"取去人远者"，因为离人群远的江水污染程度较轻。对于井水，"井，取汲多者"，因为众人经常取用的井水，实际上是活的地下泉水。

在地水类中，茶人们最钟爱的是泉水。泉，遍布神州大地。作为人类生存不可缺少的重要资源，我们的祖先很早就开发利用泉水。在出土的甲骨文里，即有关于泉的记载。古老的诗集《诗经》中有许多佳美的诗句辞章都是礼赞、描绘泉水的。中国茶人钟爱泉水，这不仅是因为多数泉水都符合"清、轻、甘、冽、活"的标准，确实宜于烹茶，更主要的是，泉水无论出自名山幽谷，还是平原城郊，都以其汩汩涓涓的风姿和淙淙潺潺的声响引人遐想，可为茶艺平添几许野韵、几许幽玄、几分神秘、几多美感。所以，中国茶艺十分注重泉水之美，寻访名泉是中国茶道的迷人乐章。古代茶人将访泉品茗视为人生一大乐事，并留下了许多不朽的诗篇。唐代诗僧灵一和尚写道："野泉烟火白云间，坐饮香茶爱此山。"齐己写道："且招邻院客，试煮落花泉。”宋代诗人晏殊写道：“稽山新茗绿如烟，静挈都篮煮惠泉。”蔡襄写道：“兔毫紫瓯新，蟹眼青泉煮。”戴昺写道：“自汲香泉带落花，漫烧石鼎试新茶。”苏轼在《惠山谒钱道人　烹小龙团　登绝顶　望太湖》一诗中写道：“踏遍江南南岸山，逢山未免更留连。独携天上小团月，来试人间第二泉。”明代诗人传慧写道：“惠山泉水虎丘茶，相去柴门路不赊。”

我国泉水资源极为丰富，中国茶文化史册中，名泉众多，比较著名的就有百余处之多，其中被称为天下第一泉的就有7处：江西庐山康王谷谷帘泉——茶圣口中第一泉，江苏镇江中泠泉——扬子江心第一泉，北京玉泉山玉泉——乾隆御赐第一泉，山东济南趵突泉——大明湖畔第一泉，四川峨眉山玉液泉，云南安宁碧玉泉，还有一处沙漠中的“月牙泉”。

镇江中泠泉、济南趵突泉、无锡惠山泉、苏州观音泉、杭州虎跑泉，被誉为中国“五大名泉”。此外，还有众多的历史名泉如龙井泉、东坡泉、玉女泉、陆羽泉、蝴蝶泉、安平泉等。当然，由于各种泉水的含盐量及硬度有较大的差异，也并不是所有的泉水都适合做泡茶用水。

很多没有受到污染的江水也是泡茶好水，“扬子江心水，蒙山顶上茶”是千百年来茶人们对江水煎茶的高度赞誉。郑板桥写有一副对联：“汲来江水烹新茗，买尽青山当画屏。”苏东坡也特别爱江水，他的《汲江煎茶》生动地描写了他在幽静的月夜临江汲水煎茶的场面：“活水还须活火烹，自临钓石汲深清。大瓢贮月归春瓮，小勺分江入夜瓶。雪乳已翻煎处脚，松风忽作泻时声。枯肠未易禁三碗，卧听山城长短更。”

附：中国名泉

中国地域辽阔，地形地势复杂，险峻的名山大川、秀丽的丘陵平原、广袤的沙漠草原中，都有清泉潺潺流淌。我国的清泉数以千计，名泉，仅是我国众多清泉中的一部分。下面介绍一些与品茶相关的名泉，其分布地域以江南为主。这些名泉历经漫长岁月，有的依然流水淙淙，有的已近干涸，有的则已经湮没在历史的长河中。

1）天下第一泉

自唐代饮茶风尚流行以来，其中被称为天下第一泉的有下列7处。

（1）庐山康王谷谷帘泉——茶圣口中第一泉

康王谷又名庐山垅，位于江西省著名风景旅游区庐山南山中部偏西，是一条长达7千米狭长谷地，垅中涧流清澈见底，酷似陶渊明著的《桃花源记》中“武陵人”缘溪行的清溪。这条溪涧的源头就是谷帘泉。谷帘泉来自大汉阳峰，似从天而降，纷纷数十百缕，恰似一副玉帘悬在山中，影影绰绰，悬注170余米。

谷帘泉经陆羽品定为“天下第一泉”后名扬四海。历代文人墨客接踵而至，纷纷品水题字。宋代名士王安石、朱熹、秦少游等都在游览品尝过谷帘泉水后，留下了华章佳句，为之添光增彩。

庐山一大名产，即驰名海内外的庐山云雾茶。如果说杭州有“龙井茶，虎跑泉”双绝的话，那么，庐山上的“云雾茶，谷帘泉”，在茶界也称珠璧之美。

（2）镇江中泠泉——扬子江心第一泉

扬子江心第一泉，
南金来此铸文渊。

男儿斩却楼兰首，
闲品茶经拜羽仙。

这是民族英雄文天祥品尝了用镇江中泠泉泉水煎泡的茶之后所写下的诗篇。

中泠泉，位于江苏省镇江市金山寺以西约0.5千米的石弹山下，又名南零水、中零泉、中濡水，意为大江中心处的一股清冷的泉水。中泠泉水表面张力大，满杯的泉水，其水面可高出杯口1~2毫米而不外溢。唐代刘伯刍把它推举为全国宜于煎茶的七大水品之首，评其为第一泉。由此，中泠泉"天下第一泉"的名声便不胫而走，故而此泉在唐代就已天下闻名。中泠泉原位于镇江金山之西的长江江中盘涡险处，汲取极为困难。自唐代以来，达官贵人、文人学士，或派下人代汲，或冒险自汲，都对中泠泉表示出极大兴趣。如今，因江滩扩大，中泠泉已与陆地相连，仅是一个景观了。

(3)北京玉泉山玉泉——乾隆御赐第一泉

玉泉位于北京颐和园以西的玉泉山南麓，水从山脚流出，出口在石缝隙之中，"水清而碧，澄洁似玉"，故称玉泉。玉泉山六峰连缀，随地皆泉，自然风景十分优美。

据说，古代玉泉泉口附近有大石，镌刻着"玉泉"二字，玉泉水从此大石上漫过，宛若翠虹垂天，此景纳入燕山八景，名曰"玉泉垂虹"。后大石风化碎裂，风景变迁，清乾隆时改"垂虹"为"趵突"。

玉泉流量大而稳定，曾是金中都、元大都和明、清北京河湖系统的主要水源。明代从永乐皇帝迁都北京以后，把玉泉定为宫廷饮用之水源，并沿袭至清代，其中一个主要原因就是玉泉水洁如玉，含盐量低，水温适中，水味甘美，又距皇城不远。清乾隆皇帝曾命人分别从全国各地汲取名泉水样和玉泉水一起进行比较，并用一银质小斗称水检测。结果，北京玉泉水比国内其他名泉的水都轻，证明泉水所含杂质最少，水质最优，名列第一。当今，用20世纪80年代的先进检测方法对玉泉水进行分析鉴定，其结果也表明此泉水确实是一种极为理想的饮用水源。玉泉被选作宫廷用水还有一个极其重要的因素，就是该泉四季势如鼎沸，涌水量稳定，从不干涸。

玉泉水质好，古有定评。元代《一统志》说玉泉"泉极甘洌"。乾隆皇帝赐名玉泉为"天下第一泉"，特地撰写了《玉泉山天下第一泉记》并将全文刻于石碑上，立于泉旁。

(4)济南趵突泉——大明湖畔第一泉

山东省济南市是我国著名的泉城。有关济南泉水的记载，最早见于《春秋》。趵突泉位于济南旧城区的西南，北宋文学家曾珙在《齐州二堂记》一文中，正式命名为"趵突泉"。

金代有人立"名泉碑"，列济南名泉72处，趵突泉为七十二泉之首。明代沈复在《浮生六记》中说："趵突泉为济南七十二泉之冠。泉分三眼，从地底忽涌突起，势如沸腾，凡泉皆从上而下，此独从下而上，亦一奇也。"趵突泉按字释义，"趵，跳跃貌；突，出现貌"，形容该泉水瀑流跳跃如趵突。趵突泉与漱玉泉、金线泉、马跑泉等28眼名泉及其他5处无名泉，共同构成趵突泉群。其中，集中在趵突泉公园的有16处，是国内罕见的城市大泉群。趵突泉是此泉群的主泉，泉水汇集在一长方形的泉池之中，泉池东西长约30米，南北宽为20米，四周砌石块，围以扶手栏杆。池中有3个大型泉眼，昼夜涌水不息，其涌水量每昼夜曾达95万~138万吨，约占济南市总泉水量的1/3。

趵突泉得名"天下第一泉"，相传是乾隆皇帝游趵突泉时赐封的。当时，乾隆皇帝巡游江南，专门派车运载北京玉泉山泉水，供沿途饮用。途经济南时，他品尝了趵突泉的水，觉得这泉水果真名不虚传，水味竟比玉泉之水还要清冽甘美，在品尝完趵突泉冲泡的茶水之后又将其命名为“天下第一泉”。于是，从济南启程南行，沿途就改喝趵突泉的水了。临行前，乾隆为趵突泉题了“激湍”两个大字，还写了一篇《游趵突泉记》，文中写道：“泉水怒起跌突，三柱鼎立，并势争高，不肯相下。”

(5)玉液泉

玉液泉位于四川峨眉山神水阁前。“峨眉天下秀”，秀美的峨眉山云雾缭绕，水源充沛，清泉众多。玉液泉水清澈澄碧，饮之甘洌适口，治病健身，延年益寿，被清人邢丽江评为“天下第一泉”。

(6)碧玉泉

碧玉泉位于云南省昆明市安宁县的螳螂川右岸。相传碧玉泉池中有石，“光腻胜玉，碧色夺目”，故名。泉水清澈透明，水质柔滑优良，水温在40～45 ℃，可以洗浴，还可饮用。浴则可治疗多种疾病，尤其是对皮肤病、关节炎和慢性胃病患者疗效显著；饮则烹茶煮茗，其味温醇可口，风味独特。因此明代学者杨慎说此泉水“不可不饮”，并手书“天下第一汤”。

(7)月牙泉

在甘肃敦煌城南约5千米处，有一座整个山体由细米粒状黄沙积聚而成的鸣沙山，在鸣沙山环抱中有一月牙泉，长约150米，宽约50米，因水面酷似一弯新月而得名。月牙泉的源头是党河，依靠河水的不断充盈，在四面黄沙的包围中，泉水竟也清澈明丽，且千年不涸，令人称奇。月牙泉水从沙中渗出，经过沙层的过滤，水中杂质极少，清澈甘甜，水质极佳，亦被人赞为“天下第一泉”。

2)天下第二泉——无锡惠山泉

天下第一泉有些纷争，而天下第二泉却仅无锡惠山泉一家享此殊荣。因茶圣陆羽曾亲品其味，故易名陆子泉。它位于江苏无锡市惠山第一峰白石坞下的锡惠公园内。陆羽将其评为第二泉，其后刘伯刍、张又新等唐代著名茶人均推举它为天下第二泉，故一直以来惠山泉就享此名声。

惠山泉相传为唐朝无锡县令敬澄于大历元年至十二年(766—777年)所开凿。惠山旧名慧山，因西域僧人慧照曾居此山，故名。唐代陆羽尝遍天下名泉，并为20处水质最佳名泉按等级排序，惠山泉被列为天下第二泉，所以后人也称它为“二泉”。宋徽宗时，此泉水成为宫廷贡品。

惠山泉水为山水，即通过岩层裂隙过滤后流淌的地下水，因此其含杂质极少，味甘而质轻，煎茶为上。惠山泉名扬天下，四方茶客们不远千里前来汲取二泉水，达官贵人更是闻名而至。唐武宗时，宰相李德裕嗜饮二泉水，便责令地方官派人通过“递铺”(类似驿站的专门运输机构)，把泉水送到三千里之遥的长安，供他煎茗。宋代苏东坡深通美泉伴香茶之理，也曾“独携天上小团月，来试人间第二泉”。清乾隆皇帝到惠山取泉水啜香茗，并用特制小型量斗，量得惠山泉水为每斗一两零四厘，仅比北京玉泉水稍重。著名民间音乐艺术家阿炳以惠山泉为素材所作的二胡演奏曲《二泉映月》以其鲜明的节奏和清新流畅的旋律为人们所喜爱，这首脍炙人口的乐曲至今仍是中国民间音乐的代表曲目之一。

3)其他名泉

(1)苏州观音泉

苏州观音泉位于苏州虎丘观音殿后，被唐代陆羽评为天下第三泉，泉周为一小院，院中杨柳依依，花草繁茂，景致宜人，园门横楣上刻有“第三泉”3 个字。

(2)陆羽泉

陆羽泉位于江西上饶市广教寺内，在唐代被誉为“天下第四泉”。陆羽曾在此居住，经营茶园，自凿一井，水清味甜，以自凿泉水，烹自种茶，精心品尝，自得其乐。

(3)虎跑泉

素有“天下第三泉”著称的虎跑泉位于浙江省杭州西湖西南大慈山白鹤峰麓。传说唐元和年间有位叫性空的和尚居住此地，苦于无水，一日忽见有二虎刨地，泉遂涌出，故取名“虎刨泉”，后觉拗口，又改为“虎跑泉”。虎跑泉是一个两尺见方的泉眼，清澄明净的泉水从山岩石缝间汩汩流出，虎跑水泡龙井茶是历代茶人最为惬意之事，泡出的茶汤格外清新甘美，虎跑水和龙井茶被誉为杭州“双绝”。

(4)龙井泉

龙井泉本名龙泓泉，又名龙湫，是个圆形泉池，位于浙江省杭州西湖西南，南高峰与天马山之间的龙泓涧上游的风篁岭上。

(5)玉女泉

玉女泉在浙江杭州飞来峰的玉女洞中。据说宋代苏东坡在杭州做官的时候，非常喜欢玉女泉水，派人每天打两瓶泉水，可是又怕仆人偷懒用其他地方的水掉包，就特意用竹子制作了标记，交给寺里的僧人，作为取水的凭证，后人称之为“调水符”。

(6)安平泉

安平泉在浙江余杭临平镇安隐院池边。苏东坡诗“当时陆羽空收拾，遗却安平一道泉”，就是指它。安平泉水极甘洌，烹茶极佳。

(7)珍珠泉

珍珠泉共有两处。一处位于山东济南泉城路北珍珠饭店院内。泉水上涌，状如珠串，因此得名。清代乾隆以清、洁、甘、轻为标准，将其评为“天下第三泉”。另一处是位于湖北当阳玉泉山的“玉泉”，亦称“珍珠泉”。

(8)君子泉

君子泉也有两处，均在浙江杭州。一处在凤林寺的后面，石上刻有“君子泉”3 个字，此泉水极为寒冽，因它的清凉之气使水果不容易腐坏，南宋时，达官贵人们经常在其中浸润新鲜水果。还有一处在积庆山马波岭，这两股泉水最后都汇合在金沙泉。

(9)子午泉

子午泉在浙江杭州宝山。水芬洌，至子午二时，则水溢，故名。遇大旱时，汲取者众多，水稍涸。然至夜半，泓然复盈。

(10)烹茗井

烹茗井在浙江杭州灵隐山。白居易曾经用它来烹茶品饮，因此而得名。

(11)东坡泉

东坡泉在浙江杭州双溪西边数十步远处。据《咸淳临安志》记载：苏东坡开始寻访泉水源头时，无意中发现了它，故得名“东坡泉”。水质清冽，非常适合用来煮茶。

(12)梅花泉

梅花泉在浙江杭州西溪，水滚滚而下，如同梅花瓣形状，其味比惠山泉还要甘甜。

(13)百泉

被称为百泉的泉水有两处。一处位于河北省邢台市东南区域,由金盾、黑龙、银沙、珍珠、达活、紫金等15潭泉水组成,泉多水清,喷流不息。这些泉水飞珠抛沫,各具特色,或玉盘倾珠,或黑龙搅水,或白沙翻滚,跃腾奔涌,生生不息。另一处位于河南辉县苏门南麓,因泉眼多得名。有武进人吕星垣作文描述百泉曰:“停桨顺流,随微风至百泉亭下,明月初满,光彩与泉水激射,水摇流月。旁人恍恍立水际时,有凉露著人,冷于寒雨。”清桐城派文人刘大槐亦写道:“有泉百道,自平地石窦中涌而上出,累累若珠然。”

(14)天下第五泉

位于江苏扬州大明寺西园。唐代刘伯刍将大明寺泉水评为“天下第五泉”,此后扬名于世。泉水味醇厚,泡茶清新。

(15)御泉

宋建安(今福建省建瓯市)北苑御茶院中有一泉,味甘美,曾被用来制造贡茶,称御泉,又称龙焙泉。清周亮工《闽小记》:“龙焙泉在城东凤凰山,一名御泉,宋时取此水造茶入贡。”

(16)灵泉

灵泉位于山东淄博市博山区凤凰山南麓西神头村内的颜文姜祠中。泉水终年翻涌,夏秋水盛。飞珠喷沫,声若鸣雷,极其壮观。泉水晶莹碧透,清澈见底,用来烹茶,饮之甘洌可口。

(17)兰溪泉

兰溪泉位于湖北兰溪,被陆羽评定为“天下第三泉”。泉水晶莹透明,甘洌可口,异常澄清纯净。用此水烹茶,不仅色香味俱全,而且有4个特点:茶水不生泡沫;茶具不生茶垢;水冲杯中,有缕缕蒸气冉冉上升,似玉龙盘舞;茶味甘芳而微辛,能提神醒脑。

(18)柳毅泉

柳毅泉位于湖南岳阳洞庭湖中的君山。相传神话故事《柳毅传书》的柳毅就是从此井进入龙宫的,井以此得名。井至今已有千余年历史,南宋《吴郡志》即已记载此井。井圈为浮康石凿成,苔痕斑驳,古趣盎然。此泉水质颇佳,甘洌纯美,水色清碧,流量稳定,常年不枯,历史上为东山名泉之一。明代东山大学士王鏊于正德九年(1514年)手书“柳毅井”三字石碑,至今尚完好。用此泉水煎泡君山银针更为出色。

(19)香溪泉

香溪泉位于湖北秭归县香溪镇东约2千米的潭泉山麓玉虚洞内。香溪宛如长条形的翡翠,镶嵌在崇山峻岭之下的谷中,碧绿澄净的池水,令人深感春深似海。大诗人李白、杜甫、陆游都曾品尝过香溪甘泉。

(20)文学泉

文学泉也称陆子井、陆羽茶泉,位于湖北天门城关左护城河畔。传说陆羽青年时期常在此取水品茶,后人称陆羽为“陆文学”,因此将此泉称为文学泉。

(21)昭君井

昭君井也称楠木井,位于湖北兴山宝坪村,相传为当年王昭君汲水之处。井水清澈透碧,甘洌醇厚。

(22)神泉

神泉位于四川省丹巴县红旗乡边尔村附近。泉水自一小断层中涌出,伴随着串串气泡,水无色透明,无悬浮物,其味颇似汽水,用以和面烙饼、蒸馒头,既不用发酵,也不必用碱中和,蒸、烙出的饼和馒头,柔软疏松,非常可口,与通常蒸、烙的方法所得到的一样。

(23)圣泉

圣泉位于贵阳市西郊黔灵山背后,又名灵泉、漏勺泉、百盈泉,水自山麓石罅迸出,一昼夜之间百盈百缩,有如潮汐,水味甘洌。清人刘世恩作《圣泉百盈》诗云:"山后涓涓涌圣泉,盈虚消长景堪传。濯缨濯足凭君取,千古流情出自然。"

(24)蝴蝶泉

蝴蝶泉位于美丽的云南大理苍山第一峰云弄峰麓,是著名的旅游胜地。泉池呈方形,面积约50平方米。泉水从池底涌出,宛若喷珠吐玉。蝴蝶泉有一特色,那就是一年一度的蝴蝶会。每当春末夏初农历四月中旬,大量美丽的各种蝴蝶从四面八方汇集在此。在蝴蝶泉边,无数蝴蝶一只咬着一只的尾部,形成千百个蝶串,人来不惊,投石不散,蔚为一大奇观。

(25)白泉

白泉位于云南省西北部的中甸县境内。泉水从潭底岩心裂隙口呈数股向上泛起,既无"咕咚"之声,也没有"趵突"之势,十分平静安详,泉水溶解了岩石中大量的碳酸钙,逐渐沉淀于河床上,天长日久,白泉水所流经的河床上便形成了一层铺雪盖银、洁白如玉的奇特景观。

3)再加工水类

再加工水类包括自来水、纯净水、矿泉水、活性水、净化水等。

(1)自来水

自来水是最常见的生活饮用水,其水源一般为江、河、湖泊,经加工处理后一般为暂时硬水。因其含有较多的氯,有一股特殊的味道,泡茶前需在清洁容器中静置1~2天,让氯气挥发,煮开后用于泡茶,水质还是可以达到要求的。

(2)纯净水

纯净水是蒸馏水、太空水等的合称,是一种安全无害、可直接饮用的软水,用于泡茶,效果相当不错,在现代城市中易于购得,被广大茶馆茶室的经营者所青睐。

(3)矿泉水

天然矿泉水是从地下深处自然涌出的或经人工开发的、未受污染的地下矿泉水。矿泉水含有一定量的矿物质、丰富的微量元素或二氧化碳气体,营养丰富,有助于人体健康,但许多矿泉水是永久性硬水,用于泡茶效果并不好。

(4)活性水

活性水包括磁化水、矿化水、高氧水、离子水等。各种活性水内含微量元素和矿物质成分各异,如果水质较硬,泡出的茶汤品质较差;如果是暂时硬水,泡出的茶汤品质较好。

(5)净化水

净化水是通过净化器对自来水进行二次终端过滤处理制得的优质饮用水。用净化水泡茶,其品质相当不错。

2.4.5 泡茶用水的处理方法

如果没有适宜的泡茶用水时,可对水作一定的处理,从而得到适宜泡茶的水。常用的水处理方法有以下几种。

1)过滤法

用滤水器将水过滤后再用来冲泡茶叶。

2)澄清法

将水在陶缸或其他干净、无异味的容器中,经一昼夜澄清和挥发,水质较理想。

3)煮沸法

自来水或暂时硬水可煮开,让消毒药味挥发消失或碳酸氢盐分解沉淀,但不可久煮,否则水中其他物质也易挥发掉,泡出的茶汤滋味淡薄不鲜爽。

任务5 茶具配置

"器为茶之父",好茶需有妙器配。在茶艺活动过程中,器具选择是否得当,与泡茶、品茶的结果好坏、获得的享受水平密切相关,"良具益茶,恶器损味"。所以,茶器具的选配、使用技艺是茶艺的重要构成部分。

从原始社会到汉晋之前,茶器具与食器、酒具通用,与其他食物共用木制或陶制的碗,一器多用,没有专用的茶具。茶具这一概念,最早出现于西汉王褒《僮约》中"武阳买茶,烹茶尽具"。随着茶饮的兴起,器具生产技术的提高,以及文化艺术与茶事相融,茶饮活动"雅化",到隋唐,茶器具逐渐走向专用化、细分化,在唐代,终于诞生了专用的、功能细化的茶器具,陆羽在《茶经》中就设计出了25件完整配套的茶具,在"四之器"一章中作了专门的介绍。

2.5.1 茶器具的分类

茶器具有广义和狭义之分。狭义的茶器具是指泡饮茶时直接在手中运用的器物,具有必备性、专用性的特征;而广义上的茶器具则可包括茶几、茶桌、座椅及饮茶空间的有关陈设物。按照习惯,一般所说的茶器具均指狭义的茶器具。

1)按实际功能分类

按实际功能,常用的茶器具可以划分为4个部分。

(1)备水器具

凡是为泡茶而储水、烧水,即与清水(泡茶用水)接触的用具列为备水器具。目前的备水器具主要为储水缸、净水器、煮水器和开水壶等。

煮水器是烧开水用的,由烧水壶和热源两部分组成,热源可用电炉、酒精炉、炭炉、燃气等。

开水壶是在无须现场煮沸水时使用的,一般同时备有热水瓶储存沸水。

(2)泡茶器具

凡在茶事活动过程中与茶叶、茶汤直接接触的器物,均列为泡茶器具。它包括以下几种。

①泡茶容器。如茶壶、茶杯、盖碗、冲泡盅(即飘逸杯)等,专用于冲泡茶叶。茶杯、盖碗既可用于冲泡,也可用来品茶,常常是泡品合一的器具。

②茶荷、茶碟。用来放置已量定的备泡茶叶,兼可放置观赏用样茶并方便观赏茶叶。

③茶则。用来舀取茶叶,衡量茶叶用量,确保投茶量准确,并兼有观赏茶叶的作用。

④茶叶罐。用来贮放泡茶需用的茶叶。

⑤茶匙。拔取茶叶,兼有置茶入壶的功能。

(3)**品茶器具**

盛放茶汤并方便品饮的用具,均列入品茶器具。

①茶海(公道杯、茶盅)。贮放茶汤,并有均匀茶汤的作用。

②品茗杯。品饮茶汤的杯子。玻璃杯、盖碗等泡品合一的器皿也属于品茶器具。

③闻香杯。嗅闻茶汤在杯底留香用。

(4)**辅助用具**

辅助用具是指方便煮水、备茶、泡饮过程及清洁用的器具。主要有以下几种。

①茶针。清理茶壶嘴堵塞时用。

②漏斗。方便将茶叶放入小壶。

③奉茶盘。盛放茶杯、茶碗、茶具、茶食等,恭敬地端送给品茗者。

④壶盘。放置冲茶用的开水壶,以防开水壶烫坏桌面。

⑤茶盘。是摆置茶具、用以泡茶的基座,既可增加美观,又可防止烫伤桌面。

⑥茶巾。用以擦抹茶具的棉织物,可用于抹干泡茶、分茶时溅出的水滴,托垫壶底,吸干壶底、杯底之残水。

⑦茶夹。洗品茗杯、闻香杯时夹取杯子用。

⑧水盂(滓盂、滓方)。盛放弃水、茶渣等物的器皿。

⑨汤滤。过滤茶渣。

⑩承托(支架)。放置汤滤等用。

⑪茶拂。用以刷除茶荷上所沾茶末之具。

⑫茶刀。用以松解紧压茶。

⑬箸匙筒。插放茶则、茶匙、茶夹、茶针等的底筒状物。

⑭茶食盘。置放茶点茶果茶食的用具。

⑮茶叉。取茶食用。

目前,市场上常将茶则、茶针、茶匙、茶夹、漏斗组合起来装在一个特制的竹或木制的著匙筒中,以方便取用,称为“茶匙组合”。

2)按材质分类

按材质分,常见的茶器具可分为陶土茶具、瓷器茶具、玻璃茶具、漆器茶具、金属茶具、竹木茶具、其他茶具七大类。

(1)**陶土茶具**

陶土器具是新石器时代的重要发明,最初是粗糙的土陶,然后逐渐演变成比较坚实的硬陶和彩釉陶。

陶器一般用黏土作胎料,少数也用瓷土。原料中含铁量较高,一般呈红色、褐色、灰色,且不透明。陶器的烧结温度一般在 700 ~ 1 000 ℃,表面一般不施或施以低温釉,其助溶剂为氧化铅。普通陶器的吸水率都在 8% 以上。

陶器中的佼佼者首推紫砂茶具。紫砂茶具创始于宋,于北宋初期崛起,北宋梅尧臣在《宛陵先生文集》中有一首诗："天子岁尝龙焙茶，茶官催摘雨前芽。闻香已入中都府，团品争传太傅家。小石冷泉留早味，紫泥新品泛春华。吴中内史才多少，从此莼羹不足跨。"明代以后紫砂茶具大为流行，成为各种茶具中最惹人珍爱的瑰宝。紫砂茶具的硬度、密度低于瓷器，不透光，具有一定的透气性、吸水性、保温性，对滋育茶汤大有益处，能蓄香，并能用来冲泡粗老茶叶，且其造型美观大方，质地淳朴古雅，泡茶时不烫手，所以极受欢迎。

紫砂茶具以江苏宜兴所产品质最佳。从明代开始，"景瓷宜陶"成为中国茶具的代表。明代文学家、书画家徐渭在《某伯子惠虎丘茗谢之》一诗中写道："青箬旧封题谷雨，紫砂新罐买宜兴。"可见当时宜兴紫砂已备受推崇。

紫砂壶真正意义上的鼻祖是明代的龚(供)春。自龚春之后，经历明代万历年间董翰、赵梁、元畅、时朋"四大名家"，稍后的时大彬(时朋之子)、李仲芳(时大彬门下第一高足)、徐友泉"紫砂三大妙手"，明末清初的惠孟臣(作品小壶多，中壶少，大壶罕见，大者浑朴，小者精妙)，清代的陈鸣远、杨彭年、陈鸿寿(号曼生，曾手绘十八壶式，请杨彭年及其弟妹制作，称为"曼生壶")、杨凤年、邵大亨、黄玉麟、程寿珍、俞国良以及近现代的顾景洲、朱可心、蒋蓉、徐秀裳、汪寅仙、吕尧臣、徐汉裳、谭泉海、许四海等大师的发展，紫砂茶具已成为穷工毕智、令人叹为观止的工艺珍宝。

(2)瓷器茶具

瓷器的发明和使用稍迟于陶器，在 3 000 多年前的商代已出现了原始青瓷。瓷土(高岭土)是瓷器的胎料，含铁量一般在 3% 以下，比陶土的含铁量低。烧成温度比陶土高，在 1 200 ℃左右。胎体坚固致密，断面基本不吸水，敲击时有清脆的金属声音。

瓷器茶具的硬度、透光度低于玻璃但高于紫砂，保温性高于玻璃但低于紫砂。瓷器质地细腻光洁，能充分表达茶汤之美，在工艺特色上，特别是在表现华夏文化风格上，优于玻璃器皿。如果说陶器茶具基本上是紫砂茶具一枝独放，那么瓷器茶具则是白瓷、青瓷、黑瓷三足鼎立。

①白瓷。白瓷是施透明或乳浊高温釉的白色瓷器。白瓷早在唐代就有"假玉器"之称，唐代时由于饮茶之风盛行，各地先后涌现出一些以生产茶具为主的著名窑场，如河北的邢窑(在唐代，邢窑所烧制的白瓷如银似雪，一时间与生产青瓷的浙江越窑齐名，世称"南青北白")，湖南的长沙窑、四川的大邑窑生产的白瓷茶具都很有名。北宋以后，江西景德镇所产的白瓷茶具质地光润，白里泛青，雅致悦目，为世人所爱，尤其是其所产的薄胎瓷器素有"白如玉，明如镜，薄如纸，声如磬"的美誉，景德镇被誉为中国瓷都。除景德镇之外，湖南醴陵，河北唐山，安徽祁门、福建德化、山东淄博的白瓷茶具也各具特色。

元代景德镇始创青花瓷茶具。青花属于釉下彩，是在瓷胎上用钴料着色，施以透明釉，在 1 300 ℃左右高温下一次烧成，釉下钴料高温烧成后，呈现蓝色。青花瓷由于白瓷上缀以青色纹饰，幽静典雅，清丽恬静，深受茶人推崇，成为景德镇四大传统名瓷之一。

明清两代白瓷茶具的制造水平达到了一个高峰，在青花瓷的基础上，又创造了各种彩瓷，彩瓷包括釉下彩和釉上彩瓷器。常见的有青花、釉里红、斗彩、五彩、广彩、粉彩、珐琅彩等。彩瓷茶具有造型精巧、胎质细腻、色彩鲜明、画意生动的特点。广彩茶具构图花饰严谨，闪烁有光，人物古雅有致，加上施金镂彩，宛如千丝万缕的金丝彩线交织于锦缎之上，显示出金碧辉煌、雍容华贵的气派；清代发展起来的粉彩瓷色彩柔和丰富、技法多变，既可工笔勾画，又可挥洒写意,为世人所共珍。

②青瓷。青瓷是施青色高温釉的瓷器。青瓷釉中主要的呈色物质是氧化铁,含量为2%左右。青瓷茶具始于晋代,主要产地为浙江龙泉。浙江龙泉青瓷,以"造型古朴挺健,釉色翠青如玉"著称于世。到了宋代,浙江龙泉造瓷艺人章生一、章生二兄弟俩的哥窑、弟窑的青瓷生产水平达到了登峰造极的程度。哥窑所产的翠玉般的青瓷茶具胎薄质坚,釉层饱满,釉面显现纹片,纹片形状多样,色泽静穆,雅丽大方,如清水芙蓉般逗人喜爱,被后代茶人誉为"瓷器之花";弟窑所生产的瓷器造型优美,胎骨厚实,釉色青翠,光润纯洁,其中粉青茶具酷似美玉,梅子青茶具宛如翡翠,都是难得的瑰宝。哥窑与杭州的官窑、河南临汝的汝窑、河北曲阳的定窑、河南禹县的钧窑成为宋代全国五大名窑。

青瓷茶具质地细腻,造型端庄,釉色青莹,纹样雅丽。唐代诗人陆龟蒙在《秘色越器》中以"九秋风露越窑开,夺得千峰翠色来"的名句赞美青瓷。青瓷茶具因色泽青翠,用来冲泡绿茶,更有益汤色之美,而用于冲泡红茶、白茶、黄茶、黑茶,则易使茶汤色泽偏暗,失去本来面目,故而有所不足。

③黑瓷。黑瓷是施黑色高温釉的瓷器。黑瓷茶具流行于宋代,以福建建安窑(在今福建省建阳市)所产的最为著名。宋代斗茶之风盛行,斗茶时侧重于汤色汤花,要求茶叶汤色泛白,而黑釉盏最能衬托汤色,故备受青睐。福建建安窑所产的兔毫盏,釉底色黑亮而纹如兔毫,黑底与白毫相映成趣,造型古雅,为斗茶行家所珍爱,也特别为日本茶人所推崇。宋代蔡襄在《茶录》写道:"茶色白,宜黑盏,建安所造者绀黑,纹如兔毫,其坯微厚,熁之久热难冷,最为要用。出他处者,或薄或色紫,皆不及也。"

④颜色釉瓷。颜色釉瓷是各种施单一颜色高温釉瓷器的统称。主要着色剂有氧化铁、氧化铜、氧化钴等。以氧化铁为着色剂的有青釉、黑釉、酱色釉、黄釉等。以氧化铜为着色剂、以还原焰烧成的有海棠红釉、玫瑰紫釉、鲜红釉、石红釉、红釉、豇豆红釉等,以氧化钴为着色剂的瓷器,烧制后为深浅不一的蓝色釉。此外,有一种黄绿色含铁结晶颜色釉,俗称"茶叶末",很受茶人喜爱。

(3)漆器茶具

漆器茶具始于清代,主要产于福建福州,故称为"双福"茶具。脱胎漆茶具的制作精细复杂,先要按照茶具的设计要求,做成木胎或泥胎模型,其上用夏布或绸料以漆裱上,再连上几道漆灰料,然后脱去模型,再经填灰、上漆、打磨、装饰等多道工序,才最终成为古朴典雅的脱胎漆器茶具。脱胎漆茶具通常是1把茶壶连同4只茶杯,存放在圆形或长方形的茶盘内,壶、杯、盘通常呈一色,多为黑色,也有黄棕、棕红、深绿等色,并融书画于一体,饱含文化意蕴;且轻巧美观,色泽光亮,明镜照人;又不怕水浸,能耐温、耐酸碱腐蚀。脱胎漆茶具除有实用价值外,还有很高的艺术欣赏价值,常为鉴赏家所收藏。福州生产的漆器茶具多姿多彩,有"宝砂闪光""金丝玛瑙""釉变金丝""仿古瓷""赤金砂"等名贵品种。

(4)金属茶具

金属茶具有金、银、铜、铝、锡、铁等材质。金银茶具主要用于古代宫廷茶宴,富贵奢华,精美绝伦,但与中国茶道的"精行俭德"精神相悖,与茶的自然朴素之美相悖,业界人士并不推崇。1987年5月在陕西省皇家佛教寺院法门寺的地宫中,发掘出一套晚唐僖宗皇帝少年时使用的银质鎏金烹茶用具,共计11种12件,它反映了唐代皇室饮茶的奢华之风,这是迄今见到的最高级的古茶具实物,距今已有1 000多年历史,堪称国宝。锡、铁、铜等金属制作的茶具,用来泡茶常常会使“茶味走样”,以致很少有人使用,但用金属制成储茶器具如锡茶罐等,因其密封性能比纸、竹、木、瓷、陶等好,具有防潮、避光性能,更有利于散茶的储藏,故广为应用。

(5)竹木茶具

竹木茶具质地朴实无华且不导热,有保温不烫手等优点。竹木还有天然纹理,做出的茶具别具一格,很耐观赏。目前,主要用竹木制作茶盘、茶船、根雕茶桌、茶匙组合、茶叶罐等,也有竹木茶碗茶杯(多为少数民族茶具)。

(6)玻璃茶具

玻璃茶具是茶具中的后起之秀。玻璃材料密度高,硬度高,透光性强,质地透明,可塑性大,制成茶具晶莹剔透、光彩夺目、现代感强,价廉物美,并有利于观赏杯中茶叶、茶汤的变化。但导热比陶瓷快,易烫手,易碎,无透气性。

(7)其他茶具

除了以上几大类常见茶具外,还有用玉石、水晶、玛瑙以及其他珍稀原料制成的茶具,但这些茶具一般用于观赏和收藏,在实际泡茶时很少使用。

2.5.2 茶器具的8项技术特性与茶的关系

历代茶人对茶器具特别是对直接泡茶品茶的主要器具提出了许多要求和规定,归纳起来主要有5个方面的要求,即有一定的保温性;有助于茶香发育;有助于茶汤滋味醇厚;方便茶艺表演过程的操作和观赏;具有工艺特色,可供把玩欣赏。这5个方面的要求,充分说明了在饮茶这一物质消费过程中,茶器具作为物质形具,在进入“茶艺”“茶道艺术”这一概念和实际时,已远远跨出了“饮茶”这一生理行为的疆界,成为一种生活艺术、一种融入民族精神的文化。

根据茶器具5个方面的要求,可将其细化为8项技术特性。

1)材质

材质是茶器具的第一要求。茶器具的材质与泡茶品茶的个性相关联,所泡茶品不同,对泡茶容器的材质要求也不同。

自唐朝茶事兴盛以来,茶器具的选材十分广泛,涉及金、银、铜、玉、陶、瓷、木、竹、石等材质。目前,在冲泡品饮的主要茶具中,材质上选用最多的是玻璃、瓷器、紫砂三大类。

2)形状

茶器具的形状,不仅要满足外观审美的需求,而且要满足茶艺的技术性要求。

以茶壶为例,壶的大小,口腹的比例,壶口到壶底的高度都与泡茶的个性需求有关。如泡乌龙茶,因追求在高温状态下进行,又是即泡即饮,每泡沥干,不留茶汤,故选配时应选体积小、壶口小的紫砂壶,既可以使泡成的茶汤量适合杯数,同时又有利于蓄温、升温,促进茶汤浓醇,茶香焕发。

沏泡红茶时,因茶汤量远大于乌龙茶,故茶壶应当适当选大些,宜用鼓腹、深壁的茶壶,这样才有利于壶内温度的保持,促使红茶汤亮艳香醇。如以茶壶泡绿茶,就需要选大口径壶,扁腹、浅壁为宜,即便如此,有时还需注意不要盖上壶盖,以防闷熟了茶汤,捂黄了嫩叶。

开水壶应壶流细长，品茗杯需大小合适，闻香杯应径细壁深等，均为茶艺的技术需要。

3)体积

单件茶具在体积上应符合实际需要，如开水壶的体积、茶壶的体积均应与品茶的人数相宜。品茗杯的大小应因茶类而变化，如品乌龙茶的杯要小，品普洱茶的杯可稍大。同时，各件茶具包括辅助用具在体积上应体现主次、层次，做到相互匹配，和谐一致。

4)感觉

在中国茶道艺术中，感觉几乎是至上的。感觉是指茶具看起来要高雅美观、赏心悦目，用起来舒适、顺手、好用。例如，品茗杯不仅外形要具有特色，色泽(特别是内壁色泽)要宜茶，大小、壁厚程度、杯口的弧形要适宜，而且拢指端杯要有稳定感，品茗时要有舒适的口感；茶壶盖纽、壶柄应形制合理、手感好。

5)保温

茶器具中，凡用于泡茶、品茶的主器具，一般都有保温性要求。器具的材质不同，其保温性也不同，一般紫砂茶具的保温性较瓷器好，而瓷器又较玻璃茶具好。在茶艺活动中，要根据茶类、茶叶老嫩等情况，选择不同保温性能的茶具。

6)便携

外出携带用的茶器具要具有便携的特性。所选茶具应简易方便，形成精巧组合。如泡茶容器一般选小瓷壶或紫砂壶而不选较复杂的盖碗三件套；品茗杯应注重小巧，有一定的壁厚，不易破碎。

7)齐全

齐全是相对于需求而言的。从茶艺的要求出发，就要有意境的追求、文化的品位、生活艺术的讲究，茶具的种类就要齐全，要能满足需求。

8)耐用

耐用即实用。选配茶具首先要看其实用性，要不易破碎、不烫手，在此基础上再追求艺术性。

2.5.3 茶器具的选购要点

高品位的茶具，是茶艺美的一个构成要素。选购茶具，需要把握以下几个要点。

1)优良的工艺

优良的工艺是指茶器具在制造上的精良程度。优良的工艺是技术性的保障。如玻璃杯，应外形具有独特美感、无缺陷，晶莹剔透，大小适宜；瓷盖碗的瓷质应细腻光滑，杯的内壁应洁白无瑕，盖与杯圆弧相配；紫砂壶应质地细腻、制作精细，构思精巧，具有高雅的气度，透出韵律感，密封性好，摆放平稳，出水润畅，无滴水等。

2)个性化的风格

茶器具的独特风格是茶道艺术中富有魅力的一个组成部分。茶器具的个性化主要表现在造型、色彩、文化内容的融合3个方面。

茶器具在造型上追求富含创意、神形兼备；在色彩上或高雅、或富丽、或恬淡，依个人所好，一般茶人均崇尚高雅，摒弃艳俗，追求返璞归真，反对矫揉造作；在文化内容上，壶杯用具往往绘以山水，制以诗词，琢以细饰，增添艺术气息、书卷气息。

3）艺术性与观赏性

茶器具的观赏性、把玩功能是所有茶人共同追求的。在满足使用功能的前提下，要重视其艺术性，满足观赏把玩的需求。瓷质、紫砂的杯、壶、盏的艺术性强，品位、气韵变化万千，融会了中华传统文化的内涵，有很高的观赏、收藏价值。

在众多茶具中极富美学价值、最受人褒爱的首推紫砂壶。按照壶的泥质，紫砂壶实际上包括紫砂壶、朱砂壶、绿泥壶和调砂壶四大类，从造型上可分为光货、花货、筋囊货三大类。各类紫砂壶的共同特点是在壶上凝结着厚重的文化内容，体现了中国传统文化和民族艺术的精髓，折射出中国古典美学崇尚质朴、追求自然的艺术灵光。

从造型艺术上看，紫砂壶“方不一式，圆不一相”，以方和圆这样简单的几何体创造出无穷的变化。方壶壶体光洁，块面挺括，线条利落。圆壶则在“圆、稳、匀、正”的基础上变出种种花样，让人感到形、神、气、态兼备。紫砂壶的造型千姿百态，有的圆肥墩厚，有的纤巧秀丽，有的纳拙含蓄，有的小巧洒脱，有的古朴典雅，有的妙趣天成，有的灵巧妩媚，有的韵味怡人。鉴赏紫砂壶具时无论它的造型怎样变化万千，始终要注意以下 5 个方面。

①看壶的嘴、把、体 3 个部分是否均衡。美本身就是一种均衡，各部分不均衡的壶很难称得上美。

②看有没有神韵。即仔细观察从形态上流露出的艺术感染力。好的壶能从文静雅致中显出高贵的气度，从朴实厚重中让人觉得大智若愚，从线条的简洁明快中生发返璞归真之遐想，从自然的造型中让人感到生命的气息。

③看泥质。好的壶泥质细腻、色泽温润、光华凝重、古雅悦目。用手平托起壶身，然后用壶盖的边沿轻轻敲击壶身或壶把，发音清亮悦耳甚至有钢声且余音悠扬者为上品。

④看实用性能。好的壶应拿起来感到舒服适手。从壶中倾出茶汤时应出水流畅，水柱光滑而不散乱，俗称“七寸注水不泛花”，也就是说倒茶时茶壶离杯子七寸高而倒进杯子的茶水仍然呈圆柱形，不会水珠四溅。好的壶还要“收断水”利落自如，壶嘴不留余沥；盖与壶身高度嵌和，密封性能好（用手指按住气孔后，水即倒不出来）。此外，将紫砂壶反扑在一平面上时，其壶嘴、壶身、壶把应在一个水平线上。

⑤看装饰。看装饰主要是看浮雕、堆雕、泥绘、彩绘、镶嵌、陶刻、铭文、印鉴等的款式和水平。例如，好的铭文应文学内涵隽永，书法功力精深，镌刻用刀神韵精到，否则就是画蛇添足，不但不会使壶增色，相反会破坏了壶的美感。

2.5.4 茶器具的选用与组合

在茶艺活动过程中，要根据所冲泡的茶叶的不同，对茶器具进行正确的选用及搭配组合。茶具的搭配组合，是茶人在茶艺活动过程中对美的创造。一个优秀的茶艺师在每一次茶艺活动中要能搭配出令客人赞叹不已的茶具组合来。在茶器具的选用和搭配组合时一般要注意以下两个方面的问题：

1）茶具的选用要与所冲泡的茶叶相适应

不同的茶叶，常常需要不同的泡品器具。例如，冲泡乌龙茶一般要用紫砂壶或盖碗；冲泡花茶，宜用有盖的瓷杯或盖碗，或用瓷壶冲泡后斟入瓷杯中饮用；冲泡工艺花茶，可用西式高脚杯、大口径短壁玻璃杯或其他造型、工艺富有特色的茶具；普通红茶则宜用瓷壶或紫砂壶来冲泡，然后将茶汤倒入白瓷杯中饮用；饮用大宗绿茶，可选用有盖的壶、杯或碗冲泡；而冲泡龙井、碧螺春、君山银针等名茶，就不宜选用紫砂壶或三才杯，只有选用晶莹剔透的玻璃杯，才能在冲泡过程中欣赏到细嫩的茶芽在热水的浸泡下，徐徐舒展开来的情景。龙井茶在玻璃杯的温水中吐出它的芬芳的同时，使白水渐渐地现出生命的绿色。这会使人想到凤凰涅槃，感到杯子中茶芽的生命在复苏。而君山银针在冲泡过程中会在玻璃杯中"三沉三浮"，最终一根根茶芽沉到水下，但仍竖立在杯底，像一棵棵笋芽在渴望着向上生长。这会使人联想到人生的坎坷，仕途或商海的沉浮。而如果你选用紫砂壶或白瓷杯来冲泡，你就什么也看不到，无论你选择的茶具多么精美，多么华贵，从审美的角度看，你的选择都是失败的，因为你在这次茶艺活动中，失去了欣赏茶叶在杯中吸收水分后所展现出的那种活生生的美的机会。

2）茶具的搭配组合要协调

茶具的搭配组合应注意各件茶具外形、质地、色泽等方面的协调与对比，注意对称美与不均齐美的结合应用，给人以赏心悦目的感受。各种茶具在材质上应能相互照应、沟通，共同形成一种气质，在造型、体积上要做到大小配合得体，错落有致，风格一致，力戒杂乱无序。但这不是说只能选用质地相同的、清一色的整套茶具，而不能打破原有的配套。在茶艺活动中，可打破常规，进行一些大胆的对比强烈的组合，例如，在品饮普洱熟茶时，用古朴的紫砂壶配晶莹剔透、充满现代感的玻璃品茗杯；品饮工夫红茶时，用深色的朱砂壶配精巧细致的白瓷品茗杯等。

2.5.5 茶器具的清洁与保养

茶器具的清洁保养工作是茶事的一个组成部分。一般说来，有以下 3 项工作。

1）清洁工作

茶为洁物，品饮为雅事，器具之洁不可忽视。一般泡茶前应将所有茶具清洁一遍，杯壶应烫洗干净，抹拭光亮，茶匙组合等也应抹拭一遍。茶事结束后，尽快将茶壶、茶杯等烫洗干净，防止积垢，拭干后收好。

2）养壶

紫砂壶从新购时起，就要注意养壶。新壶在第一次泡茶前要先在水中煮沸十多分钟，也可在茶水中煮一煮，以去除茶壶的土味，经常以布巾擦拭或以手抚摸壶身，施以怜爱，天长日久可使壶身温润如玉、光滑细腻如婴儿皮肤，更显素面素心的肌理效果。

3）妥善保管，防止破损

茶器具应有专门的收存容器和空间，并置于不易被碰撞之处。收存时应备专用的巾布、软纸予以包裹、垫衬，使之安全无破损。

任务6　茶境营造

“境”作为中国古典美学范畴，历来受到中国茶人的高度重视。中国人把饮茶看作是一种艺术，强调情景交融。“品茶品文化”，品茶是诗意的生活，所以中国茶艺特别注重茶境营造。中国茶艺之境包括环境、艺境、人境、心境4个方面。中国茶艺要求环境清幽、意境高雅、人境和静、心境闲适。

2.6.1　环境

所谓环境，即从事茶艺活动的场所，它包括外部环境和内部环境两个方面。

品茶环境要讲究情调。常言道，赏花须结韵友，登山须结逸友，泛舟须结旷友，踏雪须结艳友，饮酒须结豪友，品茶须结静友。明代罗廪《茶解》有一段妙言：“山堂夜坐，汲泉烹茗，至水火相战，如听松涛，倾泻入瓯，清芬满杯，银光潋滟，此时幽趣，固难与俗人言矣。”明代徐渭在《煎茶七类》中所记的品茶场所：“凉台净室，曲几明窗，僧寮道院，松风竹月，晏坐行吟，清谈把卷。”明代许次纾《茶疏》中也提出许多幽雅的品茶环境，如小桥画舫，茂林修竹，荷亭避暑，小院焚香，清幽寺观，明窗净几，听歌闻曲，鼓琴看画，酒阑人散，轻阴微雨，洞房阿阁，夜深共语等。王复礼在《茶说》中写道：“花晨月夕，贤主嘉宾，纵谈古今，品茶次第，天壤间更有快乐！”郑板桥在《寄弟家书》中写道：“坐小阁上，烹龙凤茶，烧夹剪香，令友人吹笛，作《梅花落》一曲，真是人间仙境也。”因此，品茶的外部环境，讲究林泉逸趣、野幽清寂、自然天成。“山泉潺潺，青烟袅袅，白云悠悠”的野幽情趣，“竹影婆娑，蝉鸣声声，夕阳西斜”的清寂环境，最适宜煮泉品茗；大自然的松阴里、竹林中、小溪旁、翠岩下，处处都是品茗佳境。

茶象征着纯洁，令人有飘飘欲仙之感，能将人带到对人生沉思默想的境界。茶室是为恬静之人而设的，在竞争激烈的社会环境中，茶室是难得的清净之所。品茗的内部环境要求窗明几净，装修简素，格调高雅，气氛温馨，使人有亲切感和舒适感。因此，品茶的厅堂陈设通常讲究古朴、雅致、简洁、气氛悠闲，富于文化气息，芬芳满室，清雅宜人。在茶室中适当点缀绿色植物，可使茶室显得更加幽静典雅、情趣盎然，营造出赏心悦目、舒适整洁的品茗环境。适宜茶室陈设的绿色观叶植物，有兰花、广东万年青、冬不凋草、观音莲、君子兰、巴西木、散尾葵、苏铁、袖珍椰子、绿萝、吊兰、文竹、白丽合果芋等。此外，还可选用相宜的插花、盆景，来增添茶室的雅趣。“室雅何须大”，品茶环境一定要雅。

2.6.2　艺境

“茶通六艺”，在品茶时讲究“六艺助茶”。六艺是指琴、棋、书、画、诗和金石古玩的收藏与鉴赏。在茶艺活动过程中，音乐和字画是不可或缺的元素。

1)音乐的烘托

在我国古代士大夫修身的四课——琴、棋、书、画中，琴摆在第一位。“琴”代表音乐，儒家认为，修习音乐可以培养自己的情操，提高自身的修养，使自己的生命过程更加快乐美好。所以，音乐是每一个文化人的必修课。我国历史上的精英人物，几乎无不精通音律、深谙琴艺，如孔子、庄子、宋玉、司马相如、诸葛亮、王维、白居易、苏东坡等著名的政治家、思想家、文学家都精通音乐。荀子在《乐记》中说:“德者,性之端也;乐者,德之华也。”把“乐”上升到“德之华”的高度去认识,足见音乐在古代君子修身养性过程中的重要性。

在茶艺过程中重视用音乐来营造意境,背景音乐在茶艺活动中是不可缺少的,这是因为音乐特别是我国古典音乐重情味、重自娱、重生命的享受,有助于为我们的心接活生命之源,有助于陶冶茶人的情操。在茶事活动中,常用的音乐有古琴乐曲、古筝乐曲、琵琶乐曲、二胡乐曲、小提琴乐曲、江南丝竹、广东音乐(古筝、扬琴、提琴、琵琶等乐器演奏的音乐)、轻音乐等。

在茶艺过程中,最常选择以下3类音乐。

①我国古典名曲。我国古典名曲幽婉深邃、韵味悠长,有一种令人回肠荡气、销魂摄魄之美。不同的古典名曲反映的意境不同,在茶艺活动中可根据茶艺的主题、季节、天气、时辰以及客人的身份等有针对性地选择播放。古典名曲中反映月下美景的有《霓裳曲》《平湖秋月》《春江花月夜》《二泉映月》《彩云追月》《月儿高》等,反映山水之音的有《高山流水》《汇流》《潇湘水云》《幽谷清风》等,反映思念之情的有《阳关三叠》《梅花三弄》《塞上曲》《情乡行》《远方的思念》等,拟禽鸟之声态的有《海青拿天鹅》《平沙落雁》《空山鸟语》《鹧鸪飞》等。

②近代作曲家专门为品茶谱写的音乐,如《闲情听茶》《香飘水云间》《桂花龙井》《幽兰》《清香满山月》《乌龙八仙》《听壶》《一筐茶叶一筐歌》《奉茶》《竹乐奏》等。听这些音乐可使茶人的心徜徉于茶的无垠世界中,让心灵随着茶香翱翔在更美、更雅、更温馨的茶的洞天府第中去。

③精心录制的大自然之声,如山泉飞瀑、小溪流水、雨打芭蕉、风吹竹林、秋虫鸣唱、百鸟啁啾、松涛海浪等都是极美的音乐,我们称之为“天籁”,也称之为“大自然的箫声”,这种“天籁”可以将自然美融入人们的灵魂,让人们的心徜徉于无限的自然之中,达到“天人合一”的境界。

此外,宗教茶艺可选择宗教音乐,民族茶艺可选择本民族的音乐,例如佤族茶艺可选择曲调舒缓的《月亮升起来》等葫芦丝乐曲。

2)挂画

在浓郁的茶香中,让客人静静地欣赏一幅幅怡情悦目的名家字画,可以获得一种超凡脱俗的精神享受,增强品茗环境的文化氛围。悬挂的字画内容可以是人物、山水、花鸟或诗词、对联等,以清新淡雅为宜,悬挂时要位置恰当、大小相宜,使其显得雅致、秀丽,又有和谐的整体感。

挂画早在陆羽《茶经》中已有具体说明,到宋代不仅有挂画,也有了挂字的卷轴。茶室挂画有其独特的风格,一般茶挂以不挂花轴为原则,因为有茶室插花。若挂画则以写意的水墨画为尚,韵味与书法相同;如果是工笔或写实之画,则求其赋色高古,笔墨脱俗,设色不宜过分鲜艳,以免粗俗或喧宾夺主。若挂书法以字轴为多,所挂的字轴往往依季节、时间、所品的茶类和参加茶会的人以及举办茶会的性质而定。挂画以一幅为宜,悬挂位置以茶室正位为佳。而挂画装裱以轴装为上,轴装简朴、古雅的风格与茶最为相宜,屏装次之,框装再次之。

3)茶室插花

茶室插花又称“茶室之花”或“茶会之花”,而品茗赏花的插花称为“茶花”。将插花融入品茗环境中源起于宋代。在宋代，将焚香、挂画、插花、点茶合称为“生活四艺”。

（1）**花器的选择**

茶室插花的花器可选择瓶、碗、盘、罐、筒、杯、篮等。花器宜小而精巧、淳朴，以衬托品茗环境，表达主人心情，亦可寓意季节，突出茶会主题，增进茶趣。

（2）**花材的选择**

插花的花材很多，包括花、叶、果实、枝、蔓、草。在自然界中，种类众多，山野之间、田头屋角，随处可得，也可在花店购买。常用的花材有：迎春、报春、牡丹、山茶、杜鹃、桃花、樱花、月季、玫瑰、蔷薇、玉兰、兰花、洋兰、红掌、马蹄莲、黄刺玫、雏菊、蛇鞭菊、荷花、凌霄、唐菖蒲、晚香玉、紫薇、栀子、茉莉、百合、石榴花、菊花、桂花、翠菊、九里香、千日红、枫叶、小金橘、梅花、腊梅、银柳、仙客来、水仙、飞燕草、麦秆菊、小菊、凤梨、一串红、石竹、香石竹、非洲菊、一品红、鹤望兰、香雪兰、情人草、满天星、垂丝海棠、铁梗海棠、紫荆、肾厥、苏铁叶、文竹、松枝、垂柳、富贵竹、万年青、常春藤等。

茶室插花在花材选择上要注意以下几点：一是不宜选用香气过浓的花，如丁香花、夜来香等，以防花香冲淡焚香的香气或者花香混淆茶特有的香气。二是不宜选择色泽过艳过红的花，以防破坏整个茶室静雅的艺术气氛，花以素白或淡雅为主。三是不宜选用已经盛开的花或开始凋零的花，以含苞待放或半开之花的花为宜，可使茶人在茶艺过程中观赏花的变化，感受一种动态的美，领悟人生哲理。四是有条件最好不用商店里出售的鲜花，而是采取自家庭院里种植的花或到野外采集野花，可增添一种自然野趣。

（3）**插花手法**

茶室插花一般采用东方式插花，注重意境的营造，基本构图形式是不对称的自然式构图，构图的重心常常是偏向一边的，由于花材的俯仰、顾盼、高低、曲直、疏密、大小、深浅、斜垂、张弛等变化，从而产生一定的动势。茶室插花以奇数、单一、不对称为原则。插花往往是一花三叶或一花五叶，无论花、叶都以奇数为主，不对称、不刻板，处处留有余地，若花有两朵时，取其一开一合或一正一侧；有四片叶子时，使其中一片见其背面，表阴叶之美，俗称“三叶半”。花开为阳，合而为阴，叶正面为阳，背面为阴，阴阳互生，以增美感。茶室插花手法以单纯、简约、朴实为主。茶室插花属于静态观赏品，形体宜小，花枝利落不繁，一花一叶不为少，取半开之花以使其有灵动之感。

（4）**茶室插花的形式**

较为常见的茶室插花形式有直立式、倾斜式、悬崖式、水平式等。

①直立式。直立式插花的主枝干基本呈直立状，其他插入的花卉，也都呈自然向上的势头，充满生机勃发的意蕴。

直立式插花的第一枝必须插成直立状，第二枝比第一枝稍短，插在第一枝的一侧，并呈现一定的倾斜度。花朵的位置在主杆的中间，可以在主枝上，也可在侧枝上。花叶不必太多，以一花三叶为宜，枝干一般应有一个分叉和弯曲度。力求层次分明，高低错落有致，衬托出茶事活动的主题。

②倾斜式。倾斜式是指以第一主枝倾斜于花器一侧为标志的插花。第一主枝的范围可以在左右两个90°以内，第二枝和第三枝围绕第一主枝进行变化，可直立，也可下垂。不宜将花朵的位置确定在枝头而垂于花器水平线以下，以免给人花枝凋零的感觉。

倾斜式插花具有一定的自然状态，犹如风吹雨打之后重新向上生长，蕴含着顽强不屈的精神，还可以给人带来“疏影横斜水清浅”的美好意境。

③悬崖式（下垂式）。悬崖式是指以第一主枝在花器上悬挂而下为造型特征的插花。悬崖式插花多使用有一定高度的花器，多用高瓶和竹筒。第一主枝从花器中弯曲向下，充满线条变化的美感，形似高山流水，瀑布倾泻，又似悬崖上枝藤垂悬，飘逸柔美，给人格调高逸的感觉。

④水平式（平展式）。水平式插花是指全部花枝在一个平面上的插花式样。水平式插花，花枝如同匍匐生长，没有高低层次的变化，而在左右表现长短、远近的变化，给人对生活无限热爱与依恋的感觉。

（5）摆放位置

茶室插花的摆放位置宜低，以坐赏为原则，也可根据茶室设计选配台座、衬板、花几等配件，摆放位置多以左前方（即主人的右后方）为原则，距主人约一臂之距为宜。

4）焚香

中国人焚香的历史悠久，早在战国时代就已开始，到了汉代已有焚香专用的炉具。

（1）香品种类

香品散发香气的方式可分为燃烧香品、熏炙香品、自然散发香品3种。燃烧的香品有以香草、沉香木做成的香丸、线香、盘香、环香、香粉；熏炙的香品有龙脑等树脂性的香品；自然散发的香品有香油、香花等。

（2）香品原料的种类

香品原料有很多，可分为植物性、动物性、合成性三大类。植物性的香料，如茅香草、龙脑、沉香木、降真香等。动物性的香料，如龙涎香、麝香等。合成性的香料，是通过化学反应生成的香料，如各种人工合成的香精、香料。

（3）香品的形状

香品的形状多种多样，有香木槐、香丸、线香、香粉、香油等，其中，香木槐、香丸、线香、香粉称为四大香品。在四大香品的形状中，线香和香粉的形状较多。线香可分为横式线香、直式线香、盘香、香环。直式线香又称为柱香，可分为带竹签的和不带竹签的，不带竹签的线香连成一排又称排香。香粉，为散粉状，撒在炙热的炭上可散发出香气和香烟。另外，将香粉印成一定的形状再点燃，叫作“香篆”。

（4）品茗焚香香品、香具的选择

焚香是以燃烧香品散发香气，品茗时选择香品、香具要注意以下几点。

①配合茶叶选择香品。浓香的茶需要焚较重的香品，幽香的茶要焚较淡的香品。

②配合时空选择香品。春天、冬天焚较重的香品，夏秋焚较淡的香品。空间大焚较重的香品，空间小焚较淡的香品。

③选择香具。焚香必须有香具，而品茗焚香的香具以香炉为最佳选择，香炉的材质、造型、色彩等要与茶的种类、茶艺活动的主题相配合。

④选择焚香效果。除了香气外，香烟也是非常重要的，不同的香品会产生不同的香烟，不同的香具也会产生不同的香烟。品茗焚香宜选择有香烟的香品和香具，欣赏袅袅飘散的香烟和香烟所带来的气氛也是一种幽思和美的享受。

(5)焚香的位置

焚香时,要注意香的摆放位置。花有真香非烟燎,香气躁烈会损伤花的生机,因此,花下不可焚香,香案要高于花,插花和焚香要尽可能保持较远的距离。挂画、焚香、插花、点茶本是一体的呈现,必须考虑整体的协调。

5)玉器古玩的陈列

书画可以营造品茗环境的文化氛围,中国传统民间工艺美术作品也在烘托品茗环境的文化韵味方面发挥了重要作用。其中,常见的有玉雕、石雕、石砚、石壶、木雕、竹刻、根雕、奇石等。

6)陶瓷工艺品的展示

陶瓷中有许多艺术精品,如各种紫砂茶具、白瓷器具、青瓷器具、土陶器具等。在陈列柜中摆放陶瓷器具,供客人欣赏,既可增添品茶的情趣,又可烘托品茗环境的文化氛围。

2.6.3 人境

所谓人境,是指品茗时人数的多少以及品茗者的修养、人格所构成的人文环境。明代徐渭在《煎茶七类》中写道:"一、人品。煎茶虽微清小雅,然要须其人与茶品相得……六、茶侣。翰卿墨客,缁流羽士,逸老散人或轩冕之徒,超然世味也。"一般说来,品茶人数不宜过多,人不宜杂、不宜俗。明代的张源在《茶录》中写道:"饮茶以客少为贵,客众则喧,喧则雅趣会泛泛矣。独啜曰幽,二客曰胜,三四曰趣,五六曰泛,七八曰施。"人数不同,可以有不同的意境,一般说来,独品得神,对啜得趣,众饮得慧。

1)独品得神

一个人品茶没有干扰,心更容易虚静,精神更容易集中,感情更容易随着飘然四溢的茶香而升华,思想更容易达到天人合一、物我两忘的境界。历代很多茶人都喜欢独自品茶,苏东坡"独携天上小团月,来试人间第二泉",卢仝"柴门反关无俗客,纱帽龙头自煎吃",并深深体会到从饮第一碗茶到第七碗茶的不同感受,成就了千古绝唱《走笔谢孟谏议寄新茶》一诗。独自品茶,实际上是茶人的心在与茶对话,与大自然对话,容易做到心驰宏宇,神交自然,可尽得中国茶道的精髓。

2)对啜得趣

邀一知己相对品茗,或推心置腹倾诉衷肠,或松下品茗论道,或幽窗啜茗谈诗,或月下对饮赏景,或相对无语、心有灵犀一点通,如林清玄在《茶味》一文中写道:"最好的对饮是什么话都不说,只是轻轻地品茶。"无论何种情景,都是人生乐事,有无穷情趣。

3)众饮得慧

孔子曰:"三人行,必有我师。"众人品茗,人多,议论多,话题多,信息多。在清静幽雅的品茗环境中,大家最容易敞开心扉,相互交流思想,启迪心智,学习到很多书本中学不到的东西。

经营性的茶馆、茶室,自然是期盼客人越多越好。无论人数如何众多,只要在经营过程中善于引导客人,善于营造一种"和、雅、静"的环境氛围,同样可以营造出适宜品茶的人文环境。

2.6.4 心境

品茗是心的歇息、心的放牧、心的澡雪。所以品茗场所应当如风平浪静的港湾，让茶人们的心充分歇息、自由自在漫步。在品茗时好的心境极其重要，所谓好的心境主要是指闲适、虚静、空灵。如宋代毛滂的茶诗："凤凰山畔雨前春，玉骨云腴绝可人。寄予青云欲仙客，一瓯相映两无尘。"描写的正是这种品茶时超然出尘的闲适心境。在闲适虚静空灵的心境下品茶，才能够真正品到茶的种种滋味，放飞心灵，展开联想，获得美好的心理感受，感悟到茶中所蕴含的味外之味。品茶时，好的心境靠茶人对人生的彻悟，好的心境也会相互感染。茶人要保持"日日是好日，时时是好时"的良好心境并以此影响别人，使人在茶事过程中得到美好的精神享受。

任务7 茶艺程序编排和泡茶动作要求

泡茶的技艺，首先表现在茶艺程序编排的科学性及思想内涵，其次是泡茶动作的规范、到位、熟练、优美。

2.7.1 茶艺程序的科学编排

俗话说："内行看门道，外行看热闹。"不少茶艺爱好者在观赏茶艺时往往只注意表演时的服装美、道具美、音乐美以及动作美而忽视了最本质的东西——茶艺程序编排的科学性及其内涵美。其实，茶艺程序编排的科学性和内涵美才是茶艺美的核心。

编排茶艺程序要注意以下4个方面。

一是要"顺茶性"。即按照编排的茶艺程序来操作，要能把所泡茶叶的色香味充分展示出来，把茶叶的内质发挥得淋漓尽致，泡出一壶最可口的好茶来。我国的茶叶可分为基本茶类和再加工茶类两大类。基本茶类包括了绿茶、红茶、青茶、白茶、黄茶、黑茶等；在再加工茶中，常用于茶艺表演的有花茶和各类紧压茶。各类茶的茶性如粗细程度、老嫩程度、发酵程度、火工水平等不相同，所以泡不同的茶时所选用的器皿、水温、投茶方式、浸润时间等也各不相同。茶艺是生活艺术，它重在实用，重在自娱自乐，而不是重在表演，泡茶的最终目的是要充分享受茶的色香味形之美，满足人们的生理和心理需求。泡茶时，不能机械地照搬固定的程序去操作，而要根据所选之茶的品质特点，科学设计茶艺程序，把茶的色、香、味最充分地展示出来，泡出一壶真正的好茶，让人获得生理和心理的享受。

二是要"合茶道"。就是所设计的茶艺要符合茶道所倡导的"精行俭德"的人文理念和"和、静、怡、真"的基本精神。茶艺表演既要以道驭艺又要以艺示道。以道驭艺，就是茶艺的程序编排必须遵循茶道的基本精神，以茶道的基本理论为指导。以艺示道，就是通过茶艺程序来表达和弘扬茶道的精神。有些传统的茶艺程序很形象、很流行，例如，原来的工夫茶茶艺中的出汤斟茶称为"关公巡城"，最后几滴茶点到品茗杯中称为"韩信点兵"，但让人一听觉得刀光剑影、杀气腾腾，有违茶道"和"的哲学思想核心，将它改成了"观音出海""点水留香"，就有了一种祥和的味道，更符合茶道精神。

三是要科学卫生。茶是饮品，科学卫生是最重要的。好的茶艺必须是科学卫生的茶艺。

目前，有的茶艺程序不够科学卫生，例如，有些地区消费者习惯喝“烧茶”，要求泡出来的茶要烫嘴，认为烫嘴的茶喝着才过瘾。但从现代医学卫生理论看，过烫的食物反复刺激口腔黏膜易导致口腔病变，诱发口腔癌，同时，温度过高，也影响闻香、品味。有些茶艺的洗杯程序是把整只杯放在一小碗水里洗，或者杯套杯滚着洗，如狮子滚绣球技法，这样会使杯外的脏物粘到杯内，越洗越脏。这些不够科学卫生的茶艺程序应予以摒弃。而茶艺过程中的温杯熁盏程序是把杯具当着客人的面用开水再温烫一遍，既提高了器皿温度，又利于茶的香气滋味的发挥，也可起到清洁灭菌的作用，是科学卫生的。

四是要有文化品位。茶艺各个程序的名称要美，要给人展开联想。解说词要具有较高的文学水平，要内容生动，用词准确，融知识性和趣味性于一体，要能够艺术地介绍出所冲泡的茶叶的特点及历史。

一套茶艺程序只有顺茶性、合茶道、科学卫生，且具有较高的文化品位，才是一套美的茶艺程序。

2.7.2 泡茶动作的要求

每一门艺术都有其自身的特点和个性。各种艺术活动中，对其动作美和神韵美各有不同的要求。茶艺首先是一门生活艺术而不是舞台艺术，茶艺工作者要对茶艺的艺术特点有正确地认识，在茶艺活动过程中才能准确把握个性，掌握尺度，表现出茶艺独特的美学风格。

茶艺比起其他的表演艺术来更贴近生活，更直接地服务于生活，它的动作不强调难度，而是强调生活的实用性，以及在此基础上去表现流畅的自然美。

在风格上，茶艺注重自娱自乐和内省内修，它的根本作用还是作为个人修身养性的手段，故从表现形式上看是平实之美、中和之美、清新自然之美、简素之美，而非夸张之美、惊险之美、镂金错彩之美。泡茶是日常生活中的一种平凡的劳动，只要我们能以茶道精神为指导，专心致志，不事张扬，自然而然地认真泡茶，当达到十分熟练以后，必定会实现“技”的升华，达到“道”对技的超越。这样，茶人会在平凡的劳动中享受到创作的自由和精神的愉悦，观众也会从茶人朴朴实实的操作中感受到美。

茶艺表演必须要有神韵，才能使人感到销魂夺魄、韵味无穷的美。神韵可以理解为传神、动心、有余意，即“气韵生动”。在茶艺活动中要达到气韵生动要经过 3 个阶段的训练。第一个阶段要求达到熟练，这是基础阶段，因为只有熟才能生巧。第二个阶段要求动作规范、细腻、到位。第三个阶段才是传神达韵。在茶艺活动中要做到气韵生动，必须身心俱静，凝神专注于茶艺，才能深入细致地去体察自己的内心感受，才能做到体态庄重、动作舒展自如、轻重缓急自然有序，一举手、一投足、一招一式、每一个动作都极其优美而有节奏，使平凡的泡茶过程有意境、有内涵、有韵味。

在茶艺活动中，要整套动作一气贯穿，成为一个生命的机体，让人看了觉得有一股元气在其中流转，感受到其生命力的充实与弥漫，感受到中国茶艺的圆融之美。

【思考题】

1. 阐述茶艺的含义。

2. 舞台表演型茶艺与待客型茶艺有何区别？

3. 简述中国茶艺的特点。

4. 茶艺工作者的语言规范中的“五声”和“四语”分别指什么？
5. 我国名茶的取名主要有哪些种类？
6. 如何选择泡茶用水？
7. 茶器具的 8 项技术特性是指什么？
8. 不同材质的茶具对泡茶有何不同的影响？
9. 如何选购和保养紫砂壶？
10. 茶艺程序编排的内涵美主要包含哪些内容？
11. 茶艺表演时，如何选择音乐？
12. 茶艺表演时，插花要注意哪些问题？
13. 茶艺表演时，怎样选择香品和香具？

实训 2.1 茶艺服务人员的姿态训练

〖实训目的〗

1. 通过本项目的实训，使学生了解举止和姿态在茶艺服务工作中的重要性，加深学生对形体美的认识和了解。
2. 让学生掌握茶艺服务工作中正确的站姿、走姿、坐姿、跪姿。
3. 培养学生优美的体态、优雅的举止、高雅的气质，提升学生的个人形象。

〖实训场地与器具〗

形体训练室(或教室)、椅子、大镜子。

〖实训要求〗

1. 呼吸自然，调息静气。
2. 肌肉张弛协调，动作协调自然，不僵硬。
3. 姿态标准。

〖实训时间〗

2 学时。

〖实训方法〗

1. 教师讲解示范。
2. 学生分组练习。

〖实训内容与操作标准〗

1. 站姿训练

(1)教师讲解示范

动作要领：直立站好，两脚脚跟相靠，两脚尖呈 45°～60°分开；双腿并拢直立，身体重心应在两脚中间向上穿过脊柱及头部，挺胸、收腹、提臀、梗颈；双肩平正，自然放松；双臂自然下垂或双手自然交叉于腹前，右手放在左手上；双目平视前方，下颌微收，嘴巴微闭，面带微笑。

注意事项：

①女性穿礼服或旗袍时，绝对不要双脚并列，而要让两脚之间前后距离5厘米左右，以一只脚为重心。

②穿高跟鞋时，以左脚为重心、脚尖与垂直线呈45°，右脚脚尖向前，脚跟紧连着左脚，选择这个姿势，曲线相当优美。

③在茶室站立服务的时候，严禁靠墙或者身体依着服务台站立，或将手放在衣服的口袋里。

（2）学生分组练习。

2. 坐姿训练

（1）教师讲解示范

动作要领：入座时动作轻而自然，穿长裙的话，要用手把裙子向前拢一下，坐椅子的前一半或1/3处；坐下后挺胸、收腹、头正肩平，双腿并拢，双手不操作时，自然交叉相握摆放于腹前或手背向上四指自然合拢呈“八”字形平放在操作台上，右手放左手上；行茶时，肩部不能因为操作动作的改变而左右倾斜。嘴巴微闭，面部表情轻松愉悦，自始至终面带微笑。

注意事项：

第一，不要仰靠椅背伸直双腿。

第二，不可两脚尖朝内，脚跟朝外。切忌两膝盖分开，两脚呈“八”字形。

第三，双腿交叠而坐时，悬空的脚尖应向下，切忌脚尖朝天和上下抖动。

（2）学生分组练习。

3. 走姿训练

（1）教师讲解示范

动作要领：上身正直，目光平视，面带微笑；肩部放松，手指自然弯曲，双臂自然前后摆动，摆幅35厘米左右，如果在狭小的空间及场地中行走，也可采用双手交叉相握于腹前的姿势；行走时，身体重心稍向前倾，腹部和臀部要向上提，由大腿带动小腿向前迈进；行走线迹为直线。女性步幅约为23厘米，男性步幅约为28厘米为宜。脚步要轻且稳，用眼梢辨方向、找目标。

注意事项：

第一，行走时，身体保持挺直，切忌摇头晃脑，身体左右摆动，更不要扭动臀部。

第二，行走时，膝盖和脚踝应轻松自如，不僵硬。

第三，行走中身体的重心要随着移动的脚步不断向前过渡，而不要让重心停留在后脚。

（2）学生分组练习。

4. 跪姿训练

（1）教师讲解示范

动作要领：在站立姿势的基础上，右脚后错半步，双膝下弯，右膝先着地，右脚掌心向上；随之左膝着地，左脚掌心向上，直至双膝跪下；身体重心调整坐落在双脚跟上，上身保持挺直，双手自然交叉相握摆放于腹前；两眼平视，表情自然，面带微笑。

注意事项：

①跪时双脚脚背触地，掌心向上。

②身体重心落在双脚跟上，身体不能弯曲。

(2)学生分组练习。

〖达标测试〗

见表2.1。

表2.1 达标测试表

班级： 组别： 学号： 姓名：

序 号	测试内容	评分标准	配 分	扣 分	得 分
1	站姿	姿势正确，动作规范	25		
2	坐姿	姿势正确，动作规范	25		
3	跪姿	姿势正确，动作规范	25		
4	走姿	姿势正确，动作规范	25		
合 计			100		

考核时间： 年 月 日 考评教师(签名)：

实训2.2 茶艺服务的常用礼节训练

〖实训目的〗

1.通过本项目的实训，使学生了解礼仪在茶艺服务工作中的重要性，加深学生对礼仪美的认识和了解。

2.让学生掌握茶艺服务工作中行鞠躬礼、伸手礼、点头礼、叩手礼、握手礼的正确方法和步骤。

3.培养学生的完美礼仪、良好的举止规范，提高学生的综合职业素质。

〖实训场地与器具〗

形体训练室(或教室)、椅子、大镜子。

〖实训要求〗

面部表情自然亲切，动作协调自然，行礼步骤正确，姿势标准而优雅。

〖实训时间〗

2学时。

〖实训方法〗

1.教师讲解示范。

2.学生分组练习。

〖实训内容与操作标准〗

1.站式鞠躬礼动作训练

(1)教师讲解示范

动作要领：在直立站立的基础上，左脚先向前，右脚靠上；左手在里，右手在外，双手四指合拢自然交叉于腹前。缓缓弯腰，双臂自然下垂，手指自然合拢，双手呈“八”字形轻扶于双腿上。行真礼时弯腰约 90°,行行礼时弯腰约 45°,行草礼时弯腰小于 45°。直起时目视脚尖,缓缓直起,面带微笑。

注意事项:俯下和起身速度一致,动作轻松,自然柔软。

(2)学生分组练习。

2. 坐姿鞠躬礼训练

(1)教师讲解示范

动作要领:在坐姿的基础上,头身前倾,双臂自然弯曲,手指自然合拢,双手掌心向下。行真礼时头身前倾约 45°,双手自然平放于双膝上;行行礼时头身前倾小于 45°,双手呈"八"字形轻放于大腿中部;行草礼时头身略前倾,双手呈"八"字形轻放于大腿后部位置。直起时目视双膝,缓缓直起,面带微笑。

注意事项:俯下和起身速度一致,动作轻松,自然柔软。

(2)学生分组练习。

3. 跪式鞠躬礼训练

(1)教师讲解示范

动作要领:在跪式坐姿的基础上,头身前倾,双臂自然下垂,手指自然合拢,双手呈"八"字形。行真礼时头身前倾约 45°,双手掌心向下,平扶触地于双膝前位置;行行礼时头身前倾小于 45°,双手掌心向下,四指触地于双膝前的位置;行草礼时头身略前倾,双手掌心向内,指尖触地于双膝前。直起时目视手指尖,缓缓直起,面带微笑。

注意事项:同站式鞠躬礼。

(2)学生分组练习。

4. 伸手礼训练

(1)教师讲解示范

动作要领:五指自然并拢,手心向上,左手或右手从胸前自然向左或向右前伸,手略斜并向内凹,表情自然,同时欠身并点头微笑。

(2)学生分组练习。

5. 点头礼和注目礼训练

(1)教师讲解示范

动作要领:眼睛庄重而专注地看着对方,点头致意。

(2)学生分组练习。

6. 叩手礼训练

(1)教师讲解示范

动作要领:将右手的食指、中指指关节弯曲,轻轻叩击桌面。

(2)学生分组练习。

7. 握手礼训练

(1)教师讲解示范

动作要领:在站姿的基础上,距握手对象约 1 米处,上身微微向前倾斜,面带微笑,伸出右手和对方的右手相握。

注意事项:握手时力度要适中,要讲究卫生。

(2)学生分组练习。

〖达标测试〗

见表2.2。

表2.2 达标测试表

班级: 组别: 学号: 姓名:

序 号	测试内容	评分标准	配 分	扣 分	得 分
1	站式鞠躬礼	姿势正确,动作规范到位	15		
2	坐式鞠躬礼	姿势正确,动作规范到位	15		
3	跪式鞠躬礼	姿势正确,动作规范到位	15		
4	伸手礼	姿势正确,动作规范到位	15		
5	注目礼和点头礼	姿势正确,动作规范到位	15		
6	叩手礼	姿势正确,动作规范到位	10		
7	握手礼	姿势正确,动作规范到位	15		
合 计			100		

考核时间: 年 月 日 考评教师(签名):

实训2.3 茶叶评鉴

〖实训目的〗

1.通过本项目的实训,使学生初步掌握各茶类的色、香、味、形等品质特征。

2.让学生初步掌握茶叶评鉴过程中闻香品茶的技巧。

〖实训场地、器具与材料〗

茶叶审评实训室,干评台、湿评台,样茶盘、烧水壶,审评杯、审评碗、叶底盘、粗天平、计时器、网匙、茶匙、汤杯、吐茶桶,龙井茶、黄山毛峰、滇晒青、蒸青茶、滇红工夫、祁门红茶、铁观音、大红袍、白牡丹、蒙顶黄芽、普洱熟茶(散茶)、普洱生茶等。

〖实训要求〗

1.掌握茶叶审评的基本程序、方法。

2.认真辨识各个茶样外形、色泽、香气、滋味。

〖实训时间〗

2学时。

〖实训方法〗

1.教师进行讲解和示范操作。

2.学生分组进行操作练习。

〖实训内容与操作标准〗

1.干评外形

（1）教师示范讲解

①把盘。

用回旋筛转的方法使样茶盘中茶叶分出上、中、下3段。

②评外形。

A. 观赏各个茶样干茶的形状。

B. 评各茶样的干茶色泽。

C. 评比整碎、净度。看3段茶的比例，含梗量、片朴筋皮等夹杂物的含量。

D. 闻干茶香。感受干茶香气类型。

（2）学生分组审评并做好评茶记录。

2. 湿评内质

（1）教师讲解并进行操作示范

①称量茶样。

调平天平，用食指、中指和拇指3指摄取茶样，上、中、下3段都取到，一次摄取够量。绿、红、黄、白、普洱茶每个茶样称取3克，乌龙茶每个茶样5克，置于审评杯中。

②冲泡。

以滚沸的开水按顺序冲泡，边泡边盖上杯盖，浸润名优绿茶4分钟，红茶、白茶、黄茶5分钟，乌龙茶冲泡3次，分别为2分钟、3分钟、5分钟，普洱茶冲泡两次，分别为2分钟、5分钟，时间到后按照冲泡时的顺序将茶汤滤入审评碗中（分2组进行，每组泡6个茶样）。

③评内质。

A. 嗅香气。热嗅、温嗅、冷嗅结合，辨别各个茶样香气的类型及其浓淡、长短、纯杂。

B. 看汤色。看其色泽、深浅和明亮度。

C. 尝滋味。辨别各茶样的滋味类型。

D. 看叶底。评色泽、深浅、鲜活，芽叶的匀整、柔软、厚实。

（2）学生分组审评并做好评茶记录。

〖达标测试〗

见表2.3。

表2.3 达标测试表

班级： 组别： 学号： 姓名：

序 号	测试内容	评分标准	配 分	扣 分	得 分
1	把盘、收盘	手法正确，能使茶样分出上、中、下3段	10		
2	干评外形	能辨识各茶样的不同外形特征，评茶术语正确	30		
3	称量	取样方法正确，称量精准	10		
4	冲泡	按顺序进行，水量适宜，计时精确	10		
5	湿评内质	能初步辨别不同茶样的香气、滋味、汤色、叶底，评茶术语正确	40		
合 计			100		

考核时间： 年 月 日 考评教师（签名）：

实训2.4 茶具的识别与鉴赏

〖实训目的〗

1. 通过本项目的实训，使学生了解茶艺活动中常用的茶具种类及其功能。
2. 让学生初步掌握茶具的不同材质及其特点。
3. 使学生能初步区分白瓷、青瓷、黑瓷、颜色釉瓷等各种瓷器茶具和紫砂茶具。
4. 提高学生对茶具美的鉴赏能力。

〖实训场地与器具〗

茶艺实训室（或教室），茶艺桌，各色土陶、硬陶壶具杯具，各色紫砂壶、紫砂杯具，各色瓷壶、瓷盖碗、瓷质品茗杯、闻香杯，杯托、水盂、茶盘、茶匙组合、公道杯、玻璃杯、茶叶罐、汤滤、茶荷、奉茶盘等。

〖实训要求〗

1. 仔细观察，认真感受。
2. 掌握各种材质的茶具的质感及其特性。
3. 记住各种不同茶具的名称及功能。

〖实训时间〗

2学时。

〖实训方法〗

1. 教师展示实物进行讲解。
2. 学生分组观赏鉴别。

〖实训内容与操作标准〗

1. 不同材质茶具的识别与鉴赏

（1）教师对各种茶具作介绍

①陶器。

A. 区分粗陶、硬陶、彩釉陶、紫砂茶具。

B. 了解紫砂的泥质，区分紫砂壶、朱砂壶、绿泥壶和调砂壶四大类紫砂茶具。

C. 按造型分为光货、花货、筋囊货三大类紫砂茶具。

②瓷器。

A. 区分白瓷、青瓷、黑瓷、颜色釉瓷四大类瓷器茶具。

B. 认识白瓷茶具。区分青花瓷、广彩、斗彩、粉彩、珐琅彩等彩瓷。

C. 认识青瓷茶具。

D. 认识黑瓷茶具。

E. 认识颜色釉瓷。欣赏海棠红釉、鲜红釉、红釉、“茶叶末”等颜色釉瓷茶具。

③玻璃茶具。欣赏玻璃杯、盖碗、公道杯、品茗杯等。

④竹木茶具。认识竹木制作的茶桌、茶盘、茶匙组合、茶叶罐、奉茶盘、壶盘、杯托、茶碗、

茶杯。

⑤金属茶具。认识铸铁壶、铜壶,锡、铁茶叶罐等。

(2)学生分组观赏鉴别各种材质的茶具。

2. 茶具的种类及其功能的认识

(1)教师根据茶具实物进行讲解及使用操作示范

①备水器具。储水缸、净水器、煮水器和开水壶等。

②泡茶器具。

泡茶容器:茶壶、茶杯、盖碗、冲泡盅(即飘逸杯)等。

茶荷、茶碟、茶则、茶叶罐、茶匙。

③品茶器具。茶海(公道杯、茶盅)、品茗杯、玻璃杯、盖碗、闻香杯。

④辅助用具。茶针、漏斗、奉茶盘、壶盘、茶盘、茶巾、茶夹、水盂(滓盂、滓方)、汤滤及承托、茶拂、茶刀、箸匙筒、茶食盘、茶叉等。

(2)学生分组轮流识别观赏各种茶具并练习使用操作方法。

〖达标测试〗

见表2.4。

表2.4 达标测试表

班级: 组别: 学号: 姓名:

序 号	测试内容	评分标准	配 分	扣 分	得 分
1	陶器茶具	能正确识别土陶、硬陶、紫砂以及紫砂中的绿泥、紫砂、朱砂、调砂	15		
2	瓷器茶具	能正确识别青瓷、白瓷、黑瓷、颜色釉瓷以及白瓷中的青花瓷、粉彩瓷、广彩瓷等	15		
3	玻璃、竹木、金属茶具	能正确识别各种玻璃、竹、木、金属器皿	10		
4	备水器具	能掌握不同备水器皿的作用	10		
5	泡茶器具	能掌握不同泡茶器皿的作用及其使用方法	15		
6	品茶器具	能掌握不同品茶器皿的作用及其使用方法	10		
7	辅助器具	能掌握不同辅助器皿的作用及其使用方法	25		
合 计			100		

考核时间: 年 月 日 考评教师(签名):

学习项目3　泡茶基本技法与技艺

〖学习目标〗

知识目标

1. 了解泡茶基本技法设定的原理。

2. 掌握泡茶过程中投茶量、茶水比、水温、浸润时间等要素，并把握基本原则。

技能目标

1. 熟练掌握泡茶的十大基本技法。

2. 掌握行茶的基本程序。

课程思政目标

1. 通过每一个泡茶基本技法的学习，让学生感受到每一个泡茶技法所蕴含的美学原理，领会中国茶艺技法的自然之美、圆融之美，提高学生对美的鉴赏能力。

2. 让学生感受中国茶艺技法中所蕴含的优秀传统文化，感受中国传统文化的博大精深，增强文化自信。

3. 通过对泡茶技艺中每一个环节的严格把握，培养学生做事认真、精益求精的工匠精神。

〖任务引入〗

许多茶文化传播公司、茶叶专卖店、茶室等茶文化传播、茶艺服务企业都会要求茶艺师在为顾客泡茶时，要做茶艺表演，既要动作优美，又要泡出可口的茶汤，让顾客在观赏和品饮中都能获得美好的感受。茶艺师要做好茶艺工作，必须掌握相关知识，熟练掌握泡茶基本技法与技艺。

〖案例导读〗

雪舞大专毕业后到一个茶叶公司的茶文化体验馆担任茶艺师。为了做好工作，雪舞苦练泡茶基本技法与技艺。一段时间后，雪舞泡茶时姿态优雅，动作优美，神清气朗，而且泡出的茶色、香、味俱佳，让顾客觉得看雪舞泡茶、品雪舞所泡之茶是一种美的享受。顾客来到体验馆喝茶，总喜欢点名让雪舞来泡茶，于是老板很快给雪舞提职加薪，同事们羡慕不已。

〖案例分析〗

泡茶基本技法的设定包括科学性与动作美的双重要求，熟练掌握了这些技法，茶艺师在泡茶时就会表现得动作优美，进退有度，挥洒自如，让观赏者在平实中感受到无上的美。正确选配茶具，选好水，把握好投茶量、水温、浸润时间，将茶的最佳品质展现出来，使品饮者获得至高的审美感受，是留住消费者的关键。雪舞正是因为认识到了泡茶技法与技艺的重要性，刻苦练习，从而获得了成功。

泡茶，是用开水浸泡茶叶，使茶叶中的可溶性物质溶解于水，成为可口茶汤的过程。泡茶是生活常事，但真正泡好一杯（壶）茶又是一种技艺，一门艺术。要泡好一杯茶，享受一杯好茶，需要掌握茶艺的6个基本环节：选茶、择水、备器、雅室、冲泡、品尝。茶叶冲泡的技艺是其中非常重要的环节，再好的茶与水、再好的茶具与环境，没有好的冲泡技艺，也无法享受到一杯好茶。

任务1 泡茶基本技法

茶艺基本技法是泡茶过程中的细部动作。在泡茶过程中,即使是拧壶拿杯这样简单的动作都有规范。泡茶基本技法的设定包含了科学性与动作美的双重要求,其目的在于使茶艺人员做到气定神闲,进退有度,令观者处处会心,如沐春风。

茶艺活动中茶具的摆放要布局合理,实用美观,注重层次感,有线条的变化。摆放茶具的过程要有序,左右要基本平衡,前后尽量不要有遮挡,如果有遮挡,则一般按照由低到高的顺序摆放。尽量将低矮的茶具放在客人视线的最前方,同时还要注意便于操作,例如,用右手泡茶者一般将随手泡摆放在茶艺师的右手边。为了表达对客人的尊重,壶嘴不能对着客人(壶嘴对着客人表示请客人离去),而茶具上的图案要正向客人,摆放整齐。此外,还要注意干湿分区。不要将干用器具放在茶盘上面。

泡茶过程中有十大基本技法的操作规范,即茶巾折叠与使用技巧、捧与端的手法、拿茶壶茶盅手法、翻杯手法、温润杯具手法、取样置茶手法、投茶手法、冲泡手法、奉茶手法、品茗手法。

3.1.1 茶巾折叠与使用技巧

在泡茶时,一般都要使用茶巾来吸干泼洒在桌面上的水滴,擦干茶匙、茶夹、茶针上的水,或用茶巾垫托开水壶、茶壶、茶盅的壶底,以防冲泡、出汤、分茶过程中出现滴洒。茶巾一般摆放在茶桌内侧正中靠近茶艺师胸前的位置,以方便使用。摆放在茶桌上的茶巾形状要整齐漂亮,体积尽可能小,因此,茶巾的折叠与使用有相对的规范。茶巾折叠的方法有正方形叠法(九叠法)与长方形叠法(八叠法)。

3.1.2 捧与端的手法

在茶艺活动中,各种物品的端、捧是经常性的动作,一般高物为捧,低物为端。端、捧物品时手势正确、姿势优雅,使人观之有美感,获得愉悦的审美感受。

3.1.3 茶壶、茶盅拿法

茶壶、茶盅的形状多样,拿法也各不相同,正确的拿法既可方便操作,又可防止操作过程中壶盖脱落,减轻烫手感,同时也可使动作优美,增加观赏性。

茶壶、茶盅的形状多种多样,拿法也各不相同。

3.1.4 翻杯手法

翻杯是茶艺活动中常常要进行的基础动作。一般在泡茶开始前,首先要将原来用过洗净反扑着的杯具翻转过来,翻杯动作的设定,主要是为了增加翻杯时动作的美感。

不同形状的杯具,翻杯的手法各不相同。

3.1.5 温杯、温具手法

温润杯具既可清洁杯具,使客人放心品茶,又可提高器皿温度,有利于冲泡时茶叶内含物质的溶出,充分展现茶叶的品质。正确的手法既可保证杯具的温润效果,又可防止操作时烫手，同时也可使动作更加优美。

温润杯具的手法因杯具不同而异，玻璃杯、盖碗、闻香杯、品茗杯的温润手法有很大差异。

3.1.6 取样置茶手法

取样置茶是泡茶时必不可少的步骤，正确的取样置茶手法，可顺利取出备泡茶叶而避免取茶过程中碰碎茶叶，防止投茶时出现泼洒，同时，也可防止细碎的茶叶堵塞壶嘴而影响出汤。

取样时，茶叶的外形不同，取样的用具和方法也不同。一般经过精制、外形整齐平伏或短碎的茶叶、珠茶以及红碎茶等，用茶则舀取；而外形芽叶完整、茶条较长或形状特殊的名优茶以及未经精制、条索较粗大的毛茶，则需用茶匙拨取。

3.1.7 投茶手法

投茶方法不同，茶叶在水中的沉浮与物质溶出的速度也不同。投茶时，要根据所冲泡之茶叶的外形及其品质特点采取不同的方法，才能尽显其品质特点。

投茶手法一般有上投法、中投法、下投法 3 种。上投法适用于特别名贵细嫩、卷曲重实易下沉的茶叶，如碧螺春等。中投法适用于名贵细嫩、纤细而易下沉的茶，如君山银针、高级龙井茶、香归银毫等。下投法适用于龙井茶、普通红茶、绿茶、黄茶、白茶、乌龙茶、普洱茶等。

3.1.8 冲泡手法

冲泡手法是茶艺技能中最重要的技法。不同的冲泡技法对茶叶内含物的溶出速度有不同的影响，高冲可使水流带动茶叶在杯中或壶中旋转，加速物质的溶出，但冲水过高易造成水温下降，使水珠飞溅，并增加泡沫量，所以冲水高度必须适宜。同时，冲泡的技法常常还有一定的寓意，凤凰三点头表示向客人再三点头致敬，右手逆时针回旋斟水表示欢迎客人的到来，高冲法有高山流水觅知音之意，表示客人为茶中知音。此外，冲泡的技法常常是茶艺动作中最有观赏性的动作，优美的冲泡动作往往让人感到美不胜收。

常用冲泡手法有高冲法、单手回转高冲低斟法、回旋斟水法、凤凰三点头冲泡法、定点冲泡法、螺旋注水法。

3.1.9 奉茶手法

奉茶是近距离接近客人的动作，茶艺师在奉茶时要礼仪周全、动作轻柔，表情亲切自然，面带微笑，让客人如沐春风。

奉茶时，因客人的座位不同，有正面、左面、右面奉茶法。如果客人不是与茶艺师围桌而坐，则需要把茶杯放在奉茶盘中，端至客人前面，将茶杯放在方便客人取饮的位置，然后伸手示意或说“请品茶”。

3.1.10 品茗手法

品茗是茶艺活动中宾客与主人或茶艺师一起进行的步骤，正确的品茗闻香方法，既可防止茶杯烫手，又可品出茶的真香本味，同时，还可将茶人的优雅与端庄大方的气质充分展示出来。

品茗时，因品茗杯具有玻璃杯、盖碗、品茗杯、闻香杯等多种，其手法也有所不同。

任务2　茶叶冲泡技艺

泡茶时，涉及茶叶、茶具、时间、环境等许多因素，把握这些因素之间的关系，是泡茶的基本技艺。

在各种茶叶的冲泡程序中，茶叶的用量、水温和茶叶浸泡的时间是冲泡技巧的3个基本要素。

茶叶中的各化学成分是组成茶叶色、香、味的物质基础，其中多数能在冲泡过程中溶解于水，从而形成茶汤的色泽、香气和滋味。泡茶时，应根据不同茶类的特点，选择适宜的茶具，正确的投茶方式，调整水的温度、浸泡时间和茶叶用量，从而使茶的香气、色泽、滋味得以充分发挥，展示出所泡茶叶的最佳品质。

3.2.1　浸泡时间与茶叶品质的关系

泡茶时浸润时间必须适中。茶叶一经热水冲泡，茶中的水浸出物会随着时间的延续，不断浸出溶解于水中，茶汤的滋味总是随着冲泡时间的延长而逐渐增浓。浸润时间过短，茶汤会色浅、淡而无味，香气不足；时间过长，则茶汤太浓，滋味苦涩，汤色过深，茶香也会因散失而变得淡薄。冲泡过程中不同的时间段，茶汤的色泽、香气、滋味是不一样的。

1）浸泡时间与茶汤色泽变化的关系

茶汤色泽是茶叶中有色物质溶解于水后综合反映的结果，茶叶的有色物质主要有叶黄素、叶绿素、胡萝卜素、花青素和茶多酚的氧化产物等。绿茶茶汤色泽变化主要是茶多酚类物质黄酮类及其糖苷类的氧化。绿茶用开水冲泡后，开始是绿中透黄，随着时间的延长，茶汤的颜色慢慢变成黄绿色，再变成黄褐色。乌龙茶茶汤色泽变化主要是茶多酚、茶黄素和茶红素，因此冲泡后的茶汤颜色呈橙黄色，但随着时间的延长，茶汤的颜色由于这些物质的氧化而进一步加深。红茶茶汤的色泽主要是由茶黄素、茶红素、茶褐素引起，因此冲泡后茶汤红艳明亮，随着时间延长，茶黄素和茶红素会进一步氧化，色泽会变深变暗。

2）浸泡时间与茶汤滋味的关系

茶汤滋味是人们的味觉器官对茶叶中可溶物质的一种综合反映，茶汤滋味有多种，主要有涩味、苦味、鲜爽味、甜醇味等。

根据研究测定，茶叶经沸水冲泡后，首先从茶叶中浸提出来的是维生素、氨基酸、咖啡因等，浸泡到3分钟时，上述物质在茶汤中已有较高的含量，使茶汤喝起来有鲜爽、醇和之感。随着茶叶浸泡时间的延长（约5分钟），茶叶中的多酚类物质被陆续浸提出来，这时的茶汤，喝起来鲜爽味减弱，苦涩味等相对增加。因此，要泡上一杯既有鲜爽之感，又清澈明亮的茶，对一般的红绿茶来说经浸泡3～4分钟后饮用较好。一般来说，品茶是一边饮一边泡。一泡茶香气浓郁、滋味鲜爽；二泡茶厚重浓强，但鲜爽味不如前泡；三泡茶香气和滋味已淡。乌龙茶则不同，素有“七泡有余香，九泡不失茶真味”的乌龙茶特别耐泡，不过，乌龙茶的出汤时间较短。要欣赏好茶汤滋味应充分运用舌头这一感觉器官，尤其是利用舌中最敏感的舌尖部位来享受茶的自然本色。

3.2.2　茶叶品质

茶叶中各种物质在沸水中浸出的快慢，还与茶叶的老嫩和加工方法有关。氨基酸具有鲜爽的性质,因此茶叶中氨基酸含量的多少直接影响着茶汤的鲜爽度。名优绿茶滋味之所以鲜爽、甘醇,主要是因为氨基酸的含量高而茶多酚的含量低,而夏茶氨基酸的含量低而茶多酚的含量高,所以制成绿茶味苦涩,故有绿茶"春茶鲜,夏茶苦,要好喝,秋白露"的谚语。红茶的滋味要浓醇鲜爽,汤色要红艳明亮,则需要多酚类含量高并进行一定程度的氧化,红茶揉捻程度重,细胞破碎率高,内含物质浸出快。白茶不炒不揉,芽叶完好,浸泡时间要长。茶叶品质不同,冲泡时对各因素的把握也不同。

3.2.3 水的温度

泡茶时,水的温度对茶叶的香气和滋味影响极大。茶叶中检测出组成茶香的芳香物质有300余种。这些物质一般在沸水冲泡过程中能挥发出来,其速度与温度成正比,水的温度高时香气挥发多而快,水温低时香气挥发少而慢。陆羽在《茶经·五之煮》中说:"其沸,如鱼目,微有声,为一沸;缘边如涌泉连珠,为二沸;腾波鼓浪,为三沸,以上,水老,不可食也。"明代许次纾在《茶疏》中对煮水作了更为精辟的论述:"水一入铫,便需急煮,候有松声,即去盖,以消息其老嫩。蟹眼之后,水有微涛,是为当时;大涛鼎沸,旋至无声,是为过时;过则汤老而香散,决不堪用。"古人将沸腾过久的水称为"水老",水老后溶于水中的二氧化碳挥发殆尽,泡茶鲜爽味大为逊色,而未沸腾的水,古人称为"水嫩",也不适宜泡茶,因水温低,茶中的有效成分不易泡出,使茶汤香低味淡,而且茶浮水面,不便饮用。

泡茶时水温的高低取决于茶叶的老嫩和茶类,一般嫩茶水温要稍低,老茶则水温要高;泡细嫩的名优绿茶水温较低,例如,冲泡洞庭碧螺春、西湖龙井等,如果用沸腾的开水冲泡,会烫熟茶芽,使茶叶熟汤失味,茶叶中的维生素等对人体有益的营养成分遭到破坏,从而使茶的清香和鲜爽味降低,叶底泛黄。如果用75~85 ℃的开水冲泡,可使茶汤清澈明亮,香气纯而不钝,滋味鲜而不熟,使人获得精神上和物质上的享受。而泡乌龙茶、红茶、普洱茶等则水温要高,一般要用95~100 ℃的沸水。如乌龙茶以天然花香而闻名,但由于采摘的鲜叶比较成熟,因此在冲泡中除用沸腾的开水冲泡外,还需用沸水淋壶,其目的是增加温度,使茶香充分发挥出来。

泡茶时,水温还受到下列一些因素的影响。

1)温壶

置茶入壶前是否将壶用热水烫过会影响泡茶用水的温度,热水倒入未温热过的茶壶,水温将降低。所以,若不实施温壶,水温必须提高些,或浸泡的时间稍延长些。

2)温润泡

所谓温润泡,就是第一次冲水后马上倒掉,然后再冲泡第一道(不一定实施),这时茶叶吸收了热量与水分。再次冲泡时,可溶物释放出来的速度一定加快,所以经过温润泡的第一道茶,水温可稍低或浸泡时间要缩短。

3)茶叶冷藏

冷藏或冷冻后的茶,若未放置至常温即行冲泡,应视茶叶的温度酌情提高水温或延长浸泡时间。

茶叶香气物质是一类挥发性物质,随着茶汤逐渐冷却,香气也自然消失,但好的茶叶冷却后还有香气,称为冷香,冷香在冲泡过程以及品饮中也应该注意。

3.2.4 投茶量

茶叶用量应根据不同的茶具、不同的茶叶等级而有所区别，就一般而言，细嫩的茶叶用量要多，较粗老的茶叶用量可少一些，即所谓“细茶粗吃”“粗茶细吃”。

普通的红茶、绿茶、花茶、黄茶、白茶等，一般每杯投入干茶 2 ~ 3 克，第一泡，可冲开水 100 ~ 150 毫升，茶水比例约为 1 ∶ 50。乌龙茶因为习惯浓饮，注重品味和闻香，故要汤少味浓，投茶量以茶叶与茶壶比例来确定，通常茶叶体积占茶壶体积的 1/2 ~ 2/3。普洱茶多采用壶泡，通常以 5 ~ 7.5 克的干茶投入壶中，冲入沸水 150 毫升左右，茶水比例为 1 ∶ (20 ~ 30)。

另外，投茶量的多少还要因人而异。如果饮茶者是老茶客或是体力劳动者，一般可以适当加大投茶量；如果饮茶者是新茶客或者是脑力劳动者，可以适当少放一些茶叶；老人、小孩、妇女也可适当少放些茶叶。在投茶时应先征询客人的意见。

应注意：茶不可泡得太浓，因为浓茶有损胃气，对脾胃虚寒者更甚，茶叶中含有鞣酸，太浓太多，可收缩消化道黏膜，妨碍胃吸收，引起便秘和牙黄，同时，太浓的茶汤和太淡的茶汤不易体会出茶鲜爽、醇和的滋味，故饮茶要“浓淡适宜”“宁淡勿浓”。

此外，投茶量还应该因饮茶人数多少、理想的泡次而异。

3.2.5 茶具的选配

茶叶与茶具的搭配很重要，正确选用茶具是泡好茶的一大要素。中国茶具品种丰富，各民族与各地区的饮茶习俗多样，茶具的具体配置有很大的差异。再者，由于个人的爱好与品位不一，冲泡技艺的不断创新，因此茶具自然也在不断变化和创新。在初步掌握茶具、茶性的基础上，可以自由选择、搭配茶具。

把握茶具质地的目的是掌握泡茶过程的散热速度。一般而言，密度高、胎身薄的，散热速度快，保温效果差；密度低、胎身厚的，散热速度慢，保温效果好。茶具的质地还包括吸水率，吸水率太高的冲泡器不宜使用，因为泡完茶，茶具的胎身吸满了茶汤，放久了有异味，而且不卫生，所以应选用吸水率低的冲泡器。

不同的茶类和嫩度不同的茶叶，要选用不同的冲泡器皿。重香气的茶叶要选用硬度较高的壶或杯，如绿茶、黄茶、红茶、白茶等，一般多用玻璃杯、盖碗或瓷壶，这些器具散热速度快，泡出来的茶汤香气清扬，冲泡频率较高。重滋味的茶，要选择硬度较低的紫砂、土陶壶来冲泡，如乌龙茶类便是；其他外形紧结、芽叶粗老的茶，以及普洱熟茶等，也应选择陶壶、紫砂壶冲泡，泡出的茶汤滋味醇厚。

3.2.6 浸泡时间和冲泡次数的关系

茶叶浸润的时间和冲泡次数差异很大，与茶叶的种类、品质、泡茶水温、投茶量和饮茶习惯等都有关。一般来说，茶叶细嫩、投茶量大、水温高，浸润时间短，冲泡次数就多，反之，茶叶成熟度高、投茶量小、水温低，浸润时间延长，冲泡次数则减少。

如用茶杯泡饮一般红茶、绿茶，每杯放干茶 3 克左右，用沸水约 150 毫升冲泡，一般 3 分钟后，便可饮用。这种泡法的缺点是：如水温过高，容易烫熟茶叶（主要指绿茶）；水温较低，则难出味；而且因水量多，往往一时喝不完，浸泡过久，茶汤变冷，色、香、味均受到影响。改良冲泡法是：将茶叶放到杯中，先倒入少量开水，以浸没茶叶为度，加盖 3 分钟左右，再加开水到七成满，便可趁热饮用，当喝到杯中尚余 1/3 左右茶汤时，再加开水，这样可使前后茶汤浓度比较均匀。据研究，一般茶叶泡第一次时，其可溶物能浸出50%～55%；泡第二次时，能浸出30%左右；泡第三次，能浸出10%左右；泡第四次，则所剩无几了。所以，通常以冲泡3次为宜。大叶种红、绿茶如果采用瓷盖碗或壶泡分汤法，一般茶水比掌握在1∶50左右，第一泡约2分钟，基本上可泡4次。

如饮用颗粒细小、揉捻充分的红碎茶与绿碎茶、袋泡茶，用沸水冲泡约5分钟后，其有效成分大部分被浸出，便可一次快速饮用。饮用速溶茶，也是采用一次冲泡法。

品饮乌龙茶多用小型紫砂壶。视其品种的不同、季节气温的差异及选用壶的不同，因投茶量大（体积占1/2壶至2/3壶）的情况下，头一泡闷茶的时间由20秒到2分钟不等，多为30秒至1分钟，以后每一泡要顺延10～30秒。一般一壶茶可冲泡6～7次，好的乌龙茶"七泡有余香，九泡不失茶真味"，一壶优质的大红袍或肉桂王、铁观音王甚至可冲泡12次。

冲泡普洱熟茶一般以5～7.5克茶叶、150毫升左右的水为宜，茶水比例为1∶（20～30），要洗茶1～2次。如果茶水比约为1∶30，第一泡的时间在2分钟左右即可出汤。随着冲泡次数的增加，冲泡时间可渐渐延长，通常每泡延长15～30秒，一般可冲泡4～5次。冲泡普洱生茶时一般洗茶1次，如果茶水比例为1∶30左右，头泡茶2分钟左右出汤，以后每泡顺延15～30秒，一般可冲泡5～6次。

3.2.7 冲泡和斟茶技巧

冲泡茶叶时讲究高冲低斟。高冲水可以使水流在杯中形成漩涡，带动茶叶旋转，加速茶叶内含物质的浸出。而斟茶时如果采用高斟，会使茶香散失，茶汤温度降低，茶汤中茶多酚类物质氧化而使汤色加深、滋味变涩。因此，斟茶时讲究低斟，要使茶壶壶嘴尽可能接近茶盅或茶杯，以最大限度地保持茶汤的色香味。

3.2.8 行茶程序

茶艺活动一般包括6个基本环节：选茶、择水、备器、雅室、冲泡、品尝。

冲泡茶叶和品饮茶汤是茶艺形式的重要表现部分，也称为"行茶程序"。行茶程序一般分为3个阶段：第一阶段为准备阶段（也称"前置阶段"），是在泡茶前做准备工作的阶段，其具体内容根据客人人数、选用的茶叶种类、泡茶的器皿、品茶环境的不同而有所不同，但必须准备到能够顺利接待宾客和进行泡茶为止。第二阶段为操作阶段，即冲泡和品饮的阶段。根据不同茶类、不同茶品的品质特点，科学编排程序，有次序、有步骤地进行茶叶冲泡，并礼貌地奉茶给宾客，让客人品鉴。第三阶段即完成阶段，品茶结束后，泡茶者要做好器皿、环境的清理工作。

冲泡是茶艺活动中最关键的环节，是否能把茶叶的最佳品质表现出来，全看冲泡的技艺。冲泡不同的茶叶，要使用不同的茶具，采用不同的方法。但有几个环节是绝大多数茶叶冲泡过程中都共同要做的，要求也大体相同。一般茶叶冲泡的基本程序包括以下几个方面。

1）备具

根据即将冲泡的茶叶和品茶人数，将相应的茶具配置好，并按冲泡时方便顺手和合乎礼仪、具有美感、便于客人观赏的原则布局摆放在茶桌上。

2）煮水

将备好的适宜泡茶的水煮开。

3)备茶

用茶则从茶叶罐中舀取或用茶匙拨取适量茶叶放在茶荷中备用。如果选用的是外形美观的名优茶,可让品茗者先欣赏茶叶的外形,闻干茶香。如不需要赏茶,也可从茶叶罐中直接取茶投入杯中或壶中。

4)温壶(杯)

用开水注入茶壶、茶杯(盏)中,以提高茶壶、杯盏的温度,同时使茶具得到再次清洁。

5)置茶

用茶匙将茶荷中待冲泡的茶叶置入茶壶或茶杯(盏)中。

6)冲泡

将温度适宜的开水注入壶或杯中。

7)奉茶

将盛有茶汤的茶杯奉到品茶人面前,一般应双手奉茶,以示敬意。

8)收具

泡茶活动结束后,泡茶人应将茶杯收回,将茶壶或茶杯中的茶渣倒出,将所有茶具清洁后归位。

【思考题】

1. 冲泡的手法有哪几种?每种要求有何不同?

2. 投茶方法有哪几种?各适用于哪些茶?

3. 在泡茶过程中,如何掌握茶叶的冲泡时间与冲泡次数?

4. 在泡茶过程中,如何控制好水温?

5. 泡茶时为何要高冲低斟?

实训3.1 泡茶基本技法训练(1)

【实训目的】

1. 通过本项目的实训,使学生了解行茶过程中手法的重要性。

2. 让学生掌握茶巾折叠与使用技巧技法、捧与端的手法、拿茶壶茶盅的手法、翻杯手法、温润杯具手法。

3. 规范行茶动作,增加行茶过程的美感,培养学生美的感悟能力。

【实训场地与器具】

茶艺实训室、茶艺桌、椅子、茶巾、茶叶罐、茶匙组合、茶壶、茶盅、玻璃杯、盖碗、品茗杯、闻香杯等。

【实训要求】

1. 呼吸自然,调息静气。

2. 手腕灵活,肌肉张弛协调。

3. 动作规范,协调自然。

4. 姿态端庄,表情自然。

〖实训时间〗

2 学时。

〖实训方法〗

1. 教师讲解示范。

2. 学生分组练习。

〖实训内容与操作标准〗

1. 茶巾折叠与使用技巧

(1)教师讲解示范

①长方形茶巾折叠法。

技法要领:八叠式。

折叠方法:

第一,将长方形茶巾反面呈上平放于茶台上。

第二,将茶巾上下两边,分别在 1/4 处向中间对折。

第三,将茶巾左右两侧,分别在 1/4 处再向中间对折。

第四,将两面重合对折,形成八叠式茶巾。

②正方形茶巾折叠法。

技法要领:九叠式。

折叠方法:

第一,将正方形茶巾反面呈上平放于茶台上。

第二,将茶巾底边在 1/3 处向上折叠,同理,将茶巾上边向下折叠。

第三,将茶巾左右两侧,分别在 1/3 处向内折叠。折叠后形成九叠式茶巾。

③茶巾拿取与使用。

技法要领:夹拿、转腕、承托。

方法与步骤:

第一,双手手背向上,张开虎口,拇指与其余四指夹拿茶巾,双手呈八字形拿取。

第二,两手夹拿茶巾后同时向外侧转腕,使原来手背向上转腕。手心向上,顺势将茶巾斜放在左手掌呈托拿状,右手握住开水壶把。

第三,右手握提开水壶并将壶底托在左手的茶巾上,以防冲泡过程中出现滴洒。

(2)学生分组练习。

2. 捧与端的手法

(1)教师讲解示范

技法要领:亮相手势,转动手腕。

准备姿势:双手姿势为两手虎口自然相握,右手在上,左手在下,收于胸前。

①捧法。

第一,将交叉相握的双手拉开,虎口相对;双手向内向下转动手腕,各打一圆使垂直向下的双手掌转成手心向下。

第二,继续转动手腕,使两手慢慢相合;两手捧起筒状物;将捧起物品端至自己的胸前;双手像推磨似的(弧状平推)将捧起的物品移向欲安放的位置。

②端法。

第一，将交叉相握的双手拉开，虎口相对；向内转动手腕，两手相对，指尖向上，手指向掌心屈伸成弧形。

第二，继续向内旋转手腕，两拇指尖相对，其余四指向掌心屈伸成弧形。

第三，继续向内旋转手腕，使拇指尖转向下，其余四指向掌心屈伸成弧形；继续向内旋转手腕，使两手心相对并接近端取物；将物品端起，安放到该放的位置；动作完成后，双手合拢做亮相动作。

(2)学生分组练习。

3. 茶壶、茶盅拿法

(1)教师讲解示范

技法要领：侧提、握提、托提。

基本步骤：

①小型侧提壶法。中指、拇指握壶把，食指压壶盖，其余手指自然弯曲。

②中型侧提壶法。拇指压壶盖边，食指、中指握壶把，其余手指自然弯曲。如果是大型侧提壶，右手拇指压壶把，方向与壶嘴同向，食指、中指握壶把，左手食指、中指并拢压盖顶，其余手指自然弯曲。

③提梁壶托提法。掌心向上，拇指在上，四指提壶。

④提梁壶握提法。握壶右上角，拇指在上，四指并拢握下。

⑤飞天壶拿法。四指并拢握提壶把，拇指向下压壶盖顶，以防壶盖脱落。

⑥公道杯拿法。如中型侧提壶右手握壶方式，只是拇指方向向外垂直握盅把。

⑦无把盅拿法。食指下压盅盖顶部，其余四指盅边沿部位。

⑧无盖盅拿法。除小指外，均提拿盅边沿部位。

(2)学生分组练习。

4. 翻杯手法

(1)教师讲解示范

技法要领：双手交叉，捧杯底侧。

基本步骤：

①无把杯。双手交叉捧住杯底部侧部(右手前，左手后)；双手向右转动手腕，翻转杯子；双手捧住杯底侧轻放茶托或茶盘上。

②有把杯。右手食指插入杯柄，左手捧住杯侧壁；双手向外转动手腕，将杯翻正轻放于茶托上。

③品茗杯与闻香杯。双手交叉捧住品茗杯底侧壁；双手向右转动手腕，翻转杯子；双手捧杯轻放在茶托或茶盘上。同样手法翻闻香杯。

(2)学生分组练习。

5. 温杯、温具手法

(1)教师讲解示范

技法要领：手腕逆时针回转，水均匀润过杯壁。

基本步骤：

①润玻璃杯。单手逆时针回旋冲水入杯约 1/4 杯，或双手(右手提壶，左手茶巾托壶底)逆时针回旋冲水入杯约 1/4 杯，右手握杯，左手平托端杯；双手手腕逆时针旋转，先向内方旋

转,再向右、向外、向左方向旋转,使杯中之水得以充分润杯;双手向前或向后搓动,使杯中之水边润洗内壁边弃于水盂;双手反向搓动将杯捧起,放回茶盘或茶托上。

②温盖碗。将盖碗之盖翻过来斜放在茶碗上,单手或双手持壶,手腕回旋从碗盖上冲水入碗;右手从匙筒中取茶针;用茶针向外拨动内侧碗盖;左手拇指、食指、中指捏住钮盖;盖毕,将茶针抽出,插入匙筒中;右手撑开虎口,用食指抵住盖钮,拇指、中指夹住碗沿将碗提起;手腕转动,逆时针方向回旋,向内、向右、向外、向左依次进行;然后左手拿起杯托;右手握茶碗将水注在杯托上冲洗杯托;再将杯托放回茶盘,将茶碗放在杯托上。

③温品茗杯及闻香杯。将品茗杯或闻香杯放在茶盘上,将开水冲入杯中;或者将品茗杯、闻香杯放入容器中,冲水入内。左手握拳或手指合拢搭在桌沿,右手从箸匙筒中取出茶夹;用茶夹夹住杯沿一侧;逆时针转动手腕,使水在杯中转动,然后弃去杯中水,旋转手腕顺提杯子置于茶盘上。

(2)学生分组练习。

【达标测试】

见表3.1。

表3.1 达标测试表

班级: 组别: 学号: 姓名:

序 号	测试内容	评分标准	配 分	扣 分	得 分
1	茶巾折叠与使用技巧	手法正确,动作规范	20		
2	端与捧手法	手法正确,动作规范	20		
3	茶壶、茶盅拿法	手法正确,动作规范	20		
4	翻杯手法	手法正确,动作规范	20		
5	温杯、温具手法	手法正确,动作规范	20		
合 计			100		

考核时间: 年 月 日 考评教师(签名):

实训3.2 泡茶基本技法训练(2)

【实训目的】

1. 通过本项目的实训,使学生了解行茶过程中手法的重要性。
2. 让学生掌握取样置茶手法、投茶手法、冲泡手法、奉茶手法、品茗手法。
3. 规范行茶动作,增加行茶过程的美感,培养学生美的感悟能力。

【实训场地与器具】

茶艺实训室、茶艺桌、椅子、茶巾、茶叶罐、茶匙组合、茶壶、茶盅、玻璃杯、盖碗、品茗杯、闻香杯等。

【实训要求】

1. 呼吸自然,调息静气。
2. 手腕灵活,肌肉张弛协调,动作规范,协调自然,舒展大方。

3. 姿态端庄,表情自然。

〖实训时间〗

2 学时。

〖实训方法〗

1. 教师讲解示范。

2. 学生分组练习。

〖实训内容与操作标准〗

1. 取样置茶手法

(1)教师讲解示范

技法要领:茶则舀取茶叶,茶匙拨动茶叶,壶嘴粗茶,壶把细茶。

基本步骤:

①用茶则舀取样茶罐中的茶叶放入茶荷中或将样茶罐中的茶叶用茶匙拨入茶荷中,取样量已够时,用匙背面上挑,将罐边缘的茶拨回罐中,左手将样罐竖起,右手将茶则或茶匙插入著匙筒中;盖好茶罐复位。

②双手托拿茶荷进行赏茶(右手在前,左手在后)。

③若用茶杯冲泡,则左手拿茶荷,右手用茶匙将茶荷中的茶叶分成每杯的用茶量,用茶匙将茶叶拨入茶杯中。

④若用茶壶冲泡,用茶匙将茶荷中的茶叶拨入壶中,注意将粗大的茶叶拨入壶嘴一侧,细小的茶叶拨入壶把一侧。

(2)学生分组练习。

2. 投茶手法

(1)教师讲解示范

技法要领:上、中、下投茶法均要能使茶叶较快下沉。

基本步骤:

①上投法。先将开水斟入杯中至七分满,再将茶叶投入杯中。

②中投法。先斟 1/3 杯的水,再投茶;或先投茶,再冲 1/3 杯的水,润茶 3 分钟后,再将水加到七分满。

③下投法。先将茶投入杯中,再一次性冲水至七分满。

(2)学生分组练习。

3. 冲泡手法

(1)教师讲解示范

技法要领:高冲,回旋斟水,凤凰三点头。

基本方法:

①高冲法。托提壶或握提壶,高冲。单手回转低斟高冲法:回转低斟,然后高冲。

②回旋斟水法。单手或双手提壶均可,先从器具右侧冲入水;水从壶把处冲入,右手逆时针方向转动手腕,使水从右前左后打圈冲入。

③凤凰三点头冲泡法。单手或双手提壶均可,三上三下冲水而水流粗细均匀不间断。

④定点冲泡法。单手或双手提壶,将开水从泡茶器碗沿或壶中的一个点缓缓注入。

⑤螺旋注水法。先从盖碗或茶壶边缘开始回旋注水,再逐渐收小注水圈,最后在盖碗或

茶壶中心点收水。

(2)学生分组练习。

4. 奉茶手法

(1)教师讲解示范

技法要领:正面、右面、左面奉茶。

基本步骤:

①正面奉茶。双手端起茶杯,收至自己胸前;从胸前将茶杯端至客人面前桌面,轻轻放下;或双手端杯递送到客人手中。伸出右掌,手指自然合拢示意“请”或微笑点头示意。

[illegible]自己胸前;再用左手端茶放在左侧客人面前,同时[illegible]点头示意。

[illegible]用右手端茶放在右侧客人面前,同时左[illegible]微笑点头示意。

(2)学生分组练习。

5. 品茗手法

(1)教师讲解示范

①玻璃杯品茗法。

技法要领:右手拿杯,左手托底,闻香观色,小口啜饮。

基本步骤:双手捧起茶杯,收至自己胸前。然后右手拿杯的中下部,左手手指轻托杯底,闻香,观赏汤色,小口品啜。

②盖碗品茗法。

技法要领:掀盖观色,持盖闻香,撇茶3次,虎口对嘴啜饮。

基本步骤:

第一,右手端住杯托右侧,左手托住底部,端起茶碗;用右手拇指、食指、中指捏住盖掀开盖,持盖至鼻前闻香。

第二,左手端碗,右手持盖向外撇茶3次,以观汤色。

第三,右手将盖侧斜盖放碗口;双手将碗端至嘴前,右手转动手腕,嘴与虎口正对啜饮。

③闻香杯与品茗杯品茗法。

A. 闻香杯与品茗杯翻杯技法1。

技法要领:反扣、反夹、内旋手腕、手心向下。

基本步骤:

第一,左手扶住茶托,右手拿起品茗杯反扣在盛有茶水的闻香杯上。

第二,右手用食指、中指反夹闻香杯,拇指抵在品茗杯杯底上,手心向上。

第三,内旋右手手腕,使手心向下,拇指托住品茗杯;左手端住品茗杯,然后双手将品茗杯连同闻香杯一起放在茶托右侧。

B. 闻香杯与品茗杯翻杯技法2。

技法要领:反扣、正捏、外旋手腕、手心向上。

基本步骤:

第一,左手扶住茶托,右手拿起品茗杯倒扣在盛有茶水的闻香杯上,然后拇指、中指捏住闻香杯,食指抵在品茗杯底。

第二,右手手腕外旋,手心向上,食指托住品茗杯;左手捏住品茗杯,然后双手一起将品茗杯连同闻香杯一起放在茶托右侧。

C. 闻香与品茗手法。

技法要领:旋转提杯,握杯闻香,三口品啜。

基本步骤:

第一,左手扶住品茗杯,右手旋转闻香杯后提起,在品茗杯口刮一下水。

第二,右手提起闻香杯后直握于手心。

第三,左手斜搭于右手外侧上方闻香,使杯中的香气集中进入鼻孔。

第四,用拇指、中指捏住杯壁,用无名指抵住杯底,食指挡于杯上方;男性单手端杯,女性左手手指托住杯底;也可用拇指、食指捏住杯壁,中指抵住杯底,呈三龙护鼎之势;小口品啜,一般一小杯茶分三口品饮。在不用闻香杯的场合,饮尽茶汤后闻品茗杯,手法同闻香杯。

(2)学生分组练习。

〖达标测试〗

见表3.2。

表3.2 达标测试表

班级: 组别: 学号: 姓名:

序 号	测试内容	评分标准	配 分	扣 分	得 分
1	取样置茶手法	手法正确,动作规范	20		
2	投茶手法	手法正确,动作规范	20		
3	冲泡手法	手法正确,动作规范	20		
4	奉茶手法	手法正确,动作规范	20		
5	品茗手法	手法正确,动作规范	20		
合 计			100		

考核时间: 年 月 日 考评教师(签名):

学习项目4　绿茶茶艺

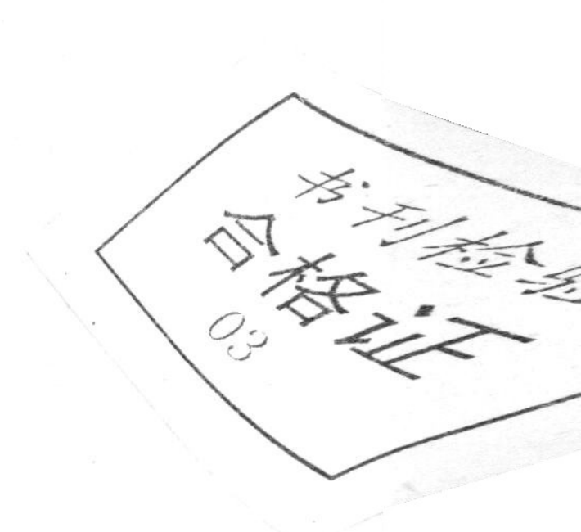

〖学习目标〗

知识目标

1. 掌握绿茶的加工工艺、主要种类及其品质特点。

2. 掌握主要的名优绿茶的产地及其品质特点。

3. 掌握绿茶的冲泡及其品饮要领。

4. 掌握不同品质绿茶的茶艺程序。

技能目标

1. 能够正确选配绿茶茶艺的器具。

2. 熟练掌握不同绿茶的冲泡技艺。

课程思政目标

1. 了解中国绿茶的发展历史,掌握中国绿茶的丰富种类、品质特点及其创新发展过程,感受中华民族的智慧和创造力,增强学生文化自信。

2. 感受绿茶清新淡雅之美、绿茶茶艺自然清雅之美,提升学生的审美能力。

3. 通过对绿茶冲泡过程中每个技术环节掌握是否到位对茶汤质量影响的比较,让学生真正领悟到细节决定成败,培养学生注重细节、一丝不苟的工匠精神。

〖任务引入〗

绿茶是国内消费量最大的茶类,在茶叶店、茶室等工作,都会涉及绿茶的销售和冲泡。顾客经常会问茶艺师或营销师一些有关绿茶的种类、品质特点等问题,并常常会要求品饮想要购买的茶品。要做好绿茶的销售工作,茶艺师或营销师不仅需要了解绿茶的种类、品质特点等知识,还必须掌握绿茶的冲泡、品饮技巧,将所销售茶品的品质优势充分展现给顾客,使顾客获得品饮的最佳审美感受,激起购买的欲望。

〖案例导读〗

一天,梦洁工作的茶叶店来了一位顾客,想要购买几千克特级蒸青绿茶,他让梦洁先给他泡一泡特级蒸青绿茶来品饮。梦洁泡茶时,用了一个厚壁的瓷壶冲泡,投茶量较多,浸润的时间又稍微长了一点,泡出的茶香气不够清新,有水闷味,苦涩味较重,没有了特级蒸青鲜爽、醇厚、回味甘甜的口感,这位顾客品饮后没有买梦洁店里的特级蒸青。

〖案例分析〗

特级蒸青原料细嫩,条索紧结,色泽绿润,冲泡时应该选择薄瓷盖碗做冲泡器,水温掌握在90 ℃左右,茶水比为1∶50左右,头泡茶2~3分钟出汤,这样泡出的茶汤汤色绿亮,香气鲜郁高长,滋味鲜爽、醇厚、回味甘甜。梦洁因为没有掌握好泡茶技艺,不能做到根据茶叶品质特点来泡茶,没能把特级蒸青的最佳品质展示给顾客,结果失去了这次成交的机会。

任务1　绿茶的基本知识

绿茶是我国历史最悠久、品种最丰富、产量最高、消费面最广的一种茶类。绿茶的加工工艺主要是杀青、揉捻、干燥三道工序，绿茶的品质特点主要表现为“叶绿、汤清、味鲜”。

4.1.1　绿茶的种类及其品质特点

绿茶按其杀青工艺和最终干燥工艺的不同，可分为炒青绿茶、烘青绿茶、蒸青绿茶、晒青绿茶四大类。

1)炒青绿茶

采用干热杀青、滚炒的方式进行干燥而制成的绿茶称为炒青绿茶。根据外形可分为长炒青、圆炒青、扁炒青和特种炒青。

(1)长炒青

品质要求：外形条索紧结，色泽绿润；内质香气高鲜，汤色明绿，滋味浓爽，叶底嫩绿明亮。

长炒青因产地不同，又分为婺绿炒青(产于江西婺源)、屯绿炒青(产于安徽休宁、屯溪)、遂绿炒青(产于浙江淳安)、温绿炒青(产于浙江温州)、舒绿炒青(产于安徽舒城)、杭绿炒青(产于浙江杭州)、湘绿炒青(产于湖南)、黔绿炒青(产于贵州)等。它们除了具有炒青绿茶的一般品质特征外，又有各自的区域品质特点。

(2)圆炒青

品质要求：外形呈颗粒状，颗粒圆结重实，色泽墨绿油润；内质香醇味浓，汤色黄绿明亮，叶底嫩匀明亮。

圆炒青主要有平水珠茶、泉岗辉白、涌溪火青等。

(3)扁炒青

扁炒青主要的特点是外形扁平光滑。因制法和产地不同，品质特征有差异。

扁炒青主要有西湖龙井、浙江旗枪、老竹大方等。

(4)特种炒青

特种炒青在制造过程中，以炒为主。但因采摘的原料细嫩，为了保持芽叶完整，当茶叶干燥到一定程度时，改为烘干而成。

特种炒青中的名茶有洞庭碧螺春、庐山云雾、蒙顶甘露、南京雨花茶、金奖惠明茶、信阳毛尖、休宁松萝、高桥银峰、安化松针、峨眉峨蕊、都匀毛尖、古丈毛尖、凌云白毫等。

2)烘青绿茶

烘青绿茶是采用干热杀青、以烘焙方式进行干燥制成的绿茶。烘青绿茶的香气，就多数而言，不及炒青绿茶。因此，除了部分名优烘青绿茶直接供应消费者外，多数烘青绿茶，主要通过精制后，用来作为窨制花茶的茶坯。

一般烘青绿茶的品质特点：外形条索紧直，色泽深绿油润；内质香气清新，滋味鲜醇，汤色黄绿清澈明亮，叶底嫩绿或黄绿明亮。

烘青茶有毛烘青和特种烘青。毛烘青品名一般在“毛烘青”前加产地名，如浙毛烘青、滇毛烘青等。云南烘青毛茶精制后的成品茶称为“滇绿”，滇绿正品分为一级至三级。

特种烘青绿茶中的名优茶有黄山毛峰、太平猴魁、顾渚紫笋、峨眉毛峰、敬亭绿雪、蕈塘毛尖、江山绿牡丹、南糯白毫等。

3）蒸青绿茶

蒸青绿茶是采用蒸汽杀青加工而成的绿茶。蒸汽杀青穿透速度快，杀青均匀，故蒸青绿茶的品质表现为“三绿”：干茶绿、汤色绿、叶底绿。高档蒸青茶条索细紧圆整，挺直呈针形，峰苗显，色泽鲜绿有光泽；内质汤色黄绿清澈，香气浓郁，滋味醇和，回味甘甜。

蒸青茶主要有煎茶、玉露等。蒸青绿茶分为特级和一级、二级、三级。

云南省临沧市自20世纪80年代开始生产蒸青绿茶，目前生产量较大，已成为国内较大的蒸青绿茶产区。

4）晒青绿茶

晒青绿茶是干燥方式采用阳光晒干的绿茶。因产地不同，有滇青、川青、陕青等，以滇青品质最优。

滇青毛茶筛制加工后的成品茶有春蕊、春芽、春尖、甲配、乙配、丙配6个花色。

滇青茶的品质特点：外形条索肥壮紧实有峰苗，色泽墨绿光润；内质香气清纯持久，滋味浓醇回甘，汤色黄绿明亮，叶底黄绿明亮。

滇青毛茶是加工云南普洱茶的原料，大量用于加工普洱茶。

4.1.2 我国名优绿茶

名茶是指具有一定知名度的好茶，通常具有独特的外形，突出的色、香、味，优异的品质。我国历代名茶多达数百种。名茶的特点：一是造型有独特风格；二是品质优异，深受消费者青睐与赞赏；三是采制加工技术精，多为手工制作；四是茶树生长有优越的自然条件，产区有一定范围；五是采制有一定的时间，一般多在清明、谷雨前采制。

我国绿茶中名茶众多，特别著名的有：细嫩炒青中的西湖龙井、洞庭碧螺春、庐山云雾、六安瓜片、惠明茶、南京雨花茶、老竹大方、古丈毛尖、信阳毛尖、婺源茗眉等，细嫩烘青中的黄山毛峰、太平猴魁、顾渚紫笋、峨眉毛峰、敬亭绿雪、蕈塘毛尖、江山绿牡丹、南糯白毫等，蒸青绿茶中的恩施玉露等。我国十大名茶中的前6种茶都是绿茶，分别是西湖龙井、洞庭碧螺春、太平猴魁、黄山毛峰、六安瓜片、信阳毛尖。

1）西湖龙井

西湖龙井茶是我国第一名茶，素享“色绿、香郁、味醇、形美”四绝之美誉。它集中产于杭州西湖山区的狮峰山、梅家坞、翁家山、去栖、虎跑、灵隐等地，这里森林茂密，翠竹婆娑，气候温和，雨量充沛，沙质壤土深厚，一片片茶园就处在这云雾缭绕、浓荫笼罩之中。

西湖龙井茶总体品质特点为：外形扁平光滑、形似“碗钉”，色泽翠绿略黄，俗称“糙米色”；香气高锐持久，汤色碧绿，滋味甘醇鲜爽，叶底细嫩匀齐。浙江省地方标准DB 33/162—92《西湖龙井》，规定了西湖龙井分“狮、梅、龙”3类，每类中依品质高低有特级、上级、1～6级。3级以上外形应有锋苗，无阔条。1级以上外形应挺直尖削、叶底细嫩、多毫或显毫。特级西湖龙井外形应扁平光滑，叶底幼嫩成朵。“狮峰龙井”香气高锐而持久，滋味鲜醇，色泽略黄，俗称“糙米色”。据传乾隆皇帝下江南时，曾到龙井狮峰山下胡公庙品饮龙井茶，饮后赞不绝口，兴之所至，将庙前18棵茶树封为“御茶”。如今，这些“御茶”树仍生机盎然，茂密挺拔，供游人观赏。在1985年，“狮特龙井茶”获国家优质产品金质奖。“梅坞龙井”外形挺秀，扁平光滑，色泽翠绿。1986年5月，“西湖龙井”被国家商业部评为全国名茶。

西湖龙井的采制技术相当考究，有三大特点：一是早，二是嫩，三是勤。清明前采制的龙井茶品质最佳，称明前茶。谷雨前采制的品质尚好，称雨前茶。采摘十分强调细嫩和完整，必须是一芽一叶，芽叶全长约1.5厘米。通常制造1千克特级西湖龙井茶，需要采摘7万~8万个细嫩芽叶，经过挑选后，放入温度在80~100 ℃光滑的特制锅中翻炒，通过“抓、抖、搭、捺、甩、堆、扣、压、磨”多种手法，炒制出色泽翠绿、外形扁平光滑、形如“碗钉、汤色碧绿、滋味甘醇鲜爽”的高品质西湖龙井茶。

2）洞庭碧螺春

碧螺春是绿茶中的佼佼者。有古诗赞曰：“洞庭碧螺春，茶香百里醉。”它主要产于苏州西南的太湖之滨，以江苏吴县洞庭东、西山所产为最，已有300余年历史。据《太湖备考》记载：1 300年前，洞庭碧螺峰石壁间，有茶树数株，当地人常饮用此叶。有一天采茶姑娘把茶叶兜入怀中带回，茶叶沾了热气，透出阵阵浓香，人们闻到了便惊呼“吓煞人香”，于是“吓煞人香”便成了这茶的名字。清康熙帝南巡时经过太湖，抚臣宋荦以此茶进献，康熙认为其名不雅，遂更名为“碧螺春”。碧螺春之“碧”者，碧绿之意也；“螺”者，外形卷曲如螺；“春”者，采制于早春也。从此，“碧螺春”被列为朝廷贡品。

碧螺春以条索纤细、卷曲成螺、茸毛披露、白毫隐翠、清香幽雅、浓郁甘醇、鲜爽甜润、回味绵长的独特品质特点而誉满中外。

碧螺春之所以有如此雅名，与它的产地和采制工艺分不开。苏州太湖洞庭山，分东、西两山，洞庭东山宛如一只巨舟伸进太湖的半岛，洞庭西山是一个屹立于湖中的岛屿，两山风景优美，气候温和湿润，土壤肥沃。茶树又间种在枇杷、杨梅、柑橘等果树之中，茶叶既具有茶的特色，又具有花果的天然香味。碧螺春的采制工艺要求极高，采摘时间从清明开始，到谷雨结束。所采之芽叶须是一芽一叶初展，芽长1.6~2.0厘米。制1千克干茶，要这样的芽叶12万~14万个。采摘的芽叶经过一番精细的拣选，达到长短一致、大小均匀，除去杂质，然后投入烧至150 ℃的锅中，凭两手不停地翻抖上抛，直至锅中噼啪有声；接着降温热揉，使其条索紧密，卷曲成形，并搓团显毫，使其干燥，制成条索纤细、卷曲成螺的茶叶。1982年6月，苏州洞庭碧螺春被全国名茶评比会评为全国名茶。1986年5月，吴县碧螺春被评为全国名茶。碧螺春分为7级，芽叶随1~7级逐渐增大，茸毛逐渐减少。

3）太平猴魁

太平猴魁堪称“刀枪云集”“龙飞凤舞”，其品质特点为：外形两叶抱一芽，平扁挺直，不散、不翘、不曲；全身披白毫，含而不露。叶面的色泽苍绿匀润，叶背浅绿，叶脉绿中藏红，茶汤青绿明亮，滋味鲜醇回甘。入杯冲泡，芽叶成朵，不沉不浮，悬在明澈嫩绿的茶汤之中，似乎有好些小猴子在杯中伸头缩尾。20世纪60年代初，越南的胡志明同志到徽州避暑，临走时特意带回去一包太平猴魁。

太平猴魁产于我国著名风景区黄山的北麓，太平县新明乡三合村猴坑、猴岗、颜村等地。茶园大多坐落在海拔500～700米的山岭上，主要分布在凤凰尖、狮形山和鸡公尖一带，由于三峰鼎足，崇山峻岭，林壑幽深，地势险要，故传有猴子采茶之说。这里低温多湿，土质肥沃深厚。山上，常年云雾缭绕，夏日夜晚凉爽，晨起云海一片，浓雾茫茫。山下，太平湖蜿蜒。幽谷中，山高林密，鸟语花香。

太平猴魁的采制时间一般是在谷雨到立夏间，茶叶长出一芽三四叶时开园。采摘时有“四拣”：拣山、拣棵、拣枝和拣尖。分批采摘，精细挑选，取其枝头嫩芽，弃其大叶，严格剔除虫蛀叶，保证鲜叶原料全部达到一芽二叶的标准，大小一致，均匀美观。制作时工艺精巧，杀青是用手炒锅，炭火烘烤，火温在100 ℃以上；每杀青一次，仅投鲜叶100～150克，在锅内连炒3～5分钟，制作的全过程达4～5小时。猴魁的包装也很考究，需趁热时装入锡罐或白铁筒内，待茶稍冷后，以锡焊口封盖，使远销国外和调运到北京、天津、上海等地的猴魁久不变质。

太平猴魁为极品茶，依其品质高低分为1～3等或称上、中、下魁。

4）黄山毛峰

据《徽州府声》记载：“黄山产茶始于宋之嘉禧，兴于明之隆庆。”由此可知，黄山产茶历史悠久，黄山茶在明朝就很有名了。

黄山毛峰是清代光绪年间谢裕泰茶庄所创制。该茶庄创始人谢静和，安徽歙县人，以茶为业，不仅经营茶庄，而且精通茶叶采制技术。1875年后，为迎合市场需求，每年清明时节，在黄山汤口、充川等地，登高山名园，采肥嫩芽尖，精心焙炒，标名“黄山毛峰”，远销东北、华北一带。

黄山为我国东部的最高山峰，素以苍劲多姿之奇松、嶙峋奇妙之怪右、变幻莫测之云海、清冽甘美之山泉闻名于世。明代徐霞客给予黄山很高的评价，“五岳归来不看山，黄山归来不看岳”，把黄山推为我国名山之首。黄山风景区内海拔700～800米的桃花峰、紫云峰、云谷寺、松谷庵、吊桥庵、慈光阁一带为特级黄山毛峰主产地。风景区外围的汤口、岗村、杨村、芳村也是黄山毛峰的重要产区，历史上曾称之为黄山“四大名家”。现在黄山毛峰的生产已扩展到黄山山脉南北麓的黄山市徽州区、黄山区、歙县、黟县等地。这里山高谷深，峰峦叠嶂，溪涧遍布，森林茂密，气候温和，雨量充沛，年平均温度15～16 ℃，年平均降水量1 800～2 000毫米。土壤属山地黄壤，土层深厚，质地疏松，透气保水，含有丰富的有机质和磷钾肥，适宜茶树生长。优越的生态环境，为黄山毛峰自然品质风格的形成创造了极其良好的条件。

黄山毛峰分特级、1～3级。特级黄山毛峰又分上、中、下三等，1～3级各分两等。

特级黄山毛峰堪称我国毛峰之极品，其品质特点为：形似雀舌，匀齐壮实，峰显毫露，色如象牙，鱼叶金黄；内质清香高长，汤色清澈，滋味鲜浓、醇厚、甘甜；叶底嫩黄、肥壮成朵。其中，“黄片”和“象牙色”是特级黄山毛峰，外形与其他毛峰相比有明显特征。

黄山不仅盛产名茶，而且多有名泉。《图经》中写道：“黄山旧名黟山，东峰下有朱砂汤泉可点茗，泉色微红，此自然之丹液也。”名山、名茶、名泉，相得益彰。用黄山泉水冲泡黄山茶，茶汤经过一夜，第二天茶碗也不会留下茶痕。

5）六安瓜片

六安瓜片历史悠久，早在唐代，书中就有记载。茶叶称为“瓜片”，是因其叶状好像颇大的瓜子。色泽翠绿、香气清高、味道甘鲜的六安瓜片，历来被人们当作礼茶，用来款待贵客嘉宾。明代以前，六安瓜片就是供宫廷饮用的贡茶。据《六安州志》载：“天下产茶州县数十，惟六安茶为宫廷常进之品。”

六安瓜片的产地主要在金寨、六安、霍山三县，以金寨的齐云瓜片为最佳，齐云山蝙蝠洞所产的茶叶品质为最优，用开水沏后，雾气蒸腾，清香四溢，被称为“齐山云雾”。

在炎夏，喝上一杯六安瓜片，会使人感到心清目明、七窍通畅，精神为之一爽。因为这种茶叶具有一定的医用价值，明朝闻龙在《茶笺》里称其为“六安精品，入药最效”。

六安瓜片采摘标准以对夹二三叶和一芽二三叶为主，经生锅、熟锅、毛火、小火、老火 5 道工序制成。六安瓜片分为 1 ~3 级。

六安瓜片的品质特点：形似瓜子形的单片，自然平展，叶缘微翘，大小均匀，不含芽尖、芽梗，色泽绿中带霜（宝绿）、香气清高、味道甘鲜。

6）信阳毛尖

信阳毛尖产于河南省大别山区的信阳市，已有 2 000 多年的历史。茶园主要分布在车云山、集云山、云雾山、震雷山、黑龙潭等群山的峡谷之间。这里地势高峻，群峦叠嶂，溪流纵横，云雾弥漫，还有豫南第一泉“黑龙潭”和“白龙潭”，景色奇丽。正是这里的独特地形和气候，以及缕缕云雾，滋生孕育了肥壮柔嫩的茶芽，为信阳毛尖独特的风格提供了天然条件。

信阳毛尖一般自 4 月中旬开采，以一芽一叶或一芽二叶初展为特级和 1 级毛尖；一芽二三叶制 2 ~3 级毛尖。采摘好的鲜叶经适当摊放后进行炒制，经杀青、揉捻，再熟干，使茶叶达到外形紧细、圆直、多白毫；内质清香，汤绿味浓，叶底嫩绿匀整。

7）皖南屯绿

徽州第一山城屯溪，古称昱城，为皖南的繁华重镇。皖南山区所产绿茶大都在此加工和交易，人们称这些茶为青绿茶，简称“屯绿”。其中尤以休宁、歙县的“屯绿”出名，属优质炒青眉茶。“屯绿”依其品种和品质不同，有特 1 级、特 2 级、1 ~4 级、不列级品。

屯绿采制精细，鲜叶多为一芽二叶或三叶嫩梢，初制除揉捻工序外，全部在锅中炒制而成。屯绿外形匀整，条索紧结，色泽灰绿光润，香高馥郁，味浓醇和，汤色清澈明亮，是我国炒青绿茶中出类拔萃的品种，是出口绿茶的精品。

屯绿中色、香、味、形具臻上乘的极品特珍特级，条索紧细秀长，芽峰显露，稍弯如眉，色泽绿润起霜，香气鲜嫩馥郁，带熟板栗香，滋味鲜浓爽口，汤色黄绿明亮，叶底肥嫩匀亮。产量只占屯绿的 0.5%，极其珍贵。品尝后有“入口浓醇，过喉鲜爽，口留余香，回味甘甜”之感。

屯绿花色品种很多，目前生产特珍、珍眉、雨茶、特贡、贡熙、针眉、秀眉、绿片 8 个花色，18 个不同级别的外销绿茶。

8）云南名优绿茶

云南是世界茶树原产地的中心地带，地形地貌复杂多变，气候温和，四季如春，雨量充沛，云蒸霞蔚，土壤疏松肥沃，特别适宜茶树生长，所产茶叶品质优异。云南的名优绿茶较著名主要有：宝洪茶、南糯白毫、墨江云针茶、昆明十里香、太华茶、早春绿、仓山雪绿、感通茶、大关翠华茶、云海白毫、香归银毫等。

宝洪茶产于宜良县，属于小叶种高香型茶树品种。当鲜叶采下 1 ~2 小时即散发出花香，制成的茶香气高锐持久，当地群众形容宝洪茶的香气道："屋内炒茶院外香，院内炒茶过路香，一人泡茶满室香"，故有高香茶之称。宝洪茶外形扁平光滑，苗锋挺秀，汤色碧绿明亮，滋味鲜浓爽口，香气馥郁芬芳，高锐持久。1980 年被评为云南省名茶。

南糯白毫产于西双版纳勐海县境内的南糯山，采用云南大叶种鲜叶原料，芽叶肥嫩，叶质柔软，毫毛特显。南糯白毫的品质特点是：外形条索紧结，有锋苗，密披白毫，香气馥郁清醇，滋味浓厚醇爽，汤色黄绿明亮，叶底嫩匀成朵，经久耐泡，饮后齿颊留香，生津回甘。

墨江云针产于墨江哈尼族自治县，此茶 1945 年开始生产，当时仿照日本蒸青"玉露茶"的制法，1958 年开始改用半炒半烘的方法制成，此茶外形条索紧直如松针，色泽墨绿油润，银毫显露，汤色黄亮，清香馥郁，滋味鲜爽，叶底嫩匀。

昆明十里香茶产自昆明。十里香茶历史悠久，早在 7 世纪的唐代就有栽培，至今已有 1 200 多年的历史。十里香茶是云南名茶中的珍品，流传有"一杯十里香，满屋都飘香""吃水要吃吴井水，喝茶要喝十里香"的说法。十里香为高香型中叶种茶树品种，芽叶黄绿，茸毛较多，芽叶采下 1 ~2 小时后即散发出浓郁的兰花香。现在的十里香改晒青做法为烘青做法，成茶外形条索紧秀，色泽绿润，锋苗好，汤色清澈明亮，香气清鲜持久，有浓郁的熟板栗香，滋味醇和回甘，叶底嫩匀绿亮。

太华茶系历史名茶，在《徐霞客游记》中已有记载。1983 年春，凤庆茶厂在多年调查研究的基础上，以顺宁丛茶和凤庆变种茶细嫩的一芽一叶开展和一芽二叶初展为原料，用烘青制法制成，其品质特点为：外形条索紧直，锋苗秀丽，色泽绿润，银毫显著，内质汤色清澈明亮，滋味醇厚回甘，香气高锐持久，叶底嫩匀。

名优绿茶都是由细嫩的芽叶精制而成，一般都具有"色绿、香幽、味醇、形美"4 个特点，正确的冲泡方法可让这四大特点淋漓尽致地显示出来，使人得到审美的充分享受，所以名优绿茶用于茶艺表演的很多。

4.1.3 绿茶的冲泡及品饮要领

冲泡绿茶时要突出绿茶"汤清叶绿"的品质特点，就必须掌握好器皿选择、水温调控、投茶方式和冲泡技巧 4 个环节。

1）绿茶的冲泡要领

（1）器皿选择

冲泡细嫩的名贵绿茶如西湖龙井、碧螺春等应首选晶莹剔透的高档水晶玻璃杯。名茶配精器，不仅可以增添视觉美感，而且便于观赏茶芽在水中的舒展、沉浮、游动等变化，人们称之为欣赏"茶舞"，还可观赏到杯中的水被慢慢晕染成淡淡的绿色的过程。隔杯对着阳光或灯光还可以看到汤中有细细的茸毫沉浮游动，闪闪发光，星斑点点，如梦似幻，人们称之为"湿看汤相"，一般越是细嫩的好茶茸毫越多。赏"茶舞"和"湿看汤相"是茶艺活动中的一种美好享受。

中高档的绿茶也可选择瓷杯或盖碗冲泡，中低档的绿茶可选用瓷茶壶冲泡，较陈或较粗老的绿茶应用紫砂壶或陶壶冲泡。茶壶容水量大，一次冲水后保温时间较长，有益于粗茶中水浸出物的溶出，而紫砂壶、陶壶还有减轻陈杂味、滋育茶汤的作用。但若用茶壶冲泡高档名茶，因冲水后不易降温，会闷熟茶叶，使茶汤失去清新的清香味。

（2）**水温控制**

冲泡绿茶时水温的控制十分讲究。因为水温若过高茶芽会被闷熟，泡出的茶汤黄浊，滋味较苦，维生素也易被大量破坏，即俗话所说的造成“熟汤失味”。相反，如果水温过低，茶叶中的有效物质又不能充分溶出，使茶汤香薄味淡，甚至造成茶浮于水面沉不下去，饮用不便。一般来说，越是名贵的细嫩绿茶，所用的泡茶水温就越低，但在用较低温度的水泡茶时，水必须先烧开再凉至所需温度，因此，水开后要有一个凉汤的过程。特级碧螺春等宜用75～80 ℃的水。其他细嫩名茶宜用80～85 ℃的开水冲泡。大叶种绿茶因芽叶肥大，所用水温要比同等嫩度的中小叶种绿茶偏高，才能充分发挥其香气滋味。云南大叶种所制的名优芽茶一般要用85 ℃左右的开水冲泡，其他原料为一芽一叶的大叶种高档绿茶可用90 ℃左右的开水冲泡。中低档绿茶宜用95～100 ℃的沸水冲泡。

（3）**投茶方式**

投茶的方式有3种。

①下投法。先置茶入杯或壶中，然后一次性冲入95 ℃左右的开水称为下投法。下投法适用于冲泡普通绿茶。

②中投法。置茶于茶杯或盖碗中，先冲入90 ℃左右的开水至杯容量的1/3，稍停3分钟，待干茶吸收水分舒展开时再冲水至适宜的量，称为中投法。中投法适用于较细嫩但条索松展的名茶，如龙井茶、庐山云雾、蒙顶甘露、黄山毛峰、太平猴魁、六安瓜片、舒城兰花、南糯白毫、香归银毫等。

③上投法。先将开水冲入杯中，待水温降至75～85 ℃时投茶的方法称为上投法。上投法适用于特别名贵细嫩、条索紧实、易下沉的绿茶，如特级碧螺春等。

（4）**冲泡技巧**

冲泡绿茶的技巧主要有3个方面：一是冲水时应高悬壶、斜冲水，使水流紧贴杯壁斜冲而下，在杯（碗、壶）中形成漩涡，带动茶叶旋转，加速内含物质的溶出。二是冲水后加不加盖要看茶、看看天气。茶嫩、水热、气温高时可不加盖，以防产生水闷味，而茶叶粗老、水温、气温较低时应加盖闷茶，充分逼发茶香。冲泡某些名茶可加盖1分钟左右，然后即掀盖一边闻香一边等待茶叶内的有效成分继续慢慢浸出，不可盖得过久闷坏了茶。三是续水要及时。如果使用玻璃杯、瓷杯、盖碗等器具进行泡品合一的冲泡时，头一泡冲出的茶称为“一开茶”或“头水茶”，饮到杯中尚余1/3水量时即应及时为客人加入开水，称为续水。如果续水不及时，一开茶喝到后面滋味就会过浓过苦，而等一开茶喝光了再加水，二开茶的茶汤则寡淡无味。

一般来说，只要掌握好上述4个环节，就能把绿茶的茶性充分发挥出来，冲泡出色绿、香高、味鲜醇的绿茶来。

2）绿茶的品饮

（1）**干品（鉴赏干茶）**

品饮绿茶尤其是名优绿茶，冲泡前，可先欣赏干茶的色、香、形。名优绿茶的造型，因品种而异，或条状，或圆如珠，或扁平如剑，或卷曲如螺，或挺直如松针等；其色泽或银白隐翠，或翠绿，或深绿，或墨绿，或黄绿，或金黄隐翠；其干茶香气一般为清香或烘烤香。

（2）**赏茶舞，湿看汤相**

冲泡时，倘若采用透明玻璃杯，则可观察茶在水中的缓慢舒展，游弋沉浮，这种富于变化的动态"茶舞"。冲泡后,则可观察茶汤颜色,看绿色在水中慢慢晕染开来,绿茶的汤色有浅绿、杏绿、绿亮、黄绿、橙黄等,隔杯对着阳光透视茶杯,还可见到微细茸毫在水中游弋,闪闪发光,此乃细嫩名优绿茶的一大特色。

(3)**闻香**

接着是端杯(碗)闻香,绿茶开泡后的香气,或毫香,或嫩香,或熟板栗香,或清香,此时,汤面冉冉上升的雾气中夹杂着缕缕茶香,犹如云蒸雾罩,使人心旷神怡。

(4)**品味**

闻香之后,端杯小口品啜,尝茶汤滋味,缓慢吞咽,让茶汤与舌头味蕾充分接触,则可领略到名优绿茶的风味,好的绿茶其滋味鲜爽或鲜浓、回味好;若舌和鼻并用,还可从茶汤中品出嫩茶香气,有沁人心脾之感。品尝头开茶,重在品尝绿茶的鲜味和茶香;品尝二开茶,重在品尝绿茶的回味和甘醇;至于三开茶,一般茶味已淡,而大叶种绿茶则甘甜犹在。

(5)**赏叶底**

名优绿茶要观赏叶底的色泽、形状、匀齐度、嫩度、弹性等。绿茶的叶底色泽有嫩黄、嫩绿、鲜绿、绿亮、黄绿等,形状有芽形、雀舌形、花朵形、整叶形等,叶底要匀齐,嫩度要高,要新鲜有光泽,弹性好。

任务2 绿茶茶艺

4.2.1 碧螺春茶茶艺

其投茶方式为上投法。

1)器皿及茶品选择

玻璃杯4只,煮水器(如电随手泡)1套,木茶盘(或水盂)1个,白瓷壶1个,茶荷1个,茶匙组合1套,奉茶盘1个,茶巾1条,香炉1个,香1支,特级洞庭碧螺春12克。

2)基本程序及解说词

"洞庭无处不飞翠,碧螺春香万里醉。"烟波浩渺的太湖包孕吴越,太湖洞庭山所产的碧螺春集吴越山水的灵气和精华于一身,是我国历史上的贡茶。新中国成立后,碧螺春被评为我国十大名茶之一,现在就请各位宾客来品啜这难得的茶中瑰宝,并欣赏碧螺春茶茶艺。这套茶艺共12道程序。

(1)**点香:焚香通灵**

我国茶人认为:"茶需静品,香能通灵。"在品茶之前,首先点上支香,让我们的心平静下来,以便以空明虚静之心,去体悟这碧螺春中所蕴含的大自然的信息。

(2)**涤器:仙子沐浴**

今天我们选用玻璃杯来泡茶。晶莹剔透的杯子好比是冰清玉洁的仙子,"仙子沐浴"即再清洗一次茶杯,以表示我们对各位的崇敬之心。

(3)**凉水:玉壶含烟**

冲泡特级碧螺春只能用75~80 ℃的开水,在烫了茶杯之后,我们将开水注入白瓷壶中,不用盖上白瓷壶的壶盖，敞着壶，让壶中的开水随着水汽的蒸发而自然降温。请看这壶口蒸汽氤氲，所以这道程序称为“玉壶含烟”。

（4）**赏茶：碧螺亮相**

“碧螺亮相”即请大家传着鉴赏干茶。碧螺春有“四绝”——“形美、色艳、香浓、味醇”。赏茶是欣赏它的第一绝“形美”。生产500克特级碧螺春需采摘约7万个嫩芽，你看它条索纤细、卷曲成螺、满身披毫、银白隐翠，多像民间故事中娇巧可爱且羞答答的田螺姑娘。

（5）**注水：雨涨秋池**

唐代李商隐的名句“巴山夜雨涨秋池”是极美的意境，“雨涨秋池”即向玻璃杯中注水，水只宜注到七分满，留下三分装真情。

（6）**投茶：飞雪沉江**

即用茶匙将茶荷里的碧螺春依次拨到已冲了水的玻璃杯中去。满身披毫、银白隐翠的碧螺春如雪花纷纷扬扬飘落到杯中，吸收水分后即向下沉，瞬时间白云翻滚，雪花纷飞，煞是好看。

（7）**观色：春染碧水**

碧螺春沉入水中后，杯中的热水溶解了茶里的营养物质，逐渐变为绿色，芽叶慢慢舒展开来，全杯汤色似碧玉，犹如春染杯底，整个茶杯好像盛满了春天的气息。

（8）**闻香：绿云飘香**

碧绿的茶芽，碧绿的茶水，在杯中如绿云翻滚，氤氲的蒸汽使得茶香四溢，清香袭人。

（9）**品茶：初尝玉液**

品饮碧螺春应趁热连续细品。头一口如尝玄玉之膏，云华之液，感到色淡、香幽、汤味鲜雅。

（10）**再品：再啜琼浆**

这是品第二口茶。二啜感到茶汤更绿、茶香更浓、滋味更醇，并开始感到舌本回甘，舌根含香，满口生津，回味无穷，使人顿觉神清气爽。

（11）**三品：三品醍醐**

醍醐直译是奶酪。在佛教典籍中用醍醐来形容最玄妙的“法味”。品第三口茶时，我们所品到的已不再是茶，而是在品太湖春天的气息，在品洞庭山盎然的生机，在品人生的百味。

（12）**回味：神游三山**

古人讲茶要静品、慢品、细品，唐代诗人卢仝在品茶之后写下了传诵千古的《走笔谢孟谏议寄新茶》：“一碗喉吻润……五碗肌骨清，六碗通仙灵。七碗吃不得也，唯觉两腋习习清风生。”在品了三口茶后，请各位宾客继续慢慢地自斟细品，静心去体会七碗茶之后“清风生两腋，飘然几欲仙。神游三山去，何似在人间”的绝妙感受。

4.2.2 龙井茶茶艺

其投茶方式为中投法。

1）器皿及茶品选择

玻璃杯4只，白瓷壶1把，电随手泡1套，茶叶罐1个，茶匙组合1套，脱胎漆器茶盘1个，陶茶池1个，香炉1个，香1支，茶巾1条，茶荷1个，特级狮峰龙井茶12克。

2）基本程序及解说词

“上有天堂，下有苏杭。”西湖龙井是素有人间天堂之称的杭州的名贵特产，向以“色绿、香郁、味醇、形美”四绝的品质特征著称。清代嗜茶皇帝乾隆品饮了龙井茶后，曾写诗赞美说：“龙井新茶龙井泉，一家风味称烹煎。寸芽生自烂石上，时节焙成谷雨前。何必凤团夸御茗，聊因雀舌润莲心。”今天就请各位品一品润如莲心的龙井茶，欣赏龙井茶茶艺。

（1）**点香：焚香除妄念**

俗话说：“泡茶可修身养性，品茶如品味人生。”古今品茶都讲究首先要平心静气。通过点燃这炷香来营造一个祥和肃穆的气氛，并达到驱除妄念，心平气和的目的。

（2）**洗杯：冰心去凡尘**

茶是至清至洁、天涵地育的灵物。泡茶要求所用的器皿也必须至清至洁。这道程序是当着各位嘉宾的面，把本来就干净的玻璃杯再烫洗一遍，以示对嘉宾的尊敬。

（3）**凉汤：玉壶养太和**

今天我们冲泡的特级狮峰龙井茶芽极细嫩，因为如果直接用开水冲泡，会烫熟了茶芽造成熟汤失味，所以把开水先注入瓷壶中养一会儿，待水温降到80 ℃左右再用来泡茶。用这样不温不火、恰到好处的水泡出的茶才色香味俱全。

（4）**投茶：清宫迎佳人**

苏东坡有诗云：“戏作小诗君勿笑，从来佳茗似佳人。”他把优质名茶比喻成让人一见倾心的绝代佳人。龙井茶的外形扁平光滑，色泽翠绿，好似清丽脱俗、清纯可爱、风韵天成的春装才子，又似妙香袭人的绝代佳人。“清宫迎佳人”，即用茶匙把龙井茶拨入冰清玉洁的玻璃杯中。

（5）**润茶：甘露润莲心**

即向杯中注入约1/3容量的热水，使茶叶慢慢吸水舒展开来。

（6）**冲水：凤凰三点头**

冲泡龙井茶讲究高冲水。在冲水时使水壶有节奏地三上三下而水流不间断，这种冲水的技法称为凤凰三点头，意为凤凰再三向嘉宾们点头致敬。

（7）**泡茶：碧玉沉清江**

冲水后龙井茶吸收了水分，逐渐舒展开来并慢慢沉入杯底，我们称之为“碧玉沉清江”。

（8）**奉茶：观音捧玉瓶**

佛教故事中传说大慈大悲的观音菩萨常捧着一个白玉瓶，净瓶中的甘露可消灾祛病，救苦救难。这道程序是茶艺师向客人奉茶，意在祝福好人一生平安。

（9）**赏茶：春波展旗枪**

杯中的热水如春波荡漾，在热水的浸泡下，龙井茶的茶芽慢慢舒展开来，尖尖的茶芽如枪，展开的叶片如旗。展开的茶芽簇立在杯底，在清碧澄澈的水中或上下沉浮、或左右摇动，栩栩如生，宛如春兰绽放，又似有生命的绿精灵在舞蹈，十分生动有趣。所以这道程序又称为“杯中看茶舞”。

（10）**闻香：慧心悟茶香**

龙井茶有四绝：色绿、香郁、味醇、形美。龙井茶的香气清高幽雅，郁如兰而胜于兰，闻茶香时，乾隆皇帝形容说好比是“古梅对我吹幽芬”。让我们来细细地闻一闻，感受这沁人心脾的幽雅茶香。

(11)品茶:淡中回至味

品饮龙井茶要一看二闻三品味。刚才我们已观过杯中舞、闻过清茶香,现在让我们来品尝龙井茶的鲜爽滋味。头一口感到香幽味鲜,第二口滋味更醇,第三口满口生津。清代茶人陆次之说:"龙井茶,真者甘香而不冽,啜之淡然,似乎无味,饮过之后,觉有一种太和之气,弥漫于齿颊之间,此无味之味,乃至味也。"请各位慢啜细品,让龙井茶的太和之气沁入我们的心脾,让龙井茶的"无味"启迪我们的灵性,使我们对生活有更深刻的感悟。

(12)谢茶:自斟乐无穷

品茶之乐,乐在闲适,乐在怡然自得。在品了头道茶之后,我们的茶艺表演就告一段落了。接下来请各位嘉宾自斟自饮,通过亲自动手,从茶事活动中去感受修身养性、品味人生的无穷乐趣。

4.2.3 盖碗茶茶艺

盖碗下投法。

1)器皿选择

白瓷盖碗(三才杯)4 只,电随手泡 1 套,双层木茶盘 1 个,茶匙组合 1 套,茶叶罐 1 个(内装好足量的太华茶),茶荷 1 个,奉茶盘 1 个,茶巾 1 条,太华茶 12 克。

2)基本程序及解说词

太华茶是云南省凤庆县的历史名茶,徐霞客在明崇祯十二年(1639 年)八月对顺宁(今凤庆)进行考察时就曾饮过太华茶,并在《徐霞客游记》中有记载。1983 年,原凤庆茶厂以顺宁丛茶和凤庆变种茶细嫩的一芽一叶开展和一芽二叶初展为原料制作,恢复了这个历史悠久的名茶。1992 年,太华茶被评为云南省名茶。

(1)静心:调息静气

茶需静品,性需静养。让我们的心虚静空灵,进入忘我通灵的境界。

(2)煮水:活煮清泉

好茶需要美水配,活水还需活火烹。我们选择了五老山清泉来冲泡太华茶,这清甜的泉水会使太华茶的品质表现得更加尽善尽美。

(3)洗杯:白鹤沐浴

我们选用的白瓷茶具质地光润,洁白如玉,雅致悦目。白鹤沐浴即清洗茶杯。

(4)取茶:仙茗出宫

用茶则从茶叶罐中取茶,放入茶荷中。

(5)赏茶:初展仙姿

请各位嘉宾欣赏干茶并闻干茶的香气。太华茶外形条索紧直如松针,峰苗秀丽,色泽浅绿油润,银毫显著,香气清雅馥郁。

(6)投茶:漫天飞花

用茶匙将茶叶拨到各个盖碗中。纷纷扬扬飘落而下的茶叶犹如漫天飞花。

(7)润茶:佳茗沐霖

在泡茶之前先润茶,一来可使茶叶更洁净;二来可使茶叶吸收了热量和水分。再冲泡时,可溶性物质的释放速度加快。

(8)**冲泡:水满春江**

用盖碗泡茶,水温 90 ℃左右。冲水时,要冲到接近盖碗的沿口,这样盖上盖子时刚好能密闭蓄香。

(9)**奉茶:敬献仙茗**

茶艺师向各位嘉宾敬上一杯仙茗,祝福大家心情愉悦、健康长寿。

(10)**二赏:再赏仙容**

现在请大家揭开杯盖,来欣赏在热水中舒展开的茶叶的形状和汤色。优质的太华茶汤色翠绿、清澈明亮,叶底嫩匀,舒展后的茶芽如花朵初放,让人感到赏心悦目。

(11)**闻香:喜闻幽香**

“未尝甘露味,先闻圣妙香。”先闻香,再品茶,这是茶人的习惯。太华茶的茶香虽不浓烈馥郁,但清幽高雅,只要我们用心灵去感悟,就能闻到这杯中清纯高雅、变幻莫测、妙不可言的自然之香。

(12)**品茶:细品琼浆**

太华茶滋味鲜爽、醇厚回甘。品饮太华茶“一杯鲜,二杯醇,三杯四杯韵犹存”。请大家慢啜细品,悠然享受这美好时光。

(13)**谢客:回味余韵**

大家品了太华茶之后,我们的茶艺表演也就要结束了。喝了太华茶大家一定口有余甘,齿有余香,心有余味,余韵无穷。品茶如品味人生,希望各位嘉宾在回味太华茶的余韵时能更喜爱茶,更热爱生活。

4.2.4 滇青绿茶茶艺

盖碗分汤法。

云南晒青绿茶称为滇青。滇青绿茶是云南绿茶中别具一格的产品。滇青的成品茶有春蕊、春芽、春尖、甲配、乙配、丙配等花色。冲泡滇青茶,较细嫩的或贮放时间较短的新茶可选择瓷盖碗、瓷壶作主泡器,原料较粗老或贮放时间较长的茶可选用紫砂壶、陶壶作主泡器,水温要高,一般要达到 95 ℃以上,才能充分展现其优良的品质。

1)器皿配置及茶品选择

白瓷盖碗 1 个,茶盘 1 个,品茗杯若干个(视人数而定),茶叶罐 1 个(内装春蕊茶),茶匙组合 1 套,煮水器 1 套,茶荷 1 个,茶巾 1 条,茶滤及支架 1 套(视需要选择),茶盅 1 个,奉茶盘 1 个,春蕊茶适量。

2)基本程序

(1)**烹煮山泉**

将清甜的山泉水烧开。

(2)**温杯熵盏**

先将开水冲入茶壶,摇晃茶壶数下,然后依次将茶壶中的水注入茶杯中,再将茶杯中的水旋转倒入水盂,洁净茶具的同时温热器具。

晒青绿茶

(3)**敬备佳茗**

从茶叶罐中取适量的茶放在茶荷或茶碟中。

(4)**鉴赏佳茗**

请各位客人欣赏茶荷中干茶的外形并闻干茶香。春蕊茶的条索紧直肥壮,峰苗完整,色泽绿润,白毫显著。闻之蜜香扑鼻。

(5)**佳茗入壶**

用茶匙将茶荷中的茶叶拨入盖碗中,量因盖碗而异,一般茶水比以1:(20~30)为宜。

(6)**初润佳茗**

用少量水浸润茶叶,很快将水倒掉,既起到温润茶叶的作用,又可使茶叶更加洁净。

(7)**高山流水**

将95 ℃以上的开水先以逆时针方向旋转高冲入盖碗,待水没过茶叶后,改为直流冲水,用"高山流水"的技法将水注满。必要时,还须用盖碗盖刮去水面的浮沫。

(8)**普降甘霖**

茶叶在盖碗中浸泡1~2分钟后,将茶汤低低地斟入茶盅中。斟茶时,将茶滤放在茶盅上,以过滤茶渣,使汤色澄澈明亮。

(9)**平分秋色**

轻轻拿起茶盅,将茶汤均匀分入品茗杯中,每杯只倒七分满,橙黄明亮的茶汤会给人带来秋的联想。

(10)**敬献佳茗**

双手捧杯敬茶。

(11)**闻香品韵**

请客人先闻香气,滇青茶香气浓郁,花香蜜香交融;再看汤色,浅黄、清澈明亮,带给人一种秋天的感觉;然后品尝茶汤滋味,醇厚、鲜爽、甜柔,回甘生津。

(12)**谢客收具**

客人品完茶后,先向客人行礼致谢,再将器具收理清洗。

上述4种绿茶茶艺包括了上投法、中投法、下投法,也涵盖了炒青绿茶、烘青绿茶、晒青绿茶等绿茶种类,只要能举一反三,对器具选择、冲泡程序、解说词稍加改动,即可适用于其他各种绿茶。

【**思考题**】

1. 冲泡绿茶的器皿应如何选择?
2. 冲泡绿茶时应该如何控制水温?
3. 冲泡绿茶时,怎样选择正确的投茶方式?
4. 绿茶的冲泡技巧有哪些?
5. 品饮绿茶应注意哪些问题?
6. 请熟记碧螺春、龙井茶、太华茶茶艺的解说词。

实训4.1 绿茶的玻璃杯泡法

〖实训目的〗

1. 通过本项目的实训，使学生掌握绿茶的玻璃杯冲泡法的基本技能。

2. 让学生掌握不同嫩度绿茶的投茶方法。

〖实训场地与器具、材料〗

茶艺实训室、茶艺桌或茶盘、茶巾、茶叶罐、茶匙组合、玻璃杯、茶荷、随手泡，备泡茶叶3种（碧螺春、龙井茶、香归银毫）。

〖实训要求〗

1. 熟练运用玻璃杯润杯、摇香手法以及上投法、中投法、下投法3种投茶方法。

2. 掌握玻璃杯泡法规范的操作流程及动作要领。

〖实训时间〗

1学时。

〖实训方法〗

1. 教师讲解示范。

2. 学生分组练习。

〖实训内容与操作标准〗

1. 教师讲解示范

(1)备具

选择长方形茶盘1个，茶巾1条，茶叶罐1个，茶匙组合1套，玻璃杯数只，茶荷1个，随手泡1套。

(2)布具

随手泡放在茶盘外右侧桌面，茶匙组合放在茶盘外左侧桌面，茶叶罐捧放于茶匙组合外侧桌面，茶荷放在茶叶罐与茶匙组合之间靠身前的位置，对缝摆放。玻璃杯在茶盘上呈一字形排放，茶巾折叠好放在身前桌面上。

(3)煮水

轻轻将随手泡的开关打开，开始煮水。

(4)取茶

先将茶荷捧至身前左前方的桌面上，再双手捧起茶叶罐收至胸前，揭开罐盖，右手取茶匙，将茶叶轻轻拨入茶荷中，将茶匙放回著匙筒，盖上茶叶罐罐盖，双手将茶叶罐捧回原位。

(5)赏茶

双手捧起茶荷，供客人欣赏干茶的外形、色泽，并用富有文化品位的语言简要地向客人介绍备泡茶叶的品质特征和文化背景。

(6)温杯

用玻璃杯温杯法温杯。

(7)置茶、冲泡

碧螺春采用上投法,龙井茶采用中投法,香归银毫采用下投法。冲泡时水柱要落在玻璃杯内壁。

(8)奉茶

用正确的奉茶手法将茶奉给客人。

(9)闻香品茶

先闻香气,再观赏清澈碧绿的茶汤和嫩匀成朵、上下沉浮或直立杯中的茶芽,最后细细品啜鲜爽、甘醇、回味无穷的茶汤滋味。

(10)收具

当客人品完茶后,把茶具收回茶盘,撤回,然后进行清洗。

2. 学生分组练习。

〖达标测试〗

见表4.1。

表4.1 达标测试表

班级: 组别: 学号: 姓名:

序号	测试内容	评分标准	配分	扣分	得分
1	布具	物品齐全,摆放整齐,有美感,便于操作	10		
2	取茶赏茶	手法正确,动作规范	10		
3	温杯	手法正确,动作规范、优美	10		
4	置茶冲泡	手法正确,动作规范、优美	30		
5	奉茶	手法正确,动作规范,礼仪周全	10		
6	品茶	手法正确,动作规范,能感受茶叶的色香味	10		
7	茶叶品质	能充分展现茶品的品质	10		
8	姿态、礼仪	姿态正确、优美,礼仪周全	10		
合计			100		

考核时间: 年 月 日 考评教师(签名):

实训4.2 绿茶盖碗茶茶艺

〖实训目的〗

1. 通过本项目的实训,使学生掌握绿茶盖碗茶茶艺的基本技能。

2. 让学生学会根据茶叶的品质来选择茶具和冲泡方法。

〖实训场地与器具、材料〗

茶艺实训室、茶艺桌或茶盘、茶叶罐、茶匙组合、瓷盖碗、茶壶、公道杯、品茗杯、汤滤、茶荷、茶巾、随手泡,备泡茶叶2种。

〖实训要求〗

1. 熟练运用盖碗手法、盖碗品茗法。

2. 掌握绿盖碗泡法规范的操作流程及正确的动作要领。

〖实训时间〗

1 学时。

〖实训方法〗

1. 教师讲解示范。

2. 学生分组练习。

〖实训内容与操作标准〗

1. 教师讲解示范

(1)备具

选择长方形茶盘 1 个,茶巾 1 条,茶叶罐 1 个,茶匙组合 1 套,花色清雅的瓷质盖碗数只,茶荷 1 个,随手泡 1 套。

(2)布具

随手泡放在茶盘外右侧桌面,茶匙组合放在茶盘外左侧桌面,茶叶罐捧放于茶匙组合外侧桌面,茶荷放在茶叶罐与茶匙组合之间靠身前的位置。盖碗在茶盘上呈一字形排放,茶巾折叠好放在身前桌面上。

(3)煮水

打开随手泡的开关,开始煮水。

(4)取茶

用茶则轻轻舀取茶叶,放入茶荷中。

(5)赏茶

双手捧起茶荷供客人欣赏干茶的外形、色泽。介绍备泡茶叶的品质特征和文化背景。

(6)温盖碗

用温盖碗的手法温洗。

(7)置茶

揭开盖碗盖,用茶匙将茶荷中的茶叶分成每碗的用茶量,轻轻拨入盖碗中。茶水比以 1∶(50~60)为宜。

(8)冲泡

用回旋斟水法将开水高冲入碗,水柱应落在碗的内壁上,冲水量以 7~8 成满为宜。

(9)奉茶

双手持碗托,礼貌地将茶奉给客人。

(10)闻香品茗

采用正确的盖碗闻香品茗法,细闻幽香,品味鲜爽、甘醇的茶味。

(11)续水

当客人盖碗中尚余 1/3 茶汤时,及时用随手泡为客人续水。一般可续水 2~3 次。

(12)收具

当客人品完茶后,把茶具收回茶盘,撤回。然后进行清洗。

2. 学生分组练习。

【达标测试】

见表4.2。

表4.2 达标测试表

班级: 组别: 学号: 姓名:

序号	测试内容	评分标准	配分	扣分	得分
1	布具	物品齐全,摆放整齐,有美感,便于操作	10		
2	取茶赏茶	手法正确,动作规范	10		
3	温杯	手法正确,动作规范、优美	10		
4	置茶冲泡	手法正确,动作规范、优美	30		
5	奉茶、续水	手法正确,动作规范,礼仪周全	10		
6	品茶	手法正确,动作规范,能感受茶叶的色香味	10		
7	茶叶品质	能充分展现茶品的品质	10		
8	姿态、礼仪	姿态正确、优美,礼仪周全	10		
合计			100		

考核时间: 年 月 日 考评教师(签名):

实训4.3 绿茶盖碗分汤法茶艺

【实训目的】

1. 通过本项目的实训,使学生掌握绿茶盖碗分汤法茶艺的基本技能。
2. 让学生能够根据茶叶的品质来选择、搭配茶具。

【实训场地与器具、材料】

茶艺实训室、茶艺桌或茶盘、瓷盖碗、茶叶罐、茶匙组合、公道杯、品茗杯、茶荷、茶巾、随手泡,备泡茶叶适量。

【实训要求】

1. 熟练运用温盖碗、温品茗杯技法。
2. 掌握绿茶盖碗分汤法规范的操作流程及正确的动作要领。

【实训时间】

1学时。

【实训方法】

1. 教师讲解示范。
2. 学生分组练习。

〖实训内容与操作标准〗

1. 教师讲解示范

(1)备具

选择长方形茶盘 1 个,茶巾 1 条,茶叶罐 1 个,茶匙组合 1 套,白瓷盖碗 1 把,花色清雅的白瓷品茗杯 4 个,茶荷 1 个,随手泡 1 套,公道杯 1 个。

(2)静气布具

随手泡放在茶盘外右侧桌面,茶匙组合放在茶盘外左侧桌面,茶叶罐放在茶匙组合外侧桌面,茶荷放在茶叶罐与茶匙组合之间靠身前的位置。4 个品茗杯在茶盘的前半部呈一字摆开或呈弧形排放,盖碗摆放在茶盘后半部右位,公道杯摆在盖碗左侧,汤滤摆在公道杯左位,将茶巾折叠好放在身前桌面上。

(3)煮水

打开随手泡的开关,开始煮水。

(4)取茶

用茶则轻轻舀取茶叶,放入茶荷中。茶水比以 1∶30 计。

(5)赏茶

双手捧起茶荷,供客人欣赏干茶的外形、色泽,闻干茶香气。介绍将要冲泡的茶叶品质特征和文化背景。

(6)温杯烫盏

揭开盖碗盖,用初沸之水注入盖碗、公道杯及品茗杯中,依次清洗。

(7)叶嘉入瓯

揭开盖碗盖,用茶匙将茶荷中的茶叶轻轻拨入盖碗中。

(8)静享茶香

茶叶在温热的盖碗中,其干茶香更加浓郁。

(9)叶嘉初醒

注入少量沸水,唤醒茶叶。

(10)悬壶高冲

将开水高冲入盖碗中,盖上盖碗盖,浸润茶叶。

(11)甘霖初现

轻轻拿起盖碗,先将茶汤低斟入公道杯,再均分入品茗杯。

(12)醉赏茶汤

欣赏浅黄明亮的汤色。

(13)平分秋色

将茶汤均分入品茗杯中。

(14)甘露敬客

双手将品茗杯礼貌地奉给客人。

(15)闻香观色品茗

用拇指、食指捏住品茗杯杯壁,中指抵住杯底,呈三龙护鼎之势。先闻香,再观汤色,然后小口品啜,一般一小杯茶分三口品饮。

(16)冲二茶、续茶

冲二泡茶,将茶汤斟入公道杯中,持公道杯为客人续茶。

(17)冲三茶、续茶

冲三泡茶,将茶汤斟入公道杯中,持公道杯为客人续茶。

(18)收具

当客人品完茶后,把茶具收回茶盘,撤回,然后进行清洗。

2. 学生分组练习。

【达标测试】

见表4.3。

表4.3　达标测试表

班级:　　　　　组别:　　　　　学号:　　　　　姓名:

序　号	测试内容	评分标准	配　分	扣　分	得　分
1	布具	物品齐全,摆放整齐,有美感,便于操作	10		
2	取茶赏茶	手法正确,动作规范	10		
3	温壶洁具	手法正确,动作规范、优美	10		
4	置茶冲泡	手法正确,动作规范、优美	30		
5	奉茶、续茶	手法正确,动作规范,礼仪周全	10		
6	品茶	手法正确,动作规范,能感受茶叶的色香味	10		
7	茶叶品质	能充分展现茶品的品质	10		
8	姿态、礼仪	姿态正确、优美,礼仪周全	10		
合　计			100		

考核时间:　　年　月　日　　　　　　　　　　考评教师(签名):

学习项目5　红茶茶艺

【学习目标】

知识目标

1. 了解红茶的加工工艺和品质形成的原因。
2. 掌握我国红茶的种类及其品质特点。
3. 掌握红茶的冲泡和品饮要领。

技能目标

1. 掌握红茶评鉴的程序与方法。
2. 能够正确选配红茶清饮、调饮的茶具。
3. 熟练掌握清饮红茶的冲泡技艺。
4. 熟练掌握奶茶、柠檬茶等调饮红茶的配制方法。

课程思政目标

1. 了解中国红茶的发展史，认识中国红茶对世界茶文化的影响。突出滇红茶对我国社会经济的发展做出极大贡献的历史，增强学生的民族自豪感。

2. 通过清饮、调饮红茶茶艺的学习、比较，感受红茶茶艺中蕴含的中国传统文化之美和现代西方文化之美，提升学生的审美能力。

3. 通过红茶调饮的学习，鼓励学生尝试调配各种不同配方的调饮红茶，培养学生的创新精神与创新能力。

【任务引入】

受国际消费时尚的影响，国内红茶消费不断升温，并且喜欢调饮红茶的女性和年轻人很多。从事茶叶销售或茶艺服务工作的茶艺师，不仅要了解红茶的品质特点及其形成原因，不同种类、不同产地红茶的品质差异，还要能够根据不同茶品的品质特点，选择适宜的茶具，控制好投茶量和水温、浸润时间，把茶品最佳的品质充分展现出来，或者为顾客调制出各种色艳味美的红茶饮品，让顾客在品饮中获得至美的享受，从而促进红茶销售。

【案例导读】

安旭毕业后，先在一个茶厂工作了两年，然后自己开了一个茶庄。茶庄坐落在一所高校大门外100米远处，常常有学生会转进来看看，坐下来喝喝茶，放假回家时买点茶叶带给亲朋好友。一天，安旭看到隔壁超市里香飘飘奶茶卖得很好，突然想起上学时老师在茶艺课里教过奶茶和果茶的调制，便用店里的红碎茶调制了一些奶茶、果茶，请进店的学生品饮。学生们品饮后觉得比超市里的成品奶茶和果茶更好喝，于是安旭增加了经营项目——现调制奶茶、果茶，结果吸引了许多学生和年轻女性进店消费，为他赢得了可观的利润。

【案例分析】

安旭的成功在于他善于观察，能及时发现消费需求，同时也得益于他在上学时的学习积累——掌握了调饮茶的调制方法，能调制出风味独特、口感良好的奶茶、果茶等饮品，迎合了年轻消费群体和女性消费者的需求。

任务 1　红茶的种类及其品质特点

红茶是世界上消费量最大的一种茶类，最早创制于福建省崇安（今武夷山市）。红茶属于全发酵茶类，基本加工工艺是萎凋、揉捻（或揉切）、发酵、干燥。在萎凋、揉捻、发酵过程中，茶鲜叶中含有的茶多酚在多酚氧化酶的催化作用下，氧化成茶黄素、茶红素、茶褐素等有色物质，形成红茶红叶、红汤的品质特点。

我国的红茶有小种红茶、工夫红茶、红碎茶三大类。

5.1.1　小种红茶

小种红茶是我国最早的红茶，是福建的特产。由于小种红茶的加工过程中采用松柴明火加温进行萎凋和干燥，因此，制成的茶叶具有浓烈的松烟香。因产地和品质的不同，小种红茶有正山小种和外山小种之分。产于福建崇安（今武夷山市）星村镇桐木关一带的小种红茶称为正山小种。武夷山附近的政和、坦洋、北岭、屏南、古田、沙县等地所产的仿照正山小种工艺制作的小种红茶，品质较差，统称“外山小种”或“人工小种”。

正山小种的品质特点是外形条索肥壮重实，色泽乌润有光，汤色红亮，香气高长带松烟香，滋味醇厚甘爽、带有桂圆汤味，加入牛奶香气不减，滋味更醇和，混合后的液体色泽绚丽，叶底厚实，呈古铜色。小种红茶从 19 世纪 70 年代开始远销欧美各国，被誉为“茶中皇后”。

5.1.2　工夫红茶

工夫红茶是在小种红茶的基础上发展起来的优质红茶，著名的有祁门工夫、滇红工夫、闽红工夫、湖红工夫、宁红工夫、宜红工夫、川红工夫、越红工夫等。

1）祁门工夫红茶

祁门工夫红茶简称“祁红”，是我国传统工夫红茶的珍品，是中国十大名茶中唯一的一个红茶，创制于 1876 年。据历史记载，清光绪前，祁门生产绿茶，品质好，称为“安绿”。光绪元年（1875 年），黟县人余干臣从福建罢官回原籍经商，在至德县（今至东县）设立茶庄，仿照“闽红”制法试制红茶，一举成功。由于茶价高、销路好，人们纷纷改制，逐渐形成“祁门红茶”，与当时国内著名的“闽红”“宁红”齐名。

祁门红茶主产于安徽省祁门县，与其毗邻的石台、至东、黟县及贵池等县也有少量生产。这些地区土壤肥沃，腐殖质含量高，早晚温差大，常有云雾缭绕，且日照时间较短，构成了茶树生长的天然佳境，也酿成“祁红”特殊的芳香滋味。祁门红茶的品质特点是：条索紧秀，锋苗好，色泽乌润泛灰光，俗称“宝光”，内质香气浓郁高长，似蜜糖香，又蕴藏有兰花香，汤色红艳，滋味醇厚，回味隽永，叶底嫩软红亮。

祁门红茶与印度大吉岭红茶、斯里兰卡乌伐红茶，并列为世界三大高香茶。

祁门红茶品质超群,被誉为"群芳最",它以条形紧秀、锋苗好、色有"宝光"和香气浓郁著称于世。英国人喜爱祁红,皇家贵族把它当作时髦饮品,称它为"茶中英豪"。日本消费者也爱饮用祁门红茶,称其香气为"玫瑰香"。"祁红"曾获1915年巴拿马万国博览会金质奖。

祁门工夫红茶依其品质高低分为1~7级。

品质优异的祁门红茶,采制工艺十分精湛。高档茶以一芽二叶为主,一般均系一芽三叶及相应嫩度的对夹叶。将采摘好的鲜叶经过16道工序的加工,制成外形整齐美观、内质香高味醇的高品质祁门红茶。如选用祁门所出的"白如玉、薄如纸、明如镜、声如馨"的高白釉薄胎茶具,再取祁门山泉冲泡,品饮祁门红茶时就会看到茶汤红艳鲜亮,茶碗边缘会出现一圈金黄色的光环,热气先绕几圈,再徐徐上升;叶底红亮,好似披着一身红艳艳的"时装",让人感到赏心悦目。

2)滇红工夫

滇红工夫茶是云南省所产大叶种工夫红茶的总称。滇红工夫茶选用嫩度适宜、水浸出物和多酚类物质含量高、叶质柔软的云南大叶种茶树鲜叶为原料,经过加工产生较多的茶黄素、茶红素,加之咖啡因、水浸出物等物质的含量较高,制成的红茶汤色红艳明亮,滋味醇厚鲜爽,香气馥郁高长,品质上乘,保健功效极佳。

滇红工夫茶是我国工夫红茶的奇葩,它以外形肥硕紧实、金毫显露和香高味浓的品质而独树一帜,以"有印锡红茶之色泽,具祁门红茶之香气"而享誉中外。

滇红茶原产于云南省西南部的临沧市凤庆县。临沧位于澜沧江中游地带,因濒临澜沧江而得名,这里山峦起伏,溪流交织,气候温暖,四季如春,雨量充沛,云雾缭绕,土壤肥沃,腐殖质丰富,被科学家称为"生物优生带",是茶树起源的中心地带,非常适合茶树生长发育,这里是国家级茶树良种勐库大叶种、凤庆大叶种的原生地,所种植的各种云南大叶种茶树鲜叶内含物质丰富,多酚类含量高,叶质柔软,加工成的滇红、滇绿、普洱茶品质均很优异。临沧栽培利用茶的历史非常悠久,在临沧市凤庆县小湾镇的香竹箐锦绣村有一株据专家们测定树龄已达3 200多年的栽培型古茶树,是目前已发现的世界上树龄最大的茶树,被誉为"中华茶祖",境内云县白莺山有大量由野生型向栽培型过渡的古茶树,使白莺山被誉为茶的自然历史博物馆。临沧市内目前已查清的野生古茶树群落达80多万亩(1亩=666.67平方米,下同),最有代表性的有双江勐库野生古茶树群落和永德大雪山野生古茶树群落。

滇红工夫茶生产已有70多年的历史。抗日战争爆发后,我国生产外销茶叶的大部分茶区被日本侵占,茶叶生产不得不向大后方转移,1938年年底,云南中国茶叶股份公司成立,派人分别到顺宁(今凤庆)和佛海(今勐海)两地试制红茶,冯绍裘先生一行人于1938年11月4日在凤庆县凤山茶园成功创制出滇红工夫茶。1939年首批约2 500千克滇红工夫茶,通过香港富华公司转销伦敦,赢得客户欢迎,以每磅800便士的最高价格售出而一举成名。新中国成立后,滇红工夫茶得以飞速发展,迎来第二次崛起,成为举世闻名的工夫红茶。

"滇红茶"主要产于临沧市,尤以凤庆、云县、双江、临翔(原临沧县)等县、区所产的品质最佳。此外,保山、德宏、大理、思茅(今普洱)、西双版纳等地部分区域也生产滇红工夫茶。

滇红工夫茶的品质特点是:外形条索紧结,肥硕雄壮,干茶色泽乌润,金毫显著,内质汤色红艳明亮,香气鲜郁高长,滋味浓厚鲜爽,富有刺激性,叶底红匀嫩亮。高档滇红工夫茶的茶汤与茶杯接触处常显金圈,冷却后立即出现乳凝状的冷后混现象。1986年英国伊丽莎白女王二世访华来到云南时，当时的和志强省长曾以滇红茶作为礼品赠送给女王。据说，英国女王对此茶非常喜爱，将其置于玻璃器皿之中，作观赏之物。

加工滇红茶的原料主要是勐库大叶种、凤庆大叶种、勐海大叶种等优良的云南大叶种茶树鲜叶。因采制季节不同，滇红茶的品质有所变化，一般情况下，春茶比夏茶和秋茶好。春茶条索肥硕，身骨重实，叶底嫩匀。夏茶正值雨季，虽芽毫显露，但净度较低，叶底稍显硬、杂。秋茶正处于干凉季节，身骨轻、净度低，嫩度不及春茶，但香气较高。

茸毫显露是滇红茶的品质特点之一，其毫色可分淡黄、菊黄、金黄等类。"滇红"香气以滇西南茶区的云县、凤庆、昌宁为好，尤其是凤庆、云县部分地区产的工夫茶，香气高长，且带有花香。滇南茶区工夫茶滋味浓厚，刺激性较强；滇西茶区工夫茶滋味醇厚，刺激性稍弱，但滋味鲜爽。

传统的滇红工夫茶依其品质不同分为特级和1～6级。根据消费者的口味变化和市场需求，目前各滇红茶生产企业开发了各种形状的名优滇红工夫茶，如滇红金芽、经典58、金螺、金曲、金丝王等，在红茶消费市场中很受欢迎。此外，近几年来，滇红茶中出现了干燥过程采用低温晒干的新品类——晒红，在市场上也受到部分消费者的追捧。

3）闽红工夫

闽红工夫茶是政和工夫、坦洋工夫和白琳工夫的统称，是福建特产。3种工夫茶产地不同、品种不同，品质风格各异。

（1）政和工夫

政和工夫产于福建政和，历史悠久，按品种分大茶、小茶两种，以大茶为主体。

大茶采用政和大白茶鲜叶制成，是闽红三大工夫茶中的上品，外形条索紧结、肥壮多毫、色泽乌润，内质汤色红浓，香气高而鲜甜，滋味醇厚，叶底肥壮尚红。

小茶采用小叶种鲜叶制成，条索紧细，色泽灰暗，香似祁红，但不持久，汤色稍浅，滋味醇和、欠厚，叶底红匀。

（2）坦洋工夫

坦洋工夫主产于福建的福安、拓荣、寿宁、周宁、霞浦及屏南北部等地，品质特点为：外形条索细长匀整，带白毫，色泽乌黑有光，内质香气稍低，汤色呈深金黄色，滋味清鲜甜和，叶底红匀光滑。

（3）白琳工夫

白琳工夫系小叶种红茶，主产于群峰叠翠、岩壑争奇的福鼎县太姥山白琳、湖林一带。白琳工夫茶外形条索细长弯曲，多白毫，色泽黄黑，内质香气纯而带甘草香，汤色浅而明亮，滋味清新稍淡，叶底鲜红带黄。

4）湖红工夫

湖红工夫主产于湖南省安化、桃源、涟源、邵阳、平江、浏阳、长沙等县市。湖红工夫是中国历史悠久的工夫红茶之一，对中国工夫茶的发展起着十分重要的作用。湖红工夫外形条索紧结，色泽黑润，香高持久，滋味醇厚，汤色红艳明亮，叶底红稍暗。

5）宁红工夫

宁红工夫茶主产于江西省修水、武宁、铜鼓一带。修水县远在唐代就已盛产茶叶，清朝道光年间开始生产红茶，到19世纪中叶，宁红工夫茶已成为当时著名的红茶之一。修水是宁红的主产地，生产的宁红占宁红总产量的80%。

宁红工夫茶外形条索紧结，有红筋稍短碎，色泽灰而带红，内质香气清鲜，汤色红亮稍浅，滋味甜醇，叶底开展。

6）川红工夫

川红工夫是中国三大高香红茶之一，主产于四川宜宾，于20世纪50年代开始生产。川红问世以来，在国际市场上享有较高的声誉，多年来畅销法国、英国、德国及罗马尼亚等国家，堪称中国工夫红茶的后起之秀，近年来发展的势头更猛烈。

川红工夫茶外形紧结壮实美观，有锋苗，显金毫，色泽乌润，内质香气清鲜带橘糖香，汤色红亮，滋味鲜醇爽口，叶底红明匀整。

7）宜红工夫

宜红工夫主产于湖北省的宜昌、恩施等地区。宜红工夫茶外形条索紧细有毫，色泽乌润，内质香气甜纯似祁红，汤色红亮，滋味鲜醇，叶底红亮。

8）越红工夫

越红工夫主产于浙江绍兴、诸暨、嵊州一带。越红工夫茶外形条索紧细挺直匀齐、锋苗显，色泽乌润，内质香气纯正，汤色红亮较浅，滋味醇和，叶底稍暗。

5.1.3 红碎茶

红碎茶经过切碎加工，呈颗粒型碎片，用沸水冲泡时茶汁浸出量大，适宜加工成袋泡茶，具有方便快捷、安全卫生等特点，深受欧美各国消费者的欢迎，是世界上消费量最大的茶类，目前占世界茶叶总出口量的80%左右。

红碎茶按制法分为传统制法和非传统制法两大类。非传统制法又分为洛托凡制法、C. T. C制法、莱格制法和L. T. P制法。各种制法的产品品质风格各异，但花色分类及各类的外形规格基本一致，成品一般分叶茶、碎茶、片茶、末茶4种花色规格。C. T. C红碎茶则只有不同规格的碎茶。

红碎茶汤色红艳明亮、香气高锐持久、滋味浓强鲜爽，主要用于调饮。在茶汤中加入牛乳（茶汤的1/10量）后，汤色呈粉红或棕红明亮为好，淡黄红或淡红较好，暗褐、淡灰、灰白者差。

5.1.4 红茶的茶性

红茶性温和，有良好的养胃护胃作用，特别适合体寒或胃寒的人饮用，也适合大多数人在寒冷的秋末、冬季或早春季节饮用，以驱除体内寒邪之气，调节身体机能。

红茶的特性是茶性温和，滋味醇厚，广效能容，具有极好的兼容性，酸如柠檬，甜如蜜糖，烈如白酒，润如奶酪，辛如肉桂，清如菊花，它都能与之相互融合，相得益彰，调制出美味饮品。所以红茶茶艺不仅注重清饮，更注重调饮。

任务2 红茶清饮茶艺

清饮，即在茶汤中不加任何调料，使茶发挥本身固有的香气和滋味，追求茶的真香本味的饮用方法。中国人喜欢品味茶的真香本味，崇尚清饮，故多数国内消费者品位红茶以清饮为主。

5.2.1 清饮红茶的冲泡要领

1)器具选择

清饮时，冲泡红茶的器皿一般可选择玻璃、瓷或紫砂材质。冲泡特别名贵细嫩的工夫红茶如滇红金芽茶、金针茶等，宜采用晶莹透明的玻璃器皿作冲泡器，冲泡中高档红茶可选用瓷杯或盖碗，冲泡普通红茶可用瓷壶或紫砂壶、陶壶。瓷器最好是白瓷，粉彩、广彩、珐琅彩瓷器，各种红釉瓷，色彩或清雅、或明艳，以突出红茶的明艳、浓烈、时尚、温馨感。品茗杯要选择内壁纯白色的小瓷杯，才能在汤量较少的情况下更好地衬托出红茶红艳明亮的汤色。

2)掌握好器皿温度

冲泡前先要用沸水温壶烫盏，以保持红茶投入后的温度。

3)掌握好投茶量

一般红茶清饮时投茶量较少，以茶水比1∶(50～60)较为适宜。投茶量也要因人而异，一般老茶客投茶量可稍多，新茶客则宜稍少；品饮者是男性时可稍多，品饮者是女性、老人、小孩时则可稍少。

4)控制冲泡水温和浸润时间

冲泡优质红茶的水温要高，一般冲泡细嫩红茶的水温以90～95 ℃为宜，冲泡中低档红茶的水温则应控制在95～100 ℃。高温冲泡红茶香郁味醇。如果要突出红茶汤的甜醇度，则可降低水温，采用85～90 ℃的水冲泡。

红茶揉捻程度重、细胞破碎率高，内含物质溶出快，第一泡茶一般香气馥郁、滋味甜醇，所以不宜实施洗茶，以免造成茶香的流失和茶味变淡。

浸润茶叶的时间要根据茶叶的粗细、老嫩和档次、投茶量的多少、茶水比例和品饮者的口味来决定。原则是细嫩茶叶时间短，在茶水比为1∶50左右时，第一泡一般在2分钟以内；叶片较大或粗老茶叶时间稍长，在茶水比为1∶50左右时，第一泡一般在2～3分钟。当茶叶展开，沉在壶底，并不再翻滚时，即可出汤。

5)冲泡手法

红茶揉捻重，细胞破碎率高，细嫩的高档红茶多金毫，故冲泡时建议采用定点冲泡法，以保持茶汤的明亮度。

6)斟茶

采用盖碗或壶泡法时，泡好的红茶一般要先用茶滤滤掉茶渣，再斟到品茗杯中。

7)品饮要迅速

红茶泡好后不宜久放，久放后茶汤中的茶多酚会迅速氧化，汤色变暗，滋味变涩，所以要趁温热时品饮。

5.2.2 清饮红茶的品饮要领

清饮红茶重在欣赏汤色、领略它的香气和滋味。端杯开饮前，要先闻其香，再观其色，然后才尝滋味。红茶的香气浓郁带甜，有的带有甜花香或果香，汤色红艳明亮，滋味浓醇鲜甜，让人有美不胜收之感。不过，这种精神享受，需要品饮者在“品”字上下功夫，缓缓斟饮，细细品啜，徐徐体味，超然自得，静品默赏红茶的真香本味，味浓香永，最容易体会到黄庭坚品茶时感受到的“恰似灯下，故人万里，归来对影，口不能言，心下快活自省”的绝妙境界。

5.2.3 滇红金芽茶茶艺

冲泡特别名贵细嫩的工夫红茶如金针茶、滇红金芽茶等，宜采用晶莹透明的玻璃杯来冲泡。一来可观赏茶芽在杯中的沉浮变化；二来可欣赏杯中慢慢晕染、进而变得红艳明亮的茶汤色泽的变化过程。

1）器皿准备

玻璃杯数只（视人数而定），茶叶罐 1 个，茶匙组合 1 套，茶荷 1 个，煮水器 1 套，水盂 1 个（或茶盘 1 个），茶巾 1 条，奉茶盘 1 个。

2）基本程序

（1）**备具列器**

将所需器皿按要求一一陈列在相应的位置。

（2）**平心静气**

茶艺师在主泡位置坐好，驱除杂念，静下心来。

（3）**烹煮清泉**

将准备好的清泉水煮上。

（4）**鉴赏甘霖**

将准备好的清泉水注入晶莹剔透的玻璃杯中，请客人鉴赏。

（5）**佳茗现姿**

从茶叶罐中取出特级滇红工夫茶置于茶荷或茶碟中。

（6）**鉴赏佳茗**

将准备好的茶叶端给客人欣赏。滇红金芽茶外形条索紧细，锋苗完整秀丽，满盘金色黄亮，香气芬芳。该产品是凤庆茶厂 1958 年创制以一芽一叶初展鲜叶为原料的滇红超级工夫茶，当年在伦敦市场以每磅(1 磅=0.453 5 千克，下同)500 便士的高价夺魁而震撼国际市场。

（7）**清泉温杯**

用煮开的清泉水将玻璃杯温润一遍。

（8）**落英缤纷**

将茶荷或茶碟中的茶叶均分拨入茶杯中。细嫩的红茶纷纷飞扬而下，犹如花瓣片片飘落，给人落英缤纷的绝妙感受。

（9）**高山流水**

高悬壶，斜冲水，细水线，将开水沿杯壁徐徐注入杯中，七分满即可，水温掌握在 90℃ 左右即可。

（10）**敬献佳茗**

双手捧杯，将冲泡好的茶敬献给客人。

(11)**观舞闻香**

请客人观看茶叶在杯中上下沉浮翻飞,然后红匀柔嫩多毫的滇红金芽茶徐徐展开的美丽景色。闻一闻茶叶的香气,香气浓郁,一股沁人心脾的鲜郁甜香会使人感到一种特别的温暖。

(12)**赏色品味**

滇红金芽茶的汤色红艳明亮,滋味浓厚鲜醇甜爽,富有刺激性。请客人细品慢饮,徐徐品味这茶中的滋味。滇红带给我们的,是永远的香醇优雅,永远的宁静甜蜜。

(13)**尽杯谢茶**

待客人饮完茶后,向客人行礼,茶艺表演结束,然后收理清洁器具。

5.2.4 瓷盖碗冲泡法红茶茶艺

许多较为名贵细嫩的红茶,如特级滇红工夫茶、一级滇红工夫茶、经典58(滇红茶)、祁门红茶、宁红工夫茶等,清饮时可采用瓷杯或瓷盖碗冲泡。

1)器皿选择

红釉或白瓷盖碗1个,瓷质品茗杯(内壁纯白)若干只(因人数而异),茶匙组合1套,茶叶罐1个,滇红特级工夫茶适量,茶荷(或茶碟)1个,煮水器1套,茶盘1个,茶巾1条,奉茶盘1个,茶海1个,汤滤及支架1套。

2)操作程序

滇红茶茶艺

(1)**备具列器**

将所需器皿一一陈列在相应的位置。

(2)**煮水候汤**

将泡茶所需的优质泉水煮上,静静地等候水的沸腾。

(3)**敬备佳茗**

取适量滇红工夫茶,置于茶荷或茶碟中。

(4)**鉴赏佳茗**

滇红特级工夫茶外形条索紧直肥嫩,锋苗完整,色泽乌润,金毫显著,焦糖香浓郁。

(5)**瓯杯霖沐**

将瓷盖碗、茶海、品茗杯等用刚刚沸腾的泉水浇淋,既可提高杯子的温度,以逼发茶香,又可起到再次清洁杯具的作用。

(6)**投茶入瓯**

将茶叶用茶匙拨到瓷盖碗中,纷扬而下的茶叶给人一种极美的感受。

(7)**悬壶高冲**

提起水壶,对准瓯杯壁的一个点,缓缓注水,使水慢慢浸没茶叶,水温90~95 ℃。

(8)**瓯中酝香**

轻轻刮去茶沫,盖上杯盖,保持杯中的温度,可使茶叶的香气充分展现出来。

(9)**流霞初现**

将泡好的茶汤斟入茶海中,然后再均分到品茗杯中。

(10)**佳茗敬客**

将分好的茶敬献给各位嘉宾。

(11)**细闻幽香**

请各位嘉宾闻一闻滇红工夫茶的香气,一股浓郁的焦糖香扑鼻而来,在严寒的冬天给人一种暖暖的感觉。

(12)**观赏汤色**

滇红茶的汤色红艳明亮,那艳丽的汤色让人眼睛一亮,让肃杀的冬天也不再灰暗。

(13)**慢品甘霖**

滇红茶滋味浓厚鲜醇甜爽,甘润宜人,富有刺激性,细细品味,口齿留香,暖意融融。

(14)**谢茶收具**

客人饮完茶后,向客人行礼致谢,然后收理清洁器具。

5.2.5 宁红太子茶茶艺

宁红太子茶是宁红工夫茶中的代表,太子茶茶艺分为7道程序,分别是:焚香净室、超尘脱俗、摆盏净杯、明珠如宫、玉泉催花、云腆献主、评点江山。

1)焚香净室

品茶之前要清除浊气,使空气变得清新,这样才能使品茶活动高雅无比。另一层意思,茶为神农所赐,品茶时要特别恭敬。3个香炉,摆成"品"字形,意思是"福、禄、寿"三星高照。

2)超尘脱俗

超尘脱俗,也就是洗尘静心,以求品茶时进入意念中的那种精神境界。

3)摆盏净杯

太子茶茶艺的茶具为一套古典式玉器,名叫"云腆玉壶","云腆"是指肥大的云。茶具要摆成"孔雀开屏"的形状,排在最前头的是"孔雀头",就是太子茶的茶杯。净杯要求将水均匀地从茶杯上洗过,而且要无处不到,这种洗法叫"流云拂月"。

4)明珠入宫

"明珠"即是太子茶,"入宫"即将茶叶放到杯里。将茶叶放到杯中叫"孔雀点头",用拇指和食指摄取茶叶,其余3个指头张开成孔雀形。

5)玉泉催花

玉泉催花是筛水的雅称。"玉泉"即水,这种水,要求"活泉",就是奔流的泉水。煮水要求二沸,一沸"蟹眼",二沸"鱼眼",三沸"龙眼",这是黄庭坚煮茶时根据水泡大小而命名的。"催花"就是泡上开水。开水要从杯的旁边均匀地、慢慢地围绕"明珠"而筛,然后对着"明珠"将水冲下去,这就是所谓的"游龙戏珠"。然后加盖。

6)云腆献主

将茶杯敬献给宾客。轻轻揭开茶杯盖子,"明珠"变成了一朵盛开的花。这时,细观茶水,呈金红色,称为"金汤"。用嘴轻轻一吹,茶水立即荡起一层微波,金鳞片片,璀璨夺目。

7)评点江山

评点江山,即品茶。"江山"是指水和茶质。冲泡后,宁红太子茶香气清高持久似祁红,滋味醇厚甜和,汤色红亮稍浅,呈金红色,叶底红匀成朵犹如花朵。品一口,让人回味无穷。

5.2.6 红茶壶泡法茶艺

中低档的工夫红茶、红碎茶等宜用壶泡。茶壶可选择瓷壶,也可选择紫砂壶或陶壶。出汤时应用汤滤过滤茶渣。公道杯可选择玻璃制品,一出汤即可让客人欣赏到红艳透亮的茶汤。品茗杯要选择内壁纯白的小杯,在汤量较少的情况下才能将红茶红艳明亮的汤色充分展示出来,让人感到美不胜收。下面以滇红工夫茶为例来学习红茶的壶泡法茶艺。

1)器皿选择

茶壶1把,煮水器1套,汤滤及支架1套,公道杯1个,茶叶罐1个,茶匙组合1套,茶盘或水盂1个,茶荷或茶碟1个,品茗杯若干只(内壁纯白),茶巾1条,奉茶盘1个。

2)操作程序

(1)**静气备具**

在悠扬的音乐声中,将所准备的茶具在茶桌上相应位置摆放好。

(2)**煮水候汤**

将准备好的清泉水烧上。

(3)**精心备茶**

将茶叶罐中的滇红工夫茶用茶则轻轻舀取,放入茶荷中。这里准备的是产于凤庆的滇红工夫茶,其外形条索紧结,肥硕雄壮,香气浓郁,色泽乌润,金毫显著。

(4)**温壶烫盏**

用烧开的泉水先烫洗茶壶,再将壶中的水烫洗公道杯、汤滤,然后将水倒入品茗杯中温杯。

(5)**投茶入壶**

将备好的茶叶用茶匙轻轻拨入茶壶中。茶水比以1∶50左右为宜。

(6)**悬壶高冲**

用水温95~100 ℃的开水冲泡,高悬壶,使水流带动茶叶在壶中旋转,以加速茶叶内含物质的浸出。

(7)**浸润蓄香**

盖上壶盖,浸润茶叶2~3分钟,使茶叶的香气物质得以充分挥发。同时,滋味物质和呈色物质也充分溶出,使其色、香、味俱佳。

(8)**清洁品杯**

利用浸润茶叶的这段时间,用茶夹逐个夹取品茗杯,轻轻转动手腕,然后弃去杯中水,将品茗杯清洗干净。

(9)**摇壶低斟**

摇壶低斟,即出汤。拿起茶壶,轻轻摇动,使茶叶的内含物充分浸出,然后使茶壶尽可能接近汤滤,将茶汤斟入公道杯中。再将公道杯中的茶汤均匀分到品茗杯中。

(10)**流霞敬客**

古人将色彩艳丽的茶汤称为"流霞"。这道程序即是茶艺师向各位宾客奉茶。

(11)**闻香品韵**

请各位宾客在接过茶杯后立即闻一闻香气,一股浓郁温馨的焦糖香会立即沁入您的心田，让您感到无限的温暖。再欣赏一下汤色，红艳明亮，宛如流霞，杯中金圈明丽，令人陶醉。最后品一品茶汤的滋味，浓厚鲜爽，富有刺激性，令人回味无穷。

(12)**谢茶收具**

品完了这壶滇红工夫茶，您一定会感到齿颊留香，满口生津，余味无穷。希望您能爱上我们的滇红茶，常常饮用它，从品茶的过程中感受茶味人生。

任务3　红茶调饮茶艺

调饮法：在茶汤中加入各种配料，以佐汤味的一种饮用方法。我国最早饮用茶叶时，将姜、椒、桂等和而烹之，即属于调饮法。我国许多地方都有用茶叶和姜、蔗糖加水煎煮饮用治疗疾病的习惯，谓之“姜茶饮方”，即调饮茶。

制作调饮茶时加入的配料称为茶叶作料。茶叶作料按食用方式可以归纳为食物型和加香型两种。食物型是指可以和茶共食的食物，如盐、姜、花椒、桂皮、葱、芝麻、花生、糖、蜂蜜、牛奶等。食物型又可按食用时是否直接入茶分为加入型和旁置型，按其气味分为辛辣型和清雅型。加香型仅以气味入茶，在其雏形时，原体往往和茶相混。随着工艺日臻完善，其原体较少入茶，而是采用窨制的方法使茶吸附其香气，然后将花干起出，如茉莉花、栀子花、白兰花、代代花、兰花等。

红茶调饮是一种时尚。红茶广效兼容，调饮红茶可用的辅料极为丰富，调出的饮品多姿多彩，风味各异，深受现代各层次消费者的青睐。在欧美的许多国家，红茶调饮非常盛行。有一首英国民歌唱道：“钟敲四下，世上的一切瞬间为茶而停。”听着就让人禁不住对幽雅浪漫的红茶时光无限向往。时光流转，典雅的红茶已经从贵族的专属享受变成了一种流行时尚，调饮红茶成了英式精致闲适生活的代名词。在欧美国家，人们普遍喜欢饮牛奶红茶。俄罗斯人则特别喜爱柠檬红茶和糖茶。

5.3.1　红茶调饮时的冲泡和配制要求

①红茶调饮时，按红茶茶类冲泡法冲泡茶叶。一般采用壶泡法冲泡，茶壶多用瓷壶或紫砂壶，壶的体积宜稍大。品茗杯则多选用稍大的、有杯托有柄的瓷杯，如咖啡杯或各种造型的透明工艺玻璃杯，可仔细观赏汤色变化。用茶量要合理，投茶量要比清饮时适当加大，冲泡冰茶类的茶叶用量应加倍，要有显著的茶味。

②有1至数种性质相宜的配料，每种茶料均有明确的数量规定。

③有合理的操作程序。如调制冰奶茶须添加奶、奶酪、冰块等，茶叶冲泡后应先进冰柜冷却，这样可使调出的茶饮不易结块或呈豆腐花状。

④有科学的泡饮方法，掌握好温度、时间、茶汤的浓度等。

⑤有可口的茶汤和具有一定的意境与情趣。配料与茶的口感要协调，红茶在口感上略带涩，因此添加的水果应选择较为酸甜的种类，如柠檬、菠萝、金橘、苹果等，使水果和红茶香气、滋味协调，取得口感上的平衡。调制中应注意配料的颜色要与茶的颜色接近或呈对比色，混合后产生的颜色要美丽，要避免混合后茶汤产生浑浊。

调饮茶常常进行一定的装饰，以营造别样的意境与情趣。

⑥调饮红茶时音乐可采用流行轻音乐，以营造一种时尚、温馨的气息。

5.3.2 调饮红茶的品饮要领

调饮红茶重在领略它的香气和滋味。优质红茶的香气和滋味非常浓郁，不会轻易被混淆，即使在茶汤中加入多种其他配料，茶汤依然十分顺口。因此，品饮调饮红茶时，应先闻香，加入不同的配料，香气会有所不相同，要求茶香与配料的香气相互协调又互不掩盖，闻香之后再尝滋味，调饮茶的滋味既要有浓郁的茶味，又要与调料的滋味协调，喝起来适口。此外，很多调饮红茶的配料和装饰有一定的寓意，色彩丰富美丽，表现出独特的意境，要注意观赏领略。

5.3.3 奶红茶茶艺

奶红茶在欧美国家较为流行。将茶汤与牛奶、糖调和以后，茶汤口感温润，别有滋味，同时营养更加丰富，故颇受欧美国家各族人民的喜爱。英国人调制奶红茶通常先将牛奶倒入杯中，再冲进热茶汤，最后加糖(可由客人自己根据需要来加)，顺序不可弄反，否则会被认为没有教养。

1)原料准备

滇红工夫茶或红碎茶适量，牛奶适量(或奶粉、奶油)，白砂糖或方糖适量。

2)器皿选择

白瓷茶壶、煮水器、奶锅、奶罐、汤滤及支架、玻璃公道杯、茶盘或水盂、瓷咖啡杯、茶叶罐、茶匙组合、糖罐、小匙、茶巾、奉茶盘。

3)操作程序

(1)备具列器

在悠扬的轻音乐声中将所需茶具摆放好。

(2)煮水候汤

将泡茶所需的水煮上。

(3)温煮牛奶

在煮水的同时用单柄锅将牛奶煮到60～70 ℃，然后倒入奶罐中。

(4)精选红茶

精选优质的工夫红茶或红碎茶。将适量的茶叶取出，放入茶荷中。

(5)温壶烫盏

将茶壶及杯具用沸水温烫一遍，既可提高器皿温度，又可起到再次清洁壶具的作用。

(6)投茶入壶

按茶水比为1∶50的比例将适量茶叶轻轻拨入壶中。

(7)冲泡红茶

用水温为95～100 ℃的沸水冲泡红茶。冲泡时采用高冲法，使水流带动茶叶在壶中旋转，加速茶叶内含物质溶出。

(8)浸润红茶

盖上壶盖，闷茶5分钟，以使茶中物质充分浸出，使茶汤色艳、香郁、味浓，在加入配料后仍能保持自身的香气滋味。

(9)**注奶入杯**

将温热的牛奶缓缓注入茶杯中,以茶汤量的1/10为宜。

(10)**出汤分茶**

用汤滤将茶汤过滤入公道杯中,再将茶汤均匀分到已加好牛奶的品茗杯中,到七分满为宜,然后在茶杯中添加适量方糖或白砂糖。

(11)**礼敬宾客**

礼敬宾客,即奉茶。将奶红茶一一敬献给各位宾客。敬茶时可加一把小匙,以便宾客在饮用时搅拌奶茶。

(12)**闻香品味**

奶红茶乳香茶香交融,茶味奶味调和,口感温润,营养丰富全面。一杯热气腾腾的奶茶,既可解渴又可充饥,在严寒的冬日,可使人感到分外的温暖,感受到生活的甜美。

(13)**谢客收具**

品完奶红茶,大家一定会喜欢上这种温馨浪漫的情调、时尚迷人的风味,希望大家常常穿越时空,约会红茶魅力,享受时尚生活。

5.3.4 柠檬冰红茶茶艺

在炎热的盛夏,在茶汤中加入柠檬、冰块、糖,茶香柠檬香交融,茶汤既冰凉又酸甜可口,会使人感到暑意顿消,分外惬意。

1)原料准备

红茶适量、柠檬(带皮切片)、白砂糖或方糖适量、冰块适量。

2)器皿选择

茶壶、煮水器、茶叶罐、茶盘或水盂、小玻璃碟(放置柠檬片)、糖罐、玻璃碗(放置冰块)、汤滤及支架、玻璃公道杯、造型工艺玻璃杯、茶匙组合、茶巾、奉茶盘。

3)操作程序

(1)**备具列器**

在轻快悠扬的轻音乐声中将所需器皿列放好。

(2)**烹煮甘霖**

将备好的水煮上。

(3)**选茶备茶**

选择优质的滇红工夫茶或红碎茶,用茶匙将适量所选的茶从茶叶罐中舀出,放到茶荷中。

(4)**温壶涤具**

用煮沸的开水将茶壶、公道杯、品茗杯等浇淋清洗。

(5)**执权投茶**

将茶叶以茶水比为1∶25的数量拨入茶壶中。

(6)**悬壶高冲**

用二沸之水冲泡红茶。水温要高,才能将红茶的品质充分展现出来。

(7)浸润红茶

盖上壶盖,将红茶浸润5分钟,使茶汤味浓香郁。

(8)添加配料

在玻璃杯中加入六七分满的碎冰,再放置3~4片柠檬片,再加入适量方糖或白砂糖。

(9)出汤斟茶

将茶水用汤滤过滤入公道杯中,然后将茶水浇注到杯中。

(10)装饰造境

将茶汤与碎冰轻轻拌匀,再加入适量碎冰。然后在杯口夹上一片柠檬片或用竹签穿上红色或绿色的樱桃搭放在杯口加以装饰,以营造一种别样的情趣与意境。

(11)茶成敬客

将制作好的柠檬冰红茶依次敬给宾客。

(12)审韵品味

浓郁的红茶香与柠檬的清香交织,柠檬片黄绿相间,红茶汤汤色红艳明亮,滋味酸甜可口,再加上冰块给人带来的丝丝凉意,夏日的清凉扑面而来。

(13)谢客收具

一杯造型别致、色泽艳丽、滋味酸甜、香气馥郁、清凉沁脾的柠檬冰红茶,一定会让大家享受到别样的夏日风情。相信大家饮用后一定会爱上这别有风情的调饮红茶。

【阅读材料】

小种红茶的传说

16世纪中期,政府腐败,时局动荡,福建北部武夷山区匪患纷扰,百姓不能正常地生产生活,就连处于深山之中的崇安县星村桐木关的老百姓也不能幸免于难。有一年制茶季节里,受到过境兵匪的扰乱,茶农们纷纷丢下正在制作的茶叶,逃到深山去避祸,待到兵匪离境后,茶农们回家继续加工茶叶,却发现原来堆放的原料已发酵变红了,有一种特殊的味道,万般无奈之下,有人急中生智,采用松木明火烘焙,结果制出的茶叶外形特别,香气滋味也很特殊,别具风格,上市后受到消费者的喜爱,于是大家纷纷仿制,就这样,一种新的茶类——小种红茶诞生了。

【思考题】

1. 冲泡红茶时要注意哪些问题?
2. 调饮红茶的冲泡和配制有哪些要求?
3. 简述红茶的品饮要领。
4. 请自己设计一款调饮红茶。

实训5.1 红茶评鉴

【实训目的】

1. 通过本项目的实训,使学生掌握红茶的品质特征。
2. 让学生初步掌握小种红茶、滇红工夫、祁红工夫、闽红工夫、川红工夫等工夫红茶的品质差异和红碎茶的品质特点。

〖实训场地、器具与材料〗

茶叶审评实训室,干评台、湿评台,样茶盘、烧水壶,审评杯、审评碗、叶底盘、粗天平、计时器、网匙、茶匙、汤杯、吐茶桶,小种红茶、滇红工夫、祁红工夫、闽红工夫、川红工夫、CTC红碎茶等。

〖实训要求〗

1. 掌握红茶审评的基本程序、方法。

2. 做到把盘、收盘、取样动作正确,称量精确、计时精准,冲泡、出汤按正确的次序进行。

〖实训时间〗

2学时。

〖实训方法〗

1. 教师进行讲解和示范操作。

2. 学生分组进行操作练习。

〖实训内容与操作标准〗

1. 干评外形

(1)教师示范讲解

①把盘。用回旋筛转的方法使样茶盘中茶叶分出上、中、下3段。

②评干茶形状、色泽、整碎、净度。

A. 观察各个茶样干茶条索的松紧、长短、粗细及锋苗情况。

B. 评色泽的色度、润枯、调匀、含毫量等。

C. 评比整碎:看3段茶的比例。

D. 评比净度:看含梗量、片朴筋皮等夹杂物的含量。

(2)学生分组审评并做好评茶记录。

2. 湿评内质

(1)教师讲解并进行操作示范

①称量茶样。每个茶样称取3克,置于审评杯中。

②冲泡。以滚沸的开水按顺序冲泡,边泡边盖上杯盖,浸润5分钟,时间到后按照冲泡时的顺序将茶汤滤入审评碗中。

③评内质。

A. 嗅香气:热嗅、温嗅、冷嗅结合,辨别各个茶样香气的类型、浓淡、长短、纯杂。

B. 看汤色:看其红色深浅、鲜艳的程度和明亮度。红碎茶加1/10量的牛乳后再一次看汤色。

C. 尝滋味:辨别滋味的醇厚、甜和、鲜爽度、收敛性。

D. 看叶底:评色泽的红艳、鲜活,芽叶的齐整匀净、柔软厚实。

(2)学生分组审评并做好评茶记录。

【达标测试】

见表5.1。

表5.1 达标测试表

班级： 组别： 学号： 姓名：

序 号	测试内容	评分标准	配 分	扣 分	得 分
1	把盘、收盘	手法正确，能使茶样分出上、中、下3段	10		
2	干评外形	能初步辨别出小种红茶、滇红工夫、祁红工夫、闽红工夫、川红工夫的不同外形特征，评茶术语正确	30		
3	称量	取样方法正确，称量精准	10		
4	冲泡	按顺序进行，水量适宜，计时精确	10		
5	湿评内质	能初步辨别几个不同产地红茶的品质，评茶术语正确	40		
合 计			100		

考核时间： 年 月 日 考评教师(签名)：

实训5.2 红茶清饮茶艺

【实训目的】

1. 通过本项目的实训，使学生掌握清饮红茶瓷盖碗冲泡法和壶泡法的基本技能。

2. 让学生学会根据茶叶的品质来选择茶具和编排茶艺程序，掌握泡茶的操作规范和礼仪。

【实训场地、器具与材料】

茶艺实训室、红釉或白瓷盖碗、瓷质品茗杯、紫砂壶、紫砂品茗杯(内壁纯白)、茶匙组合、茶叶罐、茶荷、随手泡、茶盘、茶巾、玻璃茶海、汤滤及支架、滇红工夫茶适量。

【实训要求】

1. 熟练掌握温壶温杯手法。

2. 熟练运用回旋斟水、凤凰三点头等冲泡技法。

3. 掌握盖碗泡法和壶泡法规范的操作流程及正确的动作要领，动作舒展大方。

【实训时间】

2学时。

【实训方法】

1. 教师讲解示范。

2. 学生分组练习。

〖实训内容与操作标准〗

1. 红茶瓷盖碗冲泡法

(1)教师讲解示范

①备具。将随手泡放在茶盘外右侧桌面,茶匙组合放在茶盘外左侧桌面,茶叶罐捧至茶匙组合外侧桌面放下,茶荷放在茶叶罐与茶匙组合之间靠身前的位置,瓷质品茗杯4个在茶盘前位上呈一字摆开或呈弧形排放,将汤滤、茶海、瓷盖碗放在茶盘后位(内侧),将茶巾折叠好放在身前桌面上。

②煮水。将泡茶所需的泉水煮上。

③备茶。用茶匙拨取适量滇红工夫茶,置于茶荷中。

④赏茶。让客人欣赏干茶。同时,向客人介绍滇红特级工夫茶的产地、品质。

⑤温杯。将瓷盖碗、茶海、品茗杯等用刚刚沸腾的泉水浇淋,依次清洗。

⑥投茶。用茶匙将茶叶以茶水比1:50的量拨到瓷盖碗中,盖上碗盖。

⑦闻香。轻轻揭开碗盖,闻碗中干茶的香气。可将盖碗递给客人,请客人闻香。

⑧冲泡浸润。提起水壶,对准瓯杯,先低后高冲入,水温95~100 ℃。盖上杯盖,润茶。

⑨出汤观色。右手提起盖碗轻摇后将茶汤斟入玻璃茶海中,拿起茶海让客人观赏汤色。

⑩分茶、奉茶。将茶海中的茶汤均分到品茗杯中,敬献给客人。

⑪闻香品味。引导客人感受滇红甜香馥郁、滋味浓厚鲜醇、甘爽宜人、富有刺激性茶的品质特点。

⑫收具。客人饮完茶后,向客人行礼致谢。然后收理清洁器具。

(2)学生分组轮流练习。

2. 红茶紫砂壶泡法

(1)教师讲解示范

①备具。将紫砂茶壶、煮水器、汤滤、公道杯、茶叶罐、茶匙组合、茶荷、紫砂品茗杯、茶巾,在茶桌上相应的位置摆放好。

②煮水。将准备好的清泉水烧上。

③备茶、赏茶。用茶则舀取茶叶,放入茶荷中,向客人展示并介绍备泡的茶叶。

④温壶烫盏。用烧开的泉水温烫洗茶壶、公道杯、汤滤,品茗杯。

⑤投茶。揭开壶盖,将茶漏放在壶口,将茶叶用茶匙轻轻拨入茶壶中,盖上壶盖。

⑥烘茶闻香。紫砂壶的热气烘干茶,摇一摇壶,揭盖闻茶香,了解茶的品质。

⑦冲泡浸润。用高冲法煮水入壶,盖上壶盖,浸润茶叶约3分钟。

⑧清洁品杯。茶夹逐个夹取品茗杯,轻轻转动手腕,将品茗杯清洗干净。

⑨摇壶低斟。拿起茶壶,轻轻摇动,将茶汤低斟入公道杯中,再将公道杯中的茶汤均匀分到品茗杯中。

⑩敬茶。向各位宾客奉茶。

⑪闻香品韵。与客人一起品茶,先闻香,再品味。

⑫谢茶收具。当客人品完茶后,把茶具收回茶盘,撤回。然后进行清洗。

(2)学生分组练习。

〖达标测试〗

见表 5.2。

表 5.2 达标测试表

班级： 组别： 学号： 姓名：

序 号	测试内容	评分标准	配 分	扣 分	得 分
1	备具	物品齐全、摆放整齐、具有美感、便于操作	10		
2	取茶赏茶	动作规范优美	10		
3	润杯	动作规范、优美	10		
4	置茶冲泡	茶不泼洒，冲泡动作规范、熟练优美	30		
5	奉茶、续茶	手法正确、有礼貌	10		
6	品茶	手法正确	10		
7	茶叶品质	能充分展现出茶品的品质	10		
8	姿态、礼仪	姿态优美、礼仪周全	10		
合 计			100		

考核时间： 年 月 日 考评教师(签名)：

实训 5.3 调饮红茶茶艺

〖实训目的〗

1. 让学生掌握调饮红茶的配制原则。
2. 通过本项目的实训，使学生掌握牛奶红茶和柠檬冰红茶的调制方法。

〖实训场地、器具与材料〗

茶艺实训室、白瓷茶壶、煮水器、奶锅、奶罐、汤滤及支架、玻璃公道杯、茶盘或水盂、瓷咖啡杯、茶叶罐、茶匙组合、糖罐、小匙、茶巾、小玻璃碟(放置柠檬片)、玻璃碗(放置冰块)、造型工艺玻璃杯。滇红工夫茶或红碎茶、白砂糖、柠檬、碎冰。

〖实训要求〗

1. 掌握好投茶量，奶茶和柠檬冰红茶的配制程序正确，配料比例适宜。
2. 调出的饮品要适口，装饰要有一定的情趣与美感。

〖实训时间〗

2 学时。

〖实训方法〗

1. 教师讲解示范。
2. 学生分组练习。

〖实训内容与操作标准〗

1. 奶红茶茶艺

(1)教师讲解示范

①备具。将白瓷茶壶、煮水器、奶罐、汤滤、公道杯、瓷咖啡杯、茶叶罐、茶匙组合、糖罐、茶巾等在茶桌的相应位置摆放好。

②煮水。将泡茶所需的水煮上。

③温煮牛奶。用单柄锅将牛奶煮到60～70 ℃,然后倒入奶罐中。

④温壶烫盏。将茶壶及其杯具用烧开的沸水温洗一遍。

⑤投茶。按茶水比为1∶(25～30)的比例将适量红碎茶用茶则取出,投入壶中。

⑥冲泡。用水温为95～100 ℃的沸水冲泡红茶。

⑦浸润。盖上壶盖,浸润5分钟。

⑧注奶入杯。将温热的牛奶缓缓注入茶杯中。

⑨出汤分茶。用汤滤将茶汤过滤入公道杯中,再将茶汤均匀分到已加好牛奶的品茗杯中,然后在茶杯中添加适量方糖或白砂糖。

⑩敬茶。将奶红茶敬献给各位宾客,敬茶时加1把小匙。

⑪闻香品味。奶红茶乳香茶香交融,茶味奶味调和,口感丰富,营养全面。

⑫收具。客人饮完茶后,向客人行礼致谢。然后收理清洁器具。

(2)学生分组轮流练习。

2. 柠檬冰红茶茶艺

(1)教师讲解示范

①备具。将茶壶、煮水器、茶叶罐、玻璃碟、糖罐、玻璃碗、汤滤、公道杯、工艺玻璃杯、茶匙组合、茶巾等器具列放好。

②煮水。将备好的水煮上。

③温壶涤具。用煮沸的开水将茶壶、公道杯、品茗杯等浇淋清洗。

④取茶投茶。用茶则将适量红碎茶从茶叶罐中舀出,拨入茶壶中。

⑤冲泡。用凤凰三点头的技法冲泡。

⑥浸润。盖上壶盖,将红茶浸润5分钟。

⑦添加配料。在玻璃杯中加入六七分满的碎冰,放置两三片柠檬片,再加入适量方糖或白砂糖。

⑧出汤。将茶水用汤滤过滤入公道杯中,然后将茶水浇注到杯中。

⑨装饰。将茶汤与碎冰轻轻拌匀,再加入适量碎冰。然后在杯口夹上一片柠檬片或用竹签穿上红色或绿色的樱桃搭放在杯口加以装饰。

⑩奉茶。将制作好的柠檬冰红茶依次敬给宾客,留一杯给自己。

⑪品茶。浓郁的红茶香与柠檬的清香交织,柠檬片黄绿相间,茶汤红艳明亮,滋味酸甜可口,清凉宜人。

⑫收具。当客人品完茶后,把茶具收回茶盘,撤回。然后进行清洗。

(2)学生分组练习。

【达标测试】

见表5.3。

表5.3　达标测试表

班级：　　　　组别：　　　　学号：　　　　姓名：

序　号	测试内容	评分标准	配　分	扣　分	得　分
1	备具	物品齐全、摆放整齐、具有美感、便于操作	10		
2	投茶	投茶量适宜	10		
3	配料	配料选择适当	10		
4	冲泡	冲泡技法熟练	30		
5	调制	调制程序正确	10		
6	创意	有一定创意，有情趣	10		
7	饮品质量	调制出的饮品适口	10		
8	姿态、礼仪	姿态优美，礼仪周全	10		
合　计			100		

考核时间：　　年　月　日　　　　　　　　考评教师（签名）：

学习项目 6　普洱茶茶艺

〖学习目标〗

知识目标

1. 了解普洱茶的基本知识。

2. 掌握普洱茶的冲泡及品饮要领。

3. 掌握普洱生、熟茶的冲泡方法的区别。

技能目标

1. 正确选择普洱生、熟茶的冲泡用具。

2. 掌握普洱茶生茶茶艺。

3. 掌握普洱茶熟茶茶艺。

4. 掌握普洱茶的品饮技艺。

课程思政目标

1. 了解云南普洱茶的历史、产地。通过对普洱茶产地环境与普洱茶品质特点的分析，深刻领会习近平总书记提出的“绿水青山就是金山银山”的内涵，培养学生的生态意识、环境意识。

2. 感受普洱茶茶艺质朴、自然的传统民族文化之美，提升学生审美能力，增强学生文化自信。

3. 通过普洱茶冲泡中各个细节的精准把握和变化，培养学生注重细节、精益求精的工匠精神和创新精神。

〖任务引入〗

小辰在一家茶庄工作，主要销售普洱茶。在工作中，遇到前来品饮普洱茶或购买普洱茶的顾客时，小辰不但需要以娴熟的冲泡技艺冲泡普洱茶供顾客品饮，还常常需要向顾客介绍普洱茶的基本知识，包括定义、产地、分类、品质特点等，以便帮助顾客正确选择产品。

〖案例导读〗

一天，小辰工作的茶庄来了一位湖南客人，想要购买一些普洱熟茶，回家送亲戚朋友。客人询问小辰普洱茶到底属不属于黑茶？普洱茶的品质特点是什么？普洱生茶和熟茶有什么区别？小辰对此不太了解，支支吾吾半天，也没解释清楚普洱茶与黑茶的区别，结果客人扫兴地走了，没有买普洱茶。

〖案例分析〗

湖南产有著名的安化黑茶，这位客人想买普洱茶回家送亲戚朋友，可能就是想让亲戚朋友感受一下在归类问题上一直争议不断的普洱茶，如果小辰对普洱茶有足够的了解，对其与黑茶之间的差异作一些简单的介绍，再泡上一壶普洱熟茶请客人品饮，引导客人感受普洱熟茶的红浓汤色、陈香之气、醇厚滋味以及特别耐冲泡的品质特点，让客人感受到普洱茶的独特魅力，客人就有可能高兴地购买小辰茶庄的普洱茶了。

任务1　普洱茶的基本知识

普洱茶是云南特有的茶类，为后发酵茶，是中国历史名茶，素以独特的风味和优异的品质享誉海内外。普洱茶在六大茶类中的归属问题一直是人们颇具争议的讨论话题。“越陈越香”被公认为是普洱茶区别其他茶类的最大特点，“香陈九畹芳兰气，品尽千年普洱情。”普洱茶是“可入口的古董”，不同于别的茶贵在新，普洱茶贵在“陈”，往往会随着时间逐渐升值。

6.1.1　普洱茶的定义

中华人民共和国国家标准（GB/T 22111—2008 地理标志产品——普洱茶）中定义：普洱茶是云南特有的地理标志产品，是以地理标志保护范围内的云南大叶种晒青茶为原料，并在地理标志保护范围内，采用特定的加工工艺制成，具有独特品质特征的茶叶。按其加工工艺可以分为普洱茶（生茶）和普洱茶（熟茶）两种类型。

云南大叶种是分布于云南省茶区的各种乔木型、小乔木型大叶种茶树品种的总称。

6.1.2　普洱茶的产地

普洱茶的原产地域为云南境内适合云南大叶种茶栽培和普洱茶加工的区域，处于北纬21°10′～26°22′，东经97°31′～105°38′，地处低纬度、高海拔地区，茶园主要分布于海拔1 000～2 100米、坡度≤25°的中山山地。普洱茶原产地属于热带、亚热带气候，终年气候温暖，冬无严寒，夏无酷暑，雨量充沛，湿度大，光照量多质好，所产茶叶品质优异。

唐代樊绰《云南志》（卷7）中记载：“茶，出银生城界诸山，散收无采造法。蒙舍蛮以椒姜、桂和烹而饮之。”南宋李石《续博物志》也说：“茶，出银生诸山，采无时，杂椒盐烹而饮之。”清人阮福在《普洱茶记》中说：“普洱古属银生府，西藩之用普茶，已自唐朝。”到清代，“普洱茶名遍天下。味最酽，京师尤重之。”

普洱茶产地的具体区域为云南省普洱市、西双版纳州、临沧市、昆明市、大理州、保山市、德宏州、红河州、文山州、玉溪市、楚雄州11个州市的75个县（区）、639个乡（镇、街道办事处），尤以西双版纳、普洱、临沧3个州市所产普洱茶量多质好。

6.1.3　普洱茶的分类

普洱茶按加工工艺及品质特征分为普洱茶（生茶）和普洱茶（熟茶）两种类型。按外观形态普洱茶有散茶和紧压茶之分。

普洱茶（生茶）是以符合普洱茶产地环境条件下生长的云南大叶种鲜叶加工成的晒青毛茶为原料，经原料拼配、筛分、半成品拼配、蒸压、干燥、包装等工序加工而成。要求外形匀称端正、压制松紧适度、不起层脱面。其品质特征为：外形色泽墨绿，香气清纯持久，滋味浓厚回甘，汤色绿黄清亮，叶底肥厚黄绿。

普洱熟茶是以符合普洱茶产地环境条件的云南大叶种晒青茶为原料，采用特定工艺，经后发酵(快速后发酵或缓慢后发酵)加工形成的散茶和紧压茶。其品质特征为:外形色泽红褐,内质汤色红浓明亮,香气独特陈香,滋味醇厚回甘,叶底红褐。

普洱散茶分为宫廷、特级、1 级到 10 级、级外等 10 余个级别。级别的划分主要是以嫩度为基础,嫩度越高的级别也越高。

普洱熟茶紧压茶以普洱茶散茶为原料,经蒸压成型而成。外形有圆饼形、碗臼形(沱茶)、方(砖)形、柱形、心形、南瓜形等多种形状和规格。其主要特征为:形状匀整端正;棱角整齐,不缺边少角;模纹清晰;洒面均匀,包心不外露;厚薄一致,松紧适度;色泽红褐、棕褐、褐红色为正常。

6.1.4 普洱茶的功效

普洱茶饮后令人口齿留香,回味无穷,而且茶性温和,有较好的药理作用。

清人赵学敏在《本草纲目拾遗》中云:“普洱茶膏,黑如漆,醒酒第一,绿色更佳;消食化痰,清胃生津。普洱茶,蒸之成团,西蕃市之,最能化物。普洱茶味苦性刻,解油腻牛羊毒,苦涩,逐痰下气,利肠通泄……普洱茶膏能治百病。如肚胀,受寒,用姜汤发散,出汗即可愈。口破喉颡,受热疼痛,用五分噙口过夜即愈。”清人吴大勋《滇南闻见录》亦云:“团茶,能消食理气,去积滞,散风寒,最为有益之物。”突出的降脂减肥、降血压血糖、抗动脉硬化、防癌抗癌、养胃护胃、养颜美容等功效,使普洱茶被誉为“美容茶”“益寿茶”“窈窕茶”“减肥茶”。

中医认为普洱茶具有清热、消暑、解毒、消食、去腻、利水、通便、祛痰、祛风解表、止咳生津、益气、延年益寿等功效。

普洱茶(熟茶)有暖胃、减肥、降脂、防止动脉硬化、防止冠心病、降血压、抗衰老、抗癌、降血糖、抑菌消炎、减轻烟毒、减轻重金属毒、抗辐射、防龋齿、明目、助消化、抗毒、预防便秘、解酒等 20 多项功效。其中,暖胃、减肥、降脂、防止动脉硬化、防止冠心病、降血压、抗衰老、抗癌、降血糖的功效尤为突出。

普洱生茶的茶性较寒,适合热性体质的人饮用,一般在夏秋季节饮用为宜。普洱熟茶茶性较温热,适合寒性体质的人饮用,一般在寒冷的秋末、冬季和早春季节饮用最佳。

近年来,普洱茶不仅深受中国港澳地区和东南亚国家消费者的欢迎,而且远销日本、西欧、意大利等地,尤其是小包装普洱茶,采用编织精美的竹盒包装,古朴大方,具有浓郁的民族风格,既可取名茶品尝,又可留下包装作为工艺品观赏,备受消费者喜爱。

任务 2 普洱茶的冲泡和品饮要领

普洱茶的冲泡要领包括器皿选择、投茶量、水温控制、温茶(润茶)、冲泡时间和次数等,普洱茶的品饮包括鉴赏干茶(干品)、观赏汤色、闻香、品尝滋味、看叶底等。

6.2.1 普洱茶的冲泡要领

1)器皿选择

冲泡普洱茶宜选用紫砂壶或瓷盖碗、瓷壶作为冲泡器具。紫砂壶具有以下特点:

紫砂泥是从砂精出来的陶,既保真香又无熟汤气,用来泡茶不失原味,色香味皆蕴;砂质紫壶能吸收茶汁，增积"茶锈"，空壶注入沸水也有香，便于洗涤；冷热急变性好，寒冬腊月，注入沸水不因温度急变而胀裂；砂质传热缓慢，提握抚拿不会烫手；紫砂陶质耐烧，冬天置于温火也不易爆裂，热天盛茶，不易酸馊。

公道杯宜选玻璃杯，玻璃制品透明，可直视杯中汤色，起到观赏汤色的作用。普洱茶（熟茶）汤色红浓明亮，盛在玻璃公道杯中，如红酒、玛瑙一般，晶莹剔透，极具观赏性。也可选用配套的紫砂公道杯。

品茗杯可选择玻璃杯、白瓷杯或内壁纯白的紫砂杯。

2）投茶量

掌握茶叶用量是冲泡好普洱茶的基础。每次茶叶用多少，并没有统一标准，主要根据茶叶种类（生茶、熟茶、散茶、紧压茶）、茶具大小以及消费者的饮用习惯而定。普洱熟茶茶性较温和，投茶量可稍大，普洱生茶茶性较烈，投茶量可稍少一些。

沏茶时，茶与水的比例称为茶水比。不同的茶水比，沏出的茶汤香气高低、滋味浓淡各异。茶水比过小（沏茶的用水量多，茶叶用量少），茶汤就味淡香低。同时，茶叶在水中的浸出物绝对量大，不耐泡；如茶水比过大（沏茶的用水量少，茶叶用量多），茶汤则过浓，而滋味苦涩，同时又不能充分利用茶叶浸出物的有效成分，故沏茶的茶水比应适当。

由于茶叶的香味、成分含量及其浸出比例不同，以及各人饮茶习惯的不同，对香味、浓度的要求不同等因素，对茶水比的要求也不同。而不同的茶类也有不同的沏茶方法。一般认为，冲泡普洱茶，因对茶汤的香味、浓度要求高，茶水比可适当放大，以1∶（20～30）为宜，即150毫升的盖碗或茶壶，投茶5～7.5克。

3）水温控制

冲泡普洱茶水温要高，一般要用95～100 ℃的沸水冲泡。为了保持和提高水温，还要在冲泡前用沸水烫热茶具，冲泡后在壶外浇淋开水以提高温度，蕴育茶香。水温对香气和滋味都有很大的影响。低温下普洱茶的香气不易充分展现出来，滋味亦欠醇和。

4）温茶（润茶）

为了使普洱茶的香味更加纯正，有必要先进行温茶，即第一次冲下去的沸水，立即倒出。温茶速度要快，以免影响茶汤汤色和滋味，时间要控制在2～5秒，润茶时间要根据茶叶品质决定，一般香气纯正、无陈杂味的洗茶可轻，香气欠醇和、陈杂味重者润茶可时间稍长。普洱茶润茶后的水直接倒掉，不再用来温洗品茗杯，但可用润茶的水浇淋茶桌上的陶制雅玩（也称茶宠）。

5）冲泡时间和次数

茶叶冲泡的时间和次数差异很大，与茶叶种类、泡茶水温、用茶数量和饮茶习惯等都有关系，不可一概而论。

当茶水比和水温一定时，溶入茶汤的滋味成分则随着时间的延长而增加。因此，沏茶的冲泡时间和茶汤的色泽、滋味的浓淡爽涩密切相关。沏茶时间短，茶汁没有泡出；茶汤冲泡时间过久，茶叶中的茶多酚、芳香物质等会自动氧化，降低茶汤的色、香、味；茶中的维生素C、磷、氨基酸等也会因氧化而减少，从而降低茶汤的营养价值。灵活掌握冲泡的时间和次数，尽量做到每一泡的茶汤浓淡一致，滋味及汤色都大致相同。

6.2.2 普洱茶的品饮

1）鉴赏干茶（干品）

冲泡前可先鉴赏干茶。普洱茶（熟茶）散茶外形色泽褐红，条索肥壮紧结（不同级别有其不同的标准），有陈香。普洱紧压茶要求形状匀整端正，棱角整齐，模纹清晰，不起层掉面，洒面均匀，松紧适度。干茶香气具有独特的甜香或陈香等。

2）观赏汤色

当茶汤泡出后，倒入玻璃公道杯中，可仔细观赏茶汤的色泽，普洱生茶的汤色依陈化程度的不同而深浅不同，从黄绿、绿黄、浅黄、黄亮、橙黄、深黄、橙红不一，但好的普洱生茶的汤色一定是明亮的。普洱熟茶的汤色有红艳、红亮、深红、红浓、红褐、褐色等，一般以红浓、明亮为佳，好的普洱熟茶的汤色就其品质的不同呈现宝石红、玛瑙红、石榴红、陈酒红、琥珀红等，并且很亮，像玫瑰一般艳丽，似琥珀一样晶莹。

3）闻香

叶底的香气，普洱生茶的香气常常是淡淡的清香、甜香、蜜香或花香、果香等，随着陈化时间的延长，逐渐出现陈香。普洱熟茶陈香浓郁，或似槟榔香、桂圆香，有时又似藕香、枣香、菌香、木香、甜香，很难确切地说它是哪一种香，它的香是一种淡淡的幽香或暗香，需要我们用心去体会。

4）品尝滋味

将茶汤倒入品茗杯中细细品尝滋味：醇和、爽滑、回甘、生津。好的普洱茶的滋味应具备甘、滑、醇、厚、润、柔、甜、活、洁、稠的特点。反之，如果茶汤中品尝到麻、叮、刺、刮、挂、酸、苦、涩、燥、干、杂、怪、异、霉、辛、飘（浮）等的普洱茶，均为品质不佳的普洱茶。

5）看叶底

主要看嫩度、色泽、匀度。嫩度好的叶底含芽（带毫）的量多，叶质柔软、肥嫩、有弹性；嫩度差的叶底没有芽毫，叶张较粗大、叶底硬、无弹性。普洱生茶叶底肥厚、柔软，有弹性，色泽与陈化程度有关，新的普洱生茶叶底为黄绿色，随着陈化程度加重而逐渐变深。普洱熟茶色泽以红褐、棕褐均匀一致为好，色泽复杂不匀，或发黑、碳化，或腐烂如泥、叶张不开展（泡不开）都属品质不好。

要品评一种普洱茶品质的好坏，有无品饮价值、收藏价值，在鉴评技巧上必须通过3次以上高温、长时间的冲泡，如果每次冲泡的色、香、味变化不大，具备色亮、香郁、味醇、爽滑、柔顺、甜、活等特点的普洱茶，才是好茶。

任务3 普洱生茶茶艺

普洱生茶是用晒青毛茶蒸压制成的各种形状的紧压茶，市场上最常见的形状有饼形、沱形、砖形，其次为柱形、心形（如班禅沱茶）、宝塔形、南瓜形等。

冲泡普洱生茶时，冲泡器皿要根据茶叶的陈化期长短、陈化程度的轻重来选择，一般原料细嫩、陈期短、陈化程度轻者可选择盖碗或瓷壶，原料成熟度高、陈期较长、陈化程度较重者可选择紫砂壶冲泡。润茶时要轻、快。水温控制在 95 ~100 ℃。

普洱生茶的茶艺设计要突出自然清新质朴的风格。下面以原生青饼为例来学习普洱生茶的冲泡。

6.3.1 原生青饼茶艺

1）行礼备具

在悠扬的古典乐曲声中，准备所需器皿。原生青饼清新、凛冽的香气滋味要用瓷器才能充分展现，所以我们选择 1 个青花瓷盖碗，若干只同花色内壁纯白的青花瓷品茗杯，1 套煮水器，1 套茶匙组合，1 个茶盘，1 个玻璃公道杯，1 套汤滤，1 条茶巾（按照冲泡时的需要陈列好）。

2）活煮清泉

选用清澈、透明、鲜活、甘冽的泉水，实属泡茶好水，“活水还需活火烹”，现时烹煮的清泉会让清冽的原生茶的品质尽善尽美。

3）鉴赏团月

原生青饼是云南云县澜沧江集团茶叶公司生产的一款青饼，选用生长在生态环境良好、没有受到任何污染的澜沧江流域深山中的云南大叶种茶制作的晒青毛茶为原料，选料精细，加工成熟到位，饼形匀整、漂亮。苏东坡形容团茶的形状之美为天上小团月，请大家欣赏这圆似三秋皓月轮的原生青饼，看看它那动人无比的风采。在鼻前深深一吸，您将会感受到那惬意的暖暖的浓浓的太阳的气息和清甜的茶香。

4）轻解团月

用茶针（刀）轻轻松解这片小小的月团，要解得均匀不可伤到茶身。

5）温润杯具

用沸腾的水将美丽的杯具润洗一遍，既可起到提高器皿温度的目的，同时也再次清洗了杯具，以示对各位宾客的尊敬。

6）仙茗入瓯

将解好的茶以 1∶30 茶水比的量轻轻拨入温热的青花瓷碗中。轻轻飘然而下的茶叶仿佛深山中的仙子轻松、欢快地展现她那清丽、活泼的仙姿。

7）洗净香肌

苏东坡诗云：“仙山灵草湿行云，洗遍香肌粉未匀。”以稍降之沸水（约 95 ℃）快速醒茶，一抬手将碗中之水迅速倒出，轻轻揭开盖，闻一闻叶底，一股清新之气、青鲜之韵、灵动之感扑面而来，让人感受到原生青饼那活泼的韵致。

8）仙茗起舞

在悠扬的古典乐曲声中，将沸水高冲入茶碗，茶叶在盖瓯轻盈摇曳起舞。

9）玉液盈杯

悠然一抬手，将盖瓯提起，自然轻松地将茶汤倒入公道杯中，再将茶汤均匀分到品茗中。

10）仙茗敬客

将茶敬奉给各位嘉宾。

11）赏色闻香

白色瓷杯里的茶汤橙黄、明亮，自然的本色尽显杯中，让人心旷神怡。轻吸一口气，清冽茶香阵阵袭来，那天然的幽香，让人们为之沉醉。

12）慢品茶韵

含在口里细细品味茶汤，可以感受到茶汤的层次感很丰富，一点淡淡的涩之后浮现清冽、细腻之感，只留一段芙蓉初绽的香气在唇齿之间徘徊，茶汤入喉之后，口里溢满芳香，随即又感到甘甜生津，让人感到齿有余香，口有余甘。

13）谢茶收具

品了原生茶，清新自然的味儿一定会让您为之沉醉，美妙的茶香，会让您品味到彩云之南春天的气息，感受到澜沧江的水光山色，独特的云南民族风情。

6.3.2 老青沱（饼、砖）茶艺

老青沱（饼、砖）是指青沱（饼、砖）经过长期存放，经自然陈化的沱（饼、砖）茶。自然陈化后的老青沱（饼、砖），其陈香中仍然存留活泼生动的韵致，且时间越长，其香气和活力越发显露和稳健。从最初的青涩刚烈，慢慢内敛得深厚醇香，特别彰显了普洱茶越陈越香的特点。

冲泡老青沱（饼、砖），可于半月前将茶沱（饼、砖）解散存放于陶茶罐中先行醒茶，冲泡器可选择瓷盖碗或紫砂壶，保持较高的水温是关键，把握好出汤时间。品茗杯最好选择明净优雅的青花或柔和雅致的粉彩或白瓷杯，以彰显老茶的本色。老茶的茶艺设计要体现自然质朴的韵味。下面以银毫沱茶为例来学习。

银毫沱茶是原临沧茶厂生产的沱茶，其第一代银毫青沱生产于 1982 年。银毫青沱选料精细，沱型周正，茶叶原料以双江、临沧所产的大叶种晒青毛茶为主，滋味浓醇甘爽，回甘生津，耐冲泡。其茶艺设计如下。

1）列具——静气列具

在悠扬的古典音乐声中将所需器皿准备好：1 个古朴的紫砂壶，1 套煮水器，1 个公道杯（茶盅、茶海），1 套汤滤（也可不用），若干只白瓷品茗杯，1 个茶荷，1 把茶刀，1 套茶匙组合，1 个茶盘，1 条茶巾。

普洱生茶

2）煮水——烹煮清泉

要彰显老茶的醇和、爽滑、回甘以及悠长的陈韵，一定得选用清冽、澄

澈、甘甜的山泉水，并且要现煮至二沸，用二沸之水泡出的老茶，其色、香、味、韵俱美，可将老茶的内质美发挥到极致。

3）赏茶——鉴赏银毫

在等候清泉沸腾之际，大家来欣赏银毫青沱。这是原临沧茶厂生产的第一代银毫青沱，银毫青沱茶选料精细，芽叶完整，银毫显露，色泽油润，沱型周正，闻之陈香浓郁，有一种独特的韵味。

4）解茶——轻解银毫

银毫沱茶压制得较紧实，用茶刀轻轻松解银毫青沱，要做到茶松散而不细碎，尽可能保持茶条的完整。

5）温杯——清泉净具

用刚刚沸腾的清泉水将紫砂壶、茶盅、品茗杯等器具一一温润清洗，既是对各位嘉宾的尊敬，又能突出银毫茶的“净”。很干净的香气，很干净的滋味。

6）投茶——银毫入壶

轻轻一拨，银毫茶飘然落入古朴的紫砂壶中。紫砂老茶两相映，给人带来无穷遐想。

7）润茶——洗净凡尘

用少量沸水将银毫茶轻轻一润，使银毫茶凡尘尽除，展现其超凡脱俗的韵味。

8）冲泡——茗承玉露

清冽甘甜宛如玉露的山泉水，悠悠高冲入壶，茶叶在壶中旋转，翩翩起舞。

9）斟茶——平分秋色

先将茶汤斟到茶海中，橙红明亮的茶汤给人带来秋的联想。再将茶海中的茶汤均分到品茗杯中，每杯只倒七分满，留下三分盛真情。

10）奉茶——礼敬宾客

为各位宾客奉上陈年银毫沱茶茶汤。

11）品茶——闻香品韵

银毫沱茶的香气，是荷香、蜜香还是兰香，似乎都不够准确，只觉得一阵暗香袭来，让人想起了林逋《梅花》中那一句熟悉的诗句：“疏影横斜水清浅，暗香浮动月黄昏。”品一品，茶汤醇厚、滑爽、顺柔、回甘，有一种生动活泼的韵致，一种浓浓的茶韵，这是一种老茶所独有的陈韵，会让人久久无法淡忘。

任务4 普洱熟茶茶艺

冲泡普洱熟茶，冲泡器皿最好选择紫砂壶，可吸附普洱陈香，促进茶香蕴育；水温要高，冲泡时还可在壶外浇淋沸水以提高壶温，充分逼发茶香；润茶要根据品质特点掌握温润时间，保持香气滋味醇和纯正。品茗杯可选择玻璃杯或内壁纯白的紫砂小杯、白瓷杯，以衬托汤色，尤以晶莹剔透的玻璃杯最佳,玻璃的透光特性可使红浓的茶汤显得更加明亮。将普洱熟茶紧压茶可先分成小块,存放于陶茶叶罐,醒茶半个月左右,再冲泡饮用。

普洱熟茶的茶艺设计要体现自然古朴厚重的韵味。普洱熟茶有散茶和紧压茶两大类。下面以宫廷普洱茶为代表来学习普洱散茶的冲泡,以七子饼熟饼为例来学习熟饼的冲泡。

6.4.1 宫廷普洱茶茶艺

1)静气备具

在优美、和谐的古典音乐中把茶具准备好。煮水器1套,紫砂壶1个,玻璃公道杯1个,汤滤1套,内壁纯白的紫砂品茗杯若干只,茶匙组合1套,茶叶罐1个,茶荷或茶碟1个,茶盘1个,茶巾1条,奉茶盘1个。

2)煮泉候汤

将泡茶所需的清甜、甘冽、鲜活的泉水烧开。

3)普洱展姿

用茶则将普洱茶从茶叶罐取出,放于茶荷中。

请各位欣赏茶荷中盛放着的茶叶。今天为各位冲泡的是宫廷普洱茶,该茶选用最优质的青毛茶为原料,经精细加工而成,外形条索紧直细嫩,金毫显著,色泽红褐油润,闻之陈香浓郁。

4)紫砂沐霖

紫砂沐霖,即烫洗茶壶,用烧沸的水沿壶的内壁冲水,以起到温壶的作用。

普洱熟茶

5)海纳清泉

将紫砂壶中的水注入茶海(公道杯)中,温洗茶海。然后将茶海中的水分入各个品茗杯中,用来温杯。

6)玉洁冰清

从左到右将品茗杯逐一清洁一遍。

7)普洱进殿

将普洱茶轻轻拨入茶壶中。

8)润泽宫廷

温润泡,将沸水注入壶中,润泽茶叶,便于冲泡时茶叶的色、香、味更好地发挥。

9)普洱初醒

将紫砂壶中润茶的水快速倒入茶海中。

10)高山流水

高冲泡,茶叶在壶中随着水流翻腾,翩翩起舞。

11)淋壶蕴香

将开水浇淋紫砂壶外壁,以提高壶温,更好地蕴育茶香。

12)游龙戏珠

将紫砂壶轻轻摇晃几下,使壶上的水珠滴落,并将紫砂壶在茶盘上轻刮一圈,水痕尽除。

13)流霞初现

斟茶,把茶汤斟入公道杯中。

14)醉赏流霞

我国古代茶人把色彩艳丽的茶汤称为流霞,这道程序是观赏玻璃公道杯中红浓明亮宛如葡萄美酒般的茶汤。如流霞一般绚丽的茶汤让人为之沉醉。

15)茶海慈航

将茶海中的茶汤均匀地斟入各个品茗杯中。

16)礼敬嘉宾

把分好的茶敬给客人。

17)品味陈韵

品茶。宫廷普洱茶汤色红浓明亮,陈香浓郁,滋味醇和爽滑回甘,饮之齿颊生津,陈韵悠然。品宫廷普洱茶,在品其色、香、味的同时,也是在悠然中品味人生。

6.4.2 熟饼茶艺

冲泡熟饼茶,要选择清冽甘甜的泉水,水烧至二沸,再以宽肚厚胎的紫砂壶蕴育茶香、滋蕴茶汤,用晶莹剔透的玻璃公道杯欣赏汤色,以充满现代感的玻璃品茗杯展示红浓明亮的汤色,品味陈韵,则可尽享普洱熟饼的别样韵味了。

云南双江勐库茶叶有限公司生产的勐库戎氏普洱茶,采用国家级良种双江勐库大叶茶的鲜叶为原料,精心制作,产品以香高味醇耐冲泡著称,畅销港澳和东南亚地区。我们选用戎氏七子饼(熟饼)来冲泡,其基本程序如下。

1)焚香静气敬茶仙

在明快的民族音乐声中,行礼、焚香、静气、敬茶仙。敬茶仙是双江的少数民族同胞们的一种习俗,在泡茶前敬茶仙,以感谢茶仙赐茶给人们。

2)纤手插花展自然

以高山杜鹃、报春花等野外采集的鲜花花材制作插花作品,展示人与自然和谐发展的理念,并使茶事环境更加优雅,给人以更加美好的享受。

3)鉴壶赏器思悠悠

展示茶具,请宾客鉴赏古朴精雅的茶器具,感受中国悠远的茶文化。

4)云开雾散见圆月

请宾客欣赏陈年七子饼的包装和形状。古雅质朴的纸质包装,犹如云雾笼罩,去除包装后，茶饼圆如皓月的造型，褐红油润的茶面，别有韵味的陈香，给人带来别样的感受。

5）沸煮甘泉听松风

选择清甜甘洌的山泉水来泡普洱茶，水煮至二沸，壶中犹如松风鸣响，意蕴深长。

6）温壶烫盏表敬意

用煮沸的清泉水温汤杯具，既可提高器皿温度，更好地展现茶叶的品质，又可再次清洁杯具，表示对各位嘉宾的敬意。

7）涤尘洗颜现真身

将茶饼小心解散，按 1∶20 的茶水比投入紫砂壶中，先倒入适量的沸水，轻轻温润普洱茶，快速将水沥去，涤去茶尘，让茶先得到水的滋润，以便在冲泡时获得茶的真香本味。

8）高山流水觅知音

高冲泡，使水流带动茶叶在壶中旋转，加速茶叶内含物质的溶出，产生最佳的泡茶效果，以茶叶的真香本味获得各位宾客的赞赏。

9）流霞沉醉水晶杯

拿起茶壶，轻轻摇动，使茶中的有效物质溶入水中。此时茶已泡成，倒入公道杯中，再分入玻璃品茗杯，晶莹剔透的玻璃杯与茶汤相互映衬，愈显得茶汤红浓明亮，宛如流霞，令人沉醉。

10）玉露琼浆敬宾客

将茶汤一一敬给宾客。

11）轻啜细品乐无穷

端杯轻啜茶汤，细品茶韵。普洱熟茶汤色晶莹红亮，滋味醇厚甜润，陈香持久，韵味独特，令人久饮不疲。各位宾客饮过普洱茶一定会爱上普洱茶，爱上云南这个美丽的地方，与普洱茶结下不解之缘。“衷情珍普芳香味，神怡心爽塞神仙。爱惜浅尝唯恐尽，白头意倾普洱缘。”

〖思考题〗

1. 何谓普洱茶？
2. 冲泡普洱茶时要注意哪些问题？
3. 冲泡普洱茶时为何一定要润茶？
4. 如何品饮普洱茶？
5. 普洱生茶和熟茶在品质上有何不同？
6. 冲泡普洱熟茶和生茶有何不同？
7. 请根据当地实际，设计一套普洱茶茶艺。

实训6.1　普洱生茶茶艺

【实训目的】

1. 通过本项目的实训，使学生掌握普洱生茶瓷盖碗冲泡法的基本程序。

2. 让学生学会根据普洱茶的陈期、品质来选择茶具和冲泡方法，掌握普洱茶冲泡的操作规范和技艺。

【实训场地与器具】

茶艺实训室，青花瓷或粉彩瓷盖碗1个，瓷质品茗杯4个，茶匙组合1套，普洱生饼（或砖、沱）1个，茶叶罐1个，茶荷1个，随手泡1套，样茶盘1个，茶盘1个，茶巾1条，玻璃茶海1个，汤滤及支架1套，茶刀1把。

【实训要求】

1. 掌握盖碗泡法规范的操作流程及正确的动作要领。

2. 能根据茶叶品质正确洗茶，投茶量和浸润时间适当，动作舒展大方。

【实训时间】

1学时。

【实训方法】

1. 教师讲解示范。

2. 学生分组练习。

【实训内容与操作标准】

1. 教师讲解示范

（1）列具

将煮水器、粉彩瓷盖碗、公道杯（茶海）、汤滤、粉彩白瓷品茗杯、茶荷、茶刀、茶匙组合、茶巾在茶桌或茶盘上相应位置摆放好。

（2）煮水

将水煮至二沸。

（3）赏茶

请宾客欣赏备泡茶饼并简要介绍其产地、品质特点。

（4）解茶

用茶刀轻轻松解茶饼。

（5）温杯

用沸腾的水将盖碗（三才杯）、品茗杯等器具一一温润清洗。

（6）投茶

将解好的茶以茶水比为1∶20的量用茶匙轻轻拨入粉彩瓷盖碗中。

(7)润茶

用少量沸水将茶轻轻温润,马上将水倒出。

(8)冲泡

用回旋斟水法将水沿碗缘冲入瓯杯,使茶叶在瓯杯中旋转。

(9)斟茶

将茶汤斟到公道杯中,再均分到品茗杯中。

(10)奉茶

为宾客奉上茶汤。

(11)品茶——闻香品韵

闻香气,看是荷香、樟香还是兰香、枣香。品茶汤,醇厚、滑爽、顺柔、回甘、有活力。

(12)续泡、续茶

冲二泡茶,将茶汤斟入公道杯中,持公道杯为客人续茶(续泡可多次进行,至茶汤滋味淡为止)。

(13)收具

将茶具收回清洗。

2. 学生分组轮流练习。

〖达标测试〗

见表6.1。

表6.1 达标测试表

班级: 组别: 学号: 姓名:

序 号	测试内容	评分标准	配 分	扣 分	得 分
1	布具	器具与茶相应,齐全,摆放得当,美观,便于操作	10		
2	赏茶解茶	动作规范,舒展大方,解茶不伤茶身	15		
3	烫壶润杯	动作规范熟练,舒展大方	15		
4	洗茶冲泡	能根据茶叶品质掌握洗茶的轻重,动作规范	20		
5	茶品介绍	能准确介绍茶叶的产地、品质特点,语言简练	10		
6	奉茶品茶	动作符合规范,礼仪周全,能辨别茶叶品质	10		
7	茶叶品质	泡出的茶汤能充分展现茶品的品质	10		
8	姿态、礼仪	姿态优美,礼仪周全、符合规范	10		
合 计			100		

考核时间: 年 月 日 考评教师(签名):

实训6.2 普洱熟茶茶艺

〖实训目的〗

1. 通过本项目的实训,使学生掌握普洱熟茶壶泡法的基本程序。

2. 让学生学会根据普洱茶的陈期、品质来选择茶具和冲泡方法,掌握普洱茶冲泡的操作规范和技艺。

〖实训场地与器具〗

茶艺实训室,紫砂壶1个,玻璃品茗杯4个,茶匙组合1套,茶叶罐1个,普洱熟茶散茶适量,茶荷1个,随手泡1套,样茶盘1个,茶盘1个,茶巾1条,玻璃茶海1个,汤滤及支架1套。

〖实训要求〗

1. 掌握壶泡法规范的操作流程及正确的动作要领。

2. 能根据茶叶品质正确温润茶,掌握投茶量,浸润时间适当,动作舒展大方。

〖实训时间〗

1学时。

〖实训方法〗

1. 教师讲解示范。

2. 学生分组练习。

〖实训内容与操作标准〗

1. 教师讲解示范

(1)备具

把煮水器、紫砂壶、玻璃公道杯、汤滤、玻璃品茗杯、茶匙组合、茶叶罐、茶荷、茶巾在茶桌的相应位置摆放好。

(2)煮水

将水烧开。

(3)温壶

温烫茶壶。

(4)温盅

将紫砂壶中的水注入茶海,温洗茶海。

(5)洗杯

将茶海中的水分入品茗杯中,从左到右将品茗杯逐一清洗。

(6)取茶赏茶

用茶则将普洱散茶从茶叶罐取出,放于茶荷中。将茶荷中盛放着的茶叶让客人欣赏。并简要介绍其产地和品质特点。

(7)投茶

将茶漏放在壶口上,用茶匙将普洱茶以茶水比为1∶20的量轻轻拨入茶壶中。

(8)润茶

润茶,将沸水注入壶中,摇壶后,将水快速倒出,揭开壶盖闻香。

(9)冲泡

采用高冲法进行冲泡。

(10)淋壶

用开水浇淋紫砂壶外壁。

(11)摇壶刮水

将紫砂壶轻轻摇晃几下,使壶上的水珠滴落,并将紫砂壶在茶盘上轻刮一圈,除去外壁上的水痕。

(12)斟茶

把茶汤斟入公道杯中。

(13)观赏汤色

拿起公道杯,让客人观赏玻璃公道杯中红浓明亮的茶汤。

(14)分茶

将公道杯中的茶汤均匀地分入品茗杯中。

(15)奉茶

把分好的茶敬给客人。

(16)闻香品味

闻一闻,陈香浓郁。品一品,滋味醇和爽滑回甘。饮之齿颊生津,陈韵悠然。

(17)续泡、续茶

冲二泡茶,将茶汤斟入公道杯中,持公道杯为客人续茶。续泡可进行多次,注意从第三泡开始,每泡适当延时,以保证茶汤浓度每泡尽量一致。

(18)谢茶收具

当客人品完茶后,把茶具收回茶盘,撤回。然后进行清洗。

2. 学生分组练习。

〖达标测试〗

见表6.2。

表6.2　达标测试表

班级:　　　　组别:　　　　学号:　　　　姓名:

序　号	测试内容	评分标准	配　分	扣　分	得　分
1	布具	器具与茶相应,齐全,摆放得当,美观,便于操作	10		
2	赏茶解茶	动作规范,舒展大方,解茶不伤茶身	15		
3	烫壶润杯	动作规范熟练,舒展大方	15		
4	洗茶冲泡	能根据茶叶品质掌握洗茶的轻重,动作规范	20		

续表

序　号	测试内容	评分标准	配　分	扣　分	得　分
5	茶品介绍	能准确介绍茶叶的产地和品质特点，语言简练	10		
6	奉茶品茶	动作符合规范，礼仪周全，能辨别茶叶品质	10		
7	茶叶品质	泡出的茶汤能充分展现茶品的品质	10		
8	姿态、礼仪	姿态优美，礼仪周全，符合规范	10		
合　计			100		

考核时间：　　年　月　日　　　　　　　　　　　　　　考评教师(签名)：

学习项目 7　乌龙茶茶艺

〖学习目标〗

知识目标

1. 了解乌龙茶的加工工艺和品质形成的原因。

2. 掌握我国乌龙茶的种类及其品质特点。

3. 掌握乌龙茶的冲泡和品饮要领。

技能目标

1. 掌握乌龙茶评鉴的程序与方法。

2. 能够正确选配乌龙茶冲泡的茶具。

3. 熟练掌握乌龙茶的冲泡技艺。

课程思政目标

1. 从乌龙茶的历史、种类及其品质特点,感受乌龙茶茶艺雍容典雅、优雅大气的中华传统文化之美,提升学生的审美能力,增强学生的文化自信。

2. 通过学习、领悟乌龙茶茶艺中蕴含的"纯、雅、礼、和"的理念,培养学生淡泊名利、感恩自然、敬重茶农、诚待茶客、礼敬他人的为人处世之道。

3. 通过乌龙茶茶艺"和、敬、精、乐"等的精神内涵的学习、领悟,培养学生做事认真专注、精益求精的工匠精神和敬业、乐业的职业精神。

〖任务引入〗

随着乌龙茶产量的增加,乌龙茶已不仅是福建、广东和台湾地区人们的饮品。它作为中国特色的茶类,已经逐渐传播到全国各地以及海外诸多饮茶国家。乌龙茶多用小壶小杯品茗。重焙火、重发酵的,一般喜欢选用紫砂壶;轻焙火、轻发酵的,人们喜欢选用盖碗。乌龙茶的选具、水温、投茶量,与茶叶的工艺和品质类型有很大的关系。福建、广东、台湾地区,盛行工夫茶艺,茶艺礼仪与氛围十分浓厚。从事茶叶销售或茶艺服务、茶文化推广工作的人员,必须懂得怎样泡好乌龙茶,怎样融入地方茶俗礼仪。

〖案例导读〗

小胡(男)和小陈(女),两人毕业于天福茶学院。小胡是茶叶生产加工技术专业,小陈是茶文化专业,一个懂得制茶、评茶,一个懂得泡茶、茶艺。两人是绝佳搭配。两人一起创业,开了茶店,主要经营乌龙茶。起初碰到了很多问题,如很多客人不太了解如何欣赏乌龙茶的香气,有的客人在店里品完茶,觉得好,买回去后自己泡的却感觉没店里的好,觉得受骗。后来,他们决定好好地研发适合小店的简单、实用、易学的茶艺。首先,在铁观音盖碗茶艺中,注重香气,让客人闻香,体会茶香的美感。其次,在请客人品茶时,为客人讲解该茶的冲泡要领,让客人掌握该茶品的冲泡方法,回家后也能把茶泡好。渐渐地,小胡和小陈的店里回头客增多了，生意越来越红火了。

【案例分析】

小胡和小陈的成功，首先在于他们有足够的专业能力，懂得如何泡乌龙茶，懂得如何教客人泡茶。注重服务技巧，让客人在品茶的同时，觉得是在享受，而不仅是营业员在推销。同时，也让顾客学到了泡茶技艺，激发了顾客对茶的兴趣，促进了消费，也成就了自己的事业。

任务1　乌龙茶的种类及其品质特点

乌龙茶也称青茶，是我国的特有的茶类。乌龙茶既具有绿茶的鲜灵清纯，红茶的醇厚甘爽，又具有花茶的芬芳幽香，集众美于一身，自成大家气度，有着独特的韵味，素有“茶中明珠”之称。一直以来，乌龙茶以其油画般的凝重、古编钟般的古雅清越和雍容华贵、玉石般的温润韵味深受消费者的喜爱，在茶艺活动中，备受推崇。

乌龙茶主产于中国福建省、广东省和台湾地区。乌龙茶始于明末清初，最初在福建武夷山创制，而后由福建省传入台湾地区和广东省。乌龙茶属半发酵茶类，制作乌龙茶的原料是有一定成熟度的鲜叶，其采青的标准是须待到新梢生育将成熟，顶叶开展度到八成左右时，采下带驻芽的两三片嫩叶。乌龙茶的制造工艺大体上可分为5个程序：萎凋（包括晒青、凉青）、做青、炒青、揉捻、干燥，形成其品质的关键工序是做青。乌龙茶按产地不同分为福建乌龙茶、广东乌龙茶和台湾乌龙茶。

7.1.1　福建乌龙茶

福建乌龙茶按地域和做青程度分为闽北乌龙茶和闽南乌龙茶两大类。

1）闽北乌龙茶

产于福建北部武夷山一带的乌龙茶统称闽北乌龙茶。武夷山因其独特的丹霞地貌形成了“三三秀水清如玉，六六奇峰翠插天”的自然景观，素有“丹山碧水”之美誉，自然条件优越，是世界乌龙茶和红茶的发源地。“武夷山不独以山水之奇而奇，更以茶产之奇而奇。”闽北乌龙茶做青时发酵程度较重，揉捻时无包揉工序，因此条索壮结弯曲，干茶色泽较乌润，多为青褐色，俗称青蛙皮色，香气为熟果香型，汤色橙黄明亮，滋味醇厚回甘，叶底三红七绿，红镶边明显。闽北乌龙茶根据品种和产地不同，有闽北水仙、闽北乌龙、武夷水仙、武夷肉桂、武夷奇种等。其中，武夷岩茶类最为著名，武夷岩茶类如武夷水仙、武夷肉桂等香味具有特殊的“岩韵”，汤色橙红浓艳，滋味醇厚回甘，叶底肥软、绿叶红镶边。在武夷岩茶中，大红袍、白鸡冠、铁罗汉、水金龟是清代咸丰年间评出的“四大名枞”。

2）闽南乌龙茶

闽南乌龙茶做青时发酵程度较轻，揉捻较重，干燥过程中有包揉工序，形成外形卷曲、壮结重实、干茶色泽砂绿乌润，香气为清香细长型、叶底绿叶红点或红镶边的品质特点。闽南乌龙茶根据品种不同有安溪铁观音、安溪色种（除安溪铁观音外，安溪县内的毛蟹、本山、大叶乌龙、黄金桂、奇兰等品种统称安溪色种）、永春佛手、闽南水仙、平和白芽奇兰、诏安八仙茶、福建单丛等。

闽南乌龙茶中最著名的是安溪铁观音，安溪铁观音是我国十大名茶之一。安溪铁观音原产于安溪县西坪，这里群山环抱，峰峦绵延，年平均温度在15～18 ℃，属亚热带季风气候，民谚曰："四季有花常见雨，一冬无雪却闻雷。"这里的土壤大部分为酸性红壤，特别适宜植茶。铁观音茶是乌龙茶中的珍品，已有200余年的历史，它制作严谨、技艺精巧。一年分四季采制，谷雨至立夏为春茶，夏至至小暑为夏茶，立秋至处暑称为暑茶，秋分至寒露为秋茶。制茶品质以春茶为最好，其条索卷曲、壮结、沉重，呈青蒂绿腹蜻蜓头状，色泽砂绿鲜润，红点明显，叶表带白霜，汤色金黄，浓艳清澈，叶底肥厚明亮，具绸面光泽。泡饮茶汤醇厚甘鲜，入口回甘带蜜味，香气馥郁持久，有"绿叶红镶边，七泡有余香"之誉。

铁观音独具"观音韵"，正所谓"七泡余香溪月露，满心喜乐岭云涛"。铁观音成品依发酵程度和制作工艺，大致可以分清香型、浓香型、陈香型三大类型。清香型又通常分为正味、消青、拖酸3种。浓香型根据焙火程度又可分为韵香与浓香、炭香。整体来说，清香型铁观音颜色翠绿，汤水清澈，香气馥郁，花香明显，滋味醇爽。浓香型铁观音具有"香、浓、醇、甘"等特点，色泽乌亮，汤色金黄，香气纯正、滋味醇厚。陈香型铁观音具有"厚、醇、润、软"等特点，表现为色泽乌黑，汤水浓稠，绵甜甘醇，沉香凝韵，有沉重的历史与文化沉淀。如果把它们比拟为不同时期的女性，那么可以是热恋期的风华与恬雅、婚期的甜蜜与青涩、少妇期的青酸与回味、成熟期的风韵与甘甜、中年期的余韵与厚实、老年期的祥和与绵长。

除铁观音外，闽南乌龙茶中名茶还有很多。安溪黄金桂色泽金黄，外形"黄、匀、细"，内质"香、奇、鲜"，有桂花香。永春佛手色泽砂绿乌润，香浓锐，味甘厚，耐冲泡。平和白芽奇兰色泽黄绿，香气高雅，滋味清纯甘鲜。

7.1.2 广东乌龙茶

广东乌龙茶的代表性品种是凤凰水仙，凤凰水仙也是我国十大名茶之一，原产于广东省潮安县凤凰山区。凤凰水仙根据原料优次和制作精细程度不同，成品依次分为凤凰单枞、凤凰浪菜和凤凰水仙3个品级。凤凰单枞具有"形美、色翠、香郁、味甘"的特点，其茶条挺直肥大，色泽呈黄褐色，润泽有光。茶汤橙黄清澈，味醇爽，回甘快，具有天然花香并且香气持久。

7.1.3 台湾乌龙茶

台湾乌龙茶主要品种有青心乌龙、金萱、翠玉等。台湾的乌龙茶源于福建省的武夷山。按其发酵程度的轻重主要有包种茶、冻顶乌龙、白毫乌龙(又名椪风茶)。

包种茶：产于台湾北部邻近乌来风景区的山区，以新店、坪林、石碇、深坑、汐止、平溪等乡镇所产者最负盛名。它的发酵程度是所有乌龙茶中最轻的，品质比较接近绿茶。制造包种茶的品种以青心乌龙最优，台茶十二号(金萱)、台茶十三号(翠玉)、台茶十四号(白文)等品质亦佳，一般于谷雨前后采摘春茶，年中可采4～5次，以春、冬茶品质较佳。品质要求：外形呈条索状，紧结自然弯曲，色泽翠绿富光泽，水色蜜绿明亮，香气清雅带花香，滋味甘醇滑润富活性，有香、浓、醇、韵、美五大特色，香气越浓郁品质越高级。因色清、汤清，所以又称为"清茶"。

冻顶乌龙：产于台湾南投县的冻顶山，它的发酵程度比包种茶稍重。制造冻顶乌龙茶的品种以青心乌龙最优，台茶十二号（金萱）、台茶十三号（翠玉）等品质亦佳。以人工手采为主，一般于谷雨前后采对口2～3叶茶青，年中可采4～5次，春茶醇厚，冬茶香气扬，品质上乘，秋茶次之。冻顶乌龙茶制作时经布球揉捻，外观紧结成半球形，色泽墨绿，水色金黄亮丽，香气浓郁，滋味醇厚甘润，饮后回韵无穷，是香气、滋味并重的台湾特色茶。因为种植在冻顶山，又是以青心乌龙芽叶加工，被称为冻顶乌龙茶。

白毫乌龙：又称椪风茶、香槟乌龙、东方美人茶。产于台湾新竹县北埔、峨眉茶区，是所有乌龙茶中发酵最重的。采摘经茶小绿叶蝉吸食的青心大冇茶树嫩芽，一心一叶至二叶。此茶以芽尖带白毫越多越高级。其外观不重条索紧结，而以白毫显露，枝叶连理，白、绿、红、黄、褐相间，犹如朵花为特色。水色呈琥珀色，具熟果香、蜜糖香，滋味圆柔醇厚。白毫乌龙外销英国后，英国王室十分赞赏如此形美、色艳、香醇、圆柔的佳茗，便邀请王公贵族、文人雅士至宫廷赐茶。席间，有文人作诗赞美品饮这种东方的佳茗，犹如美女的舌头在口腔内游走般温润、圆柔、甜美。白毫乌龙也因此赢得"东方美人茶"的美名。欧美也有人称椪风茶为"香槟乌龙"，意思是说椪风茶是乌龙茶类中的顶级产品，就像香槟是葡萄酒中的顶级产品一样。

任务2　乌龙茶茶艺

乌龙茶茶艺在民间被称为工夫茶或者工夫茶茶艺。至于原因，有的说是因为乌龙茶的制作工序复杂，制茶时颇费工夫；有的说是因为乌龙茶须细啜慢饮，冲泡时也颇费工夫；有的说乌龙茶最难泡出水平，泡茶最需真功夫。

乌龙茶茶艺按照地区民俗可分为潮汕、台湾、闽南和武夷山四大流派。在四大流派中，潮汕工夫茶最古色古香，堪称中国茶道的"活化石"，也是广东乌龙茶茶艺的代表。

7.2.1　乌龙茶的冲泡要领

乌龙茶大多是在茶叶的顶芽发育到八成舒展后才连同2～3片嫩叶一同采摘加工而成的，所以干茶的外形条索粗壮肥厚紧实，茶叶内含有的各种营养成分较多，冲泡后香高而持久，味浓而鲜醇，回甘快而强烈。乌龙茶的冲泡要点有5点。

其一是择器很讲究。要领略乌龙茶的真香和妙韵必须要有考究而配套的茶具。冲泡器皿最好选择宜兴紫砂壶或瓷质小盖碗（三才杯）。发酵程度较重的闽北乌龙、白毫乌龙等，以精巧的紫砂小壶冲泡最佳，发酵程度很轻的清香型铁观音或台湾的包种茶，精巧的瓷质小盖碗作主泡器皿最为适宜，能尽显其清扬的香气和鲜醇的滋味。杯具最好是极精巧的白瓷小杯（又称若琛杯）或由闻香杯和品茗杯组成的对杯。选壶时要根据人数多少来选择，一个人应选"得神壶"，两个人应选"得趣壶"，人多时选较大的"得慧壶"。壶以年代久远的老壶为佳。

其二是乌龙茶的投茶量较大。乌龙茶习惯浓饮，注重品味和闻香，故要汤少味浓。投茶量以茶叶与茶壶（约200毫升）比例来确定，通常茶水比是1∶22；茶叶体积占茶壶体积的1/4～2/3不等，根据茶叶的外形来分，包揉颗粒紧结的台湾冻顶乌龙茶、福建安溪铁观音，通常8～10克，干茶约占茶壶体积的1/4；而条索肥壮、较轻揉捻的武夷水仙，通常8～10克，干茶约占茶壶体系的2/3。

其三是器温和水温要双高才能使乌龙茶的内质发挥得淋漓尽致。在开泡前，先要淋壶烫杯盏以提高器皿的温度，冲泡过程中可以在壶外浇淋沸水以提高壶温，充分逼发乌龙茶的香气。

其四是冲泡用水要滚开（海平面上为100 ℃），但却不可过老。唐代茶圣陆羽在《茶经》中说水有三沸："其沸，如鱼目，微有声，为一沸；缘边如涌泉连珠，为二沸；腾波鼓浪，为三沸；以上，水老，不可食也。"一沸之水还太嫩，用于冲泡乌龙茶劲力不足，泡出的茶香味不全。三沸之水已太老，水中溶解的氧气、二氧化碳气体已挥发殆尽，泡出的茶汤不够鲜爽。唯二沸之水称为"得一汤"。"天得一以清，地得一经宁。"用二沸的"得一汤"冲泡乌龙茶，才能使乌龙茶的内质美发挥到极致，泡出色、香、味、韵俱全的好茶来。

其五是要掌握好浸润时间和冲泡次数。乌龙茶应"旋冲旋啜"，即要边冲泡，边品饮。乌龙茶视其品种的不同、季节差异及壶具的不同，冲泡的时间和次数也不同。总的来说，冲泡时间过短，色浅味薄没有韵，冲泡时间太长，则茶必熟汤失味且苦涩。乌龙茶原料成熟度较高，耐泡，而且投茶量大，因此冲泡次数多，好的乌龙茶"七泡有余香，九泡不失茶真味"。一壶优质的大红袍或肉桂茶王、铁观音茶王甚至可冲泡10多次。

7.2.2 乌龙茶的品饮要领

乌龙茶向来以香高味浓著称，品饮乌龙茶要把握以下要领。

一是乌龙茶讲究热饮，即民间所谓的"喝烧茶"。乌龙茶要随泡随喝才有味，温度降低后茶汤的色香味韵均大大逊色。

二是品饮乌龙茶时要"先嗅其香，再试其味"。品饮乌龙茶要特别注重闻香。品乌龙茶时闻香至少要闻3次。第一泡闻"火香"及茶香的纯度；第二泡闻显露出来的茶的本香，不仅要热闻，还要冷闻，才能充分领略茶香的变化，乌龙茶的香是"茶香十八变，越变越好闻"；第三泡以后则是闻茶香的持久性。闻茶香是一种极其雅致的享受，有益于身心健康，在品乌龙茶时千万不要忽略了这个重要环节。

三是品乌龙茶要"徐徐咀嚼而体贴之"。清代大才子袁枚写了这样一段话："余向不喜武夷茶，嫌其味苦如饮药。然丙午秋，余游武夷。到曼亭峰天游寺诸处，僧道争以茶献。杯小如胡桃，壶小如香橼，每斟无一两，上口不忍遽咽，先嗅其香，再试其味，徐徐咀嚼而体贴之，果然清芳扑鼻，舌有余甘。一杯之后，再试一二杯令人释躁平矜、怡情悦性。""咀嚼"，即咬茶。品乌龙茶时嘴中要像含着一朵小花一样，慢慢咀嚼，细细品味，才能品出茶的真味。

四是品乌龙茶时要"释躁平矜，怡情悦性"，实现精神上的升华。品茶时要静心品啜，让茶的清香静静地浸润心田和肺腑，让心灵在虚静中显得空明，让精神在虚静中升华净化，达到天人合一、物我两忘的境界。

7.2.3 潮汕工夫茶茶艺

潮汕工夫茶茶艺是工夫茶茶艺中最具特色的茶艺，潮州人饮茶量之大、烹茗技艺之精湛久负盛名，我国许多有关喝茶的故事和传说，都来自古老的潮州。潮汕工夫茶的基本理念是尊和敬之茶德、求精乐之茶趣。潮州工夫茶崇尚的精神内涵为"和、敬、精、乐"，即"求和谐，含敬意，呈精妙，得安乐"。"和"即和谐，和为贵；"敬"即敬意，客来敬茶，表达一种对客人尊敬的仪式和礼貌；"精"即精致，做任何事情都应该精益求精；"乐"即快乐，从品饮过程中得到乐趣。常见潮汕工夫茶艺表演如下。

1)器皿准备

传统的潮汕工夫茶必须“四宝”齐备。一是“玉书碨”,以潮安枫溪所产的最为著名,这种壶一般为扁形,能溶水四两,有极好的耐冷热急变性能,水一开,在蒸汽的推动下,小壶盖会自动掀动,发出“卟卟卟”的响声,十分有趣。二是潮汕炉,一般为红泥烧制的小火炉。三是孟臣罐,即精美的紫砂小壶,以宜兴出产的壶品最佳。惠孟臣是清代制壶名匠,善制小壶,其作品以精美小壶为多,中壶、大壶少见,后人把精美的紫砂小壶称为孟臣罐。四是若琛杯,即精细的白瓷小杯,以景德镇的产品最佳。

2)基本程序

(1)鉴赏香茗

从茶叶罐中取出茶叶,置于赏茶荷中,让客人鉴赏干茶。

潮汕工夫茶

(2)活火煮泉

潮汕工夫茶的注水要诀,“水常先求,火亦不后”。潮州人煮水用的炭叫作“绞积炭”。“绞积”是一种很硕的树木,烧成炭后,绝无烟臭,敲之有声,碎之莹黑,是最上乘的燃料;还有用乌橄榄作炭的,可使茶炉内火焰浅蓝,焰活火匀,别具风情。煮泉时羽扇是用来扇火的,扇火时既需用劲,又不可扇过炉门左右,这样才能保持火候,也是表示对客人的尊敬。

(3)孟臣淋霖

用沸水浇壶身,其目的在于为壶体加温,即所谓“温壶”。同时又可预热和洁净茶具。

(4)倾心桃源

倾心桃源,即置茶于壶内,俗称“纳茶”,将茶叶用茶匙拨入茶壶。

(5)悬壶高冲

向孟臣罐中注水。将沸水环壶口、沿壶边冲入,至水满壶口为止。切忌直冲壶心,要一气呵成不可断续,不可急迫。

(6)春风拂面

用壶盖从壶口轻轻刮去茶末,盖上壶盖,冲去壶口泡沫。加盖后,提水淋遍壶的外壁追热,使之内外夹攻,以保持壶中有足够的温度,进而清除沾在壶外的茶沫。尤其是寒冬冲泡乌龙茶,这一程序更不可少。只有这样,方能使壶中茶叶起香。淋壶须冲淋壶盖和壶身,但不可冲到气孔上,否则水易冲入壶中。淋壶的目的一是清洗;二是使壶内外皆热,以利于茶香的发挥。

(7)重洗仙颜

首次注入沸水后,立即倾出壶中茶汤,除去茶叶中杂志和洗去茶叶表面的浮尘,这个步骤叫作“洗茶”。倾出的茶汤不予饮用。

(8)若琛出浴

用第一泡茶水烫杯,又称温杯,转动杯身,如同飞轮旋转,又似飞花欢舞。

(9)玉液回壶

用高冲法再次向壶内注满沸水。

(10)**游山玩水**

游山玩水,也称运壶,执壶沿茶传运转一圈,滴净壶底的水滴,以免水滴落入杯中,影响茶之圣洁。这个环节,现在多用沾巾来完成。将茶壶放在茶巾上,轻轻擦拭,擦净水滴。

(11)**关公巡城**

循环斟茶,茶壶似巡城之关羽。此番目的是让杯中茶汤均匀一致。低斟的目的是不让香气过多散失。高冲低斟石工夫茶的技法之一。高冲要连贯而从容,低斟茶时必须来回移动茶壶,使各杯茶汤浓度均匀。

(12)**韩信点兵**

巡城至茶汤将尽时,将壶中所余斟于每一杯中,这些是全壶茶汤中的精华,应一点一滴平均分注,因而戏称韩信点兵。各杯茶汤浓淡相宜,汤量相当,充分体现了人和茶、宾与主大圆融的中国茶德精神。

(13)**敬奉香茗**

潮州人饮工夫茶重视礼仪,一般以老友为序,先敬尊长、宾客,将托盘带杯端至客人前。

(14)**品香审韵**

先闻香,后品茗。品茗时,以拇指与食指扶住杯沿,以中指抵住杯底,俗称三龙护鼎。端起茶杯先回敬主人,再敬其余客人,待所有客人均堆让后才能饮茶,且要细啜慢品,分三口进行,“三口方知味,三番才动心”,茶汤的鲜醇甘爽令人回味无穷。饮毕要双手将被子放回茶盘,同时向主人道谢。

潮州工夫茶,别称潮汕工夫茶,是广东省潮汕地区一带特有的传统饮茶习俗。潮州工夫茶是融精神、礼仪、沏泡技艺、巡茶艺术、评品质量于一体的完整的茶道形式。2008 年,潮州工夫茶被列入《国家第二批非物质物化遗产名录》。

2019 年,《潮州工夫茶艺技术规程》团体标准由中国茶叶学会正式发布,为潮州工夫茶艺这一传统饮食文化的传承和传播提供标准支持。

《潮州工夫茶艺技术规程》的内容有潮州工夫茶艺的术语和定义、茶器物、茶水比例、茶壶执持手法、姿态礼仪、烹茶步骤的要求,并且将潮州工夫茶艺步骤归纳为二十一式。下面我们一起来赏析。

(1)**备器(备具添置器)**

茶杯呈“品”字摆放,依次摆好孟臣壶、泥炉等烹茶器具。

(2)**生火(榄炭烹清泉)**

泥炉生火,砂铫加水,添炭扇风。

(3)**净手(茶师洁玉指)**

茶师净手。

(4)**候火(扇风催炭白)**

炭火烧至表面呈现灰白,即表示炭火已燃烧充分,没有杂味,可供炙茶。

(5)**倾茶(佳茗倾素纸)**

倒茶叶于素纸上。

(6)**炙茶(凤凰重修炼)**

炙茶,提香净味。

(7)温壶(孟臣淋身暖)

注水入壶,淋盖温壶。

(8)洗杯(热盏巧滚杯)

热盏滚杯,并将杯中余水点尽。

(9)纳茶(朱壶纳乌龙)

纳茶需适量,用茶量以茶壶大小为准,占茶壶八成左右。

(10)高注(提铫速高注)

提拉砂铫,快速往壶口冲入沸水。

(11)润茶(甘泉润茶至)

高注沸水入壶,使水满溢出。

(12)刮沫(移盖拂面沫)

壶盖刮沫,淋盖去沫。

(13)冲注(高位注龙泉)

将沸水沿壶口内缘定位高冲,注入沸水,切忌冲破茶胆。

(14)滚杯(烫盏杯轮转)

用沸水烫洗茶杯。

(15)洒茶(关公巡城池)

依次循回往各杯低斟茶汤。

(16)点茶(韩信点兵准)

壶中茶水少许时,则往各杯点尽茶汤。

(17)请茶(恭敬请香茗)

恭敬地请嘉宾品茶。

(18)闻香(先闻寻其香)

未饮前,先闻茶汤的香气。

(19)啜味(再啜觅其味)

分三口啜饮,一口为喝,二口为饮,三口为品。

(20)审韵(三嗅审其韵)

啜完三口后,再将茶杯余下的少许茶汤倒入茶盘,冷闻杯底,赏杯中韵香。

(21)谢宾(复恭谢嘉宾)

微笑地向嘉宾鞠躬以表谢意。

7.2.4 武夷岩茶茶艺

自古名山出名茶,武夷岩茶以其独特的岩韵、幽香,闻名古今中外,在茶王国中独树一帜。武夷岩茶又以其祥和宁静、古朴典雅,体现了茶的精神境界,让人耳目一新,心宁气和。

1)武夷二十七道茶艺

武夷茶艺融儒、释、道三教之精华。茶中蕴和,茶中寓静。茶的"和、静"的禀性乃三教所追求的境界。武夷茶艺的程序有二十七道,合三九之道。二十七道茶艺如下。

武夷岩茶壶盅双杯茶艺

(1)恭请上座

邀请宾客依次入座，主人或侍茶者备茶待客。

(2)焚香静气

武夷茶艺追求的是一种宁静的氛围。焚点檀香就是以此为目的，造就幽静、平和的品茶氛围。品茶先品人，品茶讲人品，品茶者应矜持不躁，这样才可以体现传统茶德，即信奉人与人之和美，人与自然之和谐。

(3)丝足和鸣

低播古典音乐，使品茶者进入品茶的精神境界。

(4)叶嘉酬宾

出示武夷岩茶让客人观赏。叶嘉，即宋苏轼《叶嘉传》中用拟人手法把武夷茶誉为叶嘉，意为叶子嘉美。

(5)活煮山泉

"活水还须活火烹。"冲泡武夷岩茶用山泉水溪水围上，即用旺火将壶中的山泉水煮到初沸。

武夷岩茶（二十七式）

(6)孟臣沐霖

孟臣是明代紫砂壶的制作家，后人为了纪念他，即把名贵的紫砂壶喻为孟臣壶。孟臣沐霖即为烫洗茶壶。

(7)乌龙入宫

现在，我们将通过茶斗和茶勺将茶叶罐中的茶叶引入紫砂壶内，喻为乌龙入宫。宫，紫砂壶的喻称。放入壶内的茶叶量因人而异，嗜浓者可多加，喜淡者则少放，一般茶叶量为茶壶的1/3。

(8)悬壶高冲

武夷茶艺的冲泡技艺讲究高冲水，低斟茶。现在，我们将通过悬壶高冲，使茶叶随水翻滚，茶叶早些出味。

(9)春风拂面

接着用茶盖轻轻刮去茶表面的茶沫，喻为春风拂面。

(10)重洗仙颜

重洗仙颜，即开水浇淋茶壶的外表，这样既可以烫洗茶壶的表面，又可以提高壶内外的温度。重洗仙颜为武夷山一处摩崖石刻，借以洗却茶人凡尘之心。

(11)若琛出浴

在中国的清代，江西景德镇有为名叫若琛的烧瓷名匠，他烧出的白瓷杯小巧玲珑，薄如蝉翼，色泽如玉，极其名贵，后人为了纪念他，把名贵的白瓷杯喻为若琛杯，那么若琛出浴即为温烫茶杯。

(12)游山玩水

将茶壶底靠茶盘沿旋转一圈，后在茶巾布上吸干壶底茶水，防止滴入杯中。

(13)关公巡城

斟茶时，为了避免浓淡不均，应一次往各杯巡回点斟，喻为关公巡城。

(14)韩信点兵

茶水剩少许的时，则往各杯点斟，喻为韩信点兵。关公巡城和韩信点兵，一是为了保持每杯茶水的浓淡均匀；二是表示对各位来宾的平等与尊敬。

接下来，将邀请在座的各位来宾朋友和我们的表演者共同品饮武夷岩茶。

(15)**三龙护鼎**

让我们来看看这手中杯的拿法，这种拿法喻为“三龙护鼎”，即用拇指、食指扶杯，中指托住杯底，这样的握杯既稳妥又高雅。

(16)**鉴赏三色**

鉴赏三色，即认真观看茶水由杯内圈至外圈的三种不同颜色。

(17)**喜闻幽香**

喜闻幽香，即嗅闻岩茶的香味。

(18)**初品奇茗**

初品奇茗，即观色、闻香后，开始品茶味。

(19)**再斟兰芷**

再斟兰芷，即斟第二道茶，“兰芷”指岩茶。宋代范仲淹有诗云：“斗茶味兮轻醍醐，斗茶香兮薄兰芷”。兰花之香是世人公认的王者之香，再斟兰芷是指第二次闻香。饮者可细细品味那清幽、淡雅、甜润、悠远的茶香是否比单纯的兰花之香更胜一筹。

(20)**品啜甘露**

品饮武夷岩茶时，您应小口细啜。初饮时，您会感到有些浓苦，但多饮几口便觉得清新甘甜之感油然而生，这就是与众不同的武夷岩韵。

(21)**三斟石乳**

三斟石乳，即斟三道茶。“石乳”是元代武夷山贡茶中的珍品，后来用来代表武夷茶。

(22)**领略岩韵**

领略岩韵，即品饮第三道茶。通过品饮头两道茶，茶的生涩感已消失，从第三道开始回甘。细细品味，只有这样，才能领悟武夷岩茶无比美妙的岩韵。

(23)**敬献茶点**

奉上品茶之点心，一般以咸味为佳，因其不易掩盖茶味。瓜子、菜干、咸花生之类，也可用咸味糕饼。

(24)**自斟慢饮**

让客人自己添茶续水自斟自饮，体会冲泡茶的乐趣。进一步领略岩茶的情趣。

(25)**欣赏歌舞**

在品茶同时欣赏武夷茶歌、茶舞表演，与闽北乌龙茶艺搭配演出的茶歌、茶舞大多取材于武夷茶民的生产生活，具有闽北茶事的独特风格。

(26)**游龙戏水**

选一条索紧致的干茶放入杯中，斟满茶水，仿若乌龙在戏水。

(27)**尽杯谢茶**

起身喝尽杯中之茶，感谢茶人与大自然的恩赐。

以上是传统武夷茶艺二十七道完整程序。

2)武夷岩茶十八道茶艺

随着闽台茶艺文化交流与发展，武夷岩茶茶艺也有了新的表现方式。这里我们简称武夷岩茶十八道茶艺。

武夷岩茶首重岩韵，以具香、清、甘、活者为上品，十分讲究山骨、岩韵、杯底香等。品茶时，先嗅其香，再看其色，三品其味，后观叶色。品茶是精神感应、高层次文化享受，要慢酌细啜，徐徐入口。古人云："小杯曰品，大杯饮驴。"牛饮只能解渴，小杯方能品出其真味，领略情趣。初品者体会是一杯苦、二杯甜、三杯味无穷；嗜茶客更有"两腋清风起，飘然欲成仙"之感。

茶艺以艺示道，应当艺术地体现中国茶道的基本思想。本套茶艺编排中贯彻了三大特色：

一是茶道即人道，茶道最讲人间真情。本套茶艺通过母子相哺、夫妻和合、君子之交等很俗的程序表达了母子之情，夫妻之爱和朋友之谊，很真切地给人以温馨的感受。

二是融知识性与趣味性于一体，艺术地再现了武夷山茶师在审评茶叶时"三看、三闻、三品、三回味"的高超技巧，参与了这套茶艺后就真正懂得了武夷山茶人是如何审评茶叶的。

其三是重在参与。在本套茶艺中，客人与主人围桌而坐，共同候汤、鉴水、赏茶、闻香、观色、品茗。每一个客人都是茶艺的创作者，而不是旁观者，正因为有这三大特点，所以这套茶艺深受欢迎，并已在全国广泛流传。

具体操作过程如下。

(1)**焚香静气，活煮甘泉**

焚香静气，就是通过点燃这炷香，来营造祥和、肃穆、无比温馨的气氛。希望这沁人心脾的幽香，能让大家心旷神怡，但愿您的心会伴随着这悠悠袅袅的香烟，升华到高雅而神奇的境界。

宋代大文豪苏东坡是一个精通茶道的茶人，他总结泡茶的经验说："活水还须活火烹。"活煮甘泉，即用旺火来煮沸壶中的山泉水。

(2)**孔雀开屏，叶嘉酬宾**

孔雀开屏，是向同伴们展示自己美丽的羽毛。我们借助孔雀开屏这道程序，向嘉宾们介绍今天泡茶所用的精美的工夫茶茶具。叶嘉是苏东坡对茶叶的美称。叶嘉酬宾，就是请大家鉴赏乌龙茶的外观形状。

(3)**大彬沐淋，乌龙入宫**

大彬是明代制作紫砂壶的一代宗师。因为他所制作的紫砂壶被后代茶人叹为观止，被视为至宝，所以后人都把名贵的紫砂壶称为大彬壶。大彬沐淋，就是用开水浇烫茶壶，其目的是洗壶并提高壶温。乌龙入宫，把茶叶放入壶中。

(4)**高山流水、春风拂面**

武夷茶艺讲究"高冲水，低斟茶"。高山流水，即将开水壶提高，向紫砂壶内冲水，使壶内的茶叶随水浪翻滚，起到用开水洗茶的作用。春风拂面，是用壶盖轻轻地刮去茶汤表面泛起的白色泡沫，使壶内的茶汤更加清澈洁净。

(5)**乌龙入海、重洗仙颜**

品饮武夷岩茶讲究"头泡汤，二泡茶，三泡、四泡是精华"。头一泡冲出的茶汤直接注入茶海。因为茶汤呈琥珀色，从壶口流向茶海好像蛟龙入海，所以称之为乌龙入海。

重洗仙颜，原本是武夷九曲溪畔的一处摩崖石刻，在这里意喻为第二次冲水。第二次冲水不仅要将开水注满紫砂壶，而且在加盖后还要用开水浇淋壶的外部，这样内外加温，有利于茶香的散发。

(6)**母子相哺,再注甘露**

冲泡武夷岩茶时要备有两把壶。一把紫砂壶专门用于泡茶,称为泡壶或母壶;另一把容积相等的壶用于储存泡好的茶汤,称为海壶或子壶。现代也有人用公道杯代替海壶来储备茶水,把母壶中泡好的茶水注入子壶,称为母子相哺。

(7)**祥龙行雨,凤凰点头**

将海壶中的茶汤快速而均匀地依次注入闻香杯,称为祥龙行雨,取其甘霖普降的吉祥之意。过去有人将这道程序称为关公巡城、韩信点兵。因为这样解说充满刀光剑影,杀气太重,有违茶道以和为贵的基本精神,所以我们予以扬弃。

(8)**夫妻和合,鲤鱼翻身**

闻香杯中斟满茶后,将描有龙的品茗杯倒扣过来,盖在描有凤的闻香杯上,称之为夫妻和合,也称为龙凤呈祥。

把扣合的杯子翻转过来,称为鲤鱼翻身。中国古代神话传说,鲤鱼翻跃过龙门可化龙升天而去,我们借助这道程序祝福在座的各位嘉宾家庭和睦、事业发达。

(9)**捧杯敬茶,众手传盅**

捧杯敬茶是茶艺小姐先用双手将龙凤杯捧到齐眉高,然后恭恭敬敬地向左侧第一位客人行注目点头礼,并把茶传给他。

客人接到茶后不能独自先品为快,应当也恭恭敬敬向茶艺小姐点头致谢,并按照茶艺小姐的姿势依次将茶传给下一位客人,直到传到坐得离茶艺小姐最远的一位客人为止,然后再从左侧依次传茶。通过捧杯敬茶、众手传盅,可以使在座的宾主们心贴得更紧,感情更亲近,气氛更融洽。

(10)**喜闻幽香,鉴赏汤色**

喜闻幽香是武夷岩茶三闻中的头一闻,是指请客人用左手将描有龙凤图案的茶杯端稳,用右手将闻香杯慢慢地提起来,这时闻香杯中的热茶全部注入品茗杯,甚这闻香杯温度高,请客人闻一闻杯底留香。第一闻主要闻茶香的纯度,看是否香高辛锐无异味。

(11)**三龙护鼎,初品奇茗**

三龙护鼎是请客人用拇指、食指托杯,用中指托住杯底。这样拿杯既稳当又雅观。三根手指头喻为三龙,茶杯如鼎,故这样的端杯姿势称为三龙护鼎。

初品奇茗是武夷山品茶三品中的头一品。茶汤入口后不要马上咽下,而是吸气,使茶汤在口腔中翻滚流动,使茶汤与舌根、舌尖、舌侧的味蕾都充分接触,以便更精确地悟出奇妙的茶味。初品奇茗主要是品这泡茶的火功水平,看有没有“老火”或“生青”。

(12)**再斟流霞,二探兰芷**

再斟流霞,是指为客人斟第二道茶。宋代范仲淹有诗云:“干茶味兮轻醍醐,干茶香兮薄兰芷。”兰花之香是世人公认的王者之香。二探兰芷,是请客人第二次闻香,请客人细细地对比,看看这清幽、淡雅、甜润、悠远、捉摸不定的茶香是否比单纯的兰花之香更胜一筹。

(13)**二品云腴,喉底留甘**

“云腴”是宋代书法家黄庭坚对茶叶的美称。“二品云腴”即请客人品第二道茶。二品主要品茶汤的滋味,看茶汤过喉是否鲜爽、甘醇,还是生涩、平淡。

(14)**三斟石乳,荡气回肠**

“石乳”是元代武夷山贡茶中的珍品,后人常用来代替武夷茶。三斟石乳,即斟第三道茶。荡气回肠,是第三次闻香。品啜武夷岩茶,闻香讲究“三口气”,即不仅可以用鼻子闻,而且可以用口大口地吸入茶香,然后从鼻腔呼出,连续三次,这样可全身心感受茶香,更细腻地辨别茶叶的香型特征。茶人们称这种闻香的方法为荡气回肠。第三次闻香还在于鉴定茶香的持久性。

(15)**含英咀华,领悟岩韵**

含英咀华,是品第三道茶。清代大才子袁枚在品饮武夷岩茶时说“品茶应含英咀华并徐徐咀嚼而体贴之。”其中的英和华都是花的意思。

含英咀华即在品茶时像是在嘴里含着一朵小兰花一样,慢慢地咀嚼,细细地玩味。只有这样,才能领悟到武夷山岩茶特有的“香、清、甘、活”无比美妙的韵味。

(16)**君子之交,水清味美**

古人云:“君子之交淡如水”。而那淡中之味恰是品饮了三道浓茶之后,再喝一口白开水。喝水时,应像含英咀华那样,慢慢玩味,多数人都有“此时无茶胜有茶”的感觉。这也反映了人生的哲理,平平淡淡总是真。

(17)**名茶探趣,游龙戏水**

好的武夷岩茶七泡有余香,九泡仍不失茶真味。名茶探趣,是请客人自己动手泡茶。看一看壶中的茶泡到第几泡还能保持茶的色、香、味。

游龙戏水,是把泡后的茶叶放到清水杯中,让客人观赏泡后的茶叶,行话称为“看叶底”。武夷岩茶是半发酵茶,叶底三分红、七分绿。叶片的周边呈暗红色,叶片的内部呈绿色,称为绿叶红镶边。在茶艺表演时,因乌龙茶的叶片在清水中晃动很像龙在玩水,故名游龙戏水。

(18)**宾主起立、尽杯谢茶**

孙中山先生曾倡导以茶为国饮。鲁迅先生曾说:“有好茶喝,会喝好茶是一种清福。”饮茶之乐,其乐无穷。自古以来,人们视茶为健身的良药、生活的享受、修身的途径、友谊的纽带,在茶艺表演结束时,请宾主起立,同干了杯中的茶,以相互祝福来结束这次茶会。

7.2.5 安溪工夫茶(铁观音)茶艺

福建安溪是我国乌龙茶的主要产区,素有“中国乌龙茶都”之称,这里出产的四大名茶铁观音、黄金桂、本山、毛蟹等都品质非凡,蜚声中外。在安溪,不仅有独到的乌龙茶栽培采制技术,而且十分讲究品饮艺术。早在清代,安溪的乌龙茶泡法就已相当考究。

安溪名茶铁观音的冲泡过程非常讲究,是一门融传统技艺和现代风韵于一体的品茶艺术,具有浓郁的地方特色。它传达的是纯、雅、礼、和的茶道理念。纯指茶性之纯正,茶主之纯心,茶友之纯净;雅指沏茶之细致、动作之优美、茶具之优雅;礼指感恩于自然,敬重于茶农,诚待于茶客,联茶友之情谊;和指人与人之和谐,人与茶、人与自然之和谐。

安溪工夫茶茶艺,每一个环节、每一个动作,都融自身修养与茶的精神于一体,尊重茶与人、人与自然之间的和谐关系,追求一种崇高的艺术境界。

1)器皿准备

安溪工夫茶茶艺选择茶具遵循民间习俗,一般采用陶质炭炉、水壶、瓷质圆层盘(或竹制茶盘)、盖碗(三才杯)、小瓷杯(白玉杯)、茶叶罐、竹制茶匙组合、茶巾等。安溪铁观音发酵程度较轻,选择瓷质盖碗作主泡器,能尽展其清扬的香气和浓醇鲜爽的滋味。

2)基本程序

安溪铁观音茶艺

(16步)

(1)神入茶境

茶艺师在沏茶前先用清水净手,端正仪容,以平静、愉悦的心情进入茶境,备好茶具,聆听中国传统音乐,以古琴、萧来帮助自己心灵的平静。

(2)展示茶具

炉、壶、瓯杯以及托盘,号称"茶房四宝",这主要是遵循本地传统加工而成,安溪茶乡有历史悠久的古窑址。"茶房四宝"不仅泡茶专用,而且有较高的收藏欣赏价值。而用白瓷瓯杯泡茶,对于放茶叶、闻香气、冲开水、倒茶渣等都很方便。茶匙组合是用竹制的,安溪盛产竹子,这是民间传统惯用的茶具。

(3)烹煮泉水

沏茶择水最为关键。如果水质不好,会直接影响茶的色、香、味,只有好水茶味才美。冲泡安溪铁观音,要选择清甜甘洌的泉水,烹煮的水温需达到100 ℃,才能充分展示出铁观音的独特的音韵。

(4)沐淋瓯杯

沐淋瓯杯也称热壶烫杯。用滚开的水先洗盖瓯,再洗茶杯,这样不仅能保持瓯杯的温度,还能起到给杯具消毒的作用。

(5)观音入宫

从茶叶罐中用茶则取出铁观音,置入精美的瓯杯中,美其名曰"观音入宫"。

(6)悬壶高冲

提起水壶,对准瓯杯,先低后高冲入开水,使茶叶随着水流旋转而充分舒展。

(7)春风拂面

左手提起瓯盖,轻轻地在瓯面上绕一圈把浮在瓯面上的泡沫刮起,然后右手提水壶把瓯盖冲净。

(8)瓯里蕴香

铁观音是乌龙茶中的极品,安溪铁观音条索肥壮,卷曲紧结,素有"美如观音重如铁"之美誉,且"绿叶红镶边,七泡有余香",铁观音下瓯冲泡,需盖上瓯盖等待1~2分钟,才能将其独特的香和韵展示出来。冲泡时间太短,色、香、味显示不出来;冲泡时间太长,则会"熟汤失味"。

(9)三龙护鼎

准备斟茶时,把右手的拇指、中指夹住瓯杯的边沿,食指按在瓯盖的顶端,提起盖瓯,三个指称为三条龙,盖瓯称为鼎,故叫作"三龙护鼎"。

(10)行云流水

提起盖瓯,沿着托盘上边绕一圈,把瓯底的水刮掉,以防止瓯杯外的水滴入杯中。

(11)观音出海

民间俗称"关公巡城",就是把茶水依次巡回均匀地斟入各个茶杯里,斟茶时应低行,以防香气散失。

(12)**点水留香**

民间俗称“韩信点兵”,就是斟茶到最后瓯底最浓部分,要均匀地一点一点滴注到各个茶杯里,以达到浓淡均匀,香醇一致。

(13)**敬奉香茗**

将茶水依次敬奉给各位宾客。

(14)**鉴赏汤色**

品饮铁观音,首先要观其色,即观赏汤色,优质铁观音的汤色蜜绿或金黄、清澈明亮,让人赏心悦目。

(15)**细闻幽香**

这就是闻其香。闻铁观音的香气,是铁观音茶艺中的一个重要环节,也是一种高雅的享受,铁观音那馥郁持久的天然兰花香、桂花香,让人心旷神怡。

(16)**品啜甘霖**

这叫品其味。品啜铁观音的韵味,有一种特殊的感受,你呷上一口含在嘴里,慢慢送入喉中,顿时会觉得满口生津,齿颊留香,六根开窍清风生,飘飘欲仙最怡人。安溪有句俗话:“谁人寻得观音韵,不愧是个品茶人。”希望大家通过品茶,能品味到铁观音独特的韵味,能成为铁观音的知己。

7.2.6 台湾工夫茶茶艺

中国台湾茶艺在继承中国传统工夫茶基本理念的基础上衍生出众多流派。较知名的有“三才泡法”“妙香式泡法”和“吃茶流小壶泡法”等。“吃茶流”将泡茶视为一种艺术。崇尚茶禅相融,在茶艺精神中结合禅的哲理。“吃茶”取自赵州从谂禅师有名的“吃茶去”公案,吃字包含了一个人的生活方式及其人生观。“吃茶流”主要精神在于从“序、静、省、净”中去追求茶禅一味的理想境界。

20世纪80年代以来,中国台湾地区经济发展带动茶艺蓬勃发展。台北陆羽茶艺中心茶学研究所,在蔡荣章教授的领导下,根据闽粤“工夫茶法”的精神,结合现代人对美观、方便、卫生的要求,改良创制“小壶茶法”。陆羽茶艺中心的茶道精神:美津、健康、养性、明伦。

美律:美是茶的事物,律是茶的秩序。

健康:茶为健康饮料,其有益于人身健康是毫无疑意的。

养性:茶人必须顺茶性,从清趣中培养灵源,涤除积垢,还其本来性善。

明伦:茶之功用,是敦睦人际关系的津梁。

以下介绍小壶茶法基本程序:

1)器具准备

茶壶、茶船、壶垫、茶盅、滤网、盖置、奉茶盘、茶杯、杯托、茶荷、茶巾、渣匙、茶拂、茶巾盘、计时器、煮水器、热水瓶、水盂、茶叶罐。

2)基本程序

(1)**备具:从静态到动态**

陆羽小壶茶法(以下简称小壶茶法)的茶具排放原则是:主茶具在泡茶者正前方、辅茶器在右手边、备水器在左手边、储茶器在茶车（或泡茶桌）内柜，并将4个或适量杯子反扣在杯托，置于奉茶盘上。这些泡茶用具，平日依机能性与美观要求排放妥当，方便自己或招待客人时，可随时取用。这是讲求“随时备妥”的茶道精神。准备泡茶时，先将茶巾拿到主茶具右下方，然后翻正奉茶盘上的杯子，移到主茶具上方，表示要开始泡茶了。茶具由静态位置调整成动态，造成气象为之一变，呈现出泡茶即将开始的提示作用。这是小壶茶法强调“动静有序”的布局。

台湾陆羽小壶泡茶法

（2）**备水**

将煮水壶移到主茶具腾出的中间位置加水。将电茶壶移到中间位置正面加水主要是出于安全的考虑，因为用来加水的保温瓶具有重量，倒出的又是热水，侧身操作重心不稳，容易造成危险。这是小壶茶法“预见危险”所做的安全措施。

备水完毕，准备工作才算完成。这时调整一下坐姿，梳理一下心情：如果有客人在座，巡视一下客人。正式表演场合，站起来向大家行个礼（居家泡茶则省略），表示已做好万全准备，马上就可泡茶招待大家了。这是小壶茶法提醒人们“泡茶何时开始”的预告做法。

（3）**温壶**

开始泡茶后的第一个动作是温壶。从这时开始，总是以左手提水壶、右手拿茶壶。为何要如此操作呢？原因是水壶放在左侧、茶壶放在右侧，左右手分工，左手取左边的水壶、右手取右边的茶壶，除就近操作外，也可纠正偏废一边的习惯，有助于身体均衡、健康。这是小壶茶法讲求“左右均衡操作”的精神。

（4）**备茶**

将茶罐取出，倒出适量的茶叶于茶荷内。适量的茶叶是多少呢？应该依冲泡的次数与茶叶的松紧程度来决定，但亦要符合经济原则。如这壶茶只准备泡二道，那放少许茶叶即可，浸泡时间拉长一些就可将茶泡好，不要放太多的茶叶造成浪费。这是小壶茶法强调“取其所需”的精简精神。

（5）**识茶**

泡茶者双手捧起茶荷，仔细观看茶叶状况：如茶青的老嫩、萎凋的轻重、揉捻的程度、焙火的长短……为什么要这样做呢？因为这些是决定水温、浸泡时间、放置茶量的重要依据。看得越清楚、判断得越正确，等一下茶汤就可掌握得越好。这是小壶茶法讲求“预先了解状况”的良好习惯。

（6）**赏茶**

泡茶者识完茶，将茶荷递给客人赏茶。这时说赏茶，是因为客人喝茶时所扮演的角色是赏者，要当茶的“朋友”而不是作茶的“医生”“法官”。客人对泡茶者提供的茶叶，只要作外观与美感的欣赏即可，无须太多的批评。这是小壶茶法要求茶人“欣赏茶，不只喝茶”的茶道修养。

（7）**温盅**

客人赏茶期间，泡茶者将温壶的水倒入茶盅内温盅。温盅的目的除了提高盅温外，更重要的是了解茶盅的容量，试测一下能否装得下一壶茶汤，如果小了一点，等冲水入壶时少倒一些。这是小壶茶法“预测未来”的泡茶规划。

（8）**置茶**

赏茶的茶荷送回后，泡茶者持茶荷将茶置入壶内。这段过程中，有许多器物如茶荷、渣匙、壶盖、茶拂等,需要操作。在器物一取一放间,尽量做到轻柔、小心、并放入自己的感情,如同与爱人见面的喜悦、别离时难舍的心情一般。因为爱茶人与器物间的关系,非只是利用,而是要注入爱物、惜物的情怀。这是小壶茶法重视“物情”的表现。

(9)**闻香**

茶叶在茶壶内闷一段时间后,是闻香最好的时机,泡茶者在了解了茶香之后,递壶请客人欣赏。客人从刚才赏茶到现在的闻香,对茶叶品质已大致有了了解,这时如觉得这壶茶的香气不明显,那可能是品质不怎么高的茶;您就应以该等级茶的标准来欣赏,千万不可拿曾喝过的特等茶来挑剔它的不是;同样道理,也不可以用前几道的茶香来批评后几道的茶香。这是小壶茶法要求茶人“就茶赏茶”的精神。

(10)**冲第一道茶**

闻完香后,冲泡第一道茶。这时泡茶者要留意自己的泡茶姿态:如身体是否坐正、提壶的肩膀是否歪一边,这些外在姿态是泡茶美感与境界塑造的基础;处理得当,才能显现泡茶动作的风格,表达茶道的境界。这是小壶茶法要求泡茶人重视“泡茶姿态”的原因。

(11)**计时**

在壶内冲入热水,盖上壶盖,按下计时器开始计时。使用计时器有助于准确掌控茶叶浸泡的时间,尽可能把茶汤泡到最佳状态。泡好茶是茶人体能训练的基本,如果茶都泡不好,就无法享受茶之美,更遑论茶道境界的体悟。因此小壶茶法强调“泡好茶的意义”,而计时器则是此一茶道理念应用的器物。

(12)**烫杯**

茶叶在壶内浸泡期间,将温盅的热水倒入杯子内烫杯。烫杯的目的,一方面是提高杯温,免得茶汤很快变凉了;另一方面是使端杯饮用时,杯子内外温度较趋一致,不会因杯冷汤热烫到嘴。但如这些原因都不存在,烫杯可以省略。温壶、温盅也是一样,如果水温太高,又不是想借壶温烘托茶香,可以不温壶、温盅。这是小壶茶法讲求“灵活应用”的精神。

(13)**倒茶**

茶汤浸泡到一定浓度后,将茶汤一次倒入茶盅内。倒茶时,茶壶倾斜90°以内就可将茶汤全部倒出。小壶茶法要求茶人“让茶汤慢慢滴干”,不要有太过逼人、不留余地的感觉。

(14)**备杯**

茶汤倒入茶盅后,将烫杯的水一一倒掉。其中有3个步骤:倒水、沾干、归位。茶杯依此步骤一一排放于奉茶盘上,操作时要一气呵成,产生节奏般的美感。其他动作也是一样,做到:松、静、圆、柔、韵、绵。这是小壶茶法重视“动作之美”的精神。

(15)**分茶**

备杯完成,持茶盅将茶汤分倒入杯,这样每杯茶的浓淡是平均的。若无茶盅,可找另一只茶壶或大杯子充当茶盅使用,或者直接持茶壶以“平均分茶法”倒茶入杯。只有如此弹性运用与应变,才能轻松把茶泡好。这是小壶茶法“不为物所御”的理念。

(16)**端杯奉茶**

分茶后就是端杯奉茶,泡茶者要留一杯给自己。为何要留一杯给自己喝呢?除了是对泡茶者的尊敬外,更重要的是泡茶者可借此了解刚才泡的茶汤是否满意?有什么需要调整或改进的?这种随时自我检讨与追求精进的做法,是小壶茶法“检讨与精进”的精神。

(17)冲第二道茶

冲第二道茶时,可参考第一道茶的情况加以调整水温与时间,使这壶茶汤泡得更好。小壶茶法一般会冲泡四至五次,虽然后面的几道茶汤一定不如前面,但泡茶者仍应依茶叶当时的状况,用心将这壶茶最佳的茶汤冲泡出来。这是小壶茶法要求泡茶人"表现各阶段的最佳状况"的精神。人生不也是如此?每个阶段都要表现出最佳的状态。

(18)持盅奉茶(品泉与茶食)

第二道茶泡好后,持盅将茶汤倒入客人的杯内。这时如果无法从客人正面奉茶,就要考虑如何持盅倒茶才不会干扰客人:如从客人左边奉茶,建议您以左手持盅倒茶,免得右手操作会太迫近客人身体。同样道理,递壶请客人闻香时,也要将壶把调整到客人方便拿取的位置;持杯奉茶时,如果杯子有把手,也要把把手调到客人的右方。这是小壶茶法"处处为对方着想"的做法。

喝了数道茶后,请客人喝一杯泡茶用的白开水,称为品泉。这时大家会感觉这杯白开水特别甘美,刚才的茶味都被烘托出来了。还可以供应一道茶食、听一段音乐、或赏一炉香。这种做法,就是小壶茶法"空白之美"的应用。

(19)去渣(赏叶底)

喝完数道茶,不再冲泡也不再换茶继续品饮时,泡茶者开始做去渣的动作。这时可将泡过的叶底取出一部分放在叶底盘上给客人欣赏。从赏叶底中可一目了然茶叶的"身世":如茶青的老嫩、采摘合不合标准、萎凋是否良好……是否将茶叶叶底毫不隐藏地面对客人,就是小壶茶法讲求"坦诚相待"的精神。

(20)涮壶

去渣后,冲半壶水涮壶,顺便清理一下渣匙、茶船、盖置……并把桌面恢复如前。这些收拾残局的工作,是磨炼泡茶者耐性最好的方法,也是小壶茶法强调"谨于收拾残局"的精神。用意是提醒茶人,收拾残局也是与精采的开场同等重要。

客人看到泡茶者涮完壶,觉得这把壶很有意思,可要求主人或泡茶者把壶递给大家欣赏。这种做法,一方面是客人"回馈"主人的一种礼貌,另一方面大家在赏壶、论壶之间,也可增进彼此对茶器的一些认识与心得。这是小壶茶法重视"茶器之美"的精神。

(21)归位

客人将壶送回,泡茶者将其归位,显示茶会即将结束。茶会何时结束是要掌控的。一次茶会理想的时间是多久呢?如果两三人的茶会,最好不超过1小时;多人的茶会最长不超过2小时。因为漫长的喝茶过程容易影响下一个行程,而精致且意犹未尽的茶会,总比拖拖拉拉的感觉要好些。小壶茶法讲求"时间掌控"的重要性。

(22)清盅

接下来将茶盅的滤网冲净,归位。小壶茶法从开始到结束,所有动作都依照秩序进行,如茶具的排放与移动、泡茶的手法、茶荷的转动、翻杯的步骤……事先都做好完整的程序规划,操作时才能从容自我表现,化作效率与美感。这是小壶茶法强调"秩序是美感与效率基础"的理念。

(23)收杯

茶会结束时,客人亲自将用过的杯子一一送回奉茶盘上,并向司茶行礼致谢。茶会进行间的奉茶也是由客人自己取杯。泡茶者在茶道上有其应有的地位,不可以仆人看待之。这是小壶茶法提醒人们“尊重泡茶者”的精神。如有长辈在座,则可以由主人或泡茶者前去收杯。

(24)**结束**

泡茶者送走客人,回到泡茶席,检查一下茶盅是否还有茶汤,有的话倒入自己的杯子喝掉,回味一下刚才茶会的情景。这是小壶茶法讲求“依依不舍之情”的茶道表现。

将茶具清洗归位。品茗需要有好的场所,您可装潢一间专用的茶室或利用客厅一角布置成品茗空间,规划成自己喜欢的茶席风格与茶道理念。小壶茶法重视“茶席之美”。

〖**思考题**〗

1. 根据产地不同,乌龙茶可分哪几类,各类中各有哪些代表性品种?
2. 闽北乌龙和闽南乌龙品质有何不同?
3. 冲泡乌龙茶时要注意哪些问题?
4. 福建、广东、台湾的乌龙茶茶艺主要有哪些不同?
5. 潮州工夫茶中的“茶房四宝”指哪几种器具?
6. 请自行编创一套乌龙茶茶艺。

实训7.1 潮汕工夫茶茶艺

〖**实训目的**〗

1. 使学生掌握潮汕工夫茶茶艺的基本程序和技能。
2. 提高学生品饮茶汤技巧。
3. 注重学生传统礼仪文化教育。

〖**实训场地与器具**〗

茶艺实训室,圆月茶盘1个,紫砂壶1个,紫砂茶船1个,白瓷品茗杯3个,茶叶罐1个,茶道组合1套,茶荷1个,茶巾1条,随手泡1套。

〖**实训要求**〗

1. 掌握烫壶温杯手法。
2. 熟练运用高冲、回旋注水等冲泡技法。
3. 掌握潮汕工夫茶艺规范的操作流程及正确的动作要领。

〖**实训时间**〗

1学时。

〖**实训方法**〗

1. 教师讲解示范

(1)鉴赏香茗

从茶叶罐中取出茶叶,置于素纸中,让客人鉴赏干茶。

(2)活火煮泉

使用碳炉、酒精炉或者电热壶煮水。

(3)孟臣淋霖

温壶,淋壶,用温壶之水烫洗茶具。

(4)倾心桃源

将素纸卷起,将茶叶倾入茶壶。

(5)悬壶高冲

向孟臣罐中注水。将沸水环壶口、沿壶边冲入,至水满壶口为止。

(6)春风拂面

用壶盖从壶口轻轻刮去茶末,盖上壶盖,提水淋壶。

(7)重洗仙颜

重洗仙颜,即洗茶。注入沸水后,立即倾出壶中茶汤。

(8)若琛出浴

若琛出浴,即烫洗茶杯。以狮子滚绣球的手法,拇指与中指相互配合,将茶杯倒扣于另一个杯子中滚动,充分烫洗茶杯。

(9)玉液回壶

用高冲法再次向壶内注满沸水。

(10)游山玩水

游山玩水,也称运壶,执壶沿茶船运转一圈,或沾一下巾。

(11)关公巡城

循环斟茶,使杯中茶汤均匀一致。

(12)韩信点兵

巡城至茶汤将尽时,将壶中所余斟于每一杯中。

(13)敬奉香茗

一般以老幼为序,先敬尊长、宾客,将托盘带杯端至客人前。

(14)品香审韵

先闻香,后品茗。品茗时,以拇指与食指扶住杯沿,以中指抵住杯底,俗称三龙护鼎。饮毕要双手将杯子放回茶盘,同时向主人道谢。

2. 学生分组练习。

【实训内容与操作标准】

1. 教师讲解示范。

2. 学生分组练习。

【达标测试】

见表 7.1。

表 7.1 达标测试表

班级: 组别: 学号: 姓名:

序号	测试内容	评分标准	配分	扣分	得分
1	备具	物品齐全,摆放整齐,具有美感,便于操作	10		

续表

序　号	测试内容	评分标准	配　分	扣　分	得　分
2	取茶赏茶	动作规范、优美	10		
3	烫壶温杯	动作规范、优美	10		
4	置茶冲泡	茶不泼洒,冲泡动作规范优美,浸润时间掌握得当	30		
5	斟茶奉茶	手法正确,茶汤均匀,有礼貌	10		
6	品茶	翻杯,闻香品茗手法正确	10		
7	茶汤品质	能充分展现出茶品的品质	10		
8	姿态、礼仪	姿态优美,礼仪周全	10		
合　计			100		

考核时间：　　年　月　日　　　　　　　　　　　　　　考评教师(签名)：

实训7.2　安溪铁观音茶艺

【实训目的】

1. 使学生掌握安溪茶艺的基本程序和技能。
2. 让学生掌握安溪铁观音的品质特点。

【实训场地与器具】

茶艺实训室,茶盘1个,白瓷盖碗1个,白瓷品茗杯4个,茶叶罐1个,茶道组合1套,茶荷1个,茶巾1条,随手泡1套。

【实训要求】

1. 掌握温盖碗手法。
2. 熟练运用高冲水、刮沫、观音出海、点水留香等冲泡技法。
3. 掌握安溪铁观音规范的操作流程及正确的动作要领。

【实训时间】

1学时。

【实训方法】

1. 教师讲解示范。
2. 学生分组练习。

【实训内容与操作标准】

1. 教师讲解示范

(1)神入茶境

清水净手,端正仪容,以平静、愉悦的心情进入茶境。

(2)展示茶具

边向宾客介绍炉、壶、瓯杯以及托盘等茶具,边把茶具摆置好。

(3)烹煮泉水

将选择清甜甘冽的泉水烹煮至二沸。

(4)沐淋瓯杯

用滚开的水先洗盖瓯,再洗茶杯。

(5)观音入宫

从茶叶罐中用茶则取出铁观音,置入瓯杯中。

(6)悬壶高冲

提起水壶,对准瓯杯,先低后高冲入开水。

(7)春风拂面

左手提起瓯盖,刮起浮在瓯面上的泡沫,然后右手提起水壶把瓯盖冲净。

(8)瓯里蕴香

盖上瓯盖等待1~2分钟。

(9)三龙护鼎

把右手的拇指、中指夹住瓯杯的边沿,食指按在瓯盖的顶端,提起盖瓯。

(10)行云流水

提起盖瓯,沿着托盘上边绕一圈,刮掉瓯底的水。

(11)观音出海

把茶水依次巡回均匀地低斟入各个茶杯里。

(12)点水留香

将瓯底最浓部分的茶汤,均匀地一点一点滴注到各个茶杯里。

(13)敬奉香茗

将茶水依次敬奉给宾客。

(14)鉴赏汤色

观赏铁观音蜜绿、清澈明亮的汤色。

(15)细闻幽香

闻铁观音的天然馥郁的兰花香。

(16)品啜甘霖

品味铁观音独特的韵味。

2.学生分组轮流练习。

【达标测试】

见表7.2。

表7.2 达标测试表

班级: 组别: 学号: 姓名:

序 号	测试内容	评分标准	配 分	扣 分	得 分
1	备具	物品齐全,摆放整齐,具有美感,便于操作	10		
2	取茶赏茶	动作规范、优美	10		
3	烫碗烫杯	动作规范、优美	10		

续表

序 号	测试内容	评分标准	配 分	扣 分	得 分
4	置茶冲泡	茶不泼洒,冲泡动作规范优美,浸润时间掌握得当	30		
5	斟茶奉茶	手法正确,茶汤均匀,有礼貌	10		
6	闻香、品茶	闻香品茗手法正确	10		
7	茶叶品质	能充分展现出铁观音的品质	10		
8	姿态、礼仪	姿态优美,礼仪周全	10		
合 计			100		

考核时间: 年 月 日 考评教师(签名):

实训7.3 武夷岩茶茶艺

【实训目的】

1. 掌握武夷岩茶茶艺的基本程序和技能。
2. 掌握武夷岩茶的品质特点。

【实训场地与器具】

茶艺实训室,木制茶盘1个,宜兴紫砂母子壶1对,品茗杯闻香杯组合干对,茶道六君子1套,茶巾2条,茶荷1个,茶叶罐1个,电热烧水壶1套。

【实训要求】

1. 掌握温紫砂壶执壶手法。
2. 熟练运用悬壶高冲、刮沫、淋壶、龙凤呈祥、鲤鱼翻身等冲泡技法。
3. 掌握武夷岩茶茶艺规范的操作流程及正确的动作要领。

【实训时间】

1学时。

【实训方法】

1. 教师讲解示范。
2. 学生分组练习。

【实训内容与操作标准】

1. 教师讲解示范

(1)翻杯

从左到右,将闻香杯打开,与品茗杯错位摆放。这样闻香杯与品茗杯更显错落有致。

(2)温壶

水烧开后,右手提起水壶,左手辅助打开紫砂壶盖,将水冲至八分满,先盖上盖子,再逆时针淋壶一圈,使壶内外受热均匀,有利于提高紫砂壶的温度。

(3)备茶

在等待紫砂壶温热的过程中,我们来备茶。今天我们冲泡的是福建武夷山的大红袍。这款茶条索较为肥壮，色泽乌褐较润。我们采用茶匙拨茶的方式，茶荷的大荷口需要朝向左边，这样更为方便操作。取适量茶叶后，茶匙、茶叶罐依次归位。

（4）赏茶

茶艺师赏茶时，大荷口要朝向自己，赏完后将大荷口转向茶友，从左到右，依次向茶友们展示茶叶，也可直接递给左边第一位茶友，请茶友们自行传递赏茶。赏茶结束后，茶荷归位。

（5）温盅

先将盅盖打开，提起茶壶、沾巾，避免将壶底的水也倒入茶盅。单手持壶的手法为：拇指和中指夹住壶把，食指点在盖扭上。提好茶壶后，沿着约 10 点钟的方向出水。茶壶倾斜先缓后急，直至与茶盅呈 90°左右，慢慢将水滴干。茶壶归位，盖上盅盖。这款茶盅是圈项式，内置滤网，有盖子，利于茶汤保温。

（6）温杯

持茶盅，拇指和中指握住茶盅圈项两侧，食指轻点盖扭。先将热水斟入闻香杯，再斟入品茗杯，用以提高茶杯的温度。

（7）投茶

趁热将茶叶置入茶壶中，有利于激发茶香。这款紫砂壶容量约为 150 毫升，大红袍原料较为成熟，我们大致投 8 克茶，即 1∶20 左右的茶水比。

（8）闻香

大红袍若是还未退火，可轻摇，或轻拍茶壶，散去部分低沸点炭焙气味，而后将茶壶移至适当位置，深吸气闻茶香。此时，在典型的火功香中，透着大红袍的花果香，也是一种独特的感官体验。

（9）冲泡

大红袍讲究高温高冲。先回旋注水一圈，而后高冲，这时会产生部分泡沫，可用左手持盖适当刮沫，再沿逆时针淋壶一圈。茶壶内外温度协调，这样可以更好地激发茶的香气和滋味。

（10）出汤

一般来说，大红袍第一泡的浸泡时间在 10～15 秒，要及时打开盅盖，提壶准备出汤。这款紫砂壶，壶盖会有少量积水，出汤时，可用茶巾置于壶底辅助，茶壶倾斜先缓后急，慢慢立直于茶盅上方，甚至超过 90°，慢慢将茶汤滴干。

（11）备闻香杯

逐一将闻香杯扣入品茗杯，轻轻旋转一圈，将闻香杯中的水滴干，而后归位。

（12）分茶

持茶盅，从左到右，依次将茶汤斟入闻香杯中。每杯七分满即可。

（13）龙凤呈祥，或称夫妻合和

将品茗杯的水倒干后，扣到闻香杯上。从左到右，逐一扣好。

（14）白鹤展翅，或称鲤鱼翻身

可用左手食指和中指抵住闻香杯底，拇指摁住品茗杯底。移至茶巾沾巾，而后右手辅助，双手操作将品茗杯与闻香杯翻转过来。一般来说，大致齐眉高的位置翻转即可，不要过高，也不要过低，呈现这一步骤的茶艺韵律与美学。翻好杯后，沾巾，将闻香杯组放在杯托上，就可以逐一奉茶了。

(15)品茶

奉好茶后,示意邀请茶友们一起品茶。引导茶友们,左手辅助茶杯,右手拿起闻香杯,轻刮品茗杯沿,滴干茶汤,而后闻香。此时热闻杯香,花果香十分浓郁。闻香后,鉴赏汤色,再小口品啜。大红袍,汤色橙黄明亮,滋味醇厚甘爽,口齿留香。品完茶后,可再拿起闻香杯细闻冷香,这时或有花蜜香,或有乳香,别有一番趣味。

(16)谢客

加入闻香杯的品茗体验,是这套茶艺的一大特色,也是乌龙茶品鉴的绝妙方式。待品茗活动结束,将茶杯收回,或请茶友们将茶杯送回,最后行礼谢客。茶艺演示结束。

2. 分组训练

教师统一口令分解动作,学生分组练习。

〖达标测试〗

见表7.3。

表7.3 达标测试表

班级: 组别: 学号: 姓名:

序 号	测试内容	评分标准	配 分	扣 分	得 分
1	备具	物品齐全,摆放整齐,具有美感,便于操作	10		
2	取茶赏茶	动作规范优美	10		
3	温壶温盅	动作规范、优美	10		
4	置茶冲泡	茶不泼洒,冲泡动作规范优美,浸润时间掌握得当	30		
5	斟茶奉茶	手法正确,茶汤均匀,有礼貌	10		
6	闻香、品茶	闻香品茗手法正确	10		
7	茶汤品质	能充分展现出铁观音的品质	10		
8	姿态、礼仪	姿态优美,礼仪周全	10		
合 计			100		

考核时间: 年 月 日 考评教师(签名):

实训7.4 台湾陆羽小壶泡茶法

〖实训目的〗

1. 掌握小壶泡茶法所需的器具名称及其作用和桌面摆置。

2. 掌握小壶泡茶法的基本流程,体验并内化小壶茶法的茶道精神和茶道美学。

〖实训场地与器具〗

茶壶、茶船、壶垫、茶盅、滤网、盖置、奉茶盘、茶杯、杯托、茶荷、茶巾、渣匙、茶拂、茶巾盘、计时器、煮水器、热水瓶、水盂、储茶器具、茶样(东方美人茶、冻顶乌龙)。

〖实训要求〗

1. 掌握紫砂壶的拿法。

2. 掌握小壶泡茶法的流程，培养泡茶精进之心，注重投茶量、水温、时间，力求泡一壶好茶。

〖实训时间〗

1 学时。

〖实训方法〗

1. 教师讲解示范。

2. 学生分组练习。

〖实训内容与操作标准〗

1. 教师讲解示范

(1)从静态到动态

茶车操作台中间摆放茶壶、茶盅、盖置、奉茶盘等主茶器，茶杯与托放在奉茶盘上，茶杯倒扣着。右边摆放茶荷、茶巾、渣匙、茶拂、计时器等辅茶器。左边是煮水器。茶车内柜的右边放茶叶罐，中间放热水瓶。茶巾移到茶盅的下方。打开杯子，将杯子排列在壶、盅的前方，杯托留在奉茶盘上。

(2)备水

双手将茶壶移到左前方，左手将水壶放到正前方。打开水壶盖，放于盖置上，右手取出热水瓶加满热水。打开热源开关。

(3)温壶

打开壶盖，放于盖置上，左手提起水壶冲入热水，水壶归位，右手盖上壶盖。

(4)备茶

右手取出茶罐，打开盖子，将罐盖与罐身放于“辅茶器组”的下方。将茶荷交给左手，右手拿茶罐，将所需茶叶倒入荷内。茶罐依原状放置于辅茶器组的下方。

(5)识茶

双手捧茶荷，观看茶叶的发酵、焙火、揉捻、粗细等茶况。

(6)赏茶

持茶荷请客人赏茶，借此机会介绍一下所要冲泡的茶叶。

(7)温盅

将温壶的水倒入盅内温盅。

(8)置茶

右手拿茶荷交给左手，右手拿渣匙，以尾端协助将茶置入壶内，盖上壶盖。以茶拂将附着于茶荷上的茶末刷入排渣孔内。盖上罐盖，将茶罐放入茶车内。

(9)闻香

右手提起茶壶，左手打开壶盖，欣赏壶内飘出的香气。闻完香，盖上壶盖。将壶送到客人的茶几上，请客人闻香。

(10)冲第一道茶

客人闻完香，将壶送回茶车。用绕倒的方式冲入第一道水。

(11)计时

冲完水,放回热水壶,盖上壶盖,按下计时器计时。

(12)烫杯

将温盅的水分倒入每个杯子内烫杯。

(13)倒茶

打开盅盖,提壶在茶巾上停一下,持壶将茶倒入茶盅内。

(14)备杯

逐个将烫杯的水倒掉,在茶巾上蘸一下,放回奉茶盘上的杯托上。

(15)分茶

持茶盅将茶分倒入杯。

(16)端杯奉茶

持奉茶盘端杯奉茶。

(17)品饮

奉完茶,由泡茶者带头,示意大家一起端杯品饮。闻其香,观其色,三品佳茗。

(18)冲第二道茶

以适温的水冲入壶内。将计时器归零,再行计时。

(19)持盅奉茶

泡好的茶倒入盅内,茶盅与茶巾放到奉茶盘上,端起奉茶盘,持盅添茶。

(20)去渣

泡完茶,右手打开壶盖、放于盖置上,将壶把调到左手边,左手提起茶壶,右手拿渣匙,将壶垫拾起放于茶巾的右侧。左手持壶,右手持渣匙,将茶渣去于排渣孔内。放回茶壶,将壶把调向右边。

(21)涮壶

冲入半壶水,向内摇晃壶身,壶口向下翻转,将壶内残渣随水倒于船内,沾干壶底。在船上漂洗壶盖,放回壶上。漂洗渣匙,并将茶渣集中至茶船倒水的一端,擦干渣匙,放回茶巾盘上。将船内的残渣倒掉。将壶垫放回船上。擦拭船底,台面。将壶放回船上。

(22)清盅

打开盅盖,放于盖置上,取出滤网倒置于茶巾上,加水入盅,盖上盅盖。右手将滤网交给左手,持盅将滤网于排渣孔或水盂上冲掉茶渣。右手提起盅盖,左手放回滤网,盖上盅盖。擦干盖置。

(23)收杯

客人由主客带领,将杯子送回,并行致谢。

(24)结束

检查操作台面,将茶巾放回茶巾盘。环顾一下操作台,起身向客人行礼致意,送走客人。将茶具清洗、卫生处理、于茶车上摆放成静态的位置。

2.学生分组练习。

〖达标测试〗

见表7.4。

表 7.4　达标测试表

班级：　　　　组别：　　　　学号：　　　　姓名：

序　号	测试内容	评分标准	配　分	扣　分	得　分
1	服仪	妆饰,发饰,服饰适宜,言语得体,礼仪周全,举止端庄,表情自然	15		
2	茶席	茶具齐全,摆放位置合理,摆法得当,整洁美观	15		
3	茶艺	基本姿势、礼仪动作规范,茶艺流程规范,泡茶三要素掌握得当	30		
4	茶汤	香气、汤色、滋味均能充分体现该茶品的品质	30		
5	解说	简述所冲泡的茶叶名称、茶类、产地、品质特点及冲泡要领	10		
合　计			100		

考核时间：　　年　月　日　　　　　　　　考评教师(签名)：

学习项目8　黄茶、白茶、花茶茶艺

〖学习目标〗

知识目标

1. 了解黄茶、白茶、花茶的加工工艺和品质形成的原因。

2. 掌握我国黄茶、白茶、花茶的种类及其品质特点。

3. 掌握黄茶、白茶、花茶的冲泡和品饮要领。

技能目标

1. 掌握黄茶、白茶、花茶评鉴的程序与方法，能够识别常见的黄茶、白茶和花茶。

2. 能够正确选配冲泡黄茶、白茶、花茶的茶具。

3. 熟练掌握黄茶、白茶、花茶的冲泡技艺。

课程思政目标

1. 了解黄茶、白茶、花茶的历史、种类及其品质特点，感受黄茶、白茶、花茶茶艺自然、清新、雅致、灵动之美，提升学生审美能力，增强学生文化自信。

2. 通过黄茶、白茶、花茶冲泡中各个细节的把握，培养学生认真做事、精益求精的工匠精神。

3. 通过不同茶类、茶品的不同茶艺设计，培养学生应用理论知识分析、解决问题、不断创新的意识。

〖任务引入〗

黄茶、白茶、花茶是我国特有的茶叶品类。黄茶中富含茶多酚、氨基酸、可溶性糖、维生素等营养物质，有防癌、抗癌、杀菌、消炎等特殊功效；白茶具有清热润肺、平肝益血、消炎解毒等功效；花茶既有纯正的茶香，又有馥郁的花香，深受消费者喜爱。因此，在国内乃至国际上，黄茶、白茶、花茶都有较大的市场空间。为了适应不断发展的市场需要，茶叶销售或茶艺服务行业的从业人员，不仅要了解黄茶、白茶、花茶的品质特点及其形成原因，还要能够根据其品质特点，正确冲泡，将其品质特点淋漓尽致地表现出来，从而引导消费，促进茶叶市场的繁荣。

〖案例导读〗

沐馨就职于一家茶叶店，这家茶叶店坐落在市中心购物广场，经营的茶叶种类齐全、品种繁多，南来北往的客人在这里都能买到心仪的产品。一天，几位英国朋友进店准备购买红茶，看到沐馨正在用玻璃杯为顾客冲泡君山银针。君山银针先是竖立着悬浮在水面上层，随波晃动，如同“万笔书天”，而后徐徐下沉，但仍然直立于杯底，好似“春笋破土”，茶芽在开水冲泡后，牙尖产生晶莹的小气泡，如“雀舌含珠”，在气泡浮力的作用下，茶芽三浮三沉，蔚为奇观。君山银针在杯中的奇妙变幻，让几个英国朋友直呼神奇，于是购买了君山银针。

【案例分析】

英国人酷饮红茶，之所以在沐馨就职的茶叶店购买君山银针，得益于沐馨对君山银针品质特点及冲泡技巧的熟练掌握。在沐馨娴熟的冲泡技艺下，君山银针犹如美丽的少女在水中翩翩起舞，让英国朋友陶醉其中，产生强烈的购买欲望，最后成功达成交易。

任务1　黄茶茶艺

黄茶是我国特有的茶类，属于轻发酵茶，制作工艺近似绿茶，不同之处是在制茶过程中加以焖黄。黄茶的初制基本工艺为：鲜叶→杀青→揉捻→闷黄→干燥。由于在干燥前增加了一道“闷黄”工序，导致茶叶中叶绿素被破坏，使黄茶色泽变黄，香气成分发生变化，滋味变醇，形成黄茶“黄汤黄叶”的品质特点。

8.1.1　黄茶的种类及其品质特点

黄茶依据原料的嫩度和芽叶大小细分为黄芽茶、黄小茶、黄大茶3类。

1）黄芽茶

黄芽茶可分为银针和黄芽两种。黄芽茶的原料比较细嫩，一般为芽头或一芽一叶初展、一芽二叶初展。黄芽茶中著名的品种有湖南的君山银针、四川的蒙顶黄芽、安徽的霍山黄芽、浙江的莫干黄芽等。

（1）君山银针

“洞庭帝子春长恨，二千年来草更香。”这是对君山银针的赞美之诗。君山银针为我国十大名茶之一，它产于湖南省岳阳洞庭湖。烟波浩渺的洞庭湖中青螺岛上的君山，土壤肥沃，竹木丛生，春夏季湖水蒸发，云雾弥漫，正是这“遥望洞庭山水翠，白银盘里一青螺”的群山小岛孕育了这名茶君山银针。

君山银针全部采用未开展的肥嫩芽尖制成，在清明前3天左右开始采摘，直接从茶树上拣采芽头，芽头长25~30毫米，宽3~4毫米，牙蒂长约2毫米，肥硕重实，一个芽头包含三四个已分化却未展开的叶片，制作1千克 君山银针需要约5万个芽头。雨天不采、露水芽不采、紫色芽不采、空心芽不采、开口芽不采、冻伤芽不采、虫伤芽不采、瘦弱芽不采、过长过短芽不采，这是君山银针的“九不采”原则。采摘好的鲜叶要经杀青、摊晾、焖黄等8道工序才能制成品质超群的君山银针茶。制法特点是在初烘、复烘前后进行摊凉和初包、复包，整个制作过程历时3天，长达70多个小时。

君山银针的品质特点是芽头肥壮，紧实挺直，芽身色泽金黄光亮，满披金毫，汤色浅黄明净，香气清鲜，滋味甜爽，叶底全芽，嫩黄明亮。根据芽头的肥壮程度，君山银针分特号、一号和二号3个档次。如用洁净透明的玻璃杯冲泡君山银针，可以看到初始芽尖朝上、蒂头下垂而悬浮于水面，随后缓缓降落，竖立于杯底，忽升忽降，蔚然成趣，最多可达3次，有“三起三落”之称。最后竖沉于杯底，如刀枪林立，似群笋破土，芽光水色，浑然一体，妙趣横生；且不说闻香品味带来的美妙感受，只要亲眼观赏一番其冲泡过程中的种种变化，也足以引人入胜，使人产生种种美好的联想。在1956年国际莱比锡博览会上,君山银针被誉为“金镶玉”并赢得金质奖章。

(2)**蒙顶黄芽**

蒙顶黄芽产于四川省雅安市名山区蒙顶山。蒙顶山产茶历史悠久,我国素有“扬子江心水,蒙山顶上茶”之说。《蒙顶茶说》记载:“名山之茶美于蒙,蒙顶之美上清峰,茶园七株又美之,世传甘露慧禅师手所植也,二千年不枯不长。其茶,叶细而长,味甘而清,色黄而碧,酌杯中香云蒙覆其上,凝结不散,经其异,谓曰仙茶。每岁采贡三百三十五斤。”蒙顶茶自唐开始,直到明、清皆为贡品。蒙顶黄芽以一芽一叶初展的芽头为原料,经过杀青、初包、复炒、复包、三炒、堆积摊放、四炒、烘焙8道工序制作而成。其品质特点是外形芽叶整齐,形状扁直,肥嫩多毫,色泽金黄;内质汤色嫩黄,甜香浓郁,味甘而醇,叶底嫩匀,嫩黄明亮。

(3)**霍山黄芽**

霍山黄芽产于安徽霍山县,为唐代20种名茶之一。清代为贡茶,然而经过历代的演变,以后竟致失传,现在的霍山黄芽是在20世纪70年代恢复生产的,主要产于佛子岭水库上游的大化坪、姚家畈、太阳河一带,其中以大化坪的金鸡坞、金山头、金竹坪和乌米尖即“三金一乌”所产的黄芽品质最佳。霍山黄芽开采期一般在谷雨前3~5天,采摘标准为一芽一叶或一芽二叶初展。初制分炒茶(杀青和做形)、初烘和摊放、复烘和摊放、足烘等工序。每次摊放时间较长,需一两天,其品质特征就在摊放过程中形成。霍山黄芽外形芽叶细嫩多毫,色泽黄绿;内质汤色黄绿带金黄圈,香气清高,带熟板栗香,滋味醇厚回甘,叶底嫩匀黄亮。

(4)**莫干黄芽**

莫干黄芽产于浙江省德清县的莫干山,其条紧纤秀,细似莲心,含嫩黄白毫芽尖,故名,莫干山群峰环抱,竹木交荫,山泉秀丽,常年云雾笼罩,空气湿润,早在晋代就有僧侣上莫干山结庵种茶。清乾隆《武康县志》记载:“莫干山有野茶、山茶、地茶,有雨前茶、梅尖,有头茶、二茶,出西北山者为贵。”西北山即为莫干山主峰塔山。清道光《武康县志》记载:“茶产塔山者尤佳,寺僧种植其上,茶吸云雾,其芳烈十倍。”莫干黄芽采摘要求严格,清明前后所采称“芽茶”,夏初所采称“梅尖”,七八月所采称“秋白”,十月所采称“小春”。春茶又有芽茶、毛尖、明前及雨前之分,以芽茶最为细嫩,于清明与谷雨之间,采摘一芽一二叶。经芽叶拣剔,分等摊放,然后杀青、轻揉、微渥堆、炒二青、烘焙干燥、过筛等传统工序,所制成品,芽叶完整,净度良好,外形紧细成条似莲心,芽叶肥壮显茸毫,色泽黄嫩油润,汤色橙黄明亮,香气清鲜,滋味醇爽。

2)黄小茶

黄小茶的鲜叶采摘标准为一芽一二叶或一芽二三叶,较著名的有湖南的北港毛尖和沩山毛尖,浙江的平阳毛尖,皖西的黄小茶等。

(1)**北港毛尖**

北港毛尖产于湖南省岳阳北港,唐代称“邕湖茶”。相传,文成公主当年出嫁西藏时,曾带去邕湖茶。北港毛尖鲜叶一般在清明后五六天开园采摘,要求一号毛尖原料为一芽一叶,二、三号毛尖为一芽二三叶。抢晴天采,不采虫伤、紫色芽叶、鱼叶及蒂把。鲜叶随采随制。初制分为杀青、锅揉、闷黄、复炒、复揉、炒干等工序。其品质特点是:外形条索紧结重实卷曲,白毫显露,色泽金黄;内质汤色杏黄清澈,香气清高,滋味醇厚,耐冲泡,3~4次尚有余味。

(2)**沩山毛尖**

沩山毛尖,产于湖南省宁乡县的沩山。沩山为高山盆地,自然环境优越,茂林修竹,奇峰峻岭,溪河环绕,芦花瀑布一泻千丈,常年云雾缥缈,罕见天日,素有“千山万山朝沩山,人到沩山不见山”之说。沩山产茶历史悠久,远在唐代就已著称于世,清同治年间(1862—1874 年)《宁乡县志》记载:“沩山茶,雨前采摘,香嫩清醇,不让武夷、龙井。商品销甘肃、新疆等省,久获厚利,密印寺院内数株味尤佳……”沩山毛尖的制作要求采摘一芽一叶或一芽二叶,无残伤、无紫叶的鲜叶,经杀青、闷黄、轻揉、烘焙、熏烟等工艺精制而成。其中熏烟为沩山毛尖的独特之处。沩山毛尖成茶品质:外形微卷成块状,色泽黄亮油润,白毫显露,汤色橙黄透亮,松烟香气芬芳浓郁,滋味醇甜爽口,叶底黄亮嫩匀,颇受边疆人民喜爱。

3)黄大茶

黄大茶的采摘标准为一芽三四叶或一芽四五叶。产量较多,主要有霍山黄大茶和广东大叶青茶。

(1)**霍山黄大茶**

鲜叶采摘标准为一芽四五叶。初制为炒茶与揉捻,初烘、堆积(时间较长,一般为 5 ~7 天)、烘焙等工序。其品质特点为:外形叶大梗长,梗叶相连,形似钓鱼钩,色泽油润,有自然的金黄色;内质汤色深黄明亮,有突出的高爽焦香,似锅巴香,滋味浓厚,叶底色黄。此茶深受山东沂蒙山区的消费者喜爱。

(2)**广东大叶青**

以大叶种茶树的一芽三四叶为原料,初制为萎凋、杀青、揉捻、闷堆、干燥等工序。品质特点为外形条索肥壮卷曲,身骨重实,显毫,色泽青润带黄;内质香气纯正,滋味浓醇回甘,汤色橙黄或深黄明亮,叶底浅黄色,芽叶完整。

8.1.2 黄茶的茶性

黄茶属于轻微发酵茶,具有“黄汤黄叶”、香气清悦、滋味醇爽的品质特点。如果用矿石来比喻茶,那么黄茶就像田黄石般温润可人。其茶性与绿茶相似,具有“清六经之火,通七窍之灵”的保健功效。

8.1.3 黄茶的冲泡及品饮要领

1)黄茶的冲泡要领

“一殴细啜天真味,此意难与他人言。”黄茶的性质接近绿茶,所以可用绿茶茶艺的程序来冲泡黄茶。冲泡黄茶时,根据茶叶的老嫩来选择茶具,一般芽茶可选择玻璃器皿来做冲泡器,黄小茶类可用瓷器来冲泡,瓷器以奶白、黄釉瓷或黄橙色为佳,黄大茶类可用紫砂器皿来冲泡,也可采用煮饮法;冲泡的水温可比同等嫩度的绿茶稍高;君山银针是最具观赏价值的名茶之一,为了观赏它在玻璃杯中冲泡后的美丽茶相,在冲泡时要用 95 ℃以上的开水冲泡。茶水比一般为 1:(50 ~60),冲泡时间一般为 3 ~5 分钟,多冲泡 2 ~3 次,黄大茶类较耐冲泡,一般可冲泡 3 ~4 次。

2)黄茶的品饮要领

品饮黄茶时,必须重视闻香和品味。黄茶的香气或清香,或甜香,或有松烟香,或似锅巴香,闻香时要注意区分香型,并看其是否浓郁或纯正。黄茶的滋味一般浓厚或浓醇,回甘,鲜爽。

芽茶类除了闻香和品味外,在品饮过程中特别突出对杯中茶芽的欣赏,如君山银针,可以说是一种以赏景为主的特种茶。刚冲泡的君山银针是横卧水面的,当盖上玻璃片后,茶芽吸水下沉,芽尖产生气泡,犹如雀舌含珠。继而茶芽个个直立杯中,似春笋出土,或如刀枪林立。接着沉入杯底的直立茶芽,少数在芽尖气泡的浮力作用下再次浮升,如此上下沉浮,使人不由得联想起人生的沉沉浮浮。打开玻璃杯盖片后,一缕白雾从杯中冉冉升起,缓缓消失,此时端起茶杯,顿觉清香袭人,闻香之后,品一口茶汤,醇和、鲜爽、甘甜,别有一番滋味在心头。

8.1.4 君山银针茶茶艺

君山银针是黄茶中很有特色的茶品,是我国名茶中的佼佼者,其茶艺设计在黄茶茶艺中很有代表性。现在,我们来学习君山银针茶茶艺。

1)器皿选择

水晶玻璃杯若干只,煮水器1套,茶匙组合1套,青花茶荷1个,奉茶盘1个,茶盘1个,香炉1个,香1支,茶巾1条。

2)基本程序及解说词

黄茶君山银针

黄茶中的极品——君山银针产于湖南洞庭湖中的君山岛。“洞庭天下水”,八百里洞庭“气蒸云梦泽,波撼岳阳城”,每一朵浪花都在诉说着中华文化的无限。“君山神仙岛”,小小的君山岛上堆积了中华民族的无数故事。这里有舜帝的两个爱妃娥皇女英之墓,有秦始皇的封山石刻,有流淌着爱情传说的柳毅井,还有李白、杜甫、白居易、范仲淹、陆游等中华民族精英留下的足迹。这里所产的茶吸收了湘楚大地的精华,尽得云梦七泽的灵气,所以风味奇特,极耐品味。

(1)焚香

这道程序称为“焚香静气可通灵”。“茶须静品,香可通灵。”品饮像君山银针这样文化积淀厚重的茶,我们更要静下心来,才能从茶中品味出我们中华民族的传统精神。

(2)涤器

这道程序称为“涤尽凡尘心自清”。品茶的过程是茶人澡雪自己心灵的过程,烹茶涤器,不仅是洗净茶具上的尘埃,更重要的是在澡雪茶人的灵魂。

(3)鉴茶

品茶之前首先要鉴赏干茶的外形、色泽和香气。相传4 000多年前舜帝南巡,不幸驾崩于九嶷山(在湖南省)下,他的两个爱妃娥皇和女英前来奔丧,在君山望着烟波浩渺的洞庭湖放声痛哭,她们的泪水洒到竹子上,使竹竿染上斑斑泪痕,成为有永不消退的美丽斑纹的湘妃竹。她们的泪水滴到君山的土地上,君山便长出了象征忠贞爱情的植物——茶。茶是娥皇女英的真情化育出的灵物。所以鉴赏君山银针干茶这道程序,我们称为“娥皇女英展仙姿”。

(4)投茶

这道程序称为“帝子沉湖千古情”。娥皇、女英是尧帝的女儿,故也被称为“帝子”。她们在奔丧时乘船到洞庭湖,船被风浪打翻而沉入水中,她们的真情被世人传颂千古。

(5)润茶

洞庭湖一带的老百姓把湖中不起白花的小浪称为“波”，把起白花的浪称为“涌”。在润茶时，通过悬壶高冲，玻璃杯中回泛起一层白色泡沫，这道程序被形象地称为“洞庭波涌连天雪”。润茶后，杯中的水要快速倒进茶池，以免泡久了造成茶中养分的流失。

(6)冲水

采用高冲泡的方法冲水，杯中再起波浪，所以这道程序称为“碧波再憾岳阳城”，水要冲到七分满。

(7)闻香

这道程序称为“楚云香染楚王梦”。通过润茶后，再冲入开水，君山银针的茶香即随着热气而散发。洞庭湖古属楚国，杯中的水气伴着茶香氤氲上升，如香云缭绕，故称“楚云”。“楚王梦”是套用楚王巫山梦神女，朝为云，暮为雨的典故，形容茶香如梦如幻，时而清幽淡雅，时而浓郁醉人。

(8)赏茶

这是冲泡君山银针的特色程序，也称看茶舞。君山银针的茶芽在热水的浸泡下慢慢舒展开来，芽尖朝上，蒂头下垂，在水中忽升忽降，时浮时沉，经过三沉三浮后，最后竖立于杯底，随水波晃动，像是娥皇女英落水后苏醒过来，在水下舞蹈。芽光水色，浑然一体，碧波绿芽，相映成趣。我国自古有“湘女多情”之说，您看杯中的湘灵正在为您献舞，这浓浓的茶水恰似湘灵浓浓的情。所以这道程序称为“湘水浓溶湘灵情”。

(9)品茶

这道程序称为“人生三味一杯里”。品君山银针要在一杯茶中品出3种味。即从第一道茶中品出湘君芬芳的清泪之味。从第二道茶里品出柳毅为小龙女传书之后，在碧云宫中尝到的甘露之味。第三道则要品出君山银针这潇湘灵物所携带的大自然的无穷妙味。

(10)谢茶

这道程序称为“品罢寸心逐白云”。这是精神上的升华，也是茶人的追求。品了三道茶后，各位是像吕洞宾一样：“明心见性，浪游世外我为真”，还是“心随白云去”，或是在人生路上沉沉浮浮也永不放弃心中美好的追求，相信各位自有感悟。

任务2　白茶茶艺

白茶是我国特产，主产于福建。白茶属于轻发酵茶类，其加工的基本工艺过程是萎凋、干燥。白茶的品质特征是外形白毫显著，汤色杏黄，滋味醇厚鲜爽。白茶干茶的表面密布白色茸毫，该特征的形成主要有两个原因：其一是采摘多毫的幼嫩芽叶制成；其二是加工时不炒不揉的萎凋干燥工艺。目前，我国的白茶按原料嫩度可分为芽茶（如白毫银针）、叶茶（如白牡丹、贡眉）。按鲜叶原料的茶树品种来分，有“大白”和“小白”，用无性系品种大白茶的芽叶制作的白茶称为“大白”，其产品主要有白毫银针和白牡丹两种；用有性系菜茶品种的芽叶制成的产品称为“小白”，其成品茶为贡眉。大白、小白精制后的副产品统称寿眉。

近年来，以云南大叶种茶树鲜叶加工而成的云南白茶在市场上异军突起，尤以古茶树鲜叶加工而成的古树白茶备受消费者青睐。

8.2.1 白茶的种类及其品质特点

福建白茶的主要种类有白毫银针、白牡丹、贡眉等。

1)白毫银针

白毫银针产于福建省福鼎、政和两县,简称银针,又称白毫,因其成品多为芽头,纤细如针,满披白毫,色白如银而得名,始创于清代嘉庆初年(1796年),是我国历史名茶。现代的白毫银针以福鼎大白茶或政和大白茶良种茶树的嫩芽为原料,在早春茶芽萌发到一芽一叶时将其采下,然后用手指将真叶鱼叶轻轻地予以剥离。剥出的茶芽均匀地薄摊于竹筛上,勿使重叠,置于弱日光下或通风处晾晒至八九成干,再用30~40 ℃文火烘焙至足干即成。剥下的嫩叶可用于加工白牡丹或红茶、绿茶。

白毫银针的品质特点:外形挺直如针,芽头肥壮,满披白毫,色白似银,内质汤色浅杏黄明亮,滋味醇厚,清新爽口,香气清芬。

2)白牡丹

白牡丹原产于福建建阳市水吉,始创于1922年,主要分布于政和县、建阳市、松溪县、福鼎县。制造白牡丹的原料主要为政和大白茶和福鼎大白茶等良种茶树的鲜叶,有时也采用少量水仙茶芽叶供拼和之用。传统采摘标准是春茶第一轮嫩梢采下一芽二叶,要求芽叶满披白色茸毛,芽与叶的长度基本相等。白牡丹的制作工艺简单,只有萎凋及焙干两道工序,但火温很难掌握,火温过高香气欠鲜爽,过低则香味平淡。

白牡丹的品质特点:外形似枯萎花朵,两叶抱一芽,芽心肥壮,叶张肥嫩,叶色泽深灰绿或暗青苔色,叶背布满白色茸毛;冲泡后,香气清芬,味鲜醇,汤色杏黄或橙黄,叶底浅灰,叶脉微红,芽叶连枝。

3)贡眉

贡眉产于福建建阳、建瓯、浦城等县市,产量占白茶总产量的一半以上。贡眉以菜茶的芽叶为原料,俗称"小白"。贡眉的采摘标准为一芽二叶或一芽二三叶。制作工艺与白牡丹基本相同。

贡眉的品质特点:毫心显露而多,色泽翠绿,汤色橙黄或深黄,叶底匀整、柔软、鲜亮,味醇爽,香鲜纯,叶张主脉呈红色。

8.2.2 白茶的茶性

白茶属于轻微发酵茶,茶性寒,能清凉降火,有"清茶"之称。我国中医界认为白茶"功同犀角",是清热解毒,防治小儿麻疹的圣药。白茶最适于酷暑季节饮用。

8.2.3 白茶的冲泡及品饮要领

白茶茶艺

1)白茶的冲泡要领

冲泡白毫银针的器皿以选择玻璃杯最佳,冲泡白牡丹、贡眉则宜选择白瓷或反差极大且内壁有色的黑瓷茶具作主泡器,以衬托白毫,冲泡方法与绿茶基本相同,注水技法可采用螺旋注水法,但因其未经揉捻,且白毫密布，内含物质不易浸出，故水温要适当偏高，浸润时间宜稍长。以白毫银针为例，冲水后一般4～5分钟茶芽才会慢慢沉底，需过7～8分钟再饮用，才能尝到白茶的本色、真香、全味。

2）白茶的品饮要领

白茶的品饮方法较为独特。以白毫银针为例，在浸润过程中要特别注意观赏茶芽在器皿中的沉浮变化过程，这是因为白茶未经揉捻，内含物质不易浸出，冲泡开始时，芽叶都浮在水面上，经4～5分钟后，才有部分茶芽徐徐沉落杯底，此时茶芽条条挺立，上下交错，犹如雨后春笋，煞是好看。七八分钟后，茶汤呈橙黄色或杏黄色，此时可端杯一边赏汤色，一边闻香、尝味。如此品茶，尘俗尽去，意趣盎然。

8.2.4 白毫银针茶茶艺

白茶很适合茶艺表演，尤其是白茶中的名品白毫银针、白牡丹，其茶艺很有代表性。白毫银针茶艺是一套文士茶艺，每一道程序都寓意深刻，充满禅意玄理，同时也与禅茶一样较难理解。

1）器皿选择

水晶玻璃杯4只，煮水器1套，茶匙组合1套，青花茶荷1个，茶盘1个，香炉1个，香1支，茶巾1条。

2）基本程序

有人将唐代诗人钱起的名句"阳羡春茶瑶草碧"和李白的名句"兰陵美酒郁金香"联系在一起，组成了一副茶联，在茶人中传为美谈。白毫银针茶艺的8道程序也是由8位著名诗人的名句有机地串在一起组成的。其程序如下。

①焚香——天香生虚空（唐·李白）。

②鉴茶——万有一何小（南朝·江总）。

③涤器——空山新雨后（唐·王维）。

④投茶——花落知多少（唐·孟浩然）。

⑤冲水——泉声满空谷（宋·欧阳修）。

⑥赏茶——池塘生春草（东晋·谢灵运）。

⑦闻香——谁解助茶香（唐·皎然）。

⑧品茶——努力自研考（唐·王梵志）。

3）解说词

白毫银针，白如云，绿如梦，洁如雪，香如兰，其性寒凉，是清心涤性的最佳饮品。品饮白毫银针要以闲适无为的情怀，细细品味其本色、真香、全味，以心去体贴茶，让心灵与茶对话，品出茶中的物外高意，达到修身养性的目的。

（1）焚香

这道程序称为"天香生虚空"。这是唐代诗仙李白在《庐山东林寺夜怀》中的一句诗。一缕香烟，悠然飘袅，它能把我们的心带到虚无空灵、霜清水白、湛然冥真心的境界，这是品茶的理想境界。

(2)鉴茶

这道程序被称为"万有一何小"。这是南朝诗人江总在《游摄山栖霞寺并序》中的一句诗。"三空豁已悟,万有一何小"这句诗充满了哲理禅机。所谓"三空",乃佛家所说的言空、无相、无愿之3种解脱。修习茶道也要豁悟三空。然后反过来一花一世界,一沙一乾坤,从小中见大,鉴茶时看重的不是茶的色、香 、味,而是重在探求茶中所包含的大自然的无限信息。

(3)涤器

这道程序称为"空山新雨后"。依旧是小中见大。杯如空山,水如新雨,意味深远。

(4)投茶

这是孟浩然《春晓》中的诗句。用茶匙把茶荷中的茶叶拨入茶杯中,茶叶如花飘然而下,故曰"花落知多少"。

(5)冲水

这道程序称为"泉声满空谷"。这是宋代文学家欧阳修咏《蛤蟆碚》中的一句话,在此用来形容冲水时甘泉飞注,水声悦耳。

(6)鉴茶

这道程序被称为"池塘生春草",是晋代大诗人谢灵运在其代表作《登池上楼》中的名句。冲泡白毫银针时,开始茶芽浮于水面,在热水的浸润下,茶芽逐渐舒展开来,吸收了水分后沉入杯底,此时茶芽条条挺立,一个个嫩芽娇绿可爱,在碧波中晃动,如迎风漫舞,又像是要冲出水面去迎接阳光,这种趣景恰似"池塘生春草",使人观之尘俗尽去,生机无限、意趣盎然。

(7)闻香

这道程序称为"谁解助茶香"。这是陆羽的好友、著名的诗僧皎然和尚在《九日与陆处士羽饮茶》中的一句诗。千百年来,万千茶人都爱闻茶香,但又有几个人能说得清、解得透茶那清郁隽永神秘的生命之香——大自然之香呢?

(8)品茶

这道程序称为"努力自研考"。这是唐代诗人王梵志在《若欲觅佛道》一诗中的结束语。品茶在于去探求茶道奥义,在于去品味人生,感悟自然。这茶中奥义,只有自己去"努力自研考"。

任务3 花茶茶艺

花茶集茶味与花香于一体,茶引花香,花增茶味,相得益彰,既保持了浓郁爽口的茶味,又有鲜灵芬芳的花香。冲泡品饮,花香袭人,甘鲜满口,令人心旷神怡。花茶不仅仍有茶的功效,而且花香也具有良好的药理作用,裨益人体健康。花茶属于再加工茶,但因花茶属于散茶,而且窨制后茶性并未发生根本性的改变,因此,在茶艺上与红茶、绿茶、乌龙茶等有许多相似之处。

8.3.1 花茶的种类及其品质特点

花茶是利用茶叶和香花进行拼合窨制,使茶叶吸收花香而制成的香茶,又称窨花茶、熏花茶或香片。生产花茶的茶坯主要是绿茶中的烘青,也有少量的炒青及红茶、乌龙茶等其他茶类。用于窨茶的香花主要是茉莉花、白兰花、珠兰花、桂花、玫瑰花、米兰花、代代花、栀子花、金银花、兰花、柚子花等,其中产量最多的是茉莉花茶。

1)花茶的生产工艺

有关花茶生产的最早文字记载,始见于宋代,明代有所发展,在明代程荣所著的《茶谱》一书中,叙述花茶的制法,其中,"木樨、茉莉、玫瑰、蔷薇、蕙兰、橘花、栀子、木香、梅花皆可作茶,诸花开放,摘其半合半放,蕊之香气全者,量其茶叶多少,扎花为拌……三停茶叶,一停花始称,用瓷罐,一层茶,一层花,相间至满……"到了清代开始大量生产商品花茶。清咸丰年间(1851—1861年),福州已成为花茶的生产中心。1939年起,苏州也发展成为我国花茶生产的另一中心。我国花茶的主要产地有:广西横县,福建福州,江苏苏州、南京,台湾台北,浙江金华、杭州,安徽歙县,四川成都,重庆,湖南长沙等。目前,云南的元江也已发展成为茉莉花茶生产基地。

花茶窨制的基本原理是利用鲜花开放时的吐香特性和茶叶对气味的吸附特性,将茶坯与香花拌和,在静止状态下茶坯缓慢吸收花香,然后提出花朵,将茶叶复火烘干即成融花香与茶韵于一体的花茶。

花茶的窨制工艺有茶坯处理(复火至水分降至4%左右)、鲜花维护、拌和窨花、通花散热、收堆续窨、出花分离(又称起花)、复火摊凉、转窨或提花、匀堆装箱等工序。

只窨一次的花茶称为一窨花茶或单窨花茶,复窨一次的称为双窨花茶,以此类推,特种茉莉花茶有的可达到六窨一提或七窨一提。

2)花茶的命名

普通花茶一般以所用的香花来命名,如茉莉花茶、桂花茶、玫瑰花茶、金银花茶、白兰花茶、珠兰花茶、米兰花茶、栀子花茶、玳玳花茶等。也有把花名和茶名连在一起称呼的,如茉莉烘青、茉莉毛峰、茉莉银针、茉莉大方、桂花乌龙、桂花红茶、玫瑰红茶等。

3)花茶的主要种类及其品质特点

(1)茉莉花茶

茉莉是木犀科素馨属落叶或半常绿灌木,花色洁白,具浓香。南宋刘克庄《茉莉》诗云:"一卉能熏一室香,炎天犹觉玉肌凉。"茉莉花含有香叶醇、橙花椒醇、丁香酯等20多种芳香化合物。《中药大辞典》中记载:茉莉花有"理气开郁、辟秽和中"的功效,并对痢疾、腹痛、结膜炎及疮毒等具有很好的消炎解毒作用。常饮茉莉花,有清肝明目、生津止渴、祛痰治痢、通便利水、祛风解表、疗瘘、坚齿、益气力、降血压、强心、防龋齿、防辐射损伤、抗癌、抗衰老之功效,使人延年益寿、身心健康。

茉莉花茶是根据茶叶独特的吸附性能和茉莉花的吐香特性,用经过精制后的茶坯与茉莉鲜花,经过一系列工艺流程加工窨制而成的花茶。因茶坯种类不同,茉莉花茶有茉莉烘青、茉莉毛峰、茉莉银针、茉莉大方、茉莉红茶等品种,生产量最大的品种为茉莉烘青,目前,云南滇红集团生产的茉莉红茶的产销量也很大,尤其在东北市场上极受欢迎。

茉莉花茶以茉莉烘青居多。茉莉烘青在烘青绿茶的基础上加工而成,茉莉花茶在加工的过程中其内质发生了一定的理化变化,如茶叶中的多酚类物质、茶单宁在水湿条件下的分解,不溶于水的蛋白质降解成氨基酸,能减弱喝绿茶时的涩感,功能有所变化,其滋味鲜浓醇厚、更为爽口，这也是许多人喜欢喝茉莉花茶的原因之一。

茉莉花茶既保持了茶叶浓郁爽口的天然茶味，又饱含茉莉花的鲜灵芳香，有人说："在中国的花茶里，可以闻到春天的气息。"研究发现：茉莉花茶的茶香花香有镇静作用，能提高人的工作效率，茉莉花茶的香气对不同人群在生理和心理上都有镇静效果。茉莉花茶除了具备茶叶的各种功能外，还具有很多茶叶所没有的保健作用。

茉莉花茶有"去寒邪，助理郁"的功效，是春季饮茶之上品。

(2)**玫瑰红茶**

玫瑰是蔷薇科蔷薇属植物，其花紫红色，艳丽非凡，从初开至盛开间香气颇浓。我国有悠久的玫瑰花栽培利用历史，唐诗曾咏赞："隙地生来千万枝，恰如红豆寄相思。玫瑰花放香如海，正是家家酒熟时。"

玫瑰花有极高的营养价值。玫瑰花富含蛋白质、脂肪、淀粉、多种氨基酸及维生素，还有丰富的常量元素和微量元素等人体必不可少的多种营养成分。玫瑰花中蛋白质含量达16.33%，玫瑰花中共检测出4种不饱和酸，其中亚油酸、亚麻酸和油酸均为人体必需的不饱和脂肪酸，三者之和占总不饱和脂肪酸的99.75%。玫瑰花含有17种人体所需要的氨基酸，其氨基酸总量高达10.9%，其中有7种是人体必需的，约占氨基酸含量的34.42%。玫瑰花含有大量的维生素A、维生素B、维生素C，其中，维生素C的含量最丰富，每100克含2 000毫克，其含量为苹果的700多倍，沙棘的20多倍，比中华猕猴桃还高出8倍。

玫瑰花有良好的药用价值。据现代药理分析，玫瑰花含有挥发油、酯类、苯乙醇、橙花醇、有机酸、红色素、黄色素、蜡质、胡萝卜素等几十种对人体有益的成分。鲜玫瑰花蕾约含有0.03%的挥发精油，精油的主要成分为香茅醇、甲基异丁子香酚，其次为香叶醇、橙花醇、苯乙醇等40多种成分。它含有的皮甙、鞣质、脂肪油等为入药成分。玫瑰具有排毒养颜，行气活血，开窍化瘀，疏肝醒脾，促进胆汁分泌，帮助消化，调节机理之功效，可以有效防治糖尿病、高血脂、冠心病、便秘，并降低肠道癌的发生率，还有理想的减肥瘦身和养颜美容的效果。

窨制玫瑰花茶，早在我国明代钱椿年编、顾元庆校的《茶谱》中就有详细记载。我国目前生产的玫瑰花茶主要有玫瑰红茶、玫瑰绿茶等花色品种，尤以玫瑰红茶在市场上最受欢迎。

玫瑰红茶是用上等的红茶混合玫瑰花窨制加工而成的花茶。玫瑰花采下后，经过适当摊放，折瓣，拣去花蒂、花蕊，以净花瓣付窨。玫瑰花甜香馥郁持久，红玫瑰还具有鲜艳的色泽，窨制红茶香气颇为调和。玫瑰红茶汤色红艳，滋味醇厚鲜爽，除了具有一般红茶的甜香味，更散发着浓郁的玫瑰花香。

飘着甜甜玫瑰花香的玫瑰红茶是一种美容红茶。玫瑰红茶具有补充人体水分，促进体内毒素排出、有益于心脏，以及抗皱、降血脂、舒张血管的功效，可以促进血液循环、补气血，使人面色红润、皮肤充满活力，还可以令人情绪平和。同时具有良好的养颜美容作用，使玫瑰红茶颇受女性喜爱，而且玫瑰红茶口感醇和，也适合女性饮用。

(3)**桂花茶**

桂花是木犀科木犀属的常绿灌木或小乔木，其花香气浓郁，幽雅宜人。散发浓郁迷人花香的桂花含有棕榈酸、月桂酸、肉豆酸、桂花醇、水芹烯、芳樟醇与紫罗兰酮等芳香物质及碳氢化合物，具有美白肌肤、排解体内毒素、止咳化痰、养生润肺、舒缓紧张情绪的作用。

桂花有金桂、银桂、丹桂、四季桂之分，尤以金桂香气最浓。桂花甜润幽雅的香气与红茶、乌龙茶都极为协调,因此,桂花红茶、桂花乌龙是桂花茶的主要品种。

桂花乌龙是“铁观音”故乡福建安溪传统的出口产品,主销中国香港地区、澳门地区、东南亚和西欧。桂花乌龙主要以当年或隔年的夏、秋茶为原料,用鲜桂花窨制而成,窨制后茶叶即不失茶的真味又带浓郁桂花香气。其品质特点为:条索粗壮重实,色泽褐润,香气高雅隽永,滋味醇厚回甘,汤色橙黄明亮,叶底深褐柔软。

桂花乌龙集桂花与乌龙茶的功效于一体,有通气和胃、抗癌、清热解毒、祛风散寒、润脾醒胃、养阴润肺、增进食欲及安心宁神的作用,特别适合老人及女性饮用。

(4)**金银花茶**

金银花,又名双花、二宝花、忍冬花,为忍冬科多年生半常绿缠绕木质藤本植物。“金银花”一名出自《本草纲目》,由于忍冬花初开为白色,后转为黄色,因此得名金银花。我国是金银花的原产地之一。金银花是国家确定的名贵中药材之一。金银花自古被誉为清热解毒的良药。它性甘寒气芳香,甘寒清热而不伤胃,芳香透达又可祛邪。金银花既能宣散风热,还能清解血毒,用于各种热性病,如身热、发疹、发斑、热毒疮痈、咽喉肿痛等症,效果显著。历代医学巨著均把其列为上品,《名医别录》记述了它有治疗“暑热身肿”的功能,李时珍的《本草纲目》称它可以“久服轻身,延年益寿”。相传,当年乾隆皇帝下江南,途经山东平邑,登蒙山至“孔子登临处”时,中暑晕倒、昏迷不醒,随行御医慌作一团,用珍奇名药,皆无济于事,当地一位郎中闻讯赶来,仅用数枚金银花煎茶,乾隆皇帝服后暑疾顿消,从此,金银花茶被列为贡品。现代研究证明,金银花的主要成分为具有抗菌消炎作用的绿原酸,此外,金银花中还含有肌醇、皂苷、挥发油、黄酮类等多种营养保健成分。

金银花茶是国内首创的保健茶新品种,它是用金银花的花蕾配以绿茶,按照花茶加工工艺制作而成。金银花茶干茶呈栗褐色,冲泡后香气清雅,滋味甘醇,汤色黄亮悦目。它既保持了金银花固有的外形和内涵,又具有一般茶类的通性。

金银花茶的加工工艺独特,金银花采摘工艺讲究,需经严格地挑选,只选用含苞待放的花蕾,不采摘展开之花,窨制要进行3次以上,窨花比例为花7、茶3。成品金银花茶中的金银花外形保持金银花蕾原有的形体和色泽,冲泡后花蕾在茶汤中飘游浮动。金银花茶的汤色黄亮,饮之有特殊的清香淡雅感。窨制金银花茶区别于其他保健茶的重要特点是无中药味,兼有茶之滋味和花之清香。

金银花依其茶坯品质和窨制工艺不同分为特级、1级、2级、3级。

金银花茶闻之气味芬芳,饮之心清肺爽,且能防暑降温,明目增智,常饮可延年益寿。有专家评论:“金银花茶饮用安全,无毒副作用;具有清热解暑,促进生长,延缓衰老,降脂减肥,清除体内有毒物质等多种保健功能;是夏季防暑、婴儿和中老年人保健、高温作业及重污染岗位职工劳动卫生保护等领域内的有益茶品。”

金银花茶,由于其良好的保健功效受到消费者的喜爱,尤其是东南亚国家,把金银花茶视为珍宝;日本人还把金银花茶作为礼品馈赠亲朋好友,象征吉祥。

8.3.2 花茶的冲泡和品饮要领

1)花茶的冲泡要领

因为花茶融茶之韵与花之香于一体,所以冲泡花茶的基本要领是使茶尽展神韵,使花香不散失。茶坯的种类及品质不同,花茶的冲泡方法也不同。用乌龙茶为茶坯窨制的花茶,宜采用乌龙茶的泡法。用红茶为茶坯窨制的花茶,主要是玫瑰红茶,玫瑰的花香甜蜜而浓郁,它与红茶的蜜糖香味相配,两种香相互交融、相得益彰,闻之使人精神愉悦,饮之令人齿颊留芳,品饮玫瑰红茶实在是一种精神享受,宜用精巧、色彩艳丽的"三才杯"(盖碗)来冲泡。一般的花茶多以烘青绿茶为茶坯,在冲泡时应根据茶坯的细嫩程度及条型来选择杯具及冲泡方法。非常细嫩的高档茉莉花茶宜用玻璃杯冲泡,用 85~90 ℃的开水冲泡。中档的茉莉花茶可选择精致的白瓷杯或盖碗,用 90~95 ℃的开水冲泡。低档茶或茶末一般宜用色泽素雅的瓷壶,用 95~100 ℃开水冲泡后,再斟入茶杯里饮用。

2)花茶的品饮要领

花茶既保持了茶叶原有的味,又吸收了花香,相互交融,有"引花香,益茶味"之说,花茶的品饮重在寻味探香。如果是高档花茶,还可欣赏茶的外形。

品饮花茶特别讲究"一看二闻三品味",有"三品"之说。头一品为目品,冲泡之前,可先欣赏花茶的外观形状。第二品为鼻品,鉴赏干茶时要闻干茶的香气,冲泡 3 分钟左右,可揭盖闻香,闻香时一闻香气的鲜灵度,二闻香气的浓郁度,三闻香气的纯度。第三品为口品,即品味。品饮时,让茶汤在口中稍事停留,以口吸气与鼻呼气相结合的方式,使茶汤在舌面上来回往返流动,充分与味蕾接触,如此一两次,再徐徐咽下,即会感受到齿颊留香,精神愉悦。至于花茶的茶汤,因在窨制过程中,茶坯在吸香的同时,也吸收了一定数量的水分,会使茶汤颜色发生一定的变化,所以茶汤颜色常常会较深,一般呈黄绿色。

8.3.3 茉莉花茶茶艺

1)器皿选择

白瓷三才杯数只,随手泡 1 套,茶盘 1 个,青花瓷茶荷 1 个,茶匙组合 1 套,茶巾 1 条,茶叶罐 1 个,奉茶盘 1 个。

2)基本程序及解说词

花茶茶艺

花茶是诗一般的茶,她融茶之韵与花之香于一体,通过"引花香,增茶味",使花香茶味珠联璧合,相得益彰。从花茶中,我们可以品出大自然春天的气息。

花茶是诗一般美的茶,所以在冲泡和品饮花茶时也要有诗一样美的程序。茉莉花茶的茶艺一共有 10 道程序。(在悠扬的音乐声中,泡茶者行礼,入座,然后静气备具,烹煮泉水,静静等待第一道程序的开始)

(1)**烫杯**

这道程序称为"春江水暖鸭先知"。"竹外桃花三两枝,春江水暖鸭先知"是苏东坡的名句。苏东坡不仅是一位多才多艺的大文豪,而且是一位至情至性的茶人。借助苏东坡的这句诗描述烫杯,请各位嘉宾充分发挥自己的想象力,看一看在茶盘中经过开水烫洗之后,冒着热气的、洁白如玉的茶杯,像不像一只只在春江中游泳的小鸭子?

(2)**赏茶**

赏茶被我们称为"香花绿叶相扶持"。赏茶也称为"目品"。目的是观察鉴赏花茶茶坯的质量。今天为大家冲泡的是特级茉莉花茶,这种花茶的茶坯为优质绿茶,茶坯色绿质嫩,在茶中还混有少量的茉莉花干,花干的色泽白净明亮,这称为“锦上添花”。然后闻一闻花茶的香气,一股浓郁的茉莉花香扑鼻而来,让人感到好的茉莉花茶确实是“香花绿叶相扶持”,富有诗意,令人陶醉。

(3)投茶

“落英缤纷”是晋代文学家陶渊明在《桃花源记》一文中描述的美景。当我们用茶匙把花茶从茶荷中拨进洁白如玉的茶杯中时,花干和茶叶飘然而下,恰似“落英缤纷”,故这道程序称为“落英缤纷玉杯里”。

(4)冲水

这道程序称为“春潮带雨晚来急”。“春潮带雨晚来急”是韦应物《滁州西涧》中的名句。冲泡特级茉莉花茶时,要用90 ℃左右的开水,而且需要高冲水,热水从壶中直泻而下,注入杯中,杯中的花茶随水浪上下翻腾,恰似“春潮带雨晚来急”。

(5)闷茶

这道程序称为“三才化育甘露美”。冲泡花茶多用“三才杯”(盖碗),茶杯的盖代表“天”,杯托代表“地”,中间的茶杯代表“人”。茶是“天涵之,地盖之,人育之”的灵物。闷茶的过程象征着天、地、人三才合一,共同化育出茶的精华。

(6)敬茶

这道程序称为“一盏香茗奉知己”。敬茶时应双手捧杯,举杯齐眉,注目嘉宾并行点头礼,从右到左,依次将茶一杯一杯地敬奉给客人。

(7)闻香

这道程序称为“杯里清香浮清趣”。闻香也称“鼻品”,品饮花茶讲究“未尝甘露味,先闻圣妙香”。闻香时“三才杯”的天、地、人不可分离,应用左手端起杯托,右手轻轻地将杯盖掀开一条缝,从缝隙中去闻香。闻香时一闻香气的鲜灵度,二闻香气的浓郁度,三闻香气的纯度。细心地嗅闻优质花茶的茶香,是一种精神享受。您一定会感悟到在“天、地、人”之间,有一股新鲜、浓郁、纯正、清和的花香伴随着清幽高雅的茶香,氤氲上升,沁人心脾,使人陶醉。

(8)品茶

这道程序称为“舌端甘苦入心底”。品茶是花茶三品中的最后一品——口品。在品茶时依然是天、地、人三才杯不可分离。左手托杯,右手将杯盖的前沿下压,后沿翘起,然后从开缝中品茶。品茶时小口喝入茶汤,使茶汤在口中稍事停留,这时轻轻用口吸气,使茶汤在舌面流动,以便茶汤充分与味蕾接触,有利于更精细地品悟茶韵。然后闭紧嘴巴,用鼻腔呼气,使茶香直贯脑门,才能充分领略花茶所独有的“味轻醍醐,香薄兰芷”的花香与茶韵。

(9)回味

这道程序称为“茶味人生细品悟”。茶人们认为一杯茶中有人生百味,无论茶是苦涩、甘鲜还是平和、醇厚,从一杯茶中人们会有很多的感悟和联想,有的人“啜苦可励志”,有的人“咽甘思报国”,所以品茶重在回味。

(10)谢茶

这道程序称为“饮罢两腋清风起”。唐代诗人陆仝在《走笔谢孟柬议寄新茶》一诗中写出了品茶的绝妙感受。“一碗喉吻润,两碗破孤闷……七碗吃不得也,唯觉两腋习习清风生。”茶是大自然赐予人类的灵物,各位宾客喝了春天一般的花茶,是不是也有种绝妙的感受呢?

〖阅读材料〗

君山银针的传说

君山银针是湖南洞庭湖君山所产名茶,又是古代著名的贡茶。据说后唐的第二代皇帝明宗李嗣源(926—933 年在位)新袭王位,一日上朝议事,太监为他沏茶,开水方倒入杯中,即见有团白雾腾空而起,天空出现一只白鹤向明宗点了三下头后翱翔而去。杯中茶也开始齐崭崭地从杯底升起,如破土春笋,不久又慢慢下沉,如下落的雪花。明宗大奇,侍臣阿庚奏道,这是用白鹤泉(即柳毅井)水泡的黄翎毛(即银针茶)。白鹤点头飞入蓝天,表示“万岁”的洪福齐天;翎毛竖起,表示对“万岁”的敬仰;黄翎缓坠,表示对“万岁”的诚服。明宗听后大喜,下旨将此茶列为贡茶。

〖思考题〗

1. 黄茶根据原料的嫩度和大小可以分为哪几类?黄茶的主要品质特点有哪些?
2. 试述黄茶的冲泡和品饮要领。
3. 白茶的种类有哪些?各种类的品质特点如何?
4. 冲泡和品饮白茶要注意哪些问题?
5. 简述花茶的冲泡和品饮要领。

实训 8.1 黄茶茶艺

〖实训目的〗

1. 通过本项目的实训,使学生掌握黄芽茶的玻璃杯冲泡法的基本程序和技能。
2. 让学生学会根据茶叶的品质来编排茶艺程序,掌握泡茶的操作规范和礼仪。

〖实训场地、器具与材料〗

茶艺实训室、茶艺桌(或长方形茶盘)、茶巾、茶叶罐、茶匙组合、玻璃杯、茶荷、随手泡、君山银针适量。

〖实训要求〗

1. 熟练运用回旋斟水、高冲泡等技法。
2. 掌握君山银针玻璃杯泡法规范的操作流程及正确的动作要领、动作舒展大方。

〖实训时间〗

1 学时。

〖实训方法〗

1. 教师讲解示范。
2. 学生分组练习。

【实训内容与操作标准】

1.教师讲解示范

(1)备具

将茶具按美观、方便顾客欣赏、便于操作的原则摆放好。

(2)煮水

将随手泡的开关打开煮水。

(3)取茶

用茶匙将君山银针按茶水比为1∶(50~60)的量轻轻拨入茶荷中。

(4)赏茶

捧起茶荷,供客人欣赏干茶,向客人介绍君山银针的品质特征和文化背景。

(5)温杯

从左至右依次向杯中注入1/4~1/3杯开水,从左侧开始,逐个润杯。

(6)投茶

用茶匙将茶荷中的茶均匀分拨到杯中。

(7)润茶

冲入开水,快速摇杯后将水迅速倒掉。

(8)冲泡

用高冲泡手法将茶冲至七分满。

(9)奉茶

双手奉茶,并伸手做“请”的手势,或说“请品茶”。

(10)闻香

闻君山银针如梦如幻,时而清幽淡雅,时而浓郁醉人的香气。

(11)赏茶

欣赏君山银针在水的变化、沉浮。

(12)品茶

细细品啜鲜爽、甘醇、回味无穷的茶汤滋味。

(13)收具

当客人品完茶后,把茶具收回茶盘、撤回,然后进行清洗。

2.学生分组练习。

【达标测试】

见表8.1。

表8.1 达标测试表

班级: 组别: 学号: 姓名:

序 号	测试内容	评分标准	配 分	扣 分	得 分
1	备具	物品齐全,摆放整齐,具有美感,便于操作	10		
2	取茶赏茶	动作规范、优美	10		

续表

序 号	测试内容	评分标准	配 分	扣 分	得 分
3	润杯	动作规范、优美	10		
4	置茶冲泡	茶不泼洒，动作规范优美，冲泡时间掌握得当	30		
5	奉茶	手法正确，礼仪周全	10		
6	品茶	手法正确	10		
7	茶叶品质	能充分展现出茶品的品质	10		
8	姿态、礼仪	姿态优美，礼仪周全	10		
合 计			100		

考核时间：　　年　月　日　　　　　　　　　　考评教师（签名）：

实训8.2　白茶茶艺

【实训目的】

1. 通过本项目的实训，使学生掌握白茶的冲泡程序与方法。
2. 让学生学会根据白茶的品质来编排茶艺程序，掌握泡茶的操作规范和礼仪。

【实训场地、器具与材料】

茶艺实训室、茶艺桌（或长方形茶盘）、随手泡、茶巾、茶叶罐、茶匙组合、茶荷、白瓷瓷盖碗、品茗杯、白牡丹适量。

【实训要求】

1. 掌握润杯、摇香手法。
2. 熟练运用回旋斟水、螺旋注水法等冲泡技法。
3. 掌握白牡丹盖碗泡法规范的操作流程及正确的动作要领、动作舒展大方。

【实训时间】

1学时。

【实训方法】

1. 教师讲解示范。
2. 学生分组练习。

【实训内容与操作标准】

1. 教师讲解示范

(1)备具

将茶具按美观、方便宾客欣赏、便于操作的原则摆放好。

(2)煮水

将泡茶所需的泉水煮上。

(3)备茶

用茶匙按茶水比约为1∶50的量拨取适量白牡丹,置于茶荷中。

(4)赏茶

让客人欣赏干茶,同时向客人介绍白牡丹的产地及品质。

(5)温杯

将瓷盖碗、品茗杯等用刚刚沸腾的泉水浇淋,依次清洗。

(6)投茶

用茶匙将茶叶拨到瓷盖碗中。

(7)冲泡

用螺旋注水法冲泡,水温95 ℃左右。

(8)浸润

盖上杯盖,润茶。

(9)出汤分茶

右手提起盖碗轻摇后将茶汤来回均分到品茗杯中。

(10)奉茶

将茶敬给客人。

(11)闻香品味

白牡丹香气清雅,汤色浅黄明亮,滋味清鲜回甘。

(12)收具

客人饮完茶后,向客人行礼致谢。然后收理清洁器具。

2.学生分组轮流练习。

【达标测试】

见表8.2。

表8.2　达标测试表

班级:　　　　组别:　　　　学号:　　　　姓名:

序　号	测试内容	评分标准	配　分	扣　分	得　分
1	备具	物品齐全,摆放整齐,具有美感,便于操作	10		
2	取茶赏茶	动作规范、优美	10		
3	润杯	动作规范、优美	10		
4	置茶冲泡	茶不泼洒,动作规范、优美,浸润时间掌握得当	30		
5	奉茶	手法正确,有礼貌	10		
6	品茶	手法正确	10		
7	茶叶品质	能充分展现出茶品的品质	10		
8	姿态、礼仪	姿态优美,礼仪周全	10		
合　计			100		

考核时间:　　年　月　日　　　　　　考评教师(签名):

实训8.3 茉莉花茶茶艺

〖实训目的〗

1. 通过本项目的实训,使学生了解花茶冲泡的基本程序。

2. 让学生掌握花茶盖碗泡法的基本技能、操作规范和礼仪。

〖实训场地、器具与材料〗

茶艺实训室、茶艺桌(或长方形茶盘)、茶叶罐、茶匙组合、瓷盖碗、茶荷、茶巾、随手泡、茉莉花茶适量。

〖实训要求〗

1. 熟练掌握盖碗的温润手法。

2. 熟练运用凤凰三点头、揭盖闻香技法。

3. 掌握花茶盖碗泡法规范的操作流程及正确的动作要领。

〖实训时间〗

1 学时。

〖实训方法〗

1. 教师讲解示范。

2. 学生分组练习。

〖实训内容与操作标准〗

1. 教师讲解示范

(1)静气备具

将煮水器放在茶盘外右侧桌面,将茶匙组合、茶叶罐、茶荷放在茶盘左侧桌面,将 3 套盖碗均匀摆放在茶盘上,茶巾叠好放在身前桌面上。

(2)煮水

打开煮水器开关。

(3)取茶赏茶

用茶匙将花茶从茶叶罐中取出,置于茶荷中,请宾客赏茶。简要介绍茶叶产地与品质。

(4)温杯烫盏

将杯盖斜扣在茶托右侧,用温盖碗的基本手法逐个温杯。

(5)投茶

按茶水比为 1∶(50~60)的比例将茶均匀置入每个盖碗中。

(6)冲泡

用凤凰三点头技法向碗中冲水至七分满,盖上杯盖,浸润茶叶。

(7)奉茶

加盖后双手端碗敬奉给客人。

(8)闻香品茗

左手端茶托,右手揭盖闻香,并持盖向外拨去浮叶观色,将盖侧斜盖放在碗口;双手将碗端至嘴前,右手转动手腕,嘴与虎口正对啜饮。

(9)续水

揭开碗盖,续上开水。

(10)收具

品完茶后,收理茶具、撤回、清洗。

2.学生分组轮流练习。

【达标测试】

见表8.3。

表8.3　达标测试表

班级:　　　　组别:　　　　学号:　　　　姓名:

序　号	测试内容	评分标准	配　分	扣　分	得　分
1	备具	物品齐全,摆放整齐,具有美感,便于操作	10		
2	取茶赏茶	动作规范、优美	10		
3	润杯	动作规范、优美	10		
4	置茶冲泡	茶不泼洒,冲泡动作规范、优美,浸润时间掌握得当	30		
5	奉茶	手法正确,有礼貌	10		
6	品茶	手法正确	10		
7	茶叶品质	能充分展现出茶品的品质	10		
8	姿态、礼仪	姿态优美,礼仪周全	10		
合　计			100		

考核时间:　　年　月　日　　　　　　　　　　考评教师(签名):

学习项目9 民俗茶艺

〖学习目标〗

知识目标

1. 了解各民族民俗茶艺在各民族历史文化中的发展和作用。

2. 了解各民族民俗茶艺在生活中的作用。

3. 熟练掌握各民族的民俗茶艺。

技能目标

1. 掌握各民族民俗茶艺的用具。

2. 掌握各民俗茶艺用料和配比。

3. 掌握各民族民俗茶艺的制作方法和冲泡品饮技艺。

课程思政目标

1. 从不同民族饮茶习俗的形成与发展,让学生感受我国各族人民的生活智慧,增强学生的民族自豪感。

2. 让学生从各民族茶艺的茶具、服饰、礼仪等要素中,感受多姿多彩的民族传统文化之美,增强学生文化自信,使学生自觉成为民族茶文化的弘扬者。

3. 让学生领悟各个民族茶艺中蕴含的人生哲理,培养学生正确的人生观、世界观。

〖任务引入〗

我国地域辽阔,民族众多,不同区域、不同民族的饮茶习俗不同。随着经济社会的发展,我国的旅游业也蓬勃发展,人们到不同的地方旅游时,常常会去体验各种独具特色的民族茶饮。在民族地区从事茶文化传播或茶事服务的茶艺工作人员,需要掌握当地民族饮茶习俗、特色茶饮的制作,以更好地服务当地消费者并吸引外地游客,促进民族茶文化的传播。

〖案例导读〗

大理是著名的旅游风景区,也是白族人聚居的地区。白族三道茶是大理白族的特色茶饮,别有风味,富有文化内涵。游客们到大理来,一般都希望能品饮一番白族三道茶。茜茜就职的大理某茶室就将白族三道茶表演作为一个传统节目予以保留,吸引了外地很多游客前来体验,取得了很好的收益。

〖案例分析〗

民族茶艺是民族文化的一个重要组成部分,旅游者到不同的地方旅游,都会希望感受到独具特色的民族文化,也就会去感受不同风情的民族茶艺。茜茜就职的茶室就抓住游客的这种心理,将白族三道茶表演作为展示大理风情的节目来吸引游客,在获得了很好的经济效益的同时,也宣传了民族茶文化。

任务 1　白族三道茶

在我国流传着几种三道茶茶艺:一种是众所周知的白族三道茶,一种是鲜为人知的湖北三道茶,一种是武夷山近年才流传的三道茶,还有一种是傣族的三道茶。其中,流传最广的是白族三道茶。白族三道茶以其独特的精神内涵而受到人们的喜爱。

9.1.1　用料

苍山雪绿、青毛尖等上等绿茶,蔗糖(白糖或红糖,红糖需切碎)、核桃仁、烤乳扇、花椒、桂皮、蜂蜜、生姜等。

9.1.2　基本程序

①第一道:苦茶。
②第二道:甜茶。
③第三道:回味茶。

白族三道茶苦茶

白族三道茶甜茶

白族三道茶回味茶

9.1.3　操作过程及解说词

在美丽的云南大理苍山脚下、洱海湖畔,聚居着勤劳勇敢、热情好客的白族人民。在白族人家,无论是逢年过节、生辰寿诞、男婚女嫁,还是贵客临门,主人都会以“一苦二甜三回味”的三道茶来款待宾客。三道茶是民俗茶艺中的奇葩,它文化内涵深厚,寓意深远。三道茶的仪式一般由家中或族中年岁最大、威望最高的人主持。现在,让我们来品饮头一道茶——苦茶。

“苦茶”白族语称为“切枯早”,即清苦的意思。主人升火后先用铜壶把清泉水烧上,然后将专用的小土陶罐洗净,放在文火上烤热,再投入茶叶,不断翻抖,慢慢烤至茶叶焦黄喷香,冲入烧开的泉水略熬煮一会儿,将茶汤分到品茗杯(俗称牛眼睛盅)中,斟茶只斟小半杯。然后,主人双手将茶按辈分先后,长者第一,依次敬给客人。客人也必须双手接茶,并一饮而尽。头道茶经过烘烤煎煮,茶汤色如琥珀,焦香浓郁,但入口很苦,这寓意了做人的道理:“要想成功,必先吃苦。”

喝了头道苦茶后,请各位嘉宾随意取食一些桌子上摆放的瓜子、松子、花生、糖果等。等待主人奉上第二道茶——甜茶。

第二道茶:在精美的小碗或普通的大茶杯中放入红糖、切得薄如羽翼般的核桃仁片、烤黄切碎的乳扇丝,有的还会放了少许爆米花,然后用熬煮过头道茶的陶罐中的茶叶来熬煮茶汤,将茶汤冲入杯或碗中至七八分满,然后依次敬给客人。这道茶香甜异常,浓淡适中,营养丰富,极为爽口。其寓意为:“人生在世,只有先吃苦,才会有甜。”

品了第二道茶后,请客人们再吃些茶点,等待主人烹制第三道茶——回味茶。

第三道茶:先在碗中或杯中放入几粒花椒、少许桂皮、生姜丝,将熬煮好的苦茶水冲入碗中或杯中,冲茶的容量以半碗为宜,再放入一匙蜂蜜,然后依次敬客。

这道茶饮后顿觉甘、苦、涩、麻、辣、辛、香味俱全,回肠荡气,让人回味无穷,感慨万千,故称“回味茶”。

白族的三道茶，既渗透了白族人民热情好客的浓情蜜意，也蕴含着无限深邃的人生哲理，它使人联想到人生先苦后甜，苦尽甘来，回味无穷。

任务2 傣族竹筒香茶

居住在澜沧江畔、孔雀之乡、凤尾竹下、竹楼之中的傣族，喜欢饮用竹筒茶，傣族语“腊跺”。傣族主要聚居在云南省西双版纳、德宏、孟定等地，一般生活在群山环抱的低热河谷地区。这里山川秀丽，江河迤逦，竹林密布，一派秀美的热带风光。竹和茶成为傣族生活中必不可少的物品，饮竹筒茶也就成为一种充满诗情画意的饮茶方式。用竹筒香茶待客，是傣家人对客人表达敬意的一种方式。

9.2.1 竹筒香茶的制作

按傣族的习惯，烹饮竹筒茶，大致可分为以下两个步骤：首先是制作竹筒茶。竹筒茶的制作方式甚为奇特，一般有两种制法。制法之一是将揉捻好的茶叶或晒干的毛茶，装入刚砍回来的生长期为1年左右的嫩香竹（也称甜竹、金竹）筒中，放在火塘三脚架上烘烤6~7分钟后，使茶叶软化，这时用无毒无味的橄榄枝或水冬瓜木棒将竹筒内的茶压紧，然后再填满茶，继续烘烤。如此一边填、一边烤、一边压，直至竹筒内的茶叶填满压紧为止。这样，竹筒香茶就制作好了。制法之二是在一个小饭甑中先铺上6~7厘米厚浸足了水的香糯米，在糯米上铺一层干净的纱布，在纱布上放一层晒青的毛尖茶，然后盖上饭甑用旺火蒸上15分钟左右，待茶叶软化并充分吸收了糯米的香气之后即可倒出，立即装入事先准备好的香竹筒内，一边装一边用小木棍捣紧，装到八分满后用甜竹叶堵住竹筒口，再将竹筒放在炭火上以文火慢慢烘烤，约5分钟翻动竹筒1次，等竹筒内的茶叶全部烘干后，即可收藏起来，这样便制成了既有茶香、糯米香又有甜竹清香的竹筒香茶。制好的竹筒香茶非常耐贮藏，可久藏不坏，要喝时用刀剖开竹筒，取出圆柱形的竹筒茶，撬散以待冲泡。

9.2.2 竹筒香茶的冲泡品饮

冲泡香竹茶时，一般大家围坐在小篾桌四周。先撬下少许竹筒香茶，放入茶壶或盖碗中，冲入沸水至七八分满，3~5分钟后，就可分茶饮用。竹筒香茶饮起来，既有茶的醇厚滋味，又有竹的浓郁清香，非常可口，令人耳目一新。饮着竹筒香茶，会让我们想起美丽的竹林，旖旎的风光，想起美丽的小朴少，勇敢的小朴帽，感受到浓郁的傣族风情。

任务3 佤族烤茶

佤族源于古代的濮族。生活在云南省沧源、西蒙、耿马、双江、永德、镇康等地的佤族人民，饮用茶的历史悠久。茶叶历来是佤族人民生产生活中不可缺少的天然饮品，也是佤族人民繁衍生息过程中不可或缺的药品、礼品、贡品、祭品之一，茶文化自然也就成了佤山源远流长、丰富多彩、绚丽迷人的古朴原生态的佤文化中的一枝奇葩，渗透到了佤族政治、经济、文化诸方面。

佤族人认为:茶代表诚心,代表团结、友好、吉祥和幸福。因此,茶能通神,也能通人心。佤族男女都有饮茶的嗜好,不仅嗜好饮茶,而且喜欢饮浓茶,佤族形成了自己独具特色的茶礼茶俗。

佤族人饮茶方式多种多样,其中,最古老、最常见的是烤茶。佤族烤茶的方式传统的有土罐烤茶、铁板烧茶等,现代创新的有纸烤茶、芭蕉叶烤茶等。其中,最有代表性的是土罐烤茶、铁板烧茶。

9.3.1 佤族铁板烧茶

铁板烧茶的佤族语为"枉腊",是佤族人民不可缺少的日常饮料。

1)原料及器具

佤族铁板烧茶的原料一般为青毛茶。常用的器皿有三脚架或吊架、铜水壶(或土陶水壶)、薄铁板、土陶罐、小篾桌、木(或竹)茶杯。

2)操作程序

佤族人家家户户的屋子中都有一个火塘,每天早晚,主人就会生起火,在三脚架或吊架上烧上一铜壶水,然后将洗净的薄铁板放在火塘上烤热,再放上茶叶,一边抖动一边烘烤,直至烤到茶色焦黄、焦香扑鼻时,将茶叶倒入预热好的茶罐,用刚烧开的开水冲入茶罐,煮3~5分钟,即可斟茶入杯品饮。佤族铁板烧茶焦香扑鼻,滋味浓酽,回甘明显,初喝的人往往觉得苦涩、难入口,但佤族同胞认为这样的茶才够味、够劲,饮后能消除疲劳,使人精神大振,每天早晚都要喝上几盅。

9.3.2 佤族苦茶(土罐烤茶)

客人到来时,佤族人会将屋子中的火塘生起火,在三脚架或吊架上烧上一铜壶水,然后将洗净的土陶罐放在火塘上烤热,再放上茶叶(一般用青毛茶),一边抖动一边烘烤,直至烤到茶色焦黄、焦香扑鼻时,用刚烧开的开水冲入茶罐,煮3~5分钟,去掉上面的浮沫后再次冲入开水,浓淡适中后即可斟茶,分杯敬客品饮。如果聚众议事、办事时,头道茶先由老主人敬神灵和祖宗,二道茶才由佤族少女弓腰双手奉茶敬客。一般闲聊喝茶时,不必敬神敬祖,而是先敬长者或德高望重的人。佤族土罐烤茶汤色橙黄,焦香浓郁,滋味浓酽,初入口时苦苦的,随后满口生津,渴烦顿消,提神解困,是佤族人民最喜欢的一种茶饮,佤族人民谓之苦茶。

佤族茶艺

任务4 藏族酥油茶

藏族居住在辽阔的青藏高原及其周边地区,喜欢喝酥油茶。这些地区地势高,空气稀薄,气候寒冷干旱,藏族以放牧或种旱地作物为生,当地蔬菜瓜果很少,常年以奶肉、糌粑为主食,故"其腥肉之食,非茶不消;青稞之热,非茶不解"。茶可以为当地人补充营养,消食解腻,清热去火,喝酥油茶便成为藏族人民同吃饭一样重要的生活习惯。藏族同胞将茶视为吉祥美好之物，出远门的人行前要喝3杯茶以保平安；男婚女嫁，以茶为礼品象征幸福美满；到喇嘛庙拜祭时，教徒要敬茶；逢年过节，也以茶为神坛前的贡品。据说，藏族饮酥油茶的风俗习惯，源于唐代文成公主时期。文成公主进藏时，带去了内地的茶叶，提倡饮茶，而且亲自制作奶酪和酥油，创制了酥油茶，赏赐大臣，自此酥油茶便成了赐臣敬客的隆重礼节，民间纷纷效仿，饮用酥油茶逐渐成为藏族生活中一个不可或缺的部分。

酥油茶是一种以茶为主的多种原料的混合体，滋味多样，营养丰富，既可驱寒、充饥，又可消除疲劳，提神，补充营养。藏族人每天分早、中、晚3次饮茶，藏族同胞有“宁可三日无盐，不可一日无茶”之说。

9.4.1 酥油茶的制作过程

1）用具准备

煮茶锅（铁锅）、茶壶、打茶筒、茶碗、托盘等。

2）原料组成

（1）主料

普洱茶或茯砖茶、盐巴、酥油。

（2）配料

核桃仁、芝麻、花生仁、生鸡蛋、葡萄干、糖等。

3）制作程序

①将茶砖敲碎。

②在锅内放水，煮沸后投入碎茶，熬煮约半小时，使茶汁浸出。

③滤去茶渣，将热茶汁倒入打茶筒，再加入适量的酥油、盐、糖等。如果无酥油，可另备一口锅，在煮茶的同时，在这一口锅中煮牛奶，一直煮到表面凝结一层酥油时，再把奶倒进盛有茶汤的打茶筒内。根据需要和个人爱好，加入核桃仁、芝麻、花生仁、生鸡蛋等，然后盖上打茶筒。

④用手握住直立于打茶筒中能上下移动的木棒，上下搅动，轻提、重压，不断上下舂打，使茶与其他配料充分融合，水乳交融。当打茶筒内发出的声音由“咣当咣当”转为“嚓嚓”声时，酥油茶便打好了。

⑤将打好的酥油茶倒入煮茶壶中加热。煮茶壶有银壶、铜壶、铝壶、瓷铁彩花壶等，壶颈腹部的图案花纹具有浓郁的民族特色，壶嘴、壶把的造型美观别致。

⑥将煮好的酥油茶分别倒入茶碗中，敬献给宾客。也可先将茶碗递上或摆在客人面前，然后再倒上酥油茶，请客人慢慢品饮。

9.4.2 饮用酥油茶的礼节

饮用酥油茶是很讲究礼节的。到藏族同胞家做客，主妇首先会捧上糌粑，递上茶碗。茶碗以木碗为主，碗上常常镶嵌有民族风格的金银花纹。茶具的华丽与否，已成为藏族人家贫富程度的象征。然后主妇会根据客人辈分大小，按先长后幼的次序一一倒上酥油茶，并热情地邀请客人用茶。客人一边喝酥油茶一边吃糌粑，慢品细咽，切不可端起茶碗一饮而尽。每喝一碗茶，都要在碗底留下少许，一方面表示对主妇打茶手艺的赞美，一方面表示还要继续喝,这时主妇会再来斟满。当不想再喝时,就把添满的茶汤一饮而尽,或者把剩下的少许茶轻轻泼在地上,表示已经喝好了,主妇就不会继续添茶。如果不想喝,就不要动茶碗,如果喝了一半不想再喝,主人添满茶后先放着,等告别时一饮而尽,这样才符合藏族的礼节。

任务5　擂茶茶艺

"擂茶",是我国闽、粤、台客家人最普通、也是最隆重的一种待客礼仪,是湘、川、黔、鄂四省交界的武陵山区土家族人所最珍爱的保健饮料。

擂茶又称为"三生汤",此名的由来有3种说法。说法之一是:因为擂茶在初创时所用的主要原料是生嫩茶叶、生姜、生米混合研捣成糊状,然后加水煮沸或用沸水冲熟而成,3种原料都是生的,故名"三生汤"。说法之二是:在汉朝伏波将军马援受汉武帝之命远征交趾,途经湘、粤边界,因南方气候炎热、潮湿、多变,北方将士多染疫病倒,大军只好安营扎寨,求医问药,马援将军正焦急无奈之际,有一白发苍苍的客家老妪向他献上家传秘方,马将军依方以生米、生姜、生茶叶擂捣冲泡成"三生汤"给将士们饮用,果然治好了大家的病,且身体精神都倍加健旺,此后这个配方代代相传。说法之三是:在三国时期,张飞曾带兵进攻武陵壶头山,当时正值炎夏酷暑,加上那一带瘟疫蔓延,使得张飞军队中的多数人病倒,连张飞本人也未能幸免,正在危难时,一位老妇孺有感于张飞的部队纪律严明,对老百姓秋毫无犯,献上擂茶的祖传秘方并为张飞和他的部下治好了病,张飞感激万分,称老妇为"神医下凡",并说能得到他的帮助"实在是三生有幸",从此以后,人们将擂茶称为"三生汤"。擂茶的制法和饮用习俗,随着客家人的南迁,逐步传到了闽、粤、台等地区并得到改进和发展,形成了不同的风格。下面给大家介绍的是将乐擂茶(客家擂茶)茶艺。

9.5.1　用具

擂钵一个(内壁有辐射波纹,直径约为45厘米的厚壁陶盆),油茶树或山苍子木制的2尺长的擂棍一根,竹篾编制的"捞瓢"(也称笊篱)一把,另配小桶、铜壶、青花碗、开水壶等。

9.5.2　配方

茶叶、芝麻、甘草、橘皮,此外,冬春可加生姜、肉桂,夏季可加鱼腥草、藿香、凤尾草或金银花、荷叶、淡竹叶、薄荷等,秋天可加贡菊或杭白菊。喜欢喝香茶的人,可将芝麻炒过或部分炒过再擂,也可加入炒花生米、炒黄豆等。若用黑芝麻打擂茶,则美容养颜的效果更好。

9.5.3　基本程序及解说词

"莫道醉人唯美酒,擂茶一碗更深情。美酒只能喝醉人,擂茶却能醉透心。"客家擂茶在古朴醇厚中见真情,在品饮之乐中使人强身健体,延年益寿,所以被称为茶中奇葩。擂茶迎宾是客家人待客的传统礼仪。现在,让我们来当一回客家人的贵客,品尝客家的擂茶。

1)涤器——洗钵迎宾

客家人的热情好客是举世闻名的,每当贵客临门,招呼客人落座后即清洗"擂茶三宝"——硬陶烧制的擂钵、山茶树或山苍子树制作的擂棍、竹篾编的笊篱,准备擂茶迎宾。

2)备料——群星拱月

客家人有一个良好的传统:一家的客人就是大家的客人,邻里的朋友就是自己的朋友。所以,一家来了客人,邻里都会拿出自己家里最好的糕点和小吃,主动参加招待。你看,茶在满桌的各种配料和糕点小吃之中,犹如群星拱月,你在热情好客的客家人的包围中,也会感到群星拱月一般。

3)打底——投入配料

将茶叶、甘草、陈皮、凤尾草等配料投入擂钵中。茶叶提神悦志、去滞消食、清火明目,甘草润肺解毒,陈皮理气调中,止咳化痰,凤尾草清热解毒,所以擂茶能强身健体,延年益寿。

4)初擂——小试锋芒

初擂一般由主人表现自己的技艺,所以称为“小试锋芒”。技艺精湛的人“擂茶”时无论是动作,还是擂钵发出的声音都极有韵律,让人看了拍手叫绝。

5)加料——锦上添花

即将芝麻倒进擂钵与基本擂好的配料混合。芝麻含有大量的优质蛋白质、不饱和脂肪酸、维生素 E 等营养物质,可美容养颜抗衰老。加入芝麻后,擂茶的营养保健功能将更加显著,所以称为“锦上添花”。

6)细擂——各显身手

这道程序是宾主轮流动手擂茶,每个人都可以一展自己的擂茶技巧,所以称为“各显身手”。在细擂过程中可加少量的水,使混合物能擂成糊状。

7)冲水——水乳交融

当配料擂到足够细时,冲入热开水。开水的温度不可太高也不可太低。水温太高易造成混合物的蛋白质过快凝固,冲出的擂茶清淡而不成乳状,水温太低则冲不熟擂茶,喝的时候不香且有生草味。一般水温控制在 90 ~ 95 ℃冲出的擂茶才能“水乳交融”。

8)过筛——去粗取精

用笊篱滤去茶渣,使擂茶喝起来口感更细腻,更好喝。

9)敬茶——敬奉琼浆

将过滤好的擂茶装入壶中,斟到茶碗,并按长幼顺序依次敬奉给客人。客家人视擂茶为玉液琼浆,故称“敬奉琼浆”。

10)品饮——如品醍醐

擂茶一般不加任何调味品,以保持原辅料的真香本味,所以第一次喝擂茶的人,品第一口时常感到有一股青涩味,细品后才能渐渐感到擂茶甘鲜爽口,清香宜人,这种苦涩之后的甘美,正如醍醐的法味,它不假雕饰,不事炫耀,只如生活本身,永远带着清淡和自然,却让人品后无法忘怀。

任务6 油茶茶艺

油茶是生活在桂北、湘南交界地区和贵州遵义地区的苗族、侗族,生活在鄂西地区土家族以及生活在云南丽江永胜的纳西族等各民族同胞最珍爱的饮料。这些地区有一首代代相传的民谣："香油芝麻加葱花，美酒蜜糖不如它。一天油茶喝三碗，养精蓄力劲头大。"云南丽江有一句民谣："丽江粑粑鹤庆酒，永胜油茶家家有。"喝油茶能除邪祛湿、抖擞精神、预防疾病，所以当地老百姓把打油茶看得和做饭一样重要，家家户户常年必喝。下面我们重点介绍侗族八宝油茶。

9.6.1 配料

茶叶、米花、猪肝（或肉、鸡块、鱼、虾等）、芝麻、花生、葱、姜、茶油、盐等。

9.6.2 基本程序及解说词

1）点茶备料

侗乡人热情好客，有贵客临门必定要有打油茶款待。打油茶要先点茶备料，点茶即选择所要用的茶叶，通常有干茶或鲜嫩茶叶两种选择。备料就是把各种配料进行初加工，如炸鸡块、炒猪肝、油爆虾等。

2）煮茶

先在铁锅中倒进茶油并烧至冒青烟，倒入茶叶不断翻炒到香气四溢，再倒入芝麻、花生米、生姜丝等炒几下，即可放水加盖煎煮。煮到茶汤滚开，将起锅时再撒上适量的盐、葱花和姜丝，油茶汤即煮好了。

3）配茶

把预制好的炸鸡块或炒猪肝、油爆虾、米花等分到客人的碗中，然后冲入滚烫的油茶汤即成了美味可口、营养丰富的侗族油茶。

4）敬茶

侗家向客人敬茶是先敬长者或上宾，然后再依次敬茶。敬茶时要将筷子连同茶碗一并双手递给客人，并连声说："记协，记协。（请用茶，请用茶）"客人也必须双手接碗，并欠身含笑，点头称谢。

5）吃茶

在侗族同胞家吃油茶千万别客气，吃油茶一般不得少于三碗，称为"三碗不见外"，否则就有看不起主人之嫌。吃完一碗后应大大方方地把空碗递给主人，主人会马上为你添上，三碗以后你若吃饱了，则只要把筷子架在碗上或将筷子连同碗一起递给主人，主人就不再为你添茶了。

6）谢茶

在侗家吃油茶，一般从一开始吃，就要一边吃一边啜，一边赞美。吃完后更要向热忱好客的主人表示感谢。若是喝了新娘煮的茶，喝完最后一碗时，应在碗中放些喜钱（也称针线钱）双手递给新娘以示贺喜。

任务7 咸奶茶茶艺

奶茶是我国很多少数民族、特别是北方游牧民族同胞所酷爱的饮品，从天山南北到大青山下，从“风吹草低见牛羊”的内蒙古大草原，到神奇的“雪域高原”“世界屋脊”西藏，处处都可闻到奶茶诱人的浓香。蒙古族、哈萨克族、维吾尔族、乌孜别克族、塔塔尔族、柯尔克孜族以及藏族同胞们都非常喜欢喝奶茶，但他们之间的喝法各不相同，现在主要介绍维吾尔族咸奶茶茶艺。

地处我国西北边陲的新疆维吾尔自治区，是一个以维吾尔族为主的多民族聚居地区。在新疆，无论是在北疆辽阔的草原，还是在南疆的绿洲，处处都可以感受到新疆各民族同胞对饮茶的嗜好。在这里流传着一句俗语：“宁可一日无米，不可一日无茶。”“客来敬茶”是维吾尔族人最基本的礼仪。在新疆，你可以喝到清茶、香茶、奶油茶、油茶、核桃茶、咸奶茶等。其中，咸奶茶是北疆维吾尔族人一日三餐不可或缺的饮料。

9.7.1 配料

茯砖茶（或各种黑茶）、鲜牛奶（或羊奶）、食盐。

9.7.2 基本程序

煮维吾尔族咸奶茶的程序很简单，一般仅有敲茶、煮开水、投茶、熬茶、加奶和盐、过滤、敬茶、喝茶等几道程序，但品饮的礼仪却十分周全。

北疆的维吾尔族多用铝锅煮茶，一般先将茯砖茶敲成小块，将铝锅中的水煮开，把适量的碎砖茶投入锅中，熬煮4～5分钟后，加入鲜奶或几个奶疙瘩和适量食盐，再沸腾5分钟左右，将咸奶茶过滤，分入大海碗中（碗中可多放鲜奶和奶皮），即可向客人敬茶了。

9.7.3 民族礼节

维吾尔族人的风俗，有客人来可以不招待吃饭，但不能不敬茶，敬茶是表示主人对客人到来的喜悦心情和真诚欢迎。维吾尔族迎接客人，先请长者入内，并让他坐在首席，然后其他的客人依次入座。宾主互相问候后，主人会右手持阿甫土瓦（洗手壶），左手持其拉甫怡（接水盆）进来，从长者开始，依次倒水请客人洗手，一般要冲洗三下，洗完后绝对不能甩手，而应等主人递上洁白的毛巾，用毛巾擦干手。甩手上的水是对主人极不礼貌的行为。洗过手之后，即可开始喝茶并吃主人摆上的馕、果酱、糖果、各种瓜果和点心。在喝奶茶时，宾主一边喝一边聊天，茶也浓浓，情也浓浓。客人若喝够了，吃饱了，可用右手分开五指，轻轻在茶碗上盖一下，并表示谢谢，主人即心领神会，不再为你添奶茶。

北疆的维吾尔族喜欢喝咸奶茶，而南疆的维吾尔族则特别喜欢喝香茶。香茶一般用长颈铜茶壶来煮。事先准备好适量的姜、肉桂、胡椒、丁香等各种香料，碾成细末，茶煮沸5～10分钟后加入茶壶中，轻轻搅拌，再煮沸3～5分钟，在长颈壶嘴上套一个过滤网，过滤后分到精美的小茶碗中敬客即可。

任务8　纳西族盐巴茶和“龙虎斗”

生活在滇西北玉龙山下丽江一带的纳西族,有着悠久的历史和独特的文化。纳西族也是一个爱茶嗜茶的民族,当地人说纳西族男子生活中的七件事就是琴、棋、诗、画、烟、酒、茶。纳西族喜饮盐巴茶、油茶、糖茶,还喜欢一种独特的茶饮——“龙虎斗”。

9.8.1　盐巴茶

盐巴茶不单是纳西族喜欢的茶饮,也是生活在丽江一带的普米族、傈僳族、苗族、怒族、彝族等少数民族同胞常喝的茶。他们之间流传着这样的饮茶谚语:“早茶一盅,一天威风;午茶一盅,劳动轻松;晚茶一盅,提神去痛;一日三盅,雷打不动。”

盐巴茶的制法:将火塘生起火,在三脚架上烧上一壶山泉水,然后把一个容量为200~400毫升的特制土罐洗净,放在火塘上烤干烤热,抓5克左右的青毛茶投入罐内,不断翻抖,使茶叶受热均匀,烤制茶叶叶黄梗泡、焦香扑鼻时,把开水冲入土罐,土罐内的水马上沸腾起来并泛起泡沫,这时迅速将水倒掉,再冲入开水至满,待水再沸腾时加入适量盐巴,用筷子搅拌几圈,拿起茶罐,将茶水倒入茶盅(茶盅一般为瓷盅),一般只倒至茶盅的一半,再加入适量的开水冲淡后即可敬客品饮。饮盐巴茶时宾主围着火塘而坐,一边烤,一边饮,一边闲谈,一般一罐茶可熬煮三四道,宾主之间无拘无束地交谈,充分反映了淳朴的民风。

9.8.2　“龙虎斗”

“龙虎斗”的纳西语是“阿吉勒烤”,是一种以茶治病的奇特喝法,是纳西族治疗感冒的传统秘方。

“龙虎斗”的制法是:将火塘火生起后,在吊架上烧上一铜壶泉水,把一只拳头大小的小陶罐洗净,放在火塘边烘干烤热,然后装入青毛茶在火塘上继续烘烤,一边烤一边不停地抖动陶罐,以免把茶烤焦,待茶叶烤至焦黄喷香时,向罐里冲入开水,顿时罐内茶水沸腾、泡沫四溢,待泡沫溢出后,再冲满开水,略加熬煮。这时在洗净的茶盅里斟上半杯高度白酒,茶熬煮适度后,将滚烫的浓茶倒进茶盅中,冷酒和热茶相遇,立即发出悦耳的响声,响声中茶香酒香四溢,可谓:“香飘十里外,味醇一杯中。”纳西族人把这种响声看作吉祥的象征,响声越大,在场的人就越高兴。这种茶发散去热,有些人还特地在酒里加上一个辣椒,喝上一盅这样的茶,会让人周身发汗,四体通泰,无比舒畅,疲劳、感冒去无踪。

任务9　布朗族糊米茶茶艺

布朗族主要分布在云南省西双版纳傣族自治州的勐海、景洪和临沧地区的双江、永德、云县、耿马及普洱市的澜沧、墨江等县。布朗族是最早发现、制作和饮用茶叶的民族之一。布朗族在数千年的种茶、制茶、饮茶过程中,形成了丰富多彩、独具特色民族茶俗茶艺,如青竹茶、土罐烤茶、竹筒蜂蜜茶、糊米茶、腌酸茶、茶食套餐等。布朗族糊米茶是最具特色的布朗族茶饮,下面介绍布朗族糊米茶茶艺。

9.9.1 原料和器具

1)原料

青毛茶7~8克,糯米20克,红糖(切碎)10克,扫把叶3~5片。

2)器具

铁火盆1个,陶三角围炉1个,土陶水壶1个,土陶茶罐2个,方形竹篾桌1张,土陶茶杯6个,陶汤滤1套,茶巾1条,茶匙1个,茶针1支等。

9.9.2 茶艺程序

1)理火烹泉

将火盆生起火,熊熊的明火带来布朗族人民火一样的热情。在土陶三角围炉上,用陶壶铜壶煮上清甜甘冽的山泉水。

布朗族茶艺

2)预热土罐

烤茶使用土陶茶罐,它具有传热均匀,不易将糯米、茶叶烤焦糊的优点。将洗净的土陶罐在火塘上预热,烘干水汽并加热到50 ℃左右。

3)原料展示

用来烤制待客的茶为上等的勐库大叶种晒青毛茶,它条索肥壮紧结,色泽墨绿,香气纯正,滋味醇厚。糯米为当地所产的优质香糯米,具有补中益气、和胃止泻的作用。红糖也是当地特产,色泽橙红,甜香浓郁,具有补血益气、养颜美容的功效。扫把叶是当地常用的一种药用植物,有清热解毒之功效。

4)烘烤糯米

将20克香糯米投入土罐,在火塘边上烘烤。烘烤过程中不断采用颠簸翻抖的手法抖动土罐,使糯米受热均匀一致,并能使充分散热,避免温度过高产生焦糊。烤茶是要手握罐柄,熟练而有节奏地颠簸翻抖,动作刚劲有力。将糯米烤制金黄焦香需要7~8分钟。

5)潜心净具

将所使用的杯具当着各位嘉宾的面再清洗一遍,以示对客人的尊敬,并可提高茶杯的温度,有利于保持茶香。

6)投茶烤制

待糯米烤制到米色发黄、发出焦香时,将7~8克茶叶倾入土罐中,与糯米一起烘烤翻抖,直至茶叶色泽变黄、发出焦香。

7)冲泡煮茶

将烧开的泉水以高冲泡的手法注入茶罐中,煮2分钟左右。

8)加扫把叶

先将适量扫把叶拨入茶罐中,再熬煮1~2分钟。

9)投入配料

将切细的红糖加入土陶公道杯中。

10)出汤分茶

将煮好的茶汤滤入公道杯中,用竹针轻轻搅拌,使红糖溶化,再将茶汤均匀分入茶杯,每杯分七分满。

11)敬茶品茶

布朗族姑娘小伙迈着欢快轻盈的步子,走到客人身旁,双脚并立、弯腰,双手捧起茶杯,敬奉给各位嘉宾,请各位嘉宾品饮茶汤。

品茶时,要先闻香气,再看汤色,然后品其滋味。糊米茶香气独特,米香、茶香交融,焦香、甜香浓郁高长;汤色橙红;滋味浓醇甜润,略带扫把叶的药味,饮之香甜可口。品茶时要频频点头微笑,称赞茶汤味浓香永,以示对主人的感谢。

糊米茶具有消食止泻、温中和胃、补血益气、养颜美容、清热解毒、治感冒的功效。喝上这样一碗糊米茶,会让人感到通体舒泰。

任务10 拉祜族火炭罐罐茶茶艺

拉祜族是中国古老的民族之一,主要分布在澜沧江两岸云南省普洱市、临沧市境内,其中78%分布在澜沧江以西,北起临沧、耿马,南至澜沧孟连。拉祜族同胞自迁入澜沧江流域后,受当地布朗族、佤族等影响,开始种茶、制茶、饮茶,形成了饮茶的嗜好。在拉祜村寨,到处有古茶树。拉祜族的日常生活离不开茶,他们每天都要饮茶,在长期种茶、饮茶的过程中,培育了自己独特的民族茶文化。

拉祜族饮茶方式多样,烤茶、竹筒茶、火焯茶、火炭茶、糟茶、丁香茶、火炭罐罐茶等各种饮茶方式都颇具特色,下面为大家介绍拉祜族火炭罐罐茶茶艺。

9.10.1 原料准备

上等青毛尖茶7~8克,梨木火炭原料3枚,清泉水。

9.10.2 器具选配

竹篾桌、竹编火围、铁火盆、铁三角架、铜水壶、陶茶叶罐、土陶烤茶罐、陶水罐、陶公道杯、葫芦汤滤、陶茶碗。

9.10.3 茶艺程序

1)生火烹泉

将火盆生起火,放上铁三脚架,在三脚架上用铜壶煮上清甜甘冽的山泉水。

2)投茶烘烤

将土陶烤茶罐洗净,放在火塘上用文火烤热烤干,投入7~8克青毛尖茶,不断抖动烘烤,使茶叶受热均匀,烤至茶叶叶色转黄,焦香扑鼻。

3)冲泡煮茶

先将煮沸的山泉水注入烤茶罐,再往茶罐里面投入3枚烧红的火炭,煮3~5分钟,茶水变浓即可。

4)清洗茶具

拉祜人盛茶使用的是当地特有土壤烧制的陶罐和陶碗,有一种古朴的风格。在煮制茶汤的过程中,要用沸水把茶碗温烫清洗一遍。

5)出汤分茶

先将煮好的茶汤滤入茶海,再均分到土陶茶碗中。

6)祭祀天地

主人先拿起一杯茶,用食指、拇指将茶水弹向天空,祭天祭地。

7)敬茶品茶

敬茶给客人饮用。拉祜族非常热情好客、粗犷豪放,敬茶喜用大碗。

请嘉宾品饮火炭罐罐茶。拉祜族火炭罐罐茶焦香浓郁高长,汤色橙红明亮,滋味浓酽回甘,生津悠长。

烤茶茶性甘温,具有祛寒养胃、消食解腻、提神醒脑之功效,木炭具有助消化的作用。火炭罐罐茶在烤茶中加入火炭熬煮,使茶汤将烤茶与木炭两者的功效融合在一起,相得益彰。拉祜族火炭罐罐茶具有神奇的止渴提神、消除疲劳、驱寒祛湿、消食去滞的功效。饮用火炭罐罐茶,是拉祜族同胞的一种生活智慧。

任务11 彝族百抖茶茶艺

彝族是我国西南地区的世居民族之一。自古以来,彝族人民种茶、制茶、饮茶,与茶有着不解之缘。彝文古书上有茶的药用价值的记载,古老的茶马古道上流传着彝族马邦和马锅头的故事与传说。茶与彝族同胞的生产生活密不可分,祭祀祖先、神灵要用茶,婚丧嫁娶、请客待客离不开茶。彝族支系繁多,各支系都有独具特色的饮茶习俗,彝族常饮罐烤茶、清茶、盐巴茶和油茶,尤其喜欢饮罐烤茶。彝族同胞不仅喜欢饮茶,还喜欢食茶,如云南楚雄州的彝族喜欢食腌茶,云南临沧市彝族俐侎人喜欢食凉拌酸茶叶、苦茶拌凉肚等。彝族人民在悠悠的历史长河中形成了丰富多彩的民族茶文化。

彝族百抖茶是广泛流行于云南省彝族地区的一种饮茶习俗,彝族同胞常常用百抖茶招待客人。下面介绍彝族“百抖茶”茶艺。

9.11.1 原料准备

当地所产晒青毛茶7~8克,山泉水。

9.11.2 器具选配

竹篾桌、铁火盆、铁三角架(或吊架)、铜水壶、陶瓷茶叶罐、土陶烤茶罐(约150毫升容量)、陶水罐、陶瓷公道杯、汤滤、瓷茶杯。

9.11.3 茶艺程序

1)生火煮水

将炭火生起,放上铁三脚架或吊架,在三脚架上用铜壶煮上清甜甘冽的山泉水。

2)预热烤罐

将土陶烤茶罐洗净,放在火塘上用文火烤热烤干。

3)投茶抖烤

投入5克晒青茶烘烤。为了让茶叶受热均匀,烘烤是要不断抖动,使茶叶在罐子里不断翻转,因抖动次数多,故名百抖茶。

4)冲泡煮茶

茶叶烤至叶色微焦黄,焦香扑鼻时,将煮沸的山泉水注入烤茶罐,烹煮3~5分钟,茶水浓度适宜即可。

5)清洗茶具

彝族人喝茶一般使用的是当地特有瓷杯,有独特的民族风格。在煮制茶汤的过程中,要用沸水把茶杯温烫清洗干净,以示对客人的尊敬。

6)出汤分茶

先将煮好的茶汤滤入公道杯中,再均分到茶杯中。也可不用公道杯,将烤茶罐里的茶汤直接分到茶杯中。

7)敬茶品茶

将茶敬给客人品饮。彝族百抖茶汤色橙红明亮,香气焦香浓郁,滋味浓酽,入口微苦,苦后回甘,生津强烈,回味悠长。百抖茶解渴生津、润喉去燥、提神醒脑、驱除疲劳。善于饮茶的彝族同胞觉得饮这样的茶才过瘾,俗有"早茶一盅,一天威风""早上不得吃烤茶,一天干活无力气"之说,反映了彝族同胞对百抖茶的喜爱。

任务12 回族八宝盖碗茶茶艺

回族是我国分布最广的少数民族之一。我国回族同胞在古代大都居于我国西北地区,从事游牧业,以牛羊肉、乳酪为主食,较为腥腻,茶有消食、解腻、除异味的作用而受到回族人民喜爱。此外,回族同胞信仰伊斯兰教,禁止饮酒抽烟,茶就成为人们日常生活中的主要饮品。回族同胞在饮茶过程中,形成了多姿多彩的饮茶习俗和茶文化。回族饮茶方式多样,常见的有小罐烤茶、糖茶、油茶、八宝盖碗茶等。

回族八宝盖碗茶是回族同胞最喜爱的茶饮,它配料丰富,一般以糖、芝麻、红枣、核桃仁、枸杞、桂圆肉、葡萄干等多种果品与茶配伍，营养价值和保健价值很高，能滋肝补肾、健胃补脾、补血益气、安神增智、驱寒祛风、明目清心、延年益寿，是回族同胞的养生饮品。

9.12.1 原料准备

绿茶、冰糖（或红糖、白砂糖）、芝麻、红枣、核桃仁、枸杞、桂圆肉、葡萄干、山泉水。

9.12.2 器具选配

瓷盖碗数只（数量因人数而定、容量150毫升左右），煮水器1套，茶叶罐1个，茶荷1个，糖罐1个，瓷碟6个，茶道组1套，茶巾1条，奉茶盘1个。

9.12.3 茶艺程序

1）悉心备料

准备好适量的绿茶、冰糖（或红糖、白砂糖）、芝麻、核桃仁、红枣、枸杞、桂圆肉、葡萄干。

2）精心备具

准备数只精致的瓷盖碗。

3）煮水候汤

泡八宝盖碗茶，要配以清澈甘冽的山泉水，水要煮至二沸。

4）温杯熁盏

将每一只瓷盖碗用沸水温烫一遍，以保证盖碗的清洁，表示对宾客的尊重，同时提高盖碗的温度。

5）投茶入瓯

在每只盖碗中轻轻拨入3克左右的绿茶。

6）加入配料

加入适量冰糖（或红糖、白砂糖）、芝麻、核桃仁，几颗红枣、枸杞、桂圆肉、葡萄干。

7）冲泡浸润

将二沸之水注入盖碗，每只盖碗注到7～8分满。盖上盖子，浸润2～3分钟。

8）八宝敬客

将八宝盖碗茶敬奉给客人。

9）闻香品茶

左手拖住盖碗托，右手拇指、食指捏住盖碗盖钮，用盖子在汤面上“刮”一刮，刮完一次后，将盖子倾斜的盖上，从盖碗缝里闻香后，轻轻吸着喝，品味茶汤的滋味，回族八宝盖碗茶香气浓郁、茶香糖香果香交融，滋味甜醇滑爽，令人回味无穷。

10）加水续泡

喝完第一泡茶后，要及时续上开水，进行续泡。

如果客人把茶盅的水全部喝干，用手把碗口捂一下，或从盖碗中捞出一颗大红枣吃到嘴里，表示已经喝够了，就不再加水续茶了。

回族八宝盖碗茶具有良好的保健作用,“回回老人寿数长,早起礼拜喝茶汤”,如果你想健康长寿,可经常饮用八宝盖碗茶。

【思考题】

1. 白族三道茶油的寓意在实际生活中有何作用?
2. 酥油茶在藏族人民生活中有何重要作用?
3. 佤族饮茶有何特点?

实训9.1　白族三道茶茶艺

【实训目的】

通过本项目的实训,使学生掌握白族三道茶制作的基本程序和技能。

【实训场地与器具】

茶艺实训室、火盆、土陶火炉、土陶水壶或铜壶、土陶烤茶罐、木茶桌、茶叶罐、茶匙、牛眼睛盅、玻璃小碗、瓷杯、茶巾。

【实训要求】

1. 掌握茶叶烤制方法。
2. 掌握白族三道茶的配制方法和规范的操作流程及正确的动作要领。

【实训时间】

1学时。

【实训方法】

1. 教师讲解示范。
2. 学生分组练习。

【实训内容与操作标准】

1. 教师讲解示范

(1)准备原料

将绿茶、蔗糖(红糖需切碎)、核桃仁、烤乳扇、花椒、桂皮、蜂蜜、生姜等准备好。

(2)生火煮水

将火塘生起火,用铜壶把清泉水烧上。

(3)烤制茶叶

将土陶罐洗净烤热,投入茶叶不断翻抖烘烤。

(4)冲泡煮茶

在茶罐中冲入开水,略熬煮一会儿。

(5)分茶敬茶

将茶汤分到牛眼睛盅中,然后双手将茶依次敬给客人。

(6)品饮苦茶

苦茶焦香扑鼻,滋味浓酽,入口很苦。

(7)调配甜茶

在精美的小碗放入红糖、核桃仁片、乳扇丝,然后用熬煮过头道苦茶的陶罐中的茶叶来熬煮茶汤,将茶汤冲入杯或碗中。

(8)敬奉甜茶

将甜茶依次敬给客人。

(9)品饮甜茶

甜茶香甜异常,浓淡适中,极为爽口。

(10)调配回味茶

在杯中放入几粒花椒、少许桂皮、生姜丝,将煮好的苦茶水冲入杯中,再放入一匙蜂蜜。

(11)敬回味茶

将回味茶依次敬客。

(12)品饮回味茶

这道茶饮后顿觉甘、苦、涩、麻、辣、辛、香味俱全,让人回味无穷。

2.学生分组练习。

〖达标测试〗

见表9.1。

表9.1 达标测试表

班级: 组别: 学号: 姓名:

序号	测试内容	评分标准	配分	扣分	得分
1	备具	物品齐全,摆放整齐,具有美感,便于操作	10		
2	备料	配料齐全	15		
3	烤茶	动作规范,翻抖适度,茶黄而不焦	15		
4	冲泡煮茶	冲泡动作规范、优美,茶汤浓度适当	20		
5	奉茶	手法正确,有礼貌	10		
6	品茶	手法正确,能辨析茶汤香气滋味	10		
7	茶叶品质	能充分展现出茶品的品质	10		
8	姿态、礼仪	姿态优美,礼仪周全	10		
合计			100		

考核时间: 年 月 日 考评教师(签名):

实训9.2 傣族竹筒香茶

〖实训目的〗

通过本项目的实训,使学生掌握傣族竹筒香茶的制作方法和冲泡品饮技艺。

〖实训场地与器具〗

茶艺实训室、火盆、土陶火炉、土陶水壶、竹编小篾桌、竹凳、茶叶罐、竹编茶叶盒、茶匙、嫩香竹筒、瓷盖碗或土陶茶壶、竹或百瓷茶杯、茶巾。

【实训要求】

1. 掌握竹筒香茶制作。
2. 掌握冲泡过程中规范的操作流程及正确的动作要领。

【实训时间】

1 学时。

【实训方法】

1. 教师讲解示范。
2. 学生分组练习。

【实训内容与操作标准】

1. 教师讲解示范

(1)制作竹筒香茶

①将火塘中的火生起。

②将青毛茶装入刚砍回来的嫩香竹筒中。

③将竹筒在火塘三脚架上烘烤 6 ~ 7 分钟后,使茶叶软化,用木棒将竹筒内的茶压紧,然后再填满茶,继续烘烤,到竹筒内的茶叶填满压紧为止。

④用刀剖开竹筒,取出圆柱形的竹筒茶。

(2)冲泡竹筒香茶

①在小篾桌上布好器具。

②用开水温润茶具。

③掰下少许竹筒香茶,放入茶碗中。

④冲入沸水至七八分满,浸润 3 ~ 5 分钟。

⑤将茶汤分入竹品茗杯中。

⑥将茶汤敬奉给客人。

⑦品饮竹筒香茶。

2. 学生分组练习。

【达标测试】

见表 9.2。

表 9.2 达标测试表

班级: 组别: 学号: 姓名:

序号	测试内容	评分标准	配分	扣分	得分
1	备具	物品齐全,摆放整齐,具有美感,便于操作	10		
2	烤制竹筒香茶	程序正确,动作符合规范,烤制程度掌握得当	30		
3	温润杯具	动作规范、优美	10		
4	置茶冲泡	手法正确,动作规范、优美,浸润时间掌握得当	10		

续表

序　号	测试内容	评分标准	配　分	扣　分	得　分
5	奉茶	手法正确,有礼貌	10		
6	品茶	手法正确,能品出茶的香气滋味	10		
7	茶叶品质	能充分展现出茶品的品质	10		
8	姿态、礼仪	姿态优美,礼仪周全	10		
合　计			100		

考核时间：　　年　月　日　　　　　　　　　　考评教师(签名)：

实训9.3　佤族烤茶

〖实训目的〗

让学生掌握佤族烤茶的制作方法与技能。

〖实训场地与器具〗

茶艺实训室、火盆、土陶火炉、土陶水壶或铜壶、土陶烤茶罐、竹编小蔑桌、竹凳、茶叶罐、竹编茶叶盒、茶匙、硬陶茶杯或竹木茶杯、茶巾。

〖实训要求〗

掌握佤族烤茶规范的操作流程及正确的动作要领。

〖实训时间〗

1学时。

〖实训方法〗

1. 教师讲解示范。
2. 学生分组练习。

〖实训内容与操作标准〗

1. 教师讲解示范

(1)理火烹泉

将火塘生起火,在火塘的吊架上,用土陶壶煮上山泉水。

(2)准备茶叶

准备适量的大叶种晒青绿茶。

(3)预热土罐

将土陶罐在火塘上预热,烘干水汽并加热到50 ℃左右。

(4)烤制茶叶

将约5克青毛茶投入茶罐烘烤,烘烤过程中不断颠簸、翻抖。

(5)冲泡煮茶

将开水注入茶罐中,煮1分钟左右即可将茶水倒入杯中。

(6)敬神祭祖

将茶杯高高举过头顶,在地上泼洒一圈。

(7)煮二泡茶

再次冲入开水,略加熬煮。

(8)出汤分茶

将煮好的茶均匀分入品茗杯中,每杯分七分满。

(9)浓茶敬客

给客人敬茶。

(10)品饮佳茗

请各位客人品饮茶汤。

2. 学生分组轮流练习。

【达标测试】

见表9.3。

表9.3　达标测试表

班级:　　　　组别:　　　　学号:　　　　姓名:

序　号	测试内容	评分标准	配　分	扣　分	得　分
1	备具	物品齐全,摆放整齐,具有美感,便于操作	10		
2	备料	配料齐全	15		
3	烤茶	动作规范,翻抖适度,茶黄而不焦	15		
4	冲泡煮茶	冲泡动作规范、优美,茶汤浓度适当	20		
5	奉茶	手法正确,有礼貌	10		
6	品茶	手法正确,能辨析茶汤香气滋味	10		
7	茶叶品质	能充分展现出茶品的品质	10		
8	姿态、礼仪	姿态优美,礼仪周全	10		
合　计			100		

考核时间:　　年　月　日　　　　考评教师(签名):

实训9.4　藏族酥油茶

【实训目的】

让学生掌握藏族酥油茶的制作方法与技能。

【实训场地与器具】

茶艺实训室、煮茶锅(铁锅)、茶壶、打茶筒、茶碗、托盘、茶桌、茶巾。

【实训要求】

1. 掌握茶叶熬煮方法。

2. 掌握酥油茶的配制方法和规范的操作流程及正确的动作要领。

〖实训时间〗

1 学时。

〖实训方法〗

1. 教师讲解示范。

2. 学生分组练习。

〖实训内容与操作标准〗

1. 教师讲解示范

(1)用具准备

煮茶锅(铁锅)、茶壶、打茶筒、茶碗、托盘等准备好。

(2)准备原料

准备普洱茶、盐巴、酥油、核桃仁、芝麻、花生仁、生鸡蛋、葡萄干、糖等。

(3)煮茶

将普洱茶敲碎,在锅内放水,煮沸后投入碎茶,熬煮约半小时。

(4)准备打茶

滤去茶渣,将热茶汁倒入打茶筒,再加入适量的酥油、盐、糖等配料。

(5)打酥油茶

盖上打茶筒,握住打茶筒中的木棒,上下搅动,轻提、重压,上下舂打。

(6)加热酥油茶

将打好的酥油茶倒入煮茶壶中加热。

(7)出汤分茶

将煮好的茶分入茶碗。

(8)敬茶

将酥油茶敬给客人。

(9)品饮佳茗

请各位客人品饮茶汤。

2. 学生分组轮流练习。

〖达标测试〗

见表9.4。

表9.4 达标测试表

班级: 组别: 学号: 姓名:

序　号	测试内容	评分标准	配　分	扣　分	得　分
1	备具	物品齐全,摆放整齐,具有美感,便于操作	10		
2	备料	配料齐全	15		
3	熬煮茶	动作规范,熬煮时间适度,茶汤浓度适当	15		
4	打酥油茶	动作规范,轻重适当,匀度适当	20		
5	奉茶	手法正确,有礼貌	10		

续表

序　号	测试内容	评分标准	配　分	扣　分	得　分
6	品茶	手法正确,能辨析茶汤香气滋味	10		
7	茶叶品质	能充分展现出茶品的品质	10		
8	姿态、礼仪	姿态优美,礼仪周全	10		
合　计			100		

考核时间:　　年　月　日　　　　　　　　　　　　　考评教师(签名):

实训 9.5　擂茶茶艺

【实训目的】

让学生掌握擂茶的制作方法与技能。

【实训场地与器具】

茶艺实训室,擂钵1个,擂棍1根,竹篾编制的"捞瓢"1把,小桶、铜壶、青花碗、开水壶。

【实训要求】

1. 掌握擂茶的制作方法,熟练运用擂的技法。
2. 掌握擂茶规范的操作流程及正确的动作要领。

【实训时间】

1学时。

【实训方法】

1. 教师讲解示范。
2. 学生分组练习。

【实训内容与操作标准】

1. 教师讲解示范

(1)涤器

清洗"擂茶三宝"——擂钵、擂棍、笊篱。

(2)备料

摆上糕点和小吃。

(3)打底

将茶叶、甘草、陈皮、凤尾草等配料投入擂钵中。

(4)初擂

主人擂茶。

(5)加料

将芝麻倒进擂钵与基本擂好的配料混合。

(6)细擂

在细擂过程中加少量的水,使混合物能擂成糊状。

(7)冲水

当配料擂到足够细时,冲入90~95 ℃的热开水。

(8)过筛

用笊篱滤去茶渣。

(9)敬茶

将过滤好的擂茶装入壶中,斟到茶碗,并按长幼顺序依次敬奉给客人。

(10)品饮佳茗

请各位客人品饮茶汤。

2.学生分组轮流练习。

【达标测试】

见表9.5。

表9.5 达标测试表

班级: 组别: 学号: 姓名:

序号	测试内容	评分标准	配分	扣分	得分
1	备具	物品齐全,摆放整齐,具有美感,便于操作	10		
2	备料	配料齐全	15		
3	擂茶	动作规范,轻重适当,加水适量	15		
4	冲泡煮茶	冲泡动作规范、优美,茶汤浓度适当	20		
5	奉茶	手法正确,有礼貌	10		
6	品茶	手法正确,能辨析茶汤香气滋味	10		
7	茶叶品质	能充分展现出茶品的品质	10		
8	姿态、礼仪	姿态优美,礼仪周全	10		
合计			100		

考核时间: 年 月 日 考评教师(签名):

实训9.6 咸奶茶茶艺

【实训目的】

让学生掌握咸奶茶的制作方法与技能。

【实训场地与器具】

茶艺实训室、铝锅、火炉、水壶、木桌、茶壶、滤勺、瓷海碗。

【实训要求】

1.掌握咸奶茶的熬制方法和加奶、盐的含量。

2.掌握咸奶茶的规范的操作流程及正确的动作要领。

〖实训时间〗

1 学时。

〖实训方法〗

1. 教师讲解示范。

2. 学生分组练习。

〖实训内容与操作标准〗

1. 教师讲解示范

(1)准备茶叶

准备适量的茯砖茶或各种黑茶。

(2)煮茶

将铝锅中的水煮开,把适量的碎砖茶投入锅中,熬煮 4 ~5 分钟。

(3)加入配料

加入鲜奶或几个奶疙瘩和适量食盐,再沸腾 5 分钟左右。

(4)出汤分茶

将咸奶茶过滤,分入大海碗中再分给客人。

(5)奶茶敬客

给客人敬咸奶茶。

(6)品饮佳茗

请各位客人品饮咸奶茶茶汤。

2. 学生分组轮流练习。

〖达标测试〗

见表 9.6。

表 9.6 达标测试表

班级: 组别: 学号: 姓名:

序 号	测试内容	评分标准	配 分	扣 分	得 分
1	备具	物品齐全,摆放整齐,具有美感,便于操作	10		
2	备料	配料齐全	15		
3	冲泡煮茶	冲泡动作规范、优美,茶汤浓度适当	20		
4	加入配料	配料量要适当,具有咸奶茶的风味	15		
5	奉茶	手法正确,有礼貌	10		
6	品茶	手法正确,能辨析茶汤香气滋味	10		
7	茶叶品质	能充分展现出茶品的品质	10		
8	姿态、礼仪	姿态优美,礼仪周全	10		
合 计			100		

考核时间: 年 月 日 考评教师(签名):

学习项目 10　茶席设计

〖学习目标〗

知识目标

1. 了解茶席设计的构成因素。

2. 掌握茶席设计的结构方式、题材选择、表现方法和设计技巧。

3. 掌握茶席设计展演的相关要求。

技能目标

1. 掌握茶席设计的技巧。

2. 掌握茶席插花制作、茶点茶果配置的技能。

3. 掌握茶席设计展演的基本技能。

课程思政目标

1. 通过茶席设计中茶、茶具、铺垫、插花、挂画、焚香、相关工艺品、背景、茶点茶果、服饰、音乐等选择应用、协调统一，感受中华民族的审美理念，提升学生的审美能力，提高学生的美学素养。

2. 从茶席设计中各种元素的应用，感受中华民族传统文化之丰富和传统文化的魅力，增强学生文化自信。

3. 鼓励学生大胆应用各种元素，设计出与众不同的、富有新意的茶席作品，培养学生的创新精神。

〖任务引入〗

近年来，茶席设计作为一项独特的茶文化活动形式在海内外蓬勃发展，各种茶席设计大赛频频举行。茶席设计已成为高级茶艺师必须掌握的知识与技能。要能够独立设计出有思想内涵、有新意、有个性、有美感的茶席，并能进行茶席设计，把茶席主题完美地展现给观众，使观众获得更深层次的审美感受，必须掌握茶席设计的相关知识与技能。

〖案例导读〗

2011 年，在中国共产党建党 90 周年之际，北京举办了首届“更香杯”青少年茶席设计大赛，茶席设计《盛世中国红》获得了金奖。该茶席作品应用的茶具、相关工艺品色彩均为中国红，图案、色彩喜庆吉祥，寓示中国进入一个太平盛世。

〖案例分析〗

茶席设计要有鲜明的主题、深厚的思想内涵、有新意、有个性。茶席作品《盛世中国红》中茶叶、茶具、相关工艺品等的恰当运用，营造了一个太平盛世的意境，突出了歌颂中国共产党丰功伟绩的主题，符合当时举办该茶席大赛的目的。

“茶席”一词，在日本较为常见，但日本的“茶席”指的是“本席”“茶室”，即茶屋。在日本，举办茶会的房间称茶室、茶席或者只称席。

韩国也有“茶席”一词，但韩国的茶席并非目前我们所指的茶席。韩国的“茶席”是指为喝茶或喝饮料而摆的席，除摆放各种茶、糖水、蜜糯汤、柿饼汁以外，还放蜜麻花（油蜜饼、梅果、饺子）、各种茶食、油果（江米条、米果），各类煎饼、熟实果（枣、栗丸、生姜片、栗子）等。

近年来，在我国台湾地区，“茶席”一词出现颇多，如“露雪茶席”，但多指茶会。

我国古代并无茶席一词，“茶席设计”这一名词是近年来才频频出现在各种媒体上。但在古代表现品茗内容的各种美术作品中，却有着对茶席的很多描绘。例如，唐代的《宫乐图》，画面上，贵族女子们围坐在置于野外的茶桌边，一边品茶，一边悠闲地观赏着四周的自然景色，并有琴、箫奏乐，品茗山水间的悠然自得的感觉跃然纸上。宋徽宗所绘的《文会图》，茶桌上，除了典型的宋代茶瓶“汤提点”、带托茶盏、银制茶则、银箸及大量的茶碟外，还摆有丰富的茶点茶果、造型优美的插花。

在当代文献中最早出现“茶席”一词的是童启庆教授编著的《影像中国茶道》一书，童教授在书中是这样解释“茶席”的：“茶席，是泡茶、喝茶的地方。包括泡茶的操作场所、客人的坐席以及所需气氛的环境布置。”随后，在周文棠先生所著的《茶道》中也出现了“茶席设计”一词。周文棠先生在书中对“茶席设计与布置”是这样解释的：“根据特定茶道所选择的场所与空间，需布置与茶道类型相宜的茶席、茶座、表演台、泡茶台、奉茶处所等。茶席是沏茶、饮茶的场所，包括沏茶者的操作场所，茶道活动的必需空间、奉茶处所、宾客的坐席、修饰与雅化环境气氛的设计与布置等，是茶道中文人雅艺的重要内容之一。茶席设计与布置包括茶室内的茶座，室外茶会的活动茶席、表演型的沏茶台等。”

茶席设计，就是指以茶为灵魂，以茶具为主体，在特定的空间形态中，与其他艺术形式相结合，所共同完成的一个有独立主题的茶道艺术组合整体。

茶席，首先是一种物质形态，实用性是它的第一要素。茶席，同时又是一种艺术形态，艺术性是其生命力之所在，丰富的艺术表现形式，使茶席精神内涵的诠释更为生动、深刻。

任务1　茶席设计的基本构成因素

茶席设计是由诸多因素构成的，一般在茶席设计中最基本的构成因素有：茶品、茶具、铺垫、插花、焚香、挂画、相关工艺品、茶点茶果、背景、音乐等。由于设计者的生活背景、文化修养及思想、性格、情感等诸方面的差异，在进行茶席设计时选择的构成因素会有所不同，从而表现出不同的文化内涵和思想追求。

10.1.1　茶品

茶是茶席设计最基本的构成因素。有茶，才有茶席，也进而有了茶席设计，茶是茶席设计的灵魂和思想基础，茶席设计的理念往往因茶而产生，并成为构成茶席设计的主要线索。

我国茶类异常丰富，绿茶、红茶、黄茶、白茶、乌龙茶、黑茶等基本茶类及其各种再加工茶如花茶、沱茶等，构成丰富多彩的茶的世界，而茶的名字、形状、色泽、香气、滋味的千变万化，给人无限的联想，也常常成为茶席设计表现的主题。

茶类不同,给人的感受不同,可表现不同的思想情感和主题。例如,绿茶清新雅致,带给人春天的清新和夏日的凉爽;红茶明艳热烈,带给人温暖、时尚的感受,现代的气息,在寒冷肃杀的冬季,让人倍感温暖;乌龙茶集花香果香于一体,带给人秋的丰实;普洱茶带来的则是远古的呼唤、大山的朴实与厚重,七子饼让人联想到亲人的思念与对团圆的期盼,也联想到花好月圆;花茶带给人万紫千红的春天的气息。

茶的形状千姿百态,茶的形状不同,也同样可以表现不同的主题和思想。墨江云针,棵棵细直如松针,让人想到在冬季也不凋零的青松,联想到"大雪压青松,青松挺且直"的顽强不屈的高尚人格;君山银针,在水中三上三下,最后棵棵直立于杯底,让人联想到人生沉浮和在逆境中努力向上的茶人品格;迎春柳,形如柳叶,清风徐来,摇曳多姿,风情万种,满眼春色。

茶的香气千变万化,或花香袭人,或清香沁心,或果香浓郁,或陈香迷人,带给人各种不同的享受,让天下多少茶人为之痴迷。

茶的滋味虽然主要是苦、涩、甘、鲜、醇等,但不同的茶,滋味也各不相同,绿茶的鲜爽、红茶的甜醇、白茶的鲜醇、乌龙茶的浓醇、普洱生茶的浓酽或熟茶的陈醇,给人带来不同的感受,也能表现不同的主题。

中国茶,不仅形状美、香气美、滋味美,茶的名字,更是充满着诗情画意。如洞庭碧螺春、凤凰水仙、九曲红梅、白牡丹、素心兰、舒城小兰花、竹叶青、蒙顶甘露、岳西翠兰、千岛玉叶、敬亭绿雪、仙人掌、湘波绿、瑞草魁、南糯白毫等,引人遐思,诱人奇想,能够表现种种不同的主题。

10.1.2 茶具组合

茶具是茶席构成因素的主体,茶具组合是茶席设计的基础。茶具组合必须实用性和艺术性相融合,实用性决定艺术性,艺术性又服务于实用性。在茶席设计中,茶具组合处于整个茶席布局中最显著的位置,因此,茶具的质地、造型、体积、色彩、内涵等因素,要作为茶席设计的重要部分加以考虑。

我国的茶具组合始于唐代,陆羽首创二十四件茶具及其附件的完整组合,既满足了其实用性,又融入了思想追求和文化品位。此后,历代茶人在此基础上又根据茶事活动的需要,在茶具的形式、内容、功能及其艺术表现形式上不断创新发展,融入更多的中华传统文化内涵,使茶具在人们的物质和精神生活中发挥着积极的作用。

茶具经过不断地创新发展,材质多种多样,土陶、紫砂、瓷器、玻璃、竹木、金属、玉器、石器等,应有尽有,但目前在茶具世界占主角的,主要是紫砂、瓷器、玻璃三大类,竹木茶具以辅助器具为主。紫砂茶具温润质朴,造型变化万千,圆不一式、方不一相,极具艺术欣赏价值,加之泡茶不易烫手,又能滋蕴茶香茶味,备受茶人青睐;瓷器茶具青瓷青翠,白瓷明丽,黑瓷古雅,并且融入了大量中华传统文化元素,在表现中华文化方面有很大的优势;玻璃茶具则晶莹剔透,易于观赏茶叶的形状、颜色,并充满现代感,可用于表现现代题材;竹木茶具主要用于茶几、椅子、茶盘、茶托、茶针、茶夹、茶匙等辅助茶具,也有用于茶碗、茶杯、茶叶盒等的,竹木茶具在表现民族风格方面的题材上用得较多,如藏族酥油茶的茶碗、傣族的竹筒茶、佤族烤茶、傈僳人的雷响茶等。

在茶席设计中,茶具的配置有两种类型:一种是按必须使用而不可代替的基本配置,例如,煮水器或热水瓶、茶壶、茶杯、茶叶罐、茶则等;另一种是齐全组合,包括不可代替与可代替的个件,如水方、煮水器、水杓、茶盘、茶壶、壶盘、茶则、茶匙、茶针、茶夹、茶滤、承托、公道杯、品茗杯、闻香杯等。茶具组合要根据所要表现的主题来配置,质地、色彩、造型、大小、艺术风格要相互协调,突出主题。例如,表现佤族风情的茶席,茶具组合中可选用土陶火盆、生铁三脚架、土陶煮水壶、土陶茶罐、竹编茶几、竹编贮茶篓、贮水竹筒、竹筒或土陶水盂、竹节杯或土陶杯、竹茶匙等,以突出佤族饮茶中自然、质朴的民族风情;又如展现滇红茶的茶席,在茶具配置上,可选择红釉瓷或白瓷盖碗1个,瓷质品茗杯(内壁纯白)若干只,茶匙组合1套,红釉瓷茶叶罐1个,茶荷(或茶碟)1个,煮水器1套,瓷质水盂1个,茶海1个,汤滤及支架1套,茶巾1条,漆器奉茶盘1个,茶具色彩以红、白为主,突出滇红茶的明艳与浓烈。

10.1.3 铺垫

铺垫,是指茶席整体或局部物件摆放下的铺垫物,也是铺垫茶席之下布艺类和其他质地物的统称。

铺垫的直接作用:一是使茶席中的器物不直接触及桌(地)面,以保持器物清洁;二是以自身的特征辅助器物共同完成茶席设计的主题。铺垫虽是器外物,却对茶席器物的烘托和主题的体现起着不可低估的作用。

铺垫的质地、色彩、大小、花纹、款式等,要根据茶席设计的主题与立意,运用对称与不对称、烘托、对比、渲染等手段的不同要求加以选择。或铺桌上,或铺地上,或搭一角,或垂一隅,可给人很多不同的意象与联想。

1)铺垫的类型

(1)织品类

①棉布。质地柔软,吸水性强,视觉效果柔和,不反光,在茶席中适合用来表现传统题材和乡土题材。

②麻布。有粗麻和细麻两大类。粗麻硬度高,柔软性差,不宜大片铺垫,可做小块局部铺,以衬托关键器物。细麻相对柔软,且常印有纹饰,可作大面积处理。麻布古朴大方,极富怀旧感,在表现古代传统题材和乡村及少数民族题材的茶席中使用有很好的艺术效果。

③化纤。化纤织品品种丰富,色彩亮丽,在茶席设计中,常用来表现现代生活和抽象题材。

④蜡染。蜡染是中国民间的传统织品,蜡染仅有蓝白两色,但色彩鲜明,可勾勒出丰富的形象和抽象图案。在茶席设计中,可铺可垫,可垂可挂,可在任一块面进行处理。因蜡染布色调偏重,在用蜡染作铺垫时,茶席的器物宜用淡雅的暖色调。

⑤印花。棉、毛、麻、化纤、丝绸、锦缎等都可印花,我国的印花织品图案也非常丰富,梅花、菊花、牡丹、兰花、松竹、月季、山茶花、水仙、荷花、杜鹃等最为常见。在茶席设计中,印花织品特别适合表现自然、季节、农村类的题材,如表现夏季,选择荷花印花织品作为铺垫,即使在茶席中无荷花插花,也可让人感受到夏日的别样风情。茶席设计中选择印花织品不宜用花繁锦簇的种类,而宜选择花少朵鲜的种类。

⑥毛织。毛织品以毛毯为主,有地毯、壁毯、挂毯等。目前也有化纤织毯。毛织品一般宜选适中小块,作垫上垫处理,常用来表现有一定厚重历史感的题材。

⑦织锦。织锦是指有花纹图案的真丝织品，苏州的苏锦、南京的云锦、成都的蜀锦、土家族的土锦各有特色。在茶席设计中，织锦常用来表现传统宫廷题材，也可用来衬托富贵、大气的气氛。

⑧绸缎。绸缎轻、薄、光泽好，在桌铺中常用来做叠铺，地铺中常用来做流水等意象的表达。

⑨手工编织。手工编织多以棉线为主，颜色多为白色，常编织成小正方形、三角形、圆形等，一般用于叠铺，下铺常采用红色、蓝色、紫色、绿色等深色。小型手工编织品还可在茶席中作为一件或几件重要器物的铺垫。手工织品在茶席设计中，无论是传统题材还是现代生活题材都可使用。

(2)非织品类

①竹编。一般有线穿直编和薄竹片交叉编两种。线穿直编一般多为小长方形，可卷可摊，可垫全部器物，也可垫部分器物。薄竹片交叉编一般用于地铺，表现古代传统题材和日本茶道、韩国茶礼。

②草秆编。一般以稻秆和麦秆编制而成，较为轻、软，易折断，一般不用于桌铺，在地铺中一般也不宜全铺，常以小块铺垫重要器物。

③树叶铺。是指用真实树叶叠放在地上，用以铺垫器物。树叶铺常选用荷叶、芭蕉叶等大、平、有个性特点的树叶作为叶材。不同的树叶常在茶席设计中表现不同的季节题材，如用荷叶表现夏季、枫叶表现秋季。树叶铺的使用，使茶席更具有自然氛围。树叶铺一般只用一种树叶。

④纸铺。是指用书法和绘画作品作铺垫。书法和绘画作品在茶席中常以桌铺的形式出现，在铺法上多为留角铺，一般不宜做全铺和平铺，纸铺下还须有织品类作底，使茶席拥有浓重的书卷气和艺术感，整体构图也显得富有层次。

⑤石铺。也称石围，多做地铺，常以单个景观石作背景，许多小型鹅卵石随地铺开，石中布以茶器具及其他物件。石铺可表达自然之态，选用石铺时，要处理好背景环境，通常以竹、树桩盆景相佐。

⑥瓷砖铺。即用现代建筑用的瓷砖来做茶席的铺垫。瓷砖铺以单色为佳，用质地良好、光洁度高的瓷砖做铺垫，容易获得器物的投影效果。

⑦不铺。即以桌、台、几本身为铺垫，不再铺其他铺垫物。桌、台、几本身的色彩、质地、形状等常常具有某种质感和色感，可表现不同的主题。如红木桌几，古朴而有光感，有古雅富贵之气；原木桌几，纹理自然，有质朴之感；仿古桌几，常常可喻示某个朝代；竹制桌几，带给人山野乡村之风。

2)铺垫的形状

铺垫的形状一般分为正方形、长方形、三角形、圆形、椭圆形、几何形、不确定形等。

正方形和长方形，多在桌铺中使用，正方形和长方形铺垫又分遮沿型和不遮沿型两种。遮沿铺即铺垫物比桌面大，四面垂下，遮住桌沿，遮沿铺显得较为大气，是许多叠铺、三角铺、纸铺、草秆铺、手工编织铺的基础，又被称为基础铺。遮沿铺在正面垂沿下常缝上一排流苏或其他垂挂，更显其艺术性。不遮沿铺按桌面形状设计，比桌面小。

三角形铺基本用于桌面铺，正面使一角垂至桌沿下。三角形具有一定的个性特征，在铺垫造型中比较有层次感,是桌铺中器物较少时的理想选择。

圆形铺常在特定布局中使用。如在正方形的桌、台、几或个别地铺中使用,或者用于某些特定器物组合和摆置,也可在围绕中心、四周摆放器物的场合中使用,在某些地铺中也可取得较好的效果。

椭圆形铺一般在长方形桌中使用,它会凸显四边的留角效果,为茶席设计增添想象的空间。

几何形铺变化丰富,个性突出,桌铺、地铺均可使用,可叠铺、多层铺,使其具有丰富的层次感。几何形铺是铺垫中最富有想象力的,可随设计者的表现意图而变化,特别适合用于表现现代生活题材的茶席设计。

不确定形铺垫常用于某些意象的表达,如流水等的表现,可获得意想不到的效果。

3)铺垫的色彩

色彩是表达情感的重要手段之一,它在茶席的铺垫中,能不知不觉地影响人们的精神、情绪和行为。

色彩的3个基本要素是色相、明度、彩度。色相是指色彩呈现的质的面貌。它是区别一种物质色彩的名称,如赤、橙、黄、绿、青、蓝、紫。明度是指色彩本身的明暗度,在色相中,黄色明度最高,蓝色明度最低。彩度是指色彩的纯度、浓度或饱和度,色彩越强则纯度越高。

在茶席设计中,对铺垫色彩的把握原则是:单色为上,碎花为次,繁花为下。

铺垫在茶席中的应用,是要突出器物,表达设计意图,帮助设计者实现最终的目标。单色既属于无色彩(灰、白、黑),也属于有色彩(红、黄、绿),单色最能适应器物的色彩变化,即使是最深的单色——黑色,也绝不夺器,所以单色铺垫是茶席中最常用的。

碎花,包括纹饰,在茶席铺垫中,如果处理得当,一般也不会夺器,反而更能恰到好处地点缀器物,突出器物。碎花、纹饰会使铺垫的色彩显得更加和谐。选择碎花、纹饰作铺垫时,一般规律是与器物同类色的更低调处理。

繁花在一般铺垫中很少使用,但在某些特定条件下选择繁花,往往会获得意想不到的强烈艺术效果。

4)铺垫的方法

在茶席设计中,要使铺垫获得理想的效果,要根据铺垫的材质、形状、色彩以及所要体现的主题来选择合适的铺垫方法。常用的铺垫方法有:

(1)平铺

平铺又称基本铺,是茶席设计中最常用的铺垫方法。平铺既可用于桌铺,也可用于地铺。桌铺时,既可垂沿铺,也可不垂沿铺,垂沿可触地,也可不触地。平铺作为基础铺,是各种叠铺形式的基础。

平铺属于传统的铺垫形式,适合所有题材的器物摆放。在正面垂遮的铺垫中,若再饰以色彩明快的流苏、绳结及其他饰物,会使平铺更具有艺术美感。

(2)对角铺

对角铺是将两块正方形织品的一角相连,两块织品的另一角顺沿垂下的铺垫方法,以造成桌面呈现4块等边三角形的效果。对角铺是茶席铺垫中一种比较生动的铺垫方法。

对角铺可使用平铺作基础，也可不用平铺，直接铺在桌、台、几上。

对角铺只适用于正方形、长方形的桌铺。特定条件下，也可用于地铺。

(3) **三角铺**

三角铺是在正方形、长方形的桌面上将一块比桌面稍小一点的正方形织品移向而铺，使其中两个三角面垂沿而下，造成两边两个对等三角形，而桌又成一个棱角形的铺面。

三角铺使整个茶席结构显得相对集中，中心位置明显，适合器物不多的茶席铺垫。三角铺一般只适合于桌铺。

(4) **叠铺**

叠铺是指在桌面或平铺的基础上，设置两层或多层的铺垫。

叠铺属于铺垫方法中最富有层次感和画面感的一种方法。叠铺最常用的手段，是将纸类艺术品如书法、国画等相叠铺在桌面上，或是用多种形状的小铺垫叠铺在一起，组成某种图案。使用叠铺的方法，可让器物随意摆置，也可依图案摆置，给人以画中画的审美享受。在叠铺中，铺品的组织比较随意，但切忌因追求叠铺效果而夺器。

(5) **立体铺**

立体铺是指在织品下先固定一些支撑物，然后将织品铺垫在支撑物上，以构成某种意象的效果，如群峰耸立、山脚下连绵的草地，或山泉飞流而下后形成一池碧水等，然后再在上面摆置器物。

立体铺是一种非常艺术化的铺垫方法，一般在地铺中使用。它从茶席的主题和审美的角度设定一定的物象环境，画面富有动感，能准确地传达出茶席的设计理念，使观赏者按照营造的想象空间去品味器物。

(6) **帘下铺**

帘下铺是将窗帘或挂帘作为背景，在帘下进行桌铺或地铺。

帘下铺常常采用两块不同质地、色彩的织品，形成巨大的反差，给人以强烈的画面层次感，有时帘与铺采用同一质地和色彩，造成一种从高处一泻而下的宏大气势，可使铺垫从形态上发生根本的变化，同时，帘具有较强的动感，在风的吹拂下，会形成线、面的变化，并且这种变化富有音乐的节奏感，使静态的茶席具有动态的韵律美。

10.1.4 插花

茶席中的插花，要能够体现茶席的主题，蕴含茶的精神，故追求崇尚自然、朴实高雅的风格。其基本特征是：简洁、淡雅、小巧、精致。花不求多，注重线条、构图的变化和美感，追求朴素大方、清雅脱俗的艺术效果，起到画龙点睛的作用。

1) 茶席插花的作用与风格

(1) **茶席插花的作用**

茶席插花是为了更好地体现茶的精神，提升茶席的气质，切合环境与茶和人们的心境。其主要作用有：

①提示饮茶人、珍惜当下。被修剪下的花枝花期有限，通过席主的精心设计，表现出不同寻常的美，但这种美稍纵即逝，提醒大家，一期一会，安住席间，泡茶、喝茶，珍惜彼此，把握当下。

②为茶席营造生动感，增加审美情趣。茶席是静态的，但有了插花，新鲜的花卉在茶事活动中慢慢绽放和变化，使整个茶席生机盎然，有了灵动感。

(2)茶席插花的风格

茶席中的插花，与一般的花艺不同，讲究的是素、雅、简及其与茶席的和谐。故茶席插花形体较小，表现手法细致，具有纯、真、清、远的风格，注重情趣。

2)茶席插花的花材选择

茶席设计中，插花的花材要根据茶席的主题和需要营造的意境、时节具象来选择。例如，在时节具象上，表现春季可用迎春、报春、牡丹、山茶、杜鹃、桃花、樱花、玉兰、兰花、月季、紫藤、蔷薇、垂柳等花材；表现夏季则可选择荷花、凌霄、唐菖蒲、晚香玉、紫薇、栀子、茉莉、百合、石榴花等花卉；表现秋季则可用菊花、桂花、翠菊、九里香、千日红、枫叶、小金橘等；表现冬季常用梅花、腊梅、银柳、仙客来、水仙、南天竹、松枝等。此外，茶席插花也可以采用盆玩、菖蒲、苔藓，各种野花野草。

花材的色彩也可表现茶席的情感内容，例如，红色代表热烈、兴奋，橙色代表明朗、甜美，黄色象征富贵、光辉和尊严，绿色表示生机勃勃、健康，蓝色代表安详、宁静，紫色代表华丽、高贵、神秘，白色则象征着纯洁、高雅、朴素。

3)茶席插花的花器选择

茶席插花，要求花体简约、精巧，故花器也要精致小巧，其大小要与茶席协调。

在花器的质地上，一般以竹、木、草编、藤编、陶、瓷、紫砂等为主，以体现原始、自然、质朴之美，衬托自然之茶、茶之自然。

在形状上，竹制花器多为筒状，木制花器多为小桶、小盆，草编、藤编以小篮、小筐常见，陶瓷、紫砂多为小杯、小盆、小瓶、小钵、小坛、小罐、小壶等。花器线条要简洁，容易为花枝造型。

在花器的色彩上，竹、木、草、藤花器基本上以原色为主，体现其原纹原质，陶质常选素面的，瓷质多为青、白色，紫砂多选深色。花器是花枝的烘托者，一般来说，花器上不需要再有其他装饰。

4)茶席插花的摆放

茶席插花一般摆放在茶席的前边位，茶席插花的花材是新鲜柔嫩、有生命力的。在茶席中摆放时，要注意远离煮水器和香器，以免热气损伤花的生机。

茶席插花摆设位置较低，离观赏者距离较近，属于静态观赏品，观赏时以居高临下的坐赏为原则。

10.1.5 焚香

焚香在茶席中有着十分重要的作用，它不仅作为一种艺术形态融于整个茶席中，而且它的美好气味弥漫于茶席四周的空间，使人在嗅觉上获得非常舒适的感受，气味有时还能唤起人们的某些回忆或联想，从而使品茶的内涵变得更加丰富多彩。

1)茶席中常用香料的种类

尽管目前人们生活中使用的香料大量是价廉物美的化学香品，但在茶艺活动中，人们仍旧执着地选择自然香品带来的美好享受，这是因为自然香品更符合茶的自然特质，符合茶人追求自然的精神。

自然香料一般由富含香气的植物与动物提炼而来。如自然界中具有香气的紫罗兰、茉莉、蔷薇、栀子、柠檬、橘子、香樟、丁香、肉桂、胡椒、白檀等,可采其鲜花、树皮、果皮、枝干、果实、树叶等,用蒸馏、压榨、干燥等方法制成,动物的分泌物所形成的香,如龙涎香、麝香等也是茶席中常用的香料来源。

茶席中常用的香品有:檀香、沉香、龙脑香、紫藤香、甘松香、丁香、石蜜、茉莉香、乳香、藿香、安息香、苏合香、迷迭香、紫罗兰、月季、艾香等。

茶席中香料的选择,要根据不同的茶席内容及表现风格来决定,例如,表现宗教和古代宫廷茶道的茶席,可选择香气相对浓烈一些的香料,而表现一般生活内容或自然题材的茶席,则可选择香气相对淡雅一些的香料。

2)茶席中香品的样式及使用

茶席中的香品,总体上分为熟香和生香,又称为干香与湿香。熟香指的是成品香料,一般可在香店购得,也可由香品制作爱好者自选香料自行制作而成。生香是指在茶席动态演示前,临场进行香的制作(又称香道表演)所用的各种香料。

茶席中最常用的熟香样式有柱香、线香、盘香,有时也用小型条香、香片、香末等。炷香在茶席中可成根或成扎插入香炉中,一般品茗空间大、品茗人数多时可成扎焚,品茗空间小、品茗人数少时则成根焚熏。线香和柱香一样,可扎焚,也可根焚,在茶席中,最常用的是三根同焚,三根线香插入香炉的形状为:中间一根挺直,左右两边各一根,每根香稍向外倾斜,呈"茶"状。茶席中盘香的使用一般是搁置在盘座上,呈平卧放置,一般不用盘香吊焚的方式。

3)茶席中香炉的种类及摆置

现代社会,香炉广泛用于社会生活中,其质地、造型、纹饰等变化万千,丰富多彩。茶席中使用的香炉质地上以铜质、陶瓷、紫砂最常见。茶席中所用的香炉,应根据茶席的不同题材和风格来选择,如表现宗教题材和古代宫廷题材的茶席,一般可选择铜质香炉,以体现古代的风格;在表现宫廷茶道的茶席中,也可使用金银质地的香炉,以体现富贵之气;而表现文人雅士活动的茶席,则宜选择有山水图案或题有诗词的瓷质香炉,更能体现文人雅士的文化底蕴。

在茶席中,香炉应摆放在不挡眼的位置,香炉一般不宜放置在茶席的中位和前位,多放置于茶席的左侧位或下位,或放置于背景屏风边上,使其不夺香、不抢风、不遮挡茶席中的其他器物。

10.1.6 挂画

茶席中的挂画,是悬挂在茶席背景环境中的书与画的统称。茶席中的书以汉字书法为主,画以中国画为主。

书画的表现形式主要有单条、中堂、屏条、对联、横披、扇面等。

单条:是指单幅的条幅。

中堂:是指挂在厅堂正中的大幅字画。两边另有对联挂轴,顶挂横披。

屏条:成组的条幅,常有两条至多条组成。

对联:由上联和下联组成,一般张贴、悬挂或镌刻在厅堂门柱上,讲究对仗、工整、贴切。

横披:与对联相配的横幅,一般字数比对联少。

扇面:是指折扇或团扇的面儿,用纸、绢等做成。扇面上写字或绘画,也常书画同用。

茶席中挂画的内容,可以用字,也可用画,通常还字画结合。字常以篆体(大篆、小篆)、隶书、草书、行书、楷书等形式出现,主要以茶事为表现内容,如各代文人墨客关于品茗意境、品茗感受的诗文、茶德、茶道精神等。常见的有:

一杯春露暂留客,两腋清风几欲仙。

茶亦醉人何必酒,书能香我无须花。

诗写梅花月,茶煎谷雨春。

尘滤一时净,清风两腋生。

和

清

清心

静心

和静怡真

廉美和敬

天人合一

茶禅一味

茶席中的画,主要是中国画,尤其是水墨画。最常见的是以表现松、竹、梅的"岁寒三友"或高洁品性的兰、菊、荷以及水墨山水等,表现中国茶人崇尚自然、热爱生活、淡泊名利的秉性和精神追求。

10.1.7 相关工艺品

在茶席中,我们常常可以看到一些工艺品的点缀。工艺品使用得当,不但能有效地烘托、陪衬茶席的主题,还能在一定条件下深化茶席的主题,引人遐思、引人联想,使人产生心灵上的共鸣,获得意想不到的效果。

1)茶席中常见工艺品的种类

(1)**自然物类**

自然物常可表现茶的自然秉性,自然之茶,茶之自然,用自然物来体现,会显得格外和谐。茶席上最常用的自然物是:质地各异、纹理自然、色彩绚丽、形状特异的石类,如雨花石、黄蜡石、鹅卵石、孔雀石、玛瑙石等;表现大自然树木千姿百态的典型形象的植物盆景如松、柏、杨、柳、楠、迎春、腊梅、石榴、铁梗海棠、六月雪、女贞、黄杨、金银花、紫藤、小菊、竹类等;自然界中的各类花草,如杜鹃、牡丹、梅花、桃花、菊花、兰花、芍药、石榴、樱花、茉莉、山茶、芙蓉、蔷薇、玫瑰、紫薇、报春、狗尾草、蕨类、含羞草等;各类植物枝干、叶片、果实,如麦秆、枫叶、芦苇、芭蕉叶、荷叶、玉米穗、高粱、谷穗等。

(2)**生活用品类**

生活用品中的各种物件,在茶席设计中结合茶席的主题来选用,能使茶席的主题得到更加鲜明的体现,赋予茶席浓郁的生活气息。茶席中,常用的生活用品类主要有:

①穿戴类。如披风、斗笠、草帽、木屐、草鞋等。

②首饰类。如项链、胸针、胸章、手珠、银锁等。

③厨具类。如木甑、木盆、水桶、磨、砧板、柴斧、火钳、木瓢、杯垫等。

④文具、玩具类。如毛笔、钢笔、排笔、笔筒、笔挂、砚台、书签、桥牌、象棋、围棋、跳棋等。

⑤体育用品。如羽毛球、篮球、排球、剑、弓、箭、马鞍、头盔等。

⑥其他生活用品。如扇子、挂钟、台钟、纸伞、唱机、香案、挂历、烛台等。

(3)艺术品类

在茶席中,使用艺术品来做点缀,会使茶席的艺术风格更加突出。茶席中使用的艺术品有:

①乐器类。如古筝、二胡、板胡、葫芦丝、竹笛、古琴、扬琴、竖琴、琵琶、排箫、小提琴、大提琴、吉他、手风琴、长笛、腰鼓、木鼓、号等。

②民间艺术类。如皮影、风筝、剪纸、布艺、绳结、扇艺、木雕、陶瓷、漆器、紫砂等。

③演艺用品类。如脸谱、廷扇、顶伞、水袖、羽帽等。

(4)宗教用品

用来表现宗教茶道的茶席,可选用一些宗教用品来表现主题,如佛教法器中的佛铃、佛钟、挂珠、菩提子、念珠、禅杖、木鱼等,道教法器中八卦盘、桃木剑、五行旗、道符、麒麟、金蟾等,西方教具中的十字架、圣经等。

(5)传统劳动用具

在一些表现乡土风情、乡村题材的茶席中,各种传统劳动用具如水车、石碾、石臼、风车、谷箩、蓑衣、斗笠、镰刀、背篓、纺车、织机、梭子等的使用,能够赋予茶席浓郁的乡土风情,加深主题。

(6)历史文物类

历史文物在表现相应的历史题材中,能起到烘托主题的作用。在茶席设计中,常用的历史文物主要有表现古代战事题材的古代兵器类,如剑、矛、戟、弓、箭、盾、铠甲等;表现特定的历史的文物古董类,如玉玺、竹简、文房四宝、令箭、战旗、圣旨、兵马俑等。

2)茶席中使用相关工艺品的原则

在茶席设计中使用相关工艺品,其目的是有效陪衬、烘托、深化茶席的主题。因此,在茶席中使用相关工艺品时,要注意以下几个原则。

(1)准确衬托主题,深化主题

茶席设计有一定的主题,相关工艺品的选用要能准确衬托主题、深化主题。例如,在禅茶茶席设计中,应用菩提子、念珠、禅杖、木鱼等佛教用品,使人一看便感到浓浓的禅意,体会到“茶禅一味”的意境;在表现佤族风情的茶席中,牛头、葫芦等工艺品的应用,更使人感到浓浓的佤山风情;表现乡土风情的茶席中,在背景墙中挂上一领蓑衣、一个斗笠,或是一串红辣椒、一把麦穗、一串玉米棒子,则乡土之味弥漫席间。

(2)与主器物相协调

茶席中的相关工艺品在茶席中只是作为主器物的补充,因此,在质地、造型、色彩等方面应与主器物属于同一个基本类系。如在色彩上,同类色最能相融,并且在层次上也更加自然与柔和。切忌相关工艺品在质地、大小、色彩等方面与主器物的特性形成相等、平衡的对比关系。

(3)数量适宜、大小适中

茶席中的相关工艺品可多可少,但以少而精、能衬托主题,多则不将主器物淹没其中为原则。相关工艺品的大小应把握比主器物略小为原则,太大易喧宾夺主,抢了主器物的地位;太小不容易看见,起不到应有的作用。

10.1.8 茶点茶果

茶点茶果,是对在饮茶过程中佐茶的茶点、茶果、茶食的统称。在茶席中应用的茶点茶果,要求分量较少,体积较小,制作精细,式样精致,色彩柔和清雅。

茶点茶果在晋代就已出现。饮茶佐以点心,在唐代开始盛行,粽子、柿子、荔枝等是唐人在茶席中十分偏爱的茶点茶果。宋代的茶点茶果,盘大果硕,制作精美。明清的茶点茶果,已不亚于现今,橘子、金橘、荔枝、橄榄、雪藕、雪梨、大枣、荸荠、石榴、李子以及寿桃、蒸角儿、顶皮酥、荷花饼、艾窝窝等都已进入茶席中。现在,茶点茶果更是茶馆的必备品,其品种之丰富,制作之精细,色、香、味、形之美,令人叹为观止,成为中华茶文化的一大景观。

1)茶点茶果的种类

(1)鲜果类

鲜果类有草莓、葡萄、红樱桃、桂圆、荔枝、鲜枣、山楂、李子、鲜桃、杨梅、鲜橙、金橘、菠萝、哈密瓜、梨子、石榴、荸荠、香蕉、杧果、柿子、苹果等。

(2)干果类

干果类有花生、瓜子、开心果、核桃、澳洲坚果、杏仁、栗子、松子、桃脯、杏脯、葡萄干、话梅、果丹皮、桂圆干、橄榄蜜饯、金橘蜜饯、菠萝干、蜜枣、杧果干、糖姜片等。

(3)糖果类

糖果类有花生糖、芝麻糖、奶糖、酥心糖、软糖、豆酥糖等。

(4)西点类

西点类有蛋糕、面包、红茶酥、香芋酥、蛋挞、蛋黄派、草莓派、苹果派、香酥饼、曲奇饼、布丁等。

(5)中式点心类

中式点心类有寿桃、桃片糕、绿豆糕、雪片糕、橘糕、核桃酥、凤梨酥、荷花酥、包子、粽子、饺子、汤圆、豆沙汤团、锅贴、蒸角儿、八宝粥、生煎馒头、南瓜饼、香芋卷、花卷等。

此外,各色中式特色风味的小食品,如笋干丝、鱿鱼丝、牛肉干、腌凤爪、卤鸭掌、卤鹅掌、豆腐干、肉干、凉拌小黄瓜、油炸鸡皮、咸菜干等也可配合主题在茶席中选用。

2)茶点茶果的选用原则

(1)根据不同的茶选择

一般来说,品绿茶宜搭配一些甜的茶点茶果,如雪片糕、核桃酥、荷花饼、绿豆糕、桂圆、鲜桃、苹果干、各色蜜饯、糖果等。品红茶时可选择一些滋味酸甜的茶点茶果,如杨梅、葡萄、鲜橙、草莓、柑橘、橄榄、话梅、杧果干等。品乌龙茶时可选择一些滋味偏咸的茶点茶食,如笋干丝、鱿鱼丝、腌凤爪、豆腐干、咸菜干、椒盐瓜子等。喝普洱茶时可配一些味浓香郁口感较温润的茶点茶果，如卤鹅掌、卤鸭掌、肉干、香酥核桃仁、开心果、腰果等。我国台湾地区范增平先生将茶与茶点茶果的搭配原则归纳为："甜配绿，酸配红，瓜子配乌龙。"

(2) **根据不同季节选择**

一年四季，寒来暑往，人的体质和体能也会随之发生变化，不同季节选择的茶也会不同，因此，茶点茶果的选择也要因季节不同而有所变化。

春天的茶点茶果要多一些花色，玫瑰糕、凤梨酥、桃酥、玫瑰瓜子、香蕉、草莓、樱桃等各色香气浓郁、滋味甘甜的茶点茶果，花香果香，汇集在一起，使春天的气息扑面而来。

夏季，天气炎热，选择一些水分多、滋味酸甜的鲜果和滋味酸辣的凉拌小食品，如西瓜、菠萝、龙眼、荔枝、李子、红梅、杧果、凉拌柠檬小黄瓜等，会使暑意顿消，烦热尽解。

秋季，秋高气爽，瓜果飘香，鲜橙、金橘、苹果、梨子、栗子、核桃等干鲜果品可使茶席尽展秋色，月饼、汤圆、菊花饼、绿豆糕、云片糕、核桃酥，应了中秋、重阳的节气。

冬季，寒流频频，冷气入侵，品一杯暖甜的红茶或陈香陈韵的普洱熟茶，金橘饼、话梅、开心果、腰果、香酥核桃仁、蜜枣、糖姜片、桂花糖、牛肉干、卤鸭掌、卤鹅掌、肉干、生煎包子、水晶饺等各色味道较重的茶食茶点上茶席，味浓香永，一股温暖从心底而来，驱散了冬的严寒。

(3) **根据不同的主题、日子及品茶人选择**

例如，不同的日子，有不同的主题：元宵节，喜庆开心是主题，各色元宵是主角；端午来临，各色精巧的粽子、蒸糕上茶席，最能显出传统节日的气氛，使中国传统文化尽显其魅力。表现中秋的主题为团圆，月饼是不可或缺的茶点；重阳节，敬老爱老是中心，菊花羹、汤圆、八宝粥等适宜老人食用的湿点最宜上茶席；庆祝生日的茶席，寿桃、小蛋糕不能少。不同的品茶人，对茶点茶果也有不同的喜好，姑娘们多喜色泽鲜艳、味道酸酸甜甜的鲜果或酸酸辣辣的小食品；老人们则需松软、清淡、色泽淡雅的茶点。

3) 茶点茶果盛装器皿的配置与摆放

茶点茶果盛装器皿的选择，从质地、形状、色彩上都要服务于茶点茶果的需要和茶席的设计。茶席的茶点茶果一般追求小巧、精致、清雅，盛装器皿也应同样要小巧、精致、清雅。一般盛装器皿的大小不应超过主器物，制作应精雅别致，有一定的艺术特色。

茶点茶果的盛放器皿，质地上有紫砂、瓷器、陶器、木质、竹制、玻璃、金属等；形状上有圆形、方形、椭圆形、树叶形、船型、斗形、小筐、小篓、小篮等；色彩以淡雅的原色、白色、乳白色、乳黄色、淡绿色、淡青色、淡粉色、鹅黄色、淡黄色等为主。

一般糕点类宜用碟，醪糟汤圆、八宝粥、菊花羹等湿点宜用碗，干果宜用篓，鲜果宜用盘。

色彩上，可与茶点茶果的色彩配成相对色，如红配绿，黄配蓝，白配黑，青配紫，各种淡色配深色，形成一种对比。

茶点茶果一般摆放在茶席的前中位或前边位。

10.1.9 背景

茶席的背景是指为获得某种视觉效果，设定在茶席之后的艺术物态方式。茶席背景的设置，可使观众的视觉空间相对集中，视觉距离相对稳定，能准确获得茶席主题所传递的思想内容，同时还起到视觉上的阻隔作用，使人在心理上获得某种程度的安全感。

茶席背景的表现形式由室外背景和室内背景两种形式构成。室外背景具有更多的自由空间，选择的角度与对象也相对广泛。室内背景有一定的空间约束，但往往有更多的创造空间，而且光影效果和审美效果往往更优于室外。

1）室外背景形式

（1）以树木为背景

选择相近种植的两三棵成材树木或叶茂蓬广的大树，或形状奇特的树木做背景，尤其在春暖花开的季节或炎炎夏日，茶香花香相伴，清风徐来，令人心旷神怡。

（2）以竹子为背景

竹子四季常青、不畏寒暑、虚心有节，是“花中四君子”之一，又是“岁寒三友”之一。以竹子为背景，可使茶的内涵更加深厚。在茶席设计中，可选择1～2株或成簇竹子，也可选择成片的竹林，只要竹林前有一定面积的空地，有利于布席和人们轻松自在地观赏茶席即可。

（3）以假山为背景

假山属于天然奇石类。假山奇石具有丰富的艺术表现形式和文化内涵，造型也千奇百怪。将假山作为背景，可使茶席显得厚实而庄重。为了使茶席的整体画面多姿多彩并给人更加丰富的想象空间，茶席设计时要选择那些瘦骨嶙峋、造型奇特、有一定高度并且石上有花草树木的假山作为背景。

（4）以街头屋前为背景

以街头屋前为背景的茶席，一般多为茶文化、茶贸易、茶产业活动中促销茶产品所应用的一种形式。由于这类茶席是近距离面对面与观众交流，因此，常在茶席之后设活动屏风或以布帘、竹席垂挂作为背景物，以获得一个相对阻隔的空间，而有利于集中观赏者的目光，在背景物上还可饰以宣传画片或工艺物件，使整体构图具有个性化的美感。

2）室内背景形式

（1）以舞台为背景

剧院、影院、多功能展示大厅等大型的室内场地，一般都有专业演出舞台，它的设备比较齐全，如灯光有面灯、顶灯、侧灯、景灯、追光灯以及各种色灯，舞台背景有大幕、二幕、底幕、侧幕、吊网、多种可变式景板、多媒体投影幕等，有些舞台还有移动、旋转、升降台面，音响讲究远近效果和立体声的应用。在茶席设计展示活动中，根据茶席的主题及风格，运用专业舞台做背景，常常可获得比较好的艺术效果。

（2）以会议室主席台为背景

会议室的主席台与专业演出舞台相比，灯光、背景、音乐等方面不太专业，但一般也有面灯、景灯、背景，将会议室的背景布置等方面稍做装饰，作为茶席设计的展示台，一般可获得较为满意的效果。

（3）以窗为背景

中国人历来重视对窗的设计与制作，窗的装饰美化在房屋装饰中往往是点睛之笔。精心雕琢的各种式样的窗框、窗格、窗台，配以布帘、竹帘等质地各异、色彩图案纹饰丰富的窗帘，使窗成为茶席设计的一种很好的背景。茶席既可背窗而设，也可侧窗而设。背窗而设的茶席，窗是很好的背景，侧窗而设的茶席，则茶席器物的投光效果会很好，在位置较低的窗或落地窗前，采用地铺的形式进行茶席设计效果更佳。

(4) **以装饰墙面为背景**

现代人装修房屋,常常会对墙面做一定的装饰。墙面的装饰材料多种多样,如原木、原竹、石板、仿生瓷砖、拼图瓷砖、化纤织物、磨花玻璃等,再配以适当的饰物,使墙面呈现出不同的风格与艺术特质。在茶席设计时,如能将茶席的主题和风格与装饰墙面的艺术特质结合起来,可获得非常好的艺术效果。

(5) **以博古架为背景**

在一些比较讲究的大厅中,常常在某个墙面前设有博古架,摆放各类工艺品和古玩,呈现出一种古色古香的艺术特色和浓浓的书卷气。在博古架前摆放茶席,会得到意想不到的艺术效果。

(6) **以屏风为背景**

屏风有美化、隔断、挡风、协调等作用,是传统家具的重要组成部分。屏风有座屏风和围屏风之分,座屏风又有独扇、三扇、五扇等不同的规格,围屏风多由四扇、六扇、多至十二扇组成。屏风上常有山水、花鸟、人物的绘画,给人以古典的美感,与古典茶具相得益彰。用屏风做茶席的背景,是较为理想的背景利用方式之一。

任务2 茶席设计的结构方式、题材和表现方法

10.2.1 茶席设计的一般结构方式

结构是物质系统内各组成要素之间相互联系、相互作用的方式。茶席由具体的器物构成,故茶席首先是物质形态,其次才是艺术形态,所以,茶席也拥有自身的结构方式。茶席中的茶桌与背景之间、桌面与铺垫之间、铺垫与器物之间、器物与器物之间、器物与相关工艺品之间、器物与背景之间,在空间距离上,都受着某种规律的支配,如茶席各部位在大小、高低、多少、远近、前后左右等比例中所呈现的茶席特有的规律,使茶席呈现出总体和谐的结构美。

茶席设计的结构方式多种多样,但总体可分为中心结构式和多元结构式两个类型。

1) 中心结构式

中心结构式是指在茶席有限的铺垫或表现空间内,以空间中心为结构核心点,其他各因素都围绕结构核心来表现相互联系的结构方式。中心结构式属于传统结构方式,是茶席设计中使用较多的一种结构方式。

茶席结构的核心,往往以主器物来体现。茶具是茶席的主要构成因素,所以在茶席的诸种器物中,主器物一般都是茶具。而茶具中,又以茶杯(茶碗、茶盏)即最终表现品茶行为的器物为主,有时也可以将茶叶罐(茶盒)作为茶席的结构核心,将茶杯摆放在茶盒的两边,呈现直线或弧线结构,突出茶作为茶席灵魂和主体的地位,可使茶席更具有结构美。

在中心结构式的茶席中,要注意器物的大小、高低、多少、远近以及前后左右的关照。一般器物之间大小结构比例要协调,高不遮后,前不挡中,器物及相关工艺品数量要适宜,器物之间的距离要以保持茶席的构图协调为目的,相同器物之间的距离要均等,前后器物以单体获得全视为前提,左右器物以整体平衡为前提,使整个茶席的结构具有美感。

2)多元结构式

多元结构式又称为非中心结构式。在多元结构式茶席中,结构核心可以在空间距离中心,也可以不在空间距离中心,但是要符合茶席的结构规律并使茶席呈现一定程度的结构美。多元结构式具有形态自由、不受束缚、多姿多彩、设计轻松、摆放随意等特点,比较符合现代人的审美情趣,所以目前较受欢迎。

多元结构式类型繁多,其中最具有代表性的有流线式、散落式、桌地组合式等。此外,器物反传统式、主体淹没式也时常被应用。

(1)流线式

流线式是一种极富个性的结构方式,以地面结构较为常见,一般常为地面铺垫的自由倾斜状态,有强烈的流动感。铺垫常采用织品类铺垫或树叶铺、石铺等。采用织品类铺垫时,常使织品的平面及边线轮廓呈不规则状,采用树叶铺、荷叶铺、石铺时更是随意摆放,只要整体铺垫呈流线型即可。

流线式在器物摆置上无结构中心,而且不分大小、高低、前后左右,仅是从头至尾,信手拈来,只要整体呈现和谐美即可。

(2)散落式

散落式一般表现为铺垫平整,器物基本规则,其他装饰品自由散落于铺垫之上,如将花瓣或富有个性的树叶、石子等不经意地洒落在器物之间;或者铺垫不规则,器物也不规则,再将花瓣、树叶等自由散落其间;或者直接将散落的花瓣、树叶等作为铺垫,而将器物呈规则结构地摆放其上。

散落式结构的茶席,布局比较轻松,无空间距离束缚感,对茶席的其他构成因素也不作刻意的选择,以形态和色彩见长,表面看或似天女散花,或似落英缤纷,比较容易获得和谐的美感效果,能很好地表现茶人那种人在草木中的闲适心情。

(3)桌地组合式

桌地组合式是一种部分器物置于地上、部分器物置于桌上的结构方式,基本属于改良的传统结构方式。常采用竹编围炉、仿古铜质鼎形风炉、土陶炉、紫砂炉等,或有垫,或设架,也可直接摆放于地上。地上可设席铺、毯铺,也可不铺,直接利用仿古青砖、瓷砖或石板。桌、台多用红木,明清风格,或在桌面铺以小竹席、字画、印花蓝布或其他织品。插花多用木质高脚花架,背景常用多扇古典屏风,营造出古朴而现代的风格。

桌地组合式茶席的结构核心在地面,地面又以器物为结构核心点。置于地面的器物,其体积一般要求稍大,否则会有强烈的失重感。

结构是茶席设计的重要手段之一,体现了茶席内部各部分、各种器物之间的规律。茶席设计作为一门新兴的艺术,发展时间不长,许多规律还需要进一步探索、总结,我们要大胆实践,勇于创新,不断创造出新的结构方式,丰富茶席的表现形式,使茶席结构异彩纷呈,展现出无穷的艺术魅力。

10.2.2 茶席设计的题材

题材是指艺术作品构成的主体材料。题材反映了作品基本的内涵和一定的结构关系。茶席是一种艺术形态,凡是与茶有关、积极健康、能给人以美的享受,有助于人的美好道德情操培养的题材,都可以作为茶席设计的题材,并用不同的表现方法来表现其主题思想。

茶席的题材很多,凡是与茶有关的人、物、事件,都可以作为茶席设计的题材。茶席的题材常见的有以下几大类。

1)以茶品为题材

茶叶,因茶树品种、产地、加工工艺不同而有不同的茶类及其繁多的茶品,每一个茶品带给人们的感受也不同。因此,以茶品为题材,一般要从以下几个方面去表现。

(1)茶品特征的表现

茶品,常常包含着许多题材的内容,如产地文化风情、形状、色泽、滋味、香气等。例如,"蒙顶甘露",让人联想到风光旖旎的蒙山,以及甘之如饴的滋味;"君山银针",洞庭湖的烟波浩渺尽展人们眼前,小小君山,柳毅井、娥皇女英墓、秦始皇封山石刻,流传着多少中华民族的美好故事;"西湖龙井",美丽如画的西湖,蕴藏着多少令人流连忘返的故事;"滇红",云南的高原风光以及"一山分四季,十里不同天"的立体气候和终日明媚的阳光造就的红茶有着怎样浓烈的滋味、明艳的色彩和馥郁的香气。"舒城小兰花",似兰花朵朵,清香扑鼻,高洁清雅。

(2)茶品特性的表现

茶,性味甘苦。不同的茶品,不同的冲泡方式,给人不同的艺术感受与启示,满足人们不同的精神需求。例如,以茶的自然属性去反映茶园的春晖、艳丽的晚霞、池塘的春草、无垠的大地,借茶表现不同的自然景观,可获得回归自然的感受;以茶表现春的生机盎然、夏的火热之情、秋的丰实与收获、冬的严寒中傲然绽放的寒梅,借茶表现不同的时令季节,获得某种生活的乐趣;以茶表现不同的心境,如或豪情满怀,或沉静淡定。

(3)茶品特色的表现

茶中红、绿、青、黄、白、黑六大类茶品,使茶具有了丰富的色彩,这些色彩,又丰富了茶席,给人带来美的享受。绿茶浅浅的绿,带来满眼的春色;红茶红艳明亮的汤色,给人热烈明快的气息;乌龙茶蜜绿到橙黄、橙红的汤色,橙黄橘绿,秋意浓浓。茶席中,用茶的色彩配以器具的色彩,可将茶席的内涵淋漓尽致地表达出来。

2)以茶事为题材

与茶有关的事件,是茶席设计的重要题材。历史上,有许多与茶有关的重大事件或特别有影响的茶文化事件,例如,陆羽写《茶经》,唐代煮茶,宋代点茶、斗茶,茶马互市,茶马古道,明太祖朱元璋"罢造团茶",供春制壶,康熙御赐茶名,乾隆钦点御茶树等,都可以作为茶席设计的题材。生活中自己喜爱的茶事,也可以作为茶席设计的题材,例如,自己到茶园中采茶制茶、到野外寻访清泉煮茶品茶、学习茶艺、寒夜煮茶待友、与朋友品茗谈心、煮茶论道、品茗赏月、品茗联诗作对等,都是很好的茶席设计的题材。

3)以茶人为题材

茶人,即爱茶、事茶、对茶有所贡献、以茶的品德为己品德之人。如神农,遍尝百草,发现了茶的解毒功能;唐代陆羽,为茶作经,开茶学专著之先河;卢仝作歌,将饮七碗茶的感受表达得淋漓尽致;苏东坡遍访名泉,"独携天下小团月,来试人间第二泉",独创"调水符",并将茶喻为"叶嘉先生",作千古奇文《叶嘉传》;杜小山"寒夜客来茶当酒",以茶待客、以茶交友;郑板桥"扫来竹叶烹茶叶,劈碎松根煮菜根""汲来江水烹新茗,买尽青山当画屏""墨兰数枝宣德纸，苦茗一杯成化窑”，饮茶、吟诗作对、书法画画相结合，生活充满诗情画意；康熙御赐茶名，碧螺春香飘万里；乾隆汲荷露烹茶；徽宗赵佶，爱茶如痴，著《大观茶论》，作《文会图》；近现代，毛泽东、周恩来、朱德、鲁迅、老舍、郭沫若、赵朴初等，爱茶，深谙茶之精神；冯绍裘创制滇红茶；吴觉农、陈椽、王泽农、庄晚芳等，一个个现代茶人默默耕耘，为茶之发展呕心沥血，作出了卓越的贡献；生活中，爱茶之人甚多，朋友中有茶痴，把品茶作为人生最大的享受，这些古今茶人，都是茶席设计的好题材。

10.2.3 茶席题材的表现方法

茶席设计的题材一般为物、事、人，在表现方式上一般采用具象的物态语言和抽象的感觉语言两种方式。

具象的物态语言，是通过对物态形式的准确把握来体现的。例如，表现人物，就要精心选择能反映此人的特殊物品或象征物，如表现陆羽，《茶经》或陆羽所制作的一整套茶器具，就是他的典型物态语言；表现苏东坡，调水符、茶诗茶词就是他的典型物态语言。反映事件，也必须要选择能反映该事件的特殊器物及象征物，例如，表现宋代的斗茶，可选择一把“汤提点”、一只建窑黑釉兔毫盏、一个竹制茶筅。

抽象的感觉语言，是通过人的感觉系统，如视觉、听觉、嗅觉、味觉、触觉及心理，对事物获得印象后，运用最能反映这种印象感觉的形态来体现。如表现欢乐，可通过音乐跳跃的节奏和欢快的旋律以及茶席中色彩浓烈的铺垫、色彩明快的器物和自由奔放的结构来体现；表现宁静，可以选择节奏舒缓的背景音乐、色彩淡雅的铺垫和器物来体现。

茶席题材的表现方法，既可采用具象的物态语言，又可采用抽象的感觉语言，很多时候是通过两种语言结合的方式来表现的。要将茶席的主题完美地体现出来，必须要准确掌握物态语言、恰当运用抽象语言。

任务3 茶席设计的技巧

茶席设计，既是一种物质创造，更是一种艺术创作，既需要一定的体力，更需要一定的智力、文化底蕴和艺术修养，同时，技巧的掌握和运用，在茶席设计过程中，也是非常重要的。技巧的运用，可使茶席设计的过程变得更加简单和快捷，也可使茶席设计得更加成功和完美，使设计者从中获得劳动和创造的快乐。茶席设计过程中，获得灵感、巧妙构思和成功命题，是3个十分重要的阶段，也是茶席设计的重要技巧。

10.3.1 捕获灵感

灵感，是一种综合的心理现象。它表现为在偶然状态下，突然得到一种意外的启迪和心理收获，使原先模糊的心理感觉突然变得清晰起来，从而获得某种行为方式的依据和对未来行为的清晰认识。灵感是在思维和行为过程中偶然产生、偶然获得的，灵感之于艺术创作，是非常重要的，在茶席设计过程中，我们必须积极去捕获灵感，才能使茶席设计得以成功。

1）从茶的色、香、味、形的体验中获得灵感

茶席的中心是茶，饮茶是茶人的典型行为。在饮茶过程中，茶人们从茶的色、香、味、形中

获得全面的美的享受，茶的色香味形都会给人带来灵感。

茶的香气有清香、甜香、花香、果香等，花香会给人带来春天的联想，果香会让人联想到秋天的收获，甜香能使人联想到生活的甜美。茶色的丰富多彩，同样也可给人带来不同的灵感，绿色的清新淡雅、生机勃勃，黄色的明快，红色的热烈，往往象征着不同的生活感受。茶的形状不同，也可给人不同的联想与启迪。如卷曲如螺的茶，会让人联想到民间传说中美丽善良的田螺仙子，联想到茶人的心灵美；挺直如针的针形茶，让人联想到象征坚强不屈的青松，联想到茶人的刚正不阿的秉性；冲泡时在茶杯中三起三落最后棵棵直立于杯底的君山银针，让人联想到人生的沉沉浮浮，联想到历经风雨、起落沉浮而仍然坚强不屈的茶人。茶有苦涩甘鲜种种滋味，初入口时微微的苦涩，让人联想到种茶、采茶、制茶的劳动过程的辛苦，茶农生活的清苦，茶人奋斗之路的艰苦，茶业发展之路的艰苦曲折，人们生活中的种种苦涩；茶味的鲜爽甘甜，让人联想到生活中通过奋斗苦尽甘来，联想到生活的美好、甜蜜。茶之苦涩甘鲜活五味，可以使人联想到成长之味、失败之味、奋斗之味、爱情之味、成功之味等人生之味。

在茶席设计过程中，只要我们从茶的色香味形的体验中展开联想的翅膀，就会获得茶席设计所需要的许多灵感，能够将茶席设计所要展现的主题淋漓尽致地表达出来。

2)从茶具选择与组合中捕获灵感

茶具在茶席设计中处于主体地位。茶席的整体风格主要源于茶具的质地、造型、色彩等。茶席设计者如果能从选择的茶具及其组合中获得灵感，从某种意义上说，茶席设计已成功了一半。

茶具的质地，体现了一种品质，往往也表现一种时代内容，同时，还可表现一种地域文化。土陶、硬陶茶具的古朴、粗犷，瓷器茶具的光洁细腻和对中华传统文化的表现力，紫砂茶具的温润古雅，玻璃茶具的现代感，竹木茶具的自然感，带给人们不一样的质感和时代感。宜兴紫砂、越窑青瓷、邢窑白瓷、福州漆器等，体现了不同的风格，富有鲜明的地域特色。

色彩，常常体现一种情感和格调。不同的色彩常常带给人不同的感觉。红色，常常代表一种浓烈的情感，例如，在展示红茶的茶席中，红色的茶具不仅能有效地表达红茶的明快与热烈，与茶席中的插花如红梅取得相得益彰的效果，还可突出设计者对红茶的那种浓烈的情感。绿色代表着生命、勃勃生机和浓浓的春意；蓝色则代表宁静；紫色代表高贵与神秘、优雅。茶席中器物的色彩重在和谐。茶具的色彩常以淡色为基本色调，淡色常给人温和的感觉，与茶最为相宜。中国各朝各代的茶具色彩基本上都是以淡色为主，淡青、淡绿、淡黄直至白色一直是茶具的主色调，可见中国茶人对茶具色彩的审美情趣追求。

造型，是茶具美的又一个因素。茶具的种类不同，造型千变万化，而不同的造型，常常把设计者不同的风格淋漓尽致地表达出来。茶具成为许多人喜爱收藏的艺术品，往往就是由于其独特的造型，这在紫砂壶具的鉴赏收藏中尤其明显。紫砂壶具有“圆不一相，方不一式”的造型艺术和丰富的表现手法，是几百年来紫砂壶具备受世人青睐的原因。在茶席设计中，一个造型独特的器具，往往有鲜明的个性特征，可很好地表达茶席的主题，并使茶席具有独特的艺术魅力。

3)从日常生活中捕获灵感

生活是艺术创作的源泉。生活的多姿多彩、千变万化，只要我们细心观察、用心感受，就会给人很多的启迪，获得茶席设计的灵感。例如，在冬季，万物萧条、白雪皑皑，但寒梅绽放、青松挺拔，在表现冬季的茶席中，一枝怒放的红梅或别具特色的青松盆景，不正可以把肃杀萧条的冬季中暗藏的勃勃生机和顽强不屈的中华民族精神表达得淋漓尽致吗？再如，接天莲叶、映日荷花、蜻蜓翻飞、雨后彩虹、青翠稻田、翠柳浓荫、蝉鸣枝头，在茶席设计中尽可表现夏之意象，给人带来夏的清凉；金黄的稻穗、玉米棒子、红彤彤的辣椒、橙黄的柑橘、绽放的菊花，带给农民们丰收的欢乐，在表现秋的茶席中，可以表达秋实之意象，其明快的红黄色彩，可以将人们收获的快乐情绪准确地反映出来。看到一对白发斑斑的老年夫妻，相互搀扶，悠悠然在夕阳余晖中漫步，那种相濡以沫的情感，就会让人联想到普洱茶的越陈越香、越陈越甜醇。总之，日常生活中许多细微的东西，都是茶席设计的灵感来源，只要我们有着一颗热爱生活的心，就能从日常生活感受到生活的美好，并把这些美好的东西表现在茶席中，设计出好的茶席作品来。

4)从知识积累中寻找灵感

任何艺术作品，都是创作者的艺术与文化功底的体现。茶席设计，涉及很多方面的知识：如茶的历史、茶叶种植、茶叶加工、茶叶产地、茶类特点、茶理茶性等茶文化，以及自然、政治、历史、道德、宗教、文学、美学、工艺、表演、音乐、书法、美术、服饰、语言、礼仪、插花等。又如，设计表现唐代社会生活的茶席，设计者就必须掌握唐代的茶叶种类、饮茶方式、茶具种类、服饰风格等知识，设计一个表现佤族社会生活的茶席，设计者就必须掌握佤族人民的性格特点、饮用茶叶的种类、常用的器具、佤族的服饰、音乐、宗教等知识。茶席设计者如果没有丰富的茶的知识及其有关的历史、宗教、道德、美学、文学、书法、美术、音乐、服饰、插花等知识，是不可能设计出有丰富内涵和强烈艺术表现力的茶席作品的。所以，我们必须不断学习，注意积累茶与茶文化知识和其他门类的知识，不断提高自身的修养，了解茶席丰富的表现内容和艺术表现手法，并从这些知识中获得灵感，设计出有思想内涵和艺术特色的茶席作品。

10.3.2　巧妙构思

构思，是创作者在创作过程中对所选取的题材进行提炼、加工，对作品的主题进行酝酿、确定，对表达的内容进行布局，对表现形式和方法进行探索的思维活动过程。茶席创作过程中，构思的巧妙，主要表现在创新、内涵、美感和个性4个方面。

1)善于创新

任何艺术作品，没有创新就没有生命力，茶席设计也不例外，创新是茶席设计的生命，是茶席设计永恒的主题。

茶席设计的创新，首先表现在选取题材、内容、思想的新颖上。如果题材、内容都是被很多人表现过的，了无新意，就很难吸引观众的目光。例如，表现秋的茶席，很多人都用菊花做插花或用枫叶做装饰，看多了，观众就会觉得很俗套、无新鲜感，而如果用一串黄澄澄的玉米棒子、一束金黄的稻穗或是橙红的南瓜、红彤彤的辣椒串等来表现勤劳的农民在辛勤劳动后享受到的秋的丰实与喜悦，歌颂劳动的价值和平凡的人们，就会给人不一样的新意。陆羽作经、卢仝作歌，在茶叶界人皆共知，已经有人表现过了，如果再选这样的题材，就很难有所突破，而如果选择默默为茶叶事业作出重大贡献的茶人如滇红茶的创始人冯绍裘，颂扬茶人淡泊名利、默默奉献社会的精神，可能就会引起观众的关注，获得意想不到的效果。

有了新的题材、内容、思想，还要在服装、音乐、背景、相关工艺品等其他茶席构成因素和表现形式的新颖上下功夫。如音乐，很多人喜欢选用曲调悠扬的古典音乐作为茶席的背景音乐，而在表现秋收的茶席中，则可选择曲调欢快的背景音乐，表达人们耕耘之后收获的喜悦之情；在表现孩童生活的茶席中，可选用节奏跳跃欢快的儿歌音乐作为背景音乐，表现孩童的纯真可爱和茶的清纯的特性。一个茶席构成要素或表现角度、结构方式的新颖，就能给整个茶席带来新的感觉。

2）注重内涵

内涵是指反映与概念中对象的本质属性的总和，艺术作品的内涵包括作品本身所表现的内、外部有形的内容和超越作品之外的无形意义和作用。茶席设计的内涵，是茶席设计所蕴含的思想、精神，是茶席设计的灵魂。有内涵的茶席作品会给人一种感动，一种震撼，使人越看越觉得有味，余韵无穷。

茶席设计的内涵，主要表现在其丰富的内容和其思想深度上。茶席的表现形式与其他的艺术表现形式有很大的差别，其思想内涵是通过有形的茶叶、器物、铺垫、相关工艺品、背景等多种具象的物态语言和音乐、色彩、结构等抽象的感觉语言来体现的，所以，在茶席设计中，设计者必须要准确地把握茶席构成中每一个物件、因素能表达的意象、思想，把自己所要表现的思想内涵融入其中，让观众通过观赏茶席，展开联想，感受到某种思想，受到一些触动和启迪，这样的茶席作品才有艺术感染力，才能成为人们的精神财富。

3）展现美感

美，是艺术的基本属性。人们欣赏艺术作品，是为了获得美的享受。茶席设计也不例外，美感的体现是其价值所在。

构成茶席的各个基本因素，都有其各自的美感。茶席中茶的美感，体现在其色、香、味、形、名等方面。茶席器物的美感表现在质地、造型、色彩等诸多方面，例如，质地或粗犷质朴自然，或温润细腻光滑，都有其特别的美。茶席中的其他的因素如插花、焚香、挂画等都有其特殊的美感。如插花，花材的形态、色彩，花器的小巧、雅致，整体造型的艺术感，焚香时幽雅的香气、袅袅的香烟造就的那种缥缈的感觉，无不具有别样的美。茶点茶果给人带来色彩、造型、味觉、情感、心理的综合美。茶席的背景，既可调整审美角度与距离，建立茶席的空间美，同时往往又具有独特的造型美和色彩美。此外，茶席的结构美，茶席动态演示中的动作美、音乐美、服饰美、语言美，蕴含在茶席设计中的茶人对真、善、美的追求的精神内涵，都是构成茶席美感的重要部分。

茶席的美感，不是单个构成因素的美感的简单叠加，而是各因素的美的统一协调。因此，在茶席设计中，要注意各个茶席构成因素之间的协调，使之和谐。和谐，才能最大限度地体现出茶席的美感。

4）突出个性

个性是某一事物区别于其他事物的特殊性质。任何一件艺术作品，必须有不同于其他作品的特殊性质，方显其艺术个性，也才有其存在的价值。个性是茶席设计的精髓。

在茶席设计过程中，要使茶席拥有个性，就必须在茶席的外部形式上寻找突破。茶席的外部形式包括诸多方面：茶的品质、形状、香气、滋味、色泽、名字；茶具的质地、色彩、造型、大小、纹饰，茶具之间的组合、数量、大小比例、摆放位置、距离；铺垫的质地、大小、色彩、形状、图爱、花纹；插花的花材种类、色彩、花叶形状，花器的质地、大小、形状、色彩，插花造型、摆放位置等；焚香的香料、香型、香的形态，香具的质地、形状、大小、色彩；茶席的结构形式；茶席动态演示中服装的样式、质地、色彩，背景音乐的旋律、节奏等。茶席外部形式中的许多物态成分可原质原型复制，使其丧失个性。因此，在茶席设计过程中，要善于在诸多可复制的因素中，找到与众不同之处，在独特的构思下，寻找独特的表现角度，将茶席独特的思想内涵和外部形式的个性特征体现出来，从而使设计的茶席具有鲜明的个性。

10.3.3 成功命题

茶席命题，即给茶席作品一个名称。命题在茶席设计中占有非常重要的位置，茶席设计中众多内容的组织和表现形式的选择都是围绕着命题进行的，“一个好的命题，已是成功的一半”。成功的命题，是对主题高度、鲜明的概括，要以精练简洁的文字，作含蓄的表达或是诗意的传递，使人一看名称就能基本感知作品的基本内容，迅速感悟其中深刻的思想内涵，并获得由感知和感悟带来的快乐。成功的茶席命题一般具有以下几个特点。

1）主题鲜明

主题是文化、艺术作品的核心，是立意的体现，是内容思想的概括。茶席的名称必须反映主题。在茶席创作过程中，首先必须确定主题，有了主题，可以使作者的作品创作围绕着中心展开，内容才不会散乱，形式才符合规律；创作完成后，可以帮助观众迅速认识和理解作品的思想立意及艺术特色。

成功的茶席命题，要能够将茶席作品的主题鲜明、准确、概括的体现出来，要让人一看一想即可明白作品的立意和主题思想。例如，石伟蔚的茶席《静》，色彩素雅的铺垫，精致简洁的一把青瓷壶、三只青瓷盏，洁白雅净的茶巾，鱼缸中游动的鱼儿，带来以动致静的效果，把茶人平静如水、虚静空灵的心境表现得淋漓尽致。静，使人感受到浓浓的禅意，“茶禅一味”，在这个茶席中得到了充分的表现。

2）文字精练

精炼、简洁、意味深长，是给艺术作品命题的共同规律，茶席命题也不例外。在茶席命题中，要从集中反映主题、思想、感觉的词语中反复进行提炼，剔除多余的文字，最终得到文字精练简洁的命题。

让我们来欣赏以下的一些茶席的命题：《夏》《冬》《静》《和》《寂》《品红》《秋韵》《茶缘》《童年》《莲洁》《故乡》《唐风》《春语》《清福》《忆江南》《陈香古韵》《高原春色》《龙井问茶》《秋日私语》《相濡以沫》《暗香盈袖》《茶语禅音》《茶暖情深》《荷塘月色》《最烂漫的事》《霜重色愈浓》等，没有一个多余的字，而且让人一看命题，就可领会茶席的主题思想。

3）表达含蓄

含蓄是指用委婉、隐约的语言把要说的意思表达出来。采用含蓄的手法表达艺术作品的立意，是艺术表现的基本要求。

茶席命题时，采用含蓄的手法表现作品的立意，其方式主要有半意表达、象征表达、反意表达三大类。

半意表达是含蓄表达的常用方法，即不作完全意思的表达，而是表达一部分，留有一部分。如侯莉的茶席《品红》："那块火红的叠铺是如此的浓烈，铺垫上纯白的瓷器茶具，杯中红艳艳的茶汤，品的是红茶！"除了红茶，是不是还有那火红的时代、火红的生活，还有那浓烈如火的情感呢？留给观众自己去想象吧！

象征表达是指通过某一特定的具体物象，表现与立意相似或相近的概念、思想及情感。如梁燕的茶席《莲洁》中"出淤泥而不染，濯清涟而不妖"，一直是中国人为人清正廉洁的象征，"廉、美、和、敬"是中国茶德。廉洁，是中国茶道的一个精神内容，是茶人的精神追求，茶席中那白色的莲花象征着什么呢？观众细细回味，应该能体会到茶席的立意了。

反意表达则是从内容相反的一面进行概念、思想、情感的表达。反意表达也就是常说的以小示大、以黑示白、以动示静，通过反面表达，使正面的立意、思想表达得更为鲜明强烈，获得"鸟鸣山更幽"的效果。例如，前面提到的石伟蔚的茶席作品《静》中，鱼缸中游动的鱼儿，就是一种以动示静的反意表达；再如，在表达冬季的茶席设计中，器物以暖暖的大红色调为主，可反衬出冬季的严寒。

茶席命题，一定要含蓄，留有余地，给人留有想象的空间，这种余地留得越多，茶席作品的艺术和思想表现力就越强，其艺术品位就越高。

4）富有诗意

诗，常常用精练、大胆、夸张、奇特、美妙的语言，将情感融入其中，以情动人，如同音乐一样，任何人都听得懂，又听不懂，使人爱听，使人在听的过程中受到无形的感动，获得美妙的享受，并留给人最大的想象空间，让人浮想联翩。

诗意，就是诗的意味，诗的意境。

茶席命题，就要用诗一般的语言，带给人诗意的想象和美妙的感受，引发观众深深的感动。例如，《忆江南》《白云流霞》《秋吟》《花好月圆》《暗香盈袖》《如歌的行板》《秋日私语》等许多以往的茶席作品的命题，就非常富有诗意，使人回味无穷。

总之，茶席的命题，要用精练简洁的文字、含蓄的表达、富有诗意的语言将其主题鲜明地反映出来，让人从命题中领会作品的主题思想，并展开联想，感受到其诗的意味和意境，获得美的享受和深深的感动。

任务4　茶席设计展演

茶席设计是一种艺术创作，茶席既是一种物质形态，又是一种艺术形态。茶席设计作品在一定的场所布置出来，展示给广大的观众，并对茶席中的茶作泡、饮的演示，使观众能更好地体会茶席的意境，这一过程称为茶席设计展演。茶席是静态的，茶席作为静态展示时，要以形象、准确的物态语言，将一个个独立的主题表达得生动而富有情感。而当对茶席中的茶当众进行泡、饮的演示时，可使茶的魅力、茶的精神和茶席的主题在动静相融中得到更加完美的体现，使观众获得更深层次的审美感受。

10.4.1 茶席动态演示

茶席设计的灵魂是茶,在茶席的基本构成因素中,茶是首要的因素,其他所有的因素都是用来衬托和表达茶的内涵和精神的,而茶的本质主要是通过品饮体现的,而不是观赏,因此,在茶席设计展示中,茶席中的茶就需要当众冲泡并奉给他人品饮。为了使观众在观赏冲泡的过程中获得美的感受,引起心理共鸣,在冲泡过程中,往往要融入一些艺术表现形式,因此称其为“演示”。茶席是静态的,“演示”是动态的,所以,茶席中茶的冲泡演示过程称为茶席动态演示。

1)茶席动态演示的特点

茶席动态演示与茶道表演一样,都要进行茶的冲泡、奉茶,进行过程与表现形式几乎一样,服饰、背景音乐等也基本相同,但茶席动态演示在艺术本质、外部形式、冲泡技艺上有着自身鲜明的特点。

首先,从艺术本质上看,作为茶席动态演示的核心与载体的茶,是有着独立主题的茶席中的茶,在演示过程中调动肢体语言和外部表现形式进行艺术塑造时,要受到具体茶席结构方式的限制,从审美主体的感受结果上,茶席动态演示主要体现生理感觉上的享受,在心理感受上让位于静态的物像形式——茶席。

其次,在外部表现形式上,茶席动态演示的整个冲泡过程,肢体语言的应用,以需要为主,不作过度的夸张,冲泡动作以外的肢体语言增加较少;服饰与茶席的整体风格统一,要能体现茶席的主题,风格平实而不过度夸张;音乐要符合茶席特定的题材,表现一定的意境,节奏不太强烈。

再次,在茶的冲泡上,茶席动态演示以体现茶席的主题与风格为目标,注重器具与茶的配合,在投茶量、水温高低、浸润时间等方面控制严格,更注重茶的色、香、味、形的美感和带给观众的生理感觉上的享受,冲泡动作的艺术感染力的表现则位居其次。

2)茶席动态演示中的文案表达

茶席设计的文案,是以图、文结合的手段,对茶席设计作品进行主观反映的一种表达方式。茶席设计文案作为一种设计理念、设计方法的说明、传递形式,可在艺术创作展览、比赛、专业学校设计考核等活动中发挥参考、借鉴的作用。同时,作为一种记录形式,有一定的资料价值,可留档保存,以备后用。

(1)茶席设计文案表述的内容

茶席设计文案,一般由文字类别、标题、主题(或设计理念)阐述、结构说明、结构中各因素的用意、结构图示、动态演示程序介绍、奉茶礼仪语、结束语、作者署名及日期、文案字数等部分组成。

①文字类别。在我国,一般使用简体中文。但在我国港、澳、台地区及东南亚国家,可使用繁体中文。另外,根据需要,还可在全文后另附其他国家的文字。

②标题。在书写纸的头条中间位置书写标题。字体可稍大,或用另种字体书写,使之醒目。

③主题阐述。即设计理念的阐述。正文开始时,用高度概括和准确的简短文字,将茶席设计的主题思想表达清楚。

④结构说明。即将所设计的茶席,由哪些器物组成,采用何种结构摆置,意欲达到怎样的效果等说明清楚。

⑤结构中各因素用意。即将茶席结构中各器物选择、制作的用意表达清楚。不求面面俱到,而要重点突出,对主要器物或有特别用意之物应作突出说明。

⑥结构图示。以线条画勾勒出茶席中各器物的摆放位置。有条件也可画透视图,或者使用实景照片。

⑦动态演示程序介绍。将选用什么茶,为何选用这种茶,冲泡过程中各阶段的名称、内容、用意说明清楚。

⑧奉茶礼仪语。奉茶给宾客时所使用的礼仪语言。

⑨结束语。全文总结性的文字,包括个人的愿望、对宾客的祝福。

⑩作者署名。在正文结束语后的下行右角署上设计者的姓名及文案表述日期。

⑪文案字数。将全文的字数作一统计,然后记录在尾页尾行左下方处,根据要求决定字数是否显示。茶席设计文案表述一般控制在1 000～2 000字。

(2)茶席设计文案实例

下面是乔木森先生所写《茶席设计》中的一篇茶席设计文案,其内容、文字、图示、格式等,均按茶席设计文案书写要求书写,通过这个文案的观摩学习,可帮助大家掌握茶席设计文案的编写。

清宫晚月

自乾隆皇帝在宫中建起御茶园,进宫后的民间茶道便褪去许多清纯,染上许多奢华。按帝王要求,不仅茶艺嫔妃须心诚功雅,其茶席所选杯、盏、锅、壶也要特制。谓如此方显皇家之大气,方显圣门之大雅。常用组合茶具分别为:外铜内锡圆形龙凤纹煮水锅、锡质鼓腹茶罐、母仪天下纹配茶瓶、五龙茶盂、凤头铜制茶杓、龙头木制茶匙、黄色金边茶巾及万寿无疆大红马蹄杯。

茶席结构采用传统中心结构式。茶罐置茶席前中位,以示对茶的尊敬。两边配稍矮茶瓶,以衬茶之崇高。中线东西各置煮水锅与茶盂,以示进出地位之高下。大红马蹄杯排成弯月形,将龙匙凤杓紧含其中。胸前茶巾近于手,清洁四方如扫风。

铺垫采用叠铺式,紫色平铺上再覆以黄缎三角铺,以显皇家之大气。

博山炉里,一枝线形高香,气雅境亦雅。

花器中是月见草,人参鲜蕾无风也摇曳。

背景是典型宫廷多扇屏。四幅挂画分别为春、夏、秋、冬花卉,以示宫中四季如花。

茶点茶果四小碟。时值隆冬,月牙形盛器里各放姜片、蜜枣、瓜子、桂花糖。

轮挂在扇屏后纱幕上的晚月,算是相关工艺品,正影影绰绰作下垂状。

茶席设计如图10.1所示。

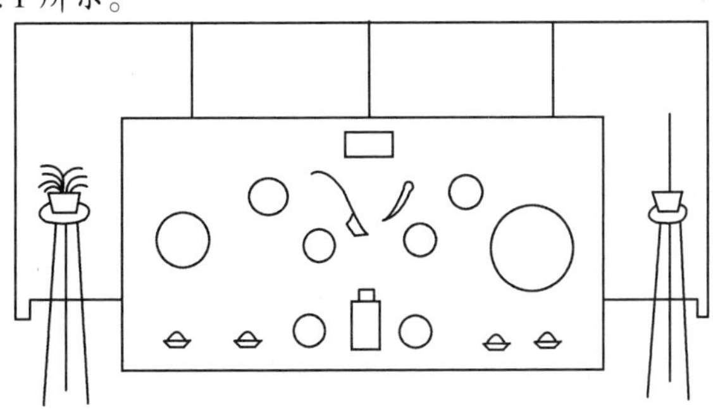

图10.1 茶席设计

动态演示语：

各位嘉宾，大家好！欢迎观赏茶席设计《清宫晚月》。为了使您更深地体会茶席的意境，下面，我将茶席所选之茶当场冲泡，并敬奉给大家品尝。

《清宫晚月》所选之茶，是帝王们常饮的来自皇祖努尔哈赤故乡"封皇区"的人参鲜蕾茶。由月见草、瀑布马丁等五味合泡，是一种养生茶。整个程序分为9道，即赏舞、献器、评水、投茶、注水、煮茗、涤器、点汤、献茶。清宫茶道，重礼节，敬如叩。器显雍容，茶讲养寿。服饰一律旗头、旗袍，高靴高帽，红巾白围。茶艺嫔妃美步飘飘如画中走来。茶不醉人人自醉，舞不留人茶留人。

好，香茶已泡，现敬奉给各位品尝，并祝大家养生有道，身体健康，福寿同存。

表述人：×××

××××年×月×日

3）茶席动态演示中服装的选择与搭配

在茶席动态演示中，演示者是体现茶席风格和精神内涵的主要角色。演示者直接面对观众，其服饰的选择与搭配直接影响茶席主题及其内涵的诠释和茶席的美感。因此，在茶席设计中，对动态演示过程中的服饰，一定要作精心的选择与搭配，以体现茶席的主题与内涵，符合茶席的整体风格，增强茶席的整体效果。

（1）茶席动态演示中服装的作用与特性

茶席动态演示中的服装有着重要的作用，同时也有其特性要求。

茶席动态演示中，服装的作用主要表现在以下几个方面：一是暗示或充分表达、深化茶席的主题，传递相关知识，体现茶席的精神内涵；二是突出茶席的风格，营造茶席意境；三是配合茶的冲泡演示，有效帮助审美主体对茶及茶文化的理解，获得美好的感受；四是塑造、美化茶席动态演示者的形象，使茶席设计获得更好的整体效果。

服装特性，是指不同服装的特殊品质性格。一般来说，不同的季节、不同的场合穿着的服装往往在其材质、式样、色彩等方面有不同的要求。茶席动态演示，含有一定的艺术表演成分，艺术源于生活，高于生活，所以，它的服装应该符合艺术表演服装的要求，要有较强的艺术性，其款式结构、色彩、配饰等必须作适当地夸张，但茶席设计艺术与其他的表演艺术又有差别，茶席设计的动态演示要求接近现实生活，其风格是平实的，演示时的服装又应该是可以用于平时生活穿着的服装，故而又不宜过度夸张。因此，茶席动态演示的服装，其特性为：以平常生活穿着的服饰为基础，在款式结构、色彩及配饰上进行适当的夸张，使其有一定的艺术性，既符合艺术表演的要求，又接近现实生活服装。

（2）茶席动态演示中服装选择与搭配的方法

茶席动态演示，既是一种艺术表演，又是一种生活活动的展示，茶席动态演示服装的特性，决定了其服装的选择与搭配的基本方法。

①根据茶席的主题来选择与搭配。茶席动态演示是为了体现茶席设计的主题思想及茶席的风格，其服装的选择就必须服务于茶席设计的主题思想。茶席设计的主题思想不同，选择的服装也不同。例如，表现茶人淡泊名利、宁静致远的精神追求的茶席设计，应选择款式简洁、色彩素雅的服装；表现宫廷奢华生活的茶席设计，则应选择色彩艳丽、质地良好、华美精致

的服装。

②根据茶席的题材与风格来选择与搭配。茶席的题材不同,其表现的时间、空间不同,其风格就不同,选择的服装也不同。服装有强烈的时间性和空间性,不同的时代、不同的区域、不同的民族、不同的社会阶层,服装的风格差异很大。因此,茶席动态演示中的服装,要根据其题材与风格来选择。例如,表现现代都市生活的题材,女性可选择流行款式的旗袍、唐装或近年来流行的茶服、奥黛等,而男性可选择近年流行的唐装或款式简洁、色彩素雅的衬衣、马甲或长袍等中式服装,都市人的浪漫优雅风格尽显其中;表现道家的题材,一般选择道袍配白色扎裾裤、布鞋;表现佛家禅宗的题材,则选择佛家的禅衣;表现各朝各代宫廷生活的题材,就选择相应朝代的宫廷服饰,总体体现出富丽堂皇、华贵精美的风格;表现不同少数民族的题材,则选择相应的民族服饰,表现各民族的风格,如藏族题材选藏袍,展现质朴、粗犷、豪放的风格,傣族题材选择各色美丽的短衣筒裙,展现傣族如水一般柔美的风格,白族题材选择白族的长流苏头套和镶嵌着花边纹饰的白衣白裤及红色围兜,将白族纯洁、热情的风格展示无遗。

③根据茶席的色彩来选择与搭配。茶席的色彩,是指具体器物和总体色彩气氛所呈现的色彩感觉。茶席色彩常常体现出茶席设计者的思想和情感。在选择服装时,其色彩要与茶席的主体色(茶席主体器物的统一色彩)或茶席总体的色彩气氛(一般以铺垫和背景为标志)协调,才能获得和谐的美感。茶席服装色彩的选择与搭配通常使用以下 3 种方法:

一是用加强色,即选择茶席的主体色或总体色彩气氛的同类色,起到色彩层次的加强与丰富的作用。例如,在展示滇红茶的茶席设计中,茶席的铺垫是大红色,服装的主色调可选择深红色或浅红色,这样,深深浅浅的红色,构成了鲜明的色彩层次,更加突出了茶席的浓烈气氛和情感。

二是用衬托色,即以间色或中性色对茶席的主体色或总体色彩气氛进行衬托,使整体色彩更加和谐。以笔者的茶席设计作品《高原春色》为例,背景是墙上的一幅画,春天来了,画面上绿树吐新芽、各色高山杜鹃竞相绽放,花儿上一盆素心兰,再开着淡淡的素白色的花,叶绿花素香幽,茶具为玻璃茶具,选用的茶为自制的绿茶玉带银针,演示者的服装选择一件月白色真丝绣花滚淡绿色边的旗袍,整体色彩淡雅清新而和谐,将春天的气息和演示者清丽脱俗高雅的气质充分展示出来。

三是用反差色,即采用与茶席主体色或总体色彩气氛形成强烈反差的服饰颜色。如茶席的主体色或色彩气氛为大红或深红色,服装的颜色则可选择白色、乳白、黑色等反差极大的颜色;茶席的主体色或色彩气氛为黑色,服装可选择红色、白色、乳白、乳黄等颜色。反差色可对茶席的主体色或总体色彩气氛起到强烈的反衬作用,使茶席的主体色或色彩气氛更加鲜明,整体色感更美好。

此外,服装必须通过演示者的穿着才能将其美感展示出来,因此,选择茶席动态演示服装时,还应考虑演示者的年龄、性格、气质、体型、肤色、发型、经济能力等因素。只有将演示者的自身美与服装美有机地统一起来,才能获得美的穿着效果。

10.4.2 茶席设计展演中音乐的选择

在茶席设计展演过程中,一般需要采用背景音乐营造意境、帮助传递一种独特的文化感受。布席过程有背景音乐陪伴,可帮助设计者更快地进入茶席主题表达的情绪状态;茶席设计作静态展示时,音乐的旋律可以调动观赏者对时间、环境及某一特殊经历的记忆,从而获得与茶席主题的共鸣;茶席设计作动态演示时,音乐除了以上的功能外,还能有效地引导演示者的动作节奏,把握演示的速度,营造特殊的意境,调动演示者和观众的情绪,使演示者与观众获得情感的共鸣和美好的心理感受。

每一个茶席作品,都有其主题,表达着某种特定的时代内容和思想情感。茶席设计展演中,选择的背景音乐在音乐形象气氛上要与茶席的主题相吻合,才能准确烘托茶席的主题,帮助观赏者体会茶席的意境。因此,茶席设计展演中选择背景音乐的时候应遵从以下基本原则:

1)根据不同的时代来选择

音乐是有时代性的,那些在某一历史时期产生并在那一时期广泛流行的音乐作品,往往深深地融入了那个时期的政治、社会、文化、经济等生活中,成为那个时期社会生活的标志之一,具有明显的时代特征。因此,在为时代性明显的茶席设计作品选择背景音乐时,选择具有那个特定时代的历史特征的音乐,可以有效地点明茶席主题要表现的时代,有助于茶席物态语言的表达。例如,笔者曾设计的茶席作品《童年》,就选择了20世纪80年代校园流行歌曲《童年》做背景音乐。熟悉的旋律,让我们回忆起童年时与小伙伴们在操场上追逐嬉闹、玩老鹰叼小鸡的游戏、在场院里跳橡皮筋和丢手帕、到小池塘中捉鱼摸虾、在屋檐下荡秋千的情景,想起了那些大人们讲的让我们又怕又禁不住想听的鬼怪故事,似乎闻到了久违的沁人心脾的糖果香味,仿佛又置身于无忧无虑的童年时光。每个时代的孩子们的童年是不一样的,观赏者一听《童年》的旋律,再看看茶席中的漫画书、小手帕等物品,就会明白,茶席设计命题所指的童年,不是现在生活在城市高楼大厦中的孩子们的童年,而是20世纪70—80年代的孩子们那可以与自然充分接触的纯真童年。

茶席设计属于中国传统文化范畴,因此,茶席背景音乐选用由古琴、古筝、琵琶等演奏的中国古典乐曲的较多,这些古典乐曲流行时间长、适用范围广,只要其节奏舒缓、旋律优美、意境与茶席的意境相符,观赏者一般不会苛求具体的产生年代。

2)根据不同的地区和民族来选择

音乐常常有明显的区域特征和民族特征。音乐的区域特征,主要来源于不同地方的民间曲调。由各地的民歌、小调、曲词发展变化而形成的曲调,往往有浓郁的地方特色,让人一听就知道来自何方。不同区域题材的茶席设计应选择有明显的该区域特色的音乐做背景音乐。例如,表现陕北风光和质朴勤劳的陕北人民的生活的茶席设计,可选择陕北民歌曲调或陕北唢呐乐曲;表现秀美的江南风光或江南社会生活的茶席设计,应该选择风格清新活泼、细致典雅,曲调优美流畅、柔和婉转的江南丝竹;曲调悠扬婉转的南音名曲,则可以用在表现风光旖旎的闽南的茶席设计中。

不同民族常常使用不同的乐器,形成独具特色的民族音乐。民族乐器种类很多,仅以云南的民族乐器为例,就有葫芦笙、短笛、巴乌、铜鼓、木鼓、象脚鼓、月琴、口弦、三弦等很多种,有的乐器为某个民族独有,如像脚鼓是傣族独有的乐器,木鼓为佤族独有。有的乐器则是多个民族共有,如音色独特优美、轻柔细腻圆润、旋律流畅、外观古朴、极富表现力的葫芦丝,是傣族人民最喜爱的乐器，佤族、彝族、布朗族、阿昌族、德昂族等也普遍使用，在滇西南的版纳、德宏、临沧等地区流行，深受云南人民的喜爱。独具民族风格，吹奏起来如泣如诉、余音袅袅、不绝如缕的巴乌，是流行在云南哈尼、彝、苗等族中的单簧吹管乐器。表现各民族题材的茶席设计，最好选择本民族的音乐。例如，茶席设计表现的是傣族竹筒香茶，选择葫芦丝乐曲如《月光下的凤尾竹》《竹楼情歌》《竹林深处》等与茶席的意境就极为协调。

3）根据不同的宗教来选择

中国茶文化在形成过程中，融合了道、儒、佛三教的思想精华。无论是儒家以茶雅志、"致中导和"、追求完美人格，或是佛家"身心明净""茶禅一味"，还是道家的"道法自然""天人合一""清净无为"，都可以在茶席设计中得以体现。在体现道、儒、佛的思想的茶席设计中，背景音乐要根据不同的宗教来选择。如表现佛家"茶禅一味"的思想时，应选择佛家的梵音如《心经》《清净甘露》《清心自在》《念佛心音》等；表现道家"清净无为"的思想时，要选择道家的音乐如《三奠茶》《静心》《迎仙客》等；表现儒家"中""和"思想时，可选择典型的儒家名曲如《高山流水》等。

4）根据不同的风格来选择

每一个茶席设计作品，因其物态形象的不同，常常表现出不同的总体风格。选择音乐时，要注意音乐的风格要与茶席的总体风格相协调。茶席物态形象呈现原始、古朴、粗犷、豪放的风格时，应选择音域宽广、节奏感强烈的音乐。茶席物态形象为细腻、灵巧的风格时，应选择曲调清越、音色圆润、和声柔美的音乐。茶席物态形象呈现宁静、深沉的风格时，应选择单音细柔、节奏舒缓、宁静的音乐或是来自大自然的"天籁之音"。而表现现代都市生活、时尚流行的茶席设计，物态语言极具现代感，可选择现代流行音乐。

总之，茶席设计的背景音乐选择，要注意与茶席的主题思想、物态语言、风格的协调，从而实现茶席设计的整体美。

〖思考题〗

1. 茶席设计的主要构成因素有哪些？
2. 在茶席设计过程中，如何获得设计灵感？
3. 茶席动态演示与茶艺表演有何异同？
4. 请独立完成1个茶席设计。

实训10.1　茶席设计

〖实训目的〗

通过本项目的实训，使学生掌握茶具组合、茶席结构、背景及相关工艺品的设计与选配、茶席插花制作、焚香、茶点茶果配置、音乐及服装的选择、茶席动态演示的基本技能，能进行茶席设计。

〖实训场地与器具〗

茶艺实训室、各类茶具、铺垫物、工艺品、挂画、花器、鲜花、香炉、花几、香品、各色茶点茶果。

〖实训要求〗

1. 根据茶席主题来选择茶品,配置茶具。

2. 茶席结构具有美感,能配合主题选择适宜的工艺品、插花、音乐、服装。

3. 编写茶席设计文案,进行茶席动态演示。

〖实训时间〗

2 学时。

〖实训方法〗

1. 教师讲解示范。

2. 学生分组练习。

〖实训内容与操作标准〗

1. 教师讲解示范

(1)确定主题

根据现有的茶品、茶具、铺垫物、工艺品、花器、花材、茶点茶果等,明确要表达的思想内涵,确定茶席主题。

(2)选择茶品

根据确定的主题,选择相应的茶品。

(3)配置茶具

根据茶席主题、茶品特性,配置与之相适应的茶具。

(4)背景选择与挂画

根据茶席主题、茶品、茶具组合的情况,进行背景设计,选择挂画。

(5)选择铺垫

根据茶桌、设计主题、茶具组合、场地情况,选择适宜的铺垫。

(6)制作插花

根据茶席的主题,选择花材和花器制作插花。

(7)焚香

选择适宜的香具和香品,在适宜的位置进行焚香。

(8)选择相关工艺品

根据茶席主题、主器物的情况,选择适宜的工艺品,摆放在适当的位置。

(9)配置茶点茶果

根据茶席主题,配置适宜的茶点茶果。

(10)选择音乐

根据茶席主题,选择能准确烘托茶席主题、意境的音乐。

(11)进行命题

根据茶席的思想内涵、茶品、茶具组合、表现形式等,为茶席命题。

(12)进行茶席文案编写

按照茶席设计文案的格式编写。

(13)进行茶席动态演示

注意动作、服饰、语言、音乐等各要素的配合。

2.学生分组练习

各组完成一个茶席设计作品。

〖达标测试〗

见表10.1。

表10.1 达标测试表

班级： 组别： 学号： 姓名：

序号	测试内容	评分标准	配分	扣分	得分
1	茶品	形状、色泽、茶性与茶席主题相应	5		
2	茶具组合	茶具的质地、造型、大小、色彩、功能等与主题相呼应，有艺术性	10		
3	背景与挂画	与茶席主题、茶品、茶具组合呼应	10		
4	铺垫	质地、款式、大小、色彩及铺垫方法与茶席的主题、茶品、茶具组合相应	10		
5	插花	花材花器适宜，有艺术效果，突出茶席主题	10		
6	焚香	香品、香具选择适宜，有艺术效果	5		
7	相关工艺品	与茶席主题、主器物相配，摆放位置适当	10		
8	茶点茶果	制作精细，色泽清雅，式样有艺术感，与茶席主题相宜	10		
9	音乐	能准确烘托茶席主题	10		
10	茶席文案编写	符合茶席文案要求，文字简练，表达清晰	10		
11	茶席动态演示	动作、服饰、语言、音乐等相协调，能将茶品的特性、茶席主题充分展示出来	10		
合计			100		

考核时间： 年 月 日 考评教师(签名)：

学习项目 11　茶艺服务

〖学习目标〗

知识目标

1. 掌握茶艺服务过程中接待与交谈的礼仪。
2. 掌握不同场合茶事服务的程序。
3. 了解不同地域、国家、民族的饮茶习惯。
4. 了解茶艺师职业道德以及与茶艺服务工作相关的法律法规知识。

技能目标

1. 能够完成茶事服务的准备工作。
2. 掌握茶艺服务工作中接待与交谈的技巧。
3. 熟练掌握不同场合茶事服务的程序。

课程思政目标

1. 培养学生尊重他人、关爱他人、与人和谐相处、时时处处为他人着想的茶人精神。
2. 培养学生热爱专业、忠于职守、遵纪守法、诚信经营、真诚守信的职业道德。
3. 培养学生热情待客、一丝不苟、精益求精、敬岗爱业的职业精神。

〖任务引入〗

从事茶叶销售或茶艺服务工作的茶艺师，不仅要了解各种茶叶的品质特点，掌握各种茶类的冲泡技艺，而且要掌握茶事服务的程序，掌握接待、交谈的基本礼仪与技巧，了解不同地域、国家、民族的饮茶习惯，能够与顾客进行适宜的交谈，为顾客提供高质量的服务，让顾客在消费过程中感到愉快，才能更好地促进茶叶消费。

〖案例导读〗

玲玲开了一个茶室，招聘了几个漂亮的女孩做服务员，这几个女孩虽然人长得漂亮，但是没有经过专业的学习，上班时浓妆艳抹，与顾客交谈时还会冲撞顾客，弄得顾客来过一次就不愿再来第二次，茶室生意很是清淡。玲玲只好辞退她们，到一个专业学校招聘了几个茶艺师。这几个茶艺师虽然不是很漂亮，但茶泡得好，接待顾客礼仪周全，处处为顾客着想，与顾客交谈很得体，很受顾客的喜爱，她们来到茶室后，茶室的生意渐渐地好起来了。

〖案例分析〗

社会上很多人认为茶艺师是吃青春饭的，一定要长相漂亮、身材好，玲玲开始也是受这种思想的影响，招聘茶艺服务人员时只注重外表。事实证明，从事茶艺工作，外表虽然有一定的作用，但专业素养、职业能力更为重要。只有掌握了茶艺知识和技能，并且有服务意识、懂得服务技巧的茶艺师，才会在茶艺服务岗位上取得好的业绩。

茶室是宾客休闲娱乐、交际、约会的场所。幽雅清寂的环境、色香味形俱美的香茗、悠扬的古典音乐,可以使人们消除疲劳、放松心身、振奋精神。所以,人们常常在工作之余选择茶室进行休闲活动;从事商业活动的人也喜欢在这种幽静的环境中洽谈生意;有一定文化品位的人喜欢三五个朋友聚在茶室品茗谈心;情侣们更是喜欢在这种清净幽雅的环境中享受两个人的世界,静静地感受彼此的那一份情意。茶艺工作实质上是服务工作,要为宾客提供高质量的服务,茶艺人员不仅要学习茶与茶文化、茶道与茶艺的基础知识,强化操作技能训练,还要学习茶艺服务技巧,培养职业道德,掌握相关的法律法规。

任务1　接待礼仪与技巧

茶艺服务工作就是一项接待各种客人的工作,茶艺服务人员的礼仪贯穿于茶艺服务工作的全过程,贯穿于宾客进入茶室到离开茶室的始终,礼仪在茶艺服务的各个环节中得到具体的落实与体现。茶艺服务人员要为宾客提供优质的服务,营造茶室温馨幽雅的气氛,就需要掌握接待的礼仪与技巧。

11.1.1　接待准备

接待准备工作是茶室为宾客提供优质服务的前提,包括环境的准备、用具的准备、人员的准备3个方面。

1)环境的准备

中国人把饮茶看作一种艺术,一种文化活动,“喝酒喝气氛,品茶品文化”,对饮茶的环境有很高的要求,品茶环境要讲究情调,要清洁、幽静、雅致。茶室外观装修追求典雅别致,内部装潢和桌椅陈设力求古朴、雅致,四壁或柱上悬挂书画或雕刻,在适当的位置摆放盆景、插花以及古玩和工艺品,还可以摆设书籍、文房四宝以及乐器和音响,有的还点香以增添优雅和平静的气氛。

在客人到来前,要做好以下准备工作。

①做好卫生清洁工作,保持环境的清洁雅致。具体要求为:地面要求“光、亮、净”,不得有未清理的垃圾;地面无痰迹、烟头、烟灰、污水、纸片、脚印等;大厅、房间、卫生间墙面、墙角、窗台等处无积尘、浮土、蛛网;门窗、楼梯扶手无灰尘、污垢,玻璃要清澈透亮,无污点、污迹;柜台、货架等看得见、摸得着的地方,不得有污物、灰尘、污迹,台面无杂物、灰尘、茶渍等;卫生间地面干净,无污水、脏物,室内常通风,无异味。

②准备、整理好室内的挂画、插花、陈列品等装饰物。

③点香、播放音乐。音乐要柔和,音量适度,不能太大,以营造幽雅平静的氛围。

2)用具的准备

在客人到来前,要将各种茶具准备好。茶具准备首先是根据所要冲泡的茶叶来配置所需茶具。不同茶品的色香味形不同,配置的茶具也不同,茶与茶具要珠联璧合,使人得到美的享受,增添品茶的情趣。其次是要做好茶具的清洗工作,保持茶具的清洁卫生,并检查茶具是否有破损,有缺口、裂纹的茶具要换掉。

3)人员的准备

茶艺服务人员要有良好的文化素养、丰富的茶叶知识以及专业的泡茶技艺,同时还要注意仪容仪表。上岗前茶艺服务人员要做好以下准备工作:

①做好仪表、仪容的自我检查,做到仪表整洁、仪容端庄。化好淡妆,不使用气味浓烈的化妆品,手部在上岗时不能使用化妆品,不染指甲。头发要梳理好,如果是长发要束到后面,不要让头发垂下来。

②统一着装,衣服要干净、整齐。不戴手链、戒指等饰物,以防划伤茶具。

③注意个人卫生。手要洗干净,上岗前不吃葱、蒜等有异味的食物。

④保持良好的精神状态,做到精神饱满、面带微笑、思想集中,随时准备接待每一位来宾。

11.1.2 接待程序

一般茶室的接待程序主要有迎宾、递送茶单、泡茶、结账收款、送客。

1)迎宾

迎宾员要在门口微笑迎宾,使用礼貌用语,将客人迎入门,根据来客的人数及预订情况,把宾客安排到适当的位置,拉椅让座,并帮助宾客存放衣帽雨伞等物品。

2)递送茶单

使用托盘将茶单交给宾客,并适时地为宾客介绍各种茶品的产地、品质特点、价格,是否有折扣等信息,请宾客选茶。在此过程中,可有技巧地对茶品进行推销。

3)泡茶

宾客选定茶叶后,茶艺师要及时将茶叶及相应的茶具、水准备好,在宾客面前按规定进行沏泡表演,并耐心细致地为宾客进行讲解。

4)结账收款

结账时算清款项。结账时不要直接将账单递给宾客,而应该把账单放在垫有小方巾的托盘(或小银盘)里送到宾客面前。为了表示尊敬和礼貌,放在托盘内的账单正面朝下,反面朝上。宾客付账后,要表示感谢。无论宾客消费多少,收款时都应彬彬有礼。

5)送客

当宾客准备离去时,及时轻轻地为宾客拉开椅子,提醒宾客带好随身物品。让宾客走在前面,自己走在宾客后面约1米的距离护送客人。到门口时,主动拉门道别,真诚礼貌地感谢客人,欢迎其再次光临,并做出送别的手势,躬身施礼,微笑地目送宾客离去。

11.1.3 接待礼仪与技巧

要体现茶室温馨的气氛,为宾客提供良好的服务,茶艺工作者的接待礼仪与技巧显得尤为重要。每一位茶艺工作者在接待宾客时要掌握以下礼仪与技巧。

①宾客进入茶室时要笑脸相迎,热情招呼,并致以亲切的问候,通过美好的语言和可亲的面容使宾客一进门就感到心情舒畅。同时,将不同的宾客引领到能使他们满意的座位上。

②如果某一位宾客再次光临时又带来几位新的宾客,那么对这些宾客要像对老朋友一

样，应特别热情地招呼接待。

③恭敬地向宾客递上清洁的茶单，耐心地等待宾客的吩咐，仔细听清并完整地牢记宾客的各项要求，必要时可向宾客重复一遍。

④要留意宾客的细小要求，如"用茶量的多少"等问题，一定要尊重宾客的意见，严格按宾客要求去做。

⑤当宾客对饮什么茶或选用什么茶食拿不定主意时，可热情礼貌地为宾客推荐，使宾客感受到服务的周到。

⑥在为宾客引路指示方向时，应手心向上，面带微笑，眼睛看着目标方向，并兼顾宾客是否会意到目标，切忌用手指指来指去，因为这样含有教训人的味道，是不礼貌的。

⑦在服务接待过程中，不能使用向上看的目光，以免给人目中无人、骄傲自大的感觉。

⑧在工作中，如需与宾客交谈，要注意适当、适量，不能忘乎所以，要耐心倾听，不与宾客争辩。

⑨在工作中，茶艺服务人员要有规范的站姿和优雅的坐姿，要注意站立的姿势和位置，不要趴在茶台上或与其他服务员聊天。

⑩茶艺服务人员不得在服务现场聊天、打闹、嬉戏、大声交谈。

⑪不能因点货、收拾台面、结账等原因不理睬宾客。

⑫不能当面或背后议论宾客。

⑬宾客之间谈话时，不要侧耳细听；在宾客低声交谈时，应主动回避。

⑭宾客有事招呼时，不要紧张地跑步上前询问，也不要漫不经心。

⑮宾客示意结账时，要双手递上放在托盘里的账单，请宾客查核款项有无出入。

⑯不能向宾客索要小费，宾客付小费时应婉言谢绝。

⑰不能当着宾客的面打扫卫生。

⑱宾客离去时，要热情相送，礼貌道别，并表示欢迎他们再次光临。当与宾客说"再见"时，可根据情境需要再说上几句其他的话语，如"欢迎再来""晚安"等。

11.1.4 交谈礼仪与技巧

茶艺工作者在接待服务工作过程中，要向宾客提供面对面的服务，与宾客进行交谈是茶艺服务工作不可或缺的部分。与宾客交谈的礼仪与技巧是茶艺工作者职业素质的体现，也是茶室主动热情、细致周到、亲切温馨的高水准服务的体现，茶艺工作者在与宾客交谈时要注重礼仪与技巧。

①茶艺服务人员在接待服务中要使用敬语，对宾客要用"您"而不是用"你"来称呼。使用敬语时，要注意时间、地点、场合，语调要甜美、柔和。

②当宾客光临时，应主动先向宾客招呼说"您好"，或根据一天中的不同时候说"早上好""下午好""晚上好"，使对方备感自然和亲切，然后再说其他服务用语，不要将顺序颠倒。

③对宾客的称呼，要根据各国、各民族、各地的风俗习惯而定，以免造成不必要的误会。最普通的称呼是"先生""女士""夫人""小姐"，对于熟悉的老茶客也可采用当地常用的称呼如"大爷""大叔"等。在茶艺服务工作中，切忌用"喂"来招呼宾客，即使宾客离你较远，也不能这样高声叫喊，而应该主动上前恭敬地称呼宾客。

④与宾客对话时，应站立说话，不能坐着。要全神贯注地聆听，不能心不在焉，要用友好的目光注视对方，表现出自己思想集中、表情专注。在交谈过程中，要始终保持良好的精神状态，说话时应始终面带微笑、亲切热情。

⑤对宾客提出的问题要真正明白后再作适当回答，不可不懂装懂，答非所问，也不能表现出不耐烦，对于一时回答不了或回答不清的问题，可先向宾客致歉，待查询后再作回答。凡是答应宾客随后再作答复的事，一定要守信，不要失信于宾客。

⑥认真听取宾客的陈述，随时察觉对方对服务的要求，以示对宾客的尊重。

⑦在与宾客交谈时，应自动停下手中的其他工作，要做到语气婉转、口齿清晰、语调柔和、语速适宜、音量大小适中。在与多位宾客交谈时，不能只顾其中一位而冷落了其他人，要一一作答。

⑧在与宾客交谈时，必要时可借助表情和手势来沟通和加深理解。适当运用手势给宾客一种含蓄、彬彬有礼、优雅自如的感觉，但手势不宜过多，动作不宜过大，更不要手舞足蹈、眉飞色舞。

⑨为表示尊重，在与宾客交谈时，目光应正视对方的眼鼻三角区。

⑩无论宾客说的话是误解、投诉或无知可笑，也无论宾客说话时的语气多么严厉或不近人情甚至粗暴，都应耐心、友善、认真地听取。对宾客的合理要求，要尽量快速作出使宾客满意的答复。在与宾客意见各不相同的情况下，不要在表情和举止上流露出反感、藐视之意，可婉转地表达自己的看法，而不要当面提出否定意见。对宾客的过分或无理要求要婉言拒绝，并要表现出热情、有教养、有风度，不要当面使宾客难堪。

⑪听话过程中，不要随意去打断对方的说话，也不要任意插话作辩解。听话时，要随时作出一些反应，不要呆若木鸡，可一边微笑一边点头倾听，同时还可以说“哦”“好的”“是吗”“明白了”等话做陪衬、点缀，表明自己在用心听，还可以通过简短的提问、插话表示出对宾客谈话的关注和兴趣。

⑫当宾客称赞茶艺服务人员的良好服务时，应报以微笑并谦逊地感谢宾客的夸奖。

⑬茶艺服务人员在工作场所要注意自己的言谈举止，保持环境安静，不要大声喧嚷，更不要聚众玩笑、唱歌、打牌或争吵，如遇宾客有事召唤，不要大声回答；若距离较远，可点头示意表示自己会马上前来服务。对声音较大的顾客，要以适当的方式提醒其注意，共同营造安静的环境。

除此之外，茶艺服务人员还可用关切的询问、征求的态度、提议的问话和有针对性的回答来加深与宾客的交流和理解，有效提高茶艺服务的质量。

11.1.5 不同宾客的接待服务

不同地域、国家、民族、宗教信仰的宾客，往往有着不同的礼节和习惯。在茶艺服务过程中，对不同地域、民族、宗教信仰的宾客，要提供不同的接待服务，同时，对一些 VIP 宾客及特殊宾客，也必须给予恰到好处的服务，以体现茶艺服务人员的人文关怀和职业素养，突出茶室的服务水准。

1)不同地域宾客的服务

(1)日本、韩国

日本人和韩国人在日常生活中待人接物十分讲究礼节礼貌，他们不仅讲究喝茶，更注重喝茶的礼法。茶艺服务人员在为他们提供茶艺服务时要注重礼节,注意泡茶的规范,要让他们在严谨的沏泡技巧中感受到中国茶艺的风雅。日本人忌讳绿色和荷花图案,不用使用绿色的茶具和有荷花图案的茶具为他们泡茶。

(2)**印度、尼泊尔**

印度人和尼泊尔人多信奉佛教,惯用双手合十礼致意。印度人拿食物、礼品或敬茶时用右手,不用左手,也不用双手。茶艺服务人员可用合十礼来迎接印度、尼泊尔的宾客,用右手敬茶或上茶食。

(3)**英国**

英国人喜欢饮茶,尤其流行喝“下午茶”。英国人偏爱红茶,并需加牛奶、糖、柠檬片等。为英国人调制奶茶时,要先把温热的牛奶倒入杯中,再加入红茶汤,程序切不可弄反,否则会被认为没有教养。茶艺服务人员在提供服务时,要适当添加白砂糖,以满足宾客要求。同时,可推荐一些精美的茶点,如三明治、圆形松饼搭配果酱或奶油、时令水果塔等以供选择。英国人忌讳百合花,在品茗环境的布置上要避免使用百合花。英国人泡茶,必须用生水现烧,泡茶的器具喜用上釉的陶器或瓷器。

(4)**俄罗斯**

俄罗斯人与英国人一样,普遍偏爱红茶,喜爱喝甜茶,喜欢在茶中加糖、果酱、蜂蜜,有时也加牛奶、柠檬片,并且他们在品茶时一般都要吃些饼干、蛋糕、馅饼等甜点。所以茶艺服务人员为俄罗斯宾客服务时,除了适当添加白砂糖外,还可以推荐一些甜味茶食。

(5)**摩洛哥**

摩洛哥人酷爱饮茶,加白砂糖的绿茶是摩洛哥人社交活动中一种必备的饮料,中国绿茶是与每一个摩洛哥人息息相关的饮品。摩洛哥人喝的绿茶极浓、极甜,一般情况下,茶叶与糖的重量比是1∶10,并且喜欢加鲜薄荷。因此,茶艺服务人员在为摩洛哥宾客提供服务时,要添加白砂糖,有条件时还可备上一些鲜薄荷以供选择。

(6)**美国**

美国人饮茶的习惯是由欧洲移民带去的。受英国人的影响,美国人多数喜欢喝加糖和牛奶或柠檬的红茶,而且还喜欢喝冰茶,先在茶中放冰块,或事先将茶放入冰箱冰镇好,饮茶时结合自己的口味,添加糖、柠檬或其他果汁。在为美国人提供服务时,要留意这些细节,尽可能满足宾客的要求。

(7)**土耳其**

土耳其人喜欢喝红茶,在茶汤中要加白砂糖。茶艺服务人员在为土耳其宾客服务时,可遵照他们的习惯准备一些白砂糖,供宾客加入茶汤中品饮。

(8)**巴基斯坦**

巴基斯坦的气候基本上属于亚热带草原和亚热带沙漠气候,干燥炎热,居民多食牛羊肉和乳品,饮茶可消食解腻、消暑解渴、提神明目、利尿解毒,因此,饮茶已成为他们生活的必需。巴基斯坦原属英属印度的一部分,饮茶带有浓郁的英国色彩,普遍喜爱饮加糖的牛奶红茶,而且还伴有夹心饼干、蛋糕等点心。在巴基斯坦的西北高地以及靠近阿富汗边境的牧民,则喜爱饮绿茶,饮绿茶时多配以白糖并加几粒小豆蔻。茶艺服务人员在巴基斯坦为宾客服务时可以适当提供白砂糖,同时可向宾客推荐一些茶点。

2）不同民族宾客的服务

我国是一个统一的多民族国家，各民族历史文化千差万别，生活习俗各异。茶艺服务人员在为各民族的宾客提供服务时，要了解各民族的饮茶习俗，尊重各民族的风俗习惯，根据其习俗提供不同的服务，才能避免在服务中犯忌，使宾客感到满意。

（1）**汉族**

汉族人大多推崇纯茶清饮。不同地域的汉族宾客喜欢的茶类不同，茶艺服务人员要根据宾客所点的茶品，采用不同的方法来为宾客沏泡。采用玻璃杯、盖碗沏泡时，宾客饮至杯中尚余1/3水量时，要及时为宾客续水。在为宾客续水3次后，要主动询问宾客是否需要换茶。

（2）**藏族**

藏族人喝茶时，每喝一杯都会在杯底留下少许，茶艺服务人员要注意添茶，当喝过2～3杯后，如果宾客将添满的茶汤一饮而尽，或将杯底的少许茶汤轻轻泼在地上，就表明宾客不想再喝了，这时茶艺服务人员就不要再添茶了。

（3）**蒙古族**

茶艺服务人员给蒙古族宾客敬茶时一定要躬身双手托举茶碗举过头顶，再献给客人，以示尊重。当宾客喝到一定程度后，将手平伸在杯口盖一下，即表明不再喝了，茶艺服务人员即可停止斟茶。

（4）**傣族**

茶艺服务人员在为傣族宾客斟茶时，只能斟浅浅的半小杯，以示对宾客的敬重，对尊贵的宾客要斟三道，俗称"三道茶"。

（5）**维吾尔族**

茶艺服务人员为维吾尔族宾客服务时，一般要当着宾客的面冲洗杯子，以示清洁。为宾客敬茶时要用双手，若宾客喝够了，用右手分开五指，轻轻在茶杯上盖一下，就不用再为宾客添茶。

（6）**壮族**

茶艺服务人员在为壮族宾客服务时，要注意斟茶不能过满，奉茶要用双手。

3）不同宗教宾客的服务

我国幅员辽阔，民族众多，宗教种类多，佛教、伊斯兰教、基督教、天主教、道教等都有众多的信徒，少数民族几乎都信奉某种宗教，汉族中也有很多宗教信徒。不同的宗教有不同的礼仪与戒律，并且都很讲究遵守。因此，茶艺服务人员要了解宗教常识，以便更好地为信奉不同宗教的宾客提供贴切周到的服务。

茶艺服务人员在为信奉佛教的宾客服务时，不能主动与僧尼握手，可行合十礼，以示敬意；在交谈时不能问僧尼的姓名，而只能询问其法号。

伊斯兰教的教义禁止饮酒，茶艺服务人员在接待信奉伊斯兰教的宾客时，不能向其推荐茶酒等含酒精饮料，推荐茶点茶食时要注意其禁忌。

道教的称谓有法师、居士、真人、方丈、先生、羽客等，茶艺服务人员在接待信奉道教的宾客时，视其身份地位的不同来称呼。道教亦禁酒，不能向道教宾客推荐含有酒精的茶饮。

4）VIP 宾客的服务

VIP 宾客是茶室客源的重要部分，做好 VIP 宾客的接待服务工作是稳定茶室客源的重要措施。茶艺服务人员每天要了解是否有 VIP 宾客预订，弄清楚预订的时间、人数及 VIP 宾客是否有特殊要求,根据VIP宾客的等级和茶室的规定配备茶品,提前20分钟将所备茶品、茶食、茶具摆放好。所用茶品、茶食必须符合质量标准,茶食一定要新鲜、清洁、卫生,茶具要精心挑选搭配并进行消毒。

5)特殊宾客的服务

在茶艺服务工作中,常常会遇到一些特殊的宾客。茶艺服务人员对特殊宾客要给予一些特殊的照顾,以使宾客感到心情舒畅,并对茶室高质量的服务感到满意。

①遇到年老体弱的宾客,要尽可能把他们安排在离出入口较近的位置,以便于他们出入。同时,要帮助他们就座,以示服务的周到。

②对于有明显生理缺陷的宾客,要注意把他们安排在能遮掩其生理缺陷的位置,以示关怀体贴。

③遇到情侣前来品茶,要尽量将他们安排在相对安静、隔离的位置,便于他们品茶谈心、交流感情。

④如果宾客要求到一个指定位置,应尽可能满足其要求。

任务2 茶事服务程序

茶为国饮,中国人饮茶现象普遍。除了茶室提供茶事服务外,酒店往往也会设立独立的茶室为宾客提供茶事服务,或者为宾客提供客房饮茶服务,许多餐厅在餐前餐后也提供饮茶服务,而会议、茶话会中饮茶服务更是不可或缺的。茶艺服务人员必须掌握不同场所的茶事服务程序,才能更好地为宾客服务。

11.2.1 茶室饮茶服务程序

茶室是人们休闲品茗的专门场所,茶艺服务是茶室的主要工作,茶室饮茶服务程序一般包括茶前准备、茶中服务、茶后工作。

1)茶前准备

在宾客到来之前,要做好茶室的清洁卫生工作,保持茶室厅堂整洁、环境幽雅舒适、桌椅整齐,做到地面清洁无垃圾,桌面无污迹油腻,门窗家具无积尘,卫生间无污垢、无异味,整理好插花、挂画及陈列的工艺品。茶艺服务人员要化好淡妆,换好洁净、整齐的服装。要将各类物品准备充分,把茶具清洗干净,准备好要供应的茶品以及泡茶用水,然后点香、播放音乐。

2)茶中服务

①客人到来时,迎宾员要站立迎宾,热情地将宾客引领入座。安排座位时,一般应先将年老体弱者安排在进出较为方便处就座,正式场合则要了解客人身份,然后将主宾安排在主人右侧,副主宾安排在主人左侧。

②在客人入座前,要主动、轻轻地为宾客拉开椅子。宾客入座后,及时送上湿巾、茶单,并介绍供应茶品,或将茶叶样品拿来展示,请宾客点茶。

③宾客点茶后,及时按顺序上茶。上茶前,绿茶应事先浸润,花茶、红茶可事先泡好,而乌龙茶则需到台面上当场冲泡。上茶时,左手托盘,端平拿稳,右手在前护盘,小步轻盈地走到宾客座位右侧,侧身右脚前伸一步,左手臂展开,使茶托盘的位置在宾客的身后,右手端杯子

中部;如是盖碗则端杯托,从主宾开始,按顺时针方向轻轻地将茶杯放在宾客的正前方,并报上各自茶名,然后请宾客先闻茶香,闻香之后,茶艺服务人员选择一个合适的固定位置,用水壶将每杯冲至七分满,并对宾客说:"请用茶。"

④用茶杯、盖碗泡饮时,当宾客杯中水量余 1/3 时要及时为宾客续水。如果宾客面前有热水瓶或电热煮水器,要随时保持这些器皿中有充足的开水。

⑤如果宾客点了茶点茶果,事先应上茶叉、牙签、调料等物品。上茶点茶果时,要从冲茶水的固定位置上轻轻落盘,并介绍茶点茶果名称、特点;摆放盘子时,可按一定的图形进行摆放,每上一道茶点茶果,要进行桌面调整,切忌叠盘;如果宾客点带果壳的茶果,要及时送上果壳篮或果壳盘,果壳篮、盘中果壳量达到一定量时,要及时更换。桌面有水痕或杂物时,应及时拭干和清理,保持桌面清洁。

3)茶后工作

宾客饮茶结束,茶艺服务人员要热情主动地送客,然后收拾茶具,清洁桌面、椅凳并按原位置摆放整齐,保持环境及桌面整洁,为接待下一批客人作好准备。

11.2.2 独立茶室饮茶服务程序

为了满足宾客洽谈生意、休憩、聊天的需求,很多饭店都设有古朴典雅、有丰富的中国传统文化色彩的独立茶室,为客人营造良好的品茶氛围,带给客人物质和精神上双重的美好享受。饭店设立的独立茶室的服务与一般茶室的服务大部分相同,但也有不同的地方。

独立茶室的饮茶服务程序是:

①按茶单上的茶叶品种准备好各种茶叶。

②准备好泡茶用水。

③准备好各类茶具。茶具要精致、无破损,并要清洗干净。

④客人入座后,请客人按茶单点茶。

⑤客人点茶后,茶艺人员要按客人点的茶来配置茶具,用相应的冲泡方法为客人冲泡并进行讲解。

11.2.3 客房饮茶服务程序

酒店客人在客房饮茶一般没有服务人员在场,服务人员主要是做好事前准备工作和事后清洁工作,为客人饮茶提供方便。其饮茶服务程序是:

①准备好干净、整洁的茶具。

②准备好各种茶叶。

③准备好开水或电热水器。

④适时到房间为客人换水,随时为客人提供热情周到的服务。

⑤适时到房间收拾客人饮茶后的茶具,并为客人换上清洁的茶具。

11.2.4 餐厅饮茶服务程序

在我国各地的餐厅里,客人前来就餐时,一般都会为客人提供餐前饮茶服务。餐前饮茶服务因用餐时间不同、地域不同、餐厅服务档次的不同而有所差异。

1)早餐饮茶服务

在我国南方,尤其是东南沿海地区的广州、深圳等城市,吃早茶的风气很浓,人们一大清早踱入茶楼,叫上一壶清茶、两件小点(俗称一盅两件),一边饮茶,一边吃早餐,或闲聊,或阅报,悠闲地享受清晨时光。早餐的饮茶服务程序是:

①开餐前,准备好各种茶叶和茶具、开水。

②客人落座后及时送上香巾,并向客人问茶。根据客人对茶叶的喜好,介绍适宜的品种。

③客人点茶后,及时为客人沏泡茶叶。沏泡时,操作要规范、卫生,要按不同茶品的特点采用不同的方法进行沏泡。

④沏好茶后,逐一从客人的右侧斟茶。

⑤斟茶时,右手执壶,左手托壶下的垫盘,将茶水斟到七分满。

⑥为客人斟完第一杯礼貌茶后,把茶壶放在餐台上,注意壶嘴不要朝向客人。客人人数超过6位时,应上2把茶壶。

⑦随时注意加满壶中的开水,并掌握好茶水的浓淡程度。

2)午餐、晚餐饮茶服务

午餐、晚餐是正餐,一般客人用餐时间较长,食品、饮料较为丰富。在客人用餐前,服务人员要为客人上餐前茶。

(1)一般餐厅的餐前饮茶服务程序

客人入座后,服务人员从客人右侧派送香巾并请问客人需要何种茶水。客人点茶后,服务人员进行沏泡。茶沏好后,服务人员用托盘送上,并从主宾开始按顺时针方向从客人右侧一一斟上第一杯茶。斟茶量以七分满为宜,并对客人说:“请用茶。”在客人开始用餐前,要注意及时为客人添茶水。

(2)高档餐厅的餐前饮茶服务程序

在高档餐厅里,餐前饮茶服务由专门的茶博士(茶艺服务人员)提供。客人入座后,服务人员派上香巾,然后由茶博士将装有十几种茶叶的手推车推至餐桌旁,向客人介绍各种茶叶的名称、品质、产地等,请客人点茶。客人点茶后,茶博士当着客人的面将茶叶放入杯中或壶中进行沏泡表演,茶沏好后端奉给客人。

11.2.5 会议饮茶服务程序

无论何种会议,在会议过程中,都需要为与会者提供茶饮,饮茶服务是会议服务中非常重要的组成部分。不同类型的会议,其饮茶服务的程序和要求不同。

1)小型会议饮茶服务

小型会议人数不多,会议的室内布置多为设置椭圆形会议桌,有时不设会议桌,而设沙发和茶几,客人用茶较随意。茶艺服务人员可事先准备好各种茶叶,如袋泡茶、花茶、红茶、绿茶、乌龙茶、普洱茶等,并准备好相应的茶具,如袋泡茶配有盖的瓷茶杯,红茶、绿茶、花茶配有盖的瓷杯或瓷盖碗,乌龙茶、普洱茶配紫砂壶和品茗杯。小型会议饮茶服务程序是:

①客人到来前,茶艺服务人员要洗净茶杯,滤净杯内的水,更换掉有破损、裂纹的茶杯,准备好开水。

②如果用茶水和茶点一同招待客人，应先上茶点。茶点盘要事先摆放好。

③客人到来后，及时问询客人的饮茶要求。

④根据客人的要求及时沏茶，茶水要沏得浓淡适中，每一杯茶斟七分满。

⑤上茶时，应站在客人右侧，由主宾开始，按顺时针方向依次给客人上茶。上茶时，把茶杯放在杯托上，杯把放在客人右侧。如果客人饮用红茶，可准备好方糖，请客人自取。

2）大中型会议饮茶服务

大中型会议由于人数较多，客人用茶的方式比较简单。一般由服务人员事先将袋泡茶或适量绿茶、红茶放入有盖的茶杯中，并将茶杯、杯托摆放在桌面上，烧好开水存放在保温瓶中，如果供应果品也要事先摆放在会议桌上。大中型会议饮茶服务程序为：

①客人入座后，服务人员要及时主动地为客人倒水沏茶。

②圆桌会议，服务人员要从主位开始，按顺时针的顺序倒水，长桌会议则按从里向外的顺序倒水。

③倒水时，服务人员应站立在客人的右侧，左手拿壶，右手拿杯。

④在会议过程中，服务人员要注意观察，适时为客人续水。续水3次后，要主动为客人更换茶叶，重新沏泡新茶。

3）茶话会饮茶服务

茶话会是一种以茶引言、以茶助话的聚会形式。茶话会轻松自然、朴实无华、灵活简便，便于人们彼此交流感情、增进友谊、商议事情，所以，茶话会广泛运用于各种社交活动中。在我国，商议国家大事、迎接各国使节、庆祝各种重大节日、进行文化学术交流等活动，常常喜欢采用茶话会的形式，尤其是新春佳节来临时，许多单位和各类团体都喜欢以茶话会的形式辞旧迎新。

举办茶话会，10～20人时一般用方桌拼成“一”字形或“U”字形即可；几十人至近百人，可用圆桌分开围坐或用方桌分层拼成“U”字形进行；百人以上，一般采用圆桌分桌围坐的方式进行。根据茶话会的内容和季节的不同，在室内四周摆放一些盆花，桌面要铺上洁净雅致的桌布并布置插花，使整个室内环境有清新幽雅之感，此外，应根据季节和天气情况，供应一些应季鲜果和精美茶点。在茶话会开始前，要将茶点、茶果、茶叶、茶杯、茶壶摆放在桌子上。茶话会饮茶服务程序是：

①服务人员要根据茶话会的人数事先备齐茶杯、茶垫和茶壶，如1桌10人，茶壶应有2把，茶壶下面要放壶垫。

②将保温瓶装满开水。茶话会前5分钟在茶杯或茶壶内放入茶叶，加上少许开水，把茶叶焖上，待客人到达后为客人加水。

③斟茶时，要站在客人右侧，不要将茶水滴在桌面或客人身上，并把茶叶名称报给客人。

④在茶话会进行的过程中，要随时注意为客人续斟茶水，当杯或壶内茶水已淡时要马上更换，重新泡茶。

任务3 茶艺师职业道德

道德是调整人们相互关系的行为准则和规范的总称,是人的人生观和价值观的具体体现。道德具有普遍性、时代性、社会性、阶级性。具体到一个社会中,整个社会生活可划分为家庭生活领域、职业生活领域和公共生活领域三大领域,相应地,道德就有家庭道德、职业道德和社会公德。不同时代的不同职业都有其特殊的行为规范。凡从事某一事业的人们,在其职业活动中,都必须遵守自己职业的职业道德。茶艺人员的职业道德是社会主义道德基本原则在茶艺服务中的具体体现,是评价茶艺从业人员职业行为的总准则,其作用是调整好茶艺人员与客人之间的关系,树立起热情友好、信誉第一、忠于职守、文明礼貌、一切为客人着想的服务思想和作风。

11.3.1 职业道德的基本知识

所谓职业道德,就是从事一定职业的人们在工作和劳动过程中所应遵循的与其职业活动紧密联系的道德原则和规范的总和。职业道德是社会道德的重要组成部分,它作为一种社会规范,具有具体、明确、针对性强等特点。和一般道德一样,职业道德也是社会物质生活的产物。当社会出现职业分工时,职业道德也就开始萌芽了,所以职业道德萌芽于原始社会的末期,形成于奴隶社会,以后随着社会的发展而发展。人们在长期的职业实践中,逐步形成了职业观念、职业良心和职业自豪感等职业道德品质。

1)遵守职业道德的必要性和作用

(1)遵守职业道德有利于提高茶艺人员的道德素质和修养

茶艺人员个人良好的职业道德素质和修养是其整体素质和修养的重要组成部分。具备良好的职业道德素质和修养能够激发茶艺人员的工作热情和责任感,使茶艺从业人员努力钻研业务、热情待客、提高服务质量。

(2)遵守职业道德有利于形成茶艺行业良好的职业道德风尚

茶艺行业作为一种新兴行业,树立良好的职业道德风尚,是茶艺服务业发展的需要。茶艺服务业良好道德风尚的形成必须依靠加强茶艺从业人员的职业道德教育,使全体茶艺从业人员自觉遵守职业道德来实现。如果茶艺从业人员不遵守职业道德,就会给茶艺行业良好道德风尚的形成带来不利影响,从而阻碍整个茶艺服务业的发展。

(3)遵守职业道德有利于促进茶艺事业的发展

在社会主义市场经济条件下,茶艺从业人员遵守职业道德不仅有利于提高茶艺从业人员的个人修养,形成茶艺行业良好道德风尚,而且能够提高茶艺从业人员的工作质量,提高经济效益,从而促进茶艺事业的发展。茶艺从业人员的职业道德水平直接关系到茶艺人员的精神面貌和茶艺馆的形象,只有奋发向上、情绪饱满的精神风貌和良好的行业形象,才可能被社会公众认同,茶艺事业才有可能得到长足的发展。

2)职业道德的基本准则

茶艺师的职业道德在整个茶艺工作中具有重要的作用,它反映了道德在茶艺工作中的特殊内容和要求,不仅包括具体的职业道德要求,而且还包括反映职业道德本质特征的道德原则。只有在正确地理解和把握职业道德原则的前提下,才能加深对具体的职业道德要求的理解,才能自觉地按照职业道德的具体要求去做。

(1)职业道德原则是职业道德最根本的规范

原则,就是人们活动的根本准则;规范,就是人们言论、行动的标准。在职业道德体系中,包含着一系列职业道德规范,而职业道德的原则,就是这一系列道德规范中所体现出来的最根本的、最具代表性的道德准则,它是茶艺从业人员进行茶艺活动时,应该遵守的最根本的行为准则,是指导整个茶艺活动的总方针。

职业道德原则不仅是茶艺从业人员进行茶艺活动的根本指导原则,而且是对每个茶艺工作者的职业行为进行职业道德评价的基本标准。同时,职业道德原则也是茶艺工作者茶艺活动动机的体现。如果一个人从保证茶艺活动全局利益出发,另一个人则从保证自己的利益出发,那么虽然两人同样遵守规章制度,但是贯穿于他们行动之中的动机(道德原则)不同,那么他们所体现的道德价值也是不一样的。

(2)热爱茶艺工作是茶艺行业职业道德的基本要求

热爱本职工作,是一切职业道德最基本的要求。热爱茶艺工作作为一项道德原则,首先是一个道德认识问题,如果对茶艺工作的性质、任务以及它的社会作用和道德价值等毫不了解,那就不是真正的热爱。

茶艺是一门新兴的学科,同时它已成为一种行业,并承载着宣扬茶文化的重任。茶是和平的象征,通过各种茶艺活动可以增加各国人民之间的相互了解和友谊。同时,开展民间性质的茶文化交流,可以实现政治和经济的双丰收。可见,茶艺事业在人们的经济文化生活中是一件大事。作为一项文化事业,茶艺事业能促进祖国传统文化的发展,丰富人们的文化生活,满足人们的精神需求,其社会效益是显而易见的。

茶艺事业的道德价值表现为:人们在品茶过程中得到了茶艺从业人员所提供的各种服务,不仅品了香茗,而且增长了茶艺知识,开阔了视野,陶冶了情操,净化了心灵,更了解了中华民族悠久的历史和灿烂的茶文化。另外,茶艺从业人员在茶艺服务过程中处处为品茶的来宾着想,尊重他们,关心他们,做到主动、热情、耐心、周到,而且诚实守信,一视同仁,充分体现了新时代人与人之间的新型关系。对于茶艺从业人员来说,只有真正了解和体会到这些内容,才能从内心激起热爱茶艺事业的道德情感。

(3)不断改善服务态度,进一步提高服务质量是茶艺行业职业道德的基本原则

尽心尽力为品茶的来宾服务,不只是道德意识问题,更重要的是道德行为问题,也就是说,必须要落实到服务态度和服务质量上。所谓服务态度,是指茶艺人员在接待品茶对象时所持的态度,一般包括心理状态、面部表情、形体动作、语言表达和服饰打扮等。所谓服务质量,是指茶艺人员在提供服务的过程所应达到的要求,一般应包括服务的准备工作、品茗环境的布置、操作的技巧和工作效率等。

在茶艺服务中,服务态度和服务质量具有特别重要的意义。首先,茶艺服务是一种"面对面"的服务,茶艺人员与品茶对象之间的感情交流和相互反应非常直接。其次,茶艺服务的对象是一些追求较高生活质量的人,他们在物质享受和精神享受上不但比一般服务业的宾客要高,而且也超出他们自己日常生活的要求,因此,他们都特别需要人格的尊重和生活方面的关心、照料。再次，茶艺服务的产品往往是在提供的过程中就被宾客享用了，所以要求一次性达标。从茶艺服务的进一步发展来看，也要重视服务态度的改善和服务质量的提高，使茶艺人员不断增强自制力和职业敏感性，形成高尚的职业风格和良好的职业习惯。

3）培养职业道德的途径

（1）积极参加社会实践，做到理论联系实际

学习正确的理论并用它来指导实践是培养职业道德的根本途径。马克思主义伦理学认为，社会实践在道德修养过程中具有决定性的意义。刘少奇在《论共产党员的修养》一书中也指出："古代许多人的所谓修养，大都是唯心的、形式的、抽象的、脱离社会实践的东西。他们片面夸大主观的作用，以为只要保持他们抽象的'善良之心'，就可以改变现实，改变社会和改变自己。这当然是虚妄的。我们不能这样去修养。我们是革命的唯物主义者，我们的修养不能脱离人民群众的革命实践。"

道德修养必须要做到理论联系实际。茶艺从业人员要努力掌握马克思主义的立场、观点和方法，密切联系当前的社会实际、茶艺活动的实际和自己的思想实际，加强道德修养，在实践中时时刻刻以职业道德规范来约束自己，逐步养成良好的职业道德品质。

（2）强化道德意识，提高道德修养

茶艺从业人员应该认识到其职业的崇高意义，时刻不忘自己的职责，并把它转化为高度的责任心和义务感，从而形成强大的动力，不断激励和鞭策自己干好各项工作。茶艺人员必须明白，良好的言行会给品茶的宾客送去温馨和快乐，而不良的言行会让宾客感到不悦。因此，茶艺工作者应时刻注意理智地调节自己的言行，不断促进自己心理品质的完美，使自己的言行符合职业道德规范。

（3）开展道德评价，检点自己的言行

正确开展道德评价既是形成良好风尚的精神力量，促使道德原则和规范转化为道德品质的重要手段，又是进行道德修养的重要途径。道德评价可以说是道德领域里的批评与自我批评。正确地开展批评和自我批评，既可以在茶艺人员之间进行相互监督和帮助，又可以促进个人道德品质的提高。

对于茶艺人员的道德品质修养来说，自我批评尤为重要，这种修养方法从古至今都具有深刻意义。

（4）努力做到"慎独"，提高精神境界

所谓"慎独"，就是在无人监督、有做坏事的便利条件时，具有自觉遵守道德规范、不做坏事的能力。茶艺人员在工作中，除了为品茶的客人提供服务外，还要出售茶叶、茶具，为客人结账，而每个人在工作时不可能总有人监督着，所以会有做坏事的机会，因此，要特别强调"慎独"。茶艺人员应自重自爱，时时刻刻按照职业道德的原则和规范严格要求自己，对工作尽职尽责，不贪图小利，经过长期的锻炼，使自己成为一个品德高尚的人。

11.3.2 职业守则

职业守则是职业道德的基本要求在茶艺服务活动中的具体体现，也是职业道德基本原则的具体化和补充。因此，它既是每个茶艺人员在茶艺服务活动中必须遵守的行为规范，又是人们评判每个茶艺人员职业道德行为的标准。

1)热爱专业,忠于职守

热爱专业是职业守则的首要一条,只有对本职工作充满热爱,才能积极、主动、有创造性地去工作。茶艺工作既是一种文化工作,又是经济活动的一个组成部分,做好茶艺工作,对促进茶文化的发展、茶叶市场的繁荣,以及满足消费、促进社会物质文明和精神文明的发展,促进民族团结,加强与世界各国人民的友谊、促进和平等方面,都有重要的现实意义。因此,茶艺人员要认识到茶艺工作的价值,热爱茶艺工作,了解本职业的岗位职责、要求,以高水平完成茶艺服务任务。

2)遵纪守法,文明经营

茶艺工作是社会工作的一个组成部分,在茶艺工作中,必须遵守社会公德和相关的法律法规,同时,它也有自己的职业纪律要求。所谓职业纪律是指茶艺从业人员在茶艺服务活动中必须遵守的行为准则,它是正常进行茶艺服务活动和履行职业守则的保证。

职业纪律包括了劳动、组织、财物等方面提出的要求。所以,茶艺人员在服务过程中要有服从意识,听从指挥和安排,使工作处于有序状态,并严格执行各项制度,如考勤制度、安全制度等,以确保工作成效。茶艺人员每天都会与钱物打交道,因此,要做到不侵占公物、公款,爱惜公共财物,维护集体利益。

满足服务对象的需求是茶艺工作的最终目的。因此,茶艺人员要在维护正常经营秩序的基础上方便宾客、服务宾客,为宾客排忧解难,做到文明经营。

3)礼貌待客,热情服务

礼貌待客、热情服务是茶艺工作最重要的业务要求和行为规范之一,也是茶艺人员职业道德的基本要求之一。它体现出茶艺人员对工作的积极态度和对他人的尊重,也是做好茶艺工作的基本条件。

(1)文明用语,热情待客

文明用语是茶艺人员在接待宾客时须使用的一种礼貌语言。它是茶艺人员用来与品茶客人进行交流的重要交际工具,同时又具有体现礼貌和提供服务的双重特性。文明用语是通过说话的语气、表情、声调等外在形式表现出来的,运用好语言这门艺术,正确表述茶艺人员的思想,会更好地感染宾客,从而提高服务质量和效果。

茶艺工作是一项服务工作,茶艺人员在接待品茶的客人时要语气平和、态度和蔼、热情友好,让客人感受到备受欢迎和尊敬,从而心情舒畅。这一方面是来自茶艺人员内在的素质和敬业的精神;另一方面也要在长期的工作中不断训练自己。

(2)整洁的仪容、仪表,端庄的仪态

在与人交往的过程中,仪容、仪表常常是“第一印象”。待人接物,一举一动都会产生不同的效果。对于茶艺人员来说,整洁的仪容、仪表,端庄的仪态不仅是个人修养问题,也是服务态度和服务质量的一部分,更是职业道德规范的重要内容和要求。茶艺人员在工作中精神饱满、全神贯注,会给品茶的客人以认真负责、可以依赖的感觉,而整洁的仪容、仪表和端庄优雅的仪态则会体现出对宾客的尊重和对本行业的热爱,给宾客留下一个美好的印象。

(3)尽心尽职,态度热情

茶艺人员尽心尽职就是要在茶艺服务中充分发挥主观能动性,用自己最大的努力尽到自己的职业责任,处处为品茶的客人着想,使他们体验到标准化、程序化、制度化和规范化的高水平茶艺服务。同时,茶艺人员要在实际工作中倾注极大的热情,耐心周到地把现代社会人与人之间平等、和谐的良好人际关系,通过茶艺服务传达给每一位宾客,使他们感受到服务的温馨。

4)真诚守信,一丝不苟

真诚守信和一丝不苟是做人的基本准则,也是一种社会公德,对茶艺人员来说,它是一种职业态度,它的基本作用是树立自己的信誉,树立起值得他人信赖的道德形象。

诚实守信是企业的无形资产,诚实守信的根本要求就是注重质量。一个茶艺馆,如果不重视茶品的质量,不注重为品茶的客人服务,只是一味地追求经济利益,那么这个茶艺馆将会信誉扫地,其经营就会萎缩;反之,则会赢得更多的宾客,在竞争中占据优势,实现自身更好的发展。

5)钻研业务,精益求精

钻研业务、精益求精是对茶艺人员在业务上的要求。要为品茶的客人提供优质服务,使茶文化得到进一步发展,就必须有丰富的业务知识和高超的操作技能。因此,自觉钻研业务、精益求精就成了做好茶艺工作的必然要求。

作为一名茶艺人员要主动、热情、耐心、周到地接待品茶的客人,了解不同品茶对象的品饮习惯和特殊要求,熟练掌握不同茶品的沏泡方法。这就要求茶艺人员要有正确的动机、良好的愿望和坚强的毅力,平时要不断钻研业务、精益求精。茶艺人员学好茶艺的有关业务知识和操作技能的两条途径:一是要从书本中学习;二是要向前人和其他人学习,从而积累丰富的业务知识,提高技能水平,并在实践中加以检验,以科学的态度认真对待自己的职业实践,这样才能练就过硬的基本功,也就是茶艺的操作技能,更好地适应茶艺工作。

任务4 相关法律法规

茶艺服务工作属于服务业,经营性的茶艺服务活动过程中,涉及许多法规,茶艺工作者既要保护自己的合法权益,同时还必须保证在工作中不侵害消费者的权益,以避免引起各种纠纷,这就必须学法、知法、守法。茶艺工作者应掌握和了解与茶艺服务工作关系最密切的我国《劳动法》《食品卫生法》《消费者权益保护法》等法律法规中的有关内容。

11.4.1 劳动法常识

作为茶艺工作者,应该掌握我国《劳动法》中有关劳动者权益、用人单位利益以及劳资关系协调与仲裁的内容。

1)对劳动者素质的要求

劳动者的素质是指作为一名劳动者应具备的条件,它直接关系到劳动者本人和用人单位的利益。我国《劳动法》在总则中规定了一些对劳动者素质的要求:

①劳动者应当完成劳动任务。这是对劳动者最基本的素质要求。只有通过完成劳动任务,劳动者和用人单位的利益才能得到实现。

②提高职业技能。这是对劳动者职业素质方面的要求。劳动者素质的提高将有助于劳动者和用人单位更好地实现自身利益。

③执行劳动安全卫生规程。这是对劳动者安全卫生方面的素质要求。只有严格执行劳动安全卫生规程,才能防止劳动过程中的事故,减少职业危害。

④遵守劳动纪律和职业道德。这是对劳动者纪律和道德观念方面的素质要求,是衡量一个劳动者素质是否全面的主要标准。

2)对劳动者合法权益的保护

保护劳动者的合法权益,是我国《劳动法》的根本宗旨。我国《劳动法》主要是通过规定劳动者享有一系列权利来达到保护劳动者合法权益的目的。具体规定如下。

①劳动者享有平等就业和选择职业的权利。劳动者就业,不因民族、种族、性别、宗教信仰不同而受歧视。妇女享有与男子平等的就业权利。求职者与用人单位均有权选择对方,即求职者有权自由选择用人单位,用人单位有权自主选择录用求职者。

②取得劳动报酬的权利。工资分配应当遵循按劳分配的原则,实行同工同酬。国家实行最低工资保障制度。用人单位支付劳动者的工资不得低于当地最低工资标准。工资应当以货币形式按月支付给劳动者。不得克扣或无故拖欠劳动者的工资。劳动者在法定休假日和婚丧假期间以及依法参加社会活动期间,用人单位应当依法支付工资。

③休息休假的权利。用人单位应当保证劳动者每周至少休息1天。应当在元旦、春节、国际劳动节、国庆节以及法律法规规定的其他休假节日期间安排劳动者休假。劳动者连续工作1年以上的,享受带薪年休假。

④获得劳动安全卫生保护的权利。用人单位必须建立、健全劳动安全卫生制度,严格执行国家劳动安全卫生规程和标准,对劳动者进行劳动安全卫生教育。同时,还必须为劳动者提供符合国家规定的劳动安全卫生条件和必要的劳动防护用品,对从事有职业危害作业的劳动者应当定期进行健康检查。劳动者对用人单位管理人员违章指挥、强令冒险作业,有权拒绝执行。对危害生命安全和身体健康的行为,有权提出批评、检举和控告。

⑤接受职业技能培训的权利。用人单位应当建立职业培训制度,按照国家规定提取和使用职业培训经费,根据本单位实际,有计划地对劳动者进行职业培训。

⑥享受社会保险和福利的权利。用人单位和劳动者必须依法参加社会保险,缴纳社会保险费。劳动者在退休、患病、因工伤残或者患职业病、失业、生育情况下,依法享受社会保险待遇。

3)劳资关系的协调与仲裁

劳资关系发生纠纷,当事人可以向本单位劳动争议调解委员会申请调解。调解不成,当事人一方要求仲裁的,可以向劳动争议仲裁委员会申请仲裁。当事人一方也可以直接向劳动争议仲裁委员会申请仲裁。对仲裁裁决不服的,可以向人民法院提起诉讼。

11.4.2 食品卫生法常识

提供茶艺服务的茶室、茶楼、茶艺馆是比较特殊的服务场所,不仅是欣赏茶艺表演的舞台,而且是人们品茶、用食的地方。茶艺工作者必须对《食品卫生法》常识有所了解,以保证按有关要求进行经营与服务，保证顾客的安全与健康。

1)《食品卫生法》的基本原则与主要内容

《食品卫生法》是为保证食品卫生，防止食品污染和有害因素对人体的危害，保障人民身体健康，增强人民体质而制定的。它适用于一切食品、食品添加剂、食品容器、包装材料和食品用工具、设备、洗涤剂以及消毒剂；也适用于食品的生产经营场所、设施和有关环境。国家对食品卫生实行监督制度，即国务院卫生行政部门主管全国食品卫生监督管理工作。国务院有关部门在各自的职责范围内负责食品卫生管理工作。县级以上地方人民政府卫生行政部门在管辖范围内行使食品卫生监督职责。

《食品卫生法》主要涉及食品的卫生，食品添加剂的卫生，食品容器、包装材料和食品用工具、设备的卫生，食品卫生标准和管理办法的制度，食品卫生管理，食品卫生监督以及违反《食品卫生法》应承担的法律责任等内容。

2)与茶艺服务行业有关的卫生要求

《食品卫生法》规定的食品是指各种供人食用或者饮用的成品和原料，以及按照传统既是食品又是药品的物品(不包括以治疗为目的的物品)。而茶是属于食品的一种，因此，以提供茶艺服务为主的茶室、茶艺馆等应当符合《食品卫生法》规定的卫生要求。具体包括：

①食品生产经营过程中，必须符合下列卫生要求。

第一，保持内外环境整洁，采取措施消除苍蝇、老鼠、蟑螂和其他有害昆虫，与有毒、有害场所保持规定的距离。

第二，餐具、饮具和盛放直接入口食品的容器，使用前必须洗净、消毒，饮具、用具用后必须洗净，保持清洁。

第三，食品生产经营人员应当保持个人卫生，生产、销售食品时，必须将手洗净，穿戴清洁的工作服、帽；销售直接入口的食品时，必须使用销售工具。

第四，用水必须符合国家规定的城乡生活饮用水卫生标准。

第五，使用的洗涤剂、消毒剂应当对人体安全、无害。

②食品生产经营者采购食品及其原料，应当按照国家有关规定索取检验合格证或者化验单，销售者应当保证提供。需要索证的范围和种类由省、自治区、直辖市人民政府卫生行政部门规定。

③食品生产经营人员每年必须进行健康检查；新参加工作和临时参加工作的食品生产经营人员必须进行健康检查，取得健康证明后方可参加工作。

凡患有痢疾、伤寒、病毒性肝炎等消化道传染病(包括病原携带者)，活动期肺结核、化脓性或渗出性皮肤病以及其他有碍食品卫生的疾病的，不得参加接触直接入口食品的工作。

④食品生产经营企业和食品摊贩，必须先取得卫生行政部门发放的卫生许可证，方可向工商行政部门申请登记。未取得卫生许可证的，不得从事食品生产经营活动。卫生许可证两年复核一次。

11.4.3 消费者权益保护法常识

茶艺工作者在日常的茶艺服务活动中，必须把握自身工作的特点，对前来消费的顾客要礼貌对待，对消费者的合法权益要有所了解，才能做到在工作中不与消费者发生纠纷，最大限度地做好本职工作。

1）消费者合法权益保护的基本要求

消费者权益是指消费者在购买、使用商品或接受服务时依法享有的权利和该权利受到保护时给消费者带来的利益。《消费者权益保护法》对消费者权益保护的基本要求主要体现在规定消费者享有下列权利。

①安全保障权。消费者在购买、使用商品和接受服务时享有人身、财产安全不受损害的权利。

②知情权。消费者享有知悉其购买、使用的商品或者接受的服务的真实情况的权利。

③自主选择权。消费者享有自主选择商品或者服务的权利。

④公平交易权。消费者享有公平交易的权利。

⑤获取赔偿权。消费者在购买、使用商品或者接受服务时受到人身、财产损害的，享有依法获得赔偿的权利。

⑥结社权。消费者享有依法成立维护自我合法权益的社会团体的权利。

⑦获得相关知识权。消费者享有获得有关消费和消费者权益保护方面的知识的权利。

⑧受尊重权。消费者在购买、使用商品和接受服务时，享有其人格尊严、民族风俗习惯得到尊重的权利。

⑨监督权。消费者享有对商品和服务以及保护消费者权益工作进行监督的权利。

2）根据保护消费者合法权益的要求经营

消费者与经营者是消费活动中相对应的主体，消费者权利的实现有赖于经营者义务的履行。因此，《消费者权益保护法》通过严格规定经营者的义务来实现对消费者权益的保护。

①依法定或约定履行义务。经营者向消费者提供商品或服务，应依照法律、法规的规定履行义务。双方有约定的，应按照约定履行义务，但约定不得违法。

②接受消费者监督。经营者应当听取消费者对其提供的商品或服务的意见，接受消费者的监督。

③保证安全。经营者应当保证其提供的商品或服务符合保障人身、财产安全的要求。

④提供真实信息。经营者应当向消费者提供有关商品或者服务的真实信息，不得做引人误解的宣传。

⑤标明真实名称和标记。经营者应当标明其真实名称和标记。

⑥出具购货凭证或服务单据。经营者提供商品或服务，应当按照国家有关规定或者商业惯例向消费者出具购货凭证或服务单据。消费者索要购货凭证或服务单据的，经营者必须出具。

⑦保证质量。经营者应当保证在正常使用商品或者接受服务的情况下，其提供的商品或服务应当具有的质量、性能、用途和有效的期限。

⑧承担售后服务等责任。经营者提供商品或服务，按照国家规定或者与消费者的约定，承担包修、包换、包退或者其他责任的，应当按照国家规定或约定履行。

⑨保证公平交易。经营者不得以格式合同、通知、声明、店堂告示等方式作出对消费者不

公平、不合理的规定,或者减轻、免除其损害消费者合法权益应当承担的民事责任。

⑩维护消费者的人格权。经营者不得对消费者进行侮辱、诽谤,不得搜查消费者的身体及其携带的物品,不得侵犯消费者的人身自由。

3)发生权益纠纷的处理办法

消费者与经营者发生权益纠纷,可与经营者协商和解;可请求消费者协会调解;可向有关行政部门申诉;可根据与经营者达成的仲裁协议提请仲裁机构仲裁;可向人民法院提起诉讼。

〖思考题〗

1.茶艺服务人员在与宾客交谈时应掌握哪些技巧?

2.茶艺服务人员为何必须遵守职业道德?

3.在为不同民族、不同地域宾客服务时,应注意哪些问题?

实训11.1 茶艺服务技巧训练

〖实训目的〗

通过本项目的实训,使学生掌握茶艺服务的基本程序,掌握接待的礼仪和技巧以及与客人交谈的礼仪与技巧,为将来从事茶艺工作打好基础。

〖实训场地与器具〗

茶艺实训室、各类茶具、花器、鲜花、香炉、花几、香品、各色茶点茶果、桌铺等。

〖实训要求〗

1.能做好营业环境、营业用具的准备,仪容、仪表整洁大方,姿态优美。

2.能正确使用礼貌服务用语,热情、主动接待客人。

3.熟练冲泡各茶类并适时,介绍茶叶的品质特点、典故等。

4.能与客人很好地交流。

〖实训时间〗

2学时。

〖实训方法〗

1.教师讲解示范。

2.学生分组练习。

〖实训内容与操作标准〗

1.教师讲解示范

(1)仪表仪容准备

化好淡妆,换上整洁的服装。

(2)环境准备

①做好卫生清洁工作,保持环境的清洁雅致。

②准备、整理好室内的挂画、插花、陈列品等装饰物。

③点香、播放音乐。

(3)茶品、茶具准备

准备好各种茶品及相应的茶具。

(4)迎接宾客

站立迎宾,微笑问好,将宾客引领入座。

(5)茶品推荐

问询宾客饮茶习惯,向宾客介绍相应的茶品,请宾客点茶,注意与宾客交谈的技巧。

(6)沏泡茶叶

根据宾客所点茶叶,配置相应的茶具,为宾客沏泡并进行解说。

(7)奉茶

将沏泡好的茶汤敬奉给宾客品饮,注意奉茶礼仪。

(8)送客

让宾客走在前面,自己走在宾客后面约1米的距离。到门口时,主动拉门道别,真诚礼貌地感谢客人,欢迎其再次光临,并做出送别的手势,躬身施礼,微笑地目送宾客离去。

(9)收理茶具

收拾清洗茶具,清洁桌面,为接待下一批客人作好准备。

2. 学生分组练习

学生分组进行情景模拟训练。

〖达标测试〗

见表11.1。

表11.1 达标测试表

班级:　　　　组别:　　　　学号:　　　　姓名:

序　号	测试内容	评分标准	配　分	扣　分	得　分
1	仪表仪容	妆容淡雅自然,服装整洁,精神饱满	10		
2	环境准备	环境清雅,插花、工艺品等摆置适宜,音乐悠扬	10		
3	茶品、茶具准备	茶品、茶具相协调,有美感,能满足沏泡需要	10		
4	礼仪	迎送、奉茶、与宾客交谈等各个环节中礼仪正确	20		
5	交谈技巧	语调轻柔,语气婉转,音量适中,用词得当,使宾客感到舒适	20		
6	茶叶沏泡	不同茶类采用不同方法,能将茶叶品质充分展示出来,泡茶动作优美大方	20		
7	茶后工作	桌面整齐清洁,茶具清洗干净	10		
合　计			100		

考核时间:　　年　月　日　　　　　　　　考评教师(签名):

学习项目 12　科学饮茶

〖学习目标〗

知识目标

1. 掌握茶叶中主要成分的药理功能。

2. 了解茶叶的保健功效。

3. 了解茶性并可以根据具体情况合理选茶。

4. 了解科学饮茶的基础知识。

课程思政目标

1. 通过对茶叶有效成分及其保健功效的研究，培养学生的科学探究精神。

2. 通过对茶叶保健功效的客观评价，培养学生实事求是、尊重科学、不盲从、不浮夸的态度。

3. 培养学生注重健康、科学饮茶的意识。

〖任务引入〗

在茶叶专卖店或茶室工作的茶艺服务人员，经常会碰到前来买茶或喝茶的顾客询问茶叶的保健功效，要求推荐合适的茶叶产品，有时候也会听见一些顾客抱怨说自己喝了某种茶不舒服。因此，茶艺服务人员需要掌握茶叶的保健功效、功能成分以及茶叶合理饮用等相关知识，以帮助顾客正确选择产品。

〖案例导读〗

婷婷在一个茶叶专卖店工作。一天，婷婷店里来了一位年轻的女顾客，说是听说茶叶具有很好的抗氧化、抗癌作用，想买一些回去送朋友。顾客询问茶叶为什么有这种保健作用，哪种茶的功效更好一点，婷婷不懂这些知识，半天解释不清楚，顾客扫兴地走了，什么茶叶也没有买。而第二天，婷婷上班时有个附近居住的阿姨来店里，说喝了在店里买的绿茶以后胃很痛，认为这个茶有问题，让婷婷给她退货，双方争吵了半天，结果不欢而散，还影响了店里的生意。

〖案例分析〗

茶多酚是茶叶中最为重要的功能成分，具有显著的抗氧化、抗癌、抗辐射等功效，绿茶在制作过程中，因为多酚氧化酶在杀青工序中被破坏掉，所以茶多酚没有因氧化而过多地损失，含量较高，故绿茶抗氧化、抗癌、抗辐射等功效最为显著。但是，绿茶的茶性偏寒，而茶多酚、儿茶素对胃的刺激性比较大，胃寒或患有胃炎、胃溃疡的人不宜多喝，喝多了会感觉胃不舒服。如果婷婷具备这些知识，给客人作一些简单的介绍，客人就有可能高兴地购买婷婷店里的茶，并且也可以避免后面的尴尬了。

任务1　茶叶主要活性成分与保健功效

茶叶用之为药可以追溯到神农时期,有"神农尝百草,日遇七十二毒,得荼而解之"的说法。现代科学研究证明,茶叶因其自身含有的生理活性成分而具有众多的保健功效。

12.1.1　茶叶主要活性成分

到目前为止,茶叶中的化学成分经过分离鉴定的已知化合物约500种,其中有机化合物有450种以上。构成这些化合物和无机盐形式存在的基本元素,主要有30种,占自然界存在的72种元素的41.66%。

1)茶多酚

茶多酚是茶叶中多酚类物质的总称,主要由儿茶素、黄酮类物质、花青素和酚酸等物质组成,在茶树嫩梢中含有20%～33%(干量),茶多酚与茶树的生长发育、新陈代谢和制茶品质关系十分密切,对人体也具有重要的生理活性,具有抗氧化、调节血脂代谢、预防心脑血管疾病、调节免疫功能、防癌抗癌、抗病毒、杀菌、消炎、解毒及抗过敏、抗辐射等生理功能。

2)蛋白质和氨基酸类

茶叶中的蛋白质约占干物总量的20%,但绝大多数为非水溶性的。茶叶经冲泡溶于茶汤的蛋白质,约占总蛋白质的2%,对茶汤品质起着重要作用。这部分蛋白质保持了茶汤的清亮和茶汤胶体的稳定性同时也促进了茶汤滋味的浓厚度。目前,在茶叶中发现并已鉴定的氨基酸有26种,人体所需的8种氨基酸茶叶中均含有。氨基酸是使茶汤滋味鲜爽的呈味物质。茶嫩叶中存在的游离氨基酸约占茶叶干物量的1%～4%,其中一半以上为茶氨酸,茶氨酸是茶叶中特有的氨基酸,具有增强免疫力、预防老年痴呆、降压、松弛及拮抗由咖啡因引起的副作用等生理功能。

3)嘌呤碱

嘌呤碱是生物碱中的一类,茶叶中的嘌呤碱主要有咖啡因、可可碱、茶叶碱,其中含量最多的是咖啡因,约占干物量的2%～5%。咖啡因具有兴奋中枢神经系统、强心解痉、松弛平滑肌、助消化、利尿等作用。

4)茶多糖

茶多糖是一类具有生物活性的与蛋白质结合在一起的酸性多糖或酸性糖蛋白,原料越粗老的茶叶,茶多糖含量越高,茶多糖具有显著的降血糖作用,我国和日本民间都有用粗老茶治糖尿病的说法。除此之外,茶多糖还有抗凝血、抗血栓、降血脂、抗动脉粥样硬化、增强机体免疫功能、抗辐射、抗癌、抗氧化、降血压和保护心血管的作用。

5)茶色素

茶色素一般是指茶多酚氧化后形成的茶黄素、茶红素等氧化产物的总称,凡是茶多酚具有的功能,茶色素都具有,但更多地表现在降血糖血脂、治疗心脑血管疾病和抗病毒功能等方面。

6)茶皂素

茶皂素是一种无色的微细柱状结晶体,味苦而辛辣,具有很强的起泡力。茶皂素具有抗菌、抗炎、抗氧化、抑制酒精吸收和保护肠胃等作用,此外,茶皂素具有溶血和鱼毒作用,在水产养殖上用途广泛。

7)芳香物质

茶叶芳香物质的组成可分为11类,主要包括醇、醛、酮、酸、酯、内酯、酚、醚、碳氢化合物等。茶鲜叶中的芳香物质为干重的0.02%~0.03%,随着加工的进行,芳香物质的含量逐渐减少,但组成却发生了深刻的变化,形成各类型的特殊香气。目前,对茶叶芳香物质的研究已逐渐深入,有报道称茶叶香气可调节精神状态、抗菌、消炎。

8)维生素

茶叶中含有丰富的维生素,如脂溶性的维生素A、维生素E、维生素K等,水溶性的B族维生素、维生素C等。维生素A能维持人体正常发育,维生素E、维生素C具有显著的抗氧化、防衰老作用,维生素K有止血的作用。

9)矿物质

茶叶中含有丰富的矿物质元素,主要为钾、磷、钙、铁、铝、锰、钼、镁、氟、锌、硒、铜等,其中微量元素氟在茶叶中的含量远高于其他植物,对预防龋齿有明显效果,但摄入量过多可能引起氟中毒。茶叶中的矿物质大多对人体健康有益。

10)类脂化合物

类脂化合物约占茶叶干重的8%。

12.1.2 茶叶的保健功效

1)历史上人们对茶叶功效的认识

我们的祖先很早就认识到了茶叶的保健功效,自汉代以来我国许多历史古籍记载了茶叶的药用价值及保健功效。

《本草纲目》:味苦微甘寒无毒,主治瘘疮、利小便、去痰热、止渴、令人少眠、有力悦志、下气消食……茶苦而寒,最能降火,火为百病之因,火降则百病清也……此茶之功也……

《茶经》:茶之为用,味至寒,为饮最宜精行俭德之人,若热渴凝闷、脑疼目涩、四肢烦……聊四五啜,与醍醐甘露抗衡也。

《食论》:苦茶久食,宜思意。

《广雅》:荆巴间采茶做饼……饼茶捣末置瓷碗中,以汤浇覆之……其饮醒酒,令人不眠。

《茶谱》:人饮真茶,能止渴消食、除痰少睡、利水道、明目益思、除烦去腻,人固不可一日无茶。

中医学认为,茶味苦、甘,性凉,入心、肝、脾、肺、肾五经,苦能泻下、燥湿、降逆,甘能补益缓和,凉能清热、泻火、解毒。

我国历代的古籍文献记载了茶叶的医药功效主要有安神、明目、止渴生津、清热、解毒、消食、醒酒、去肥腻、下气、利水、祛痰等。

2)现代医学证明的茶叶功效

近年来,随着科技的进步,人们对茶叶这个21世纪最佳饮料的研究也越来越深入,各项动物实验、临床试验均证实茶叶确实具有多项保健功效,这主要是与茶叶内含的多种生理活性成分有关。

(1)提神醒脑、降脂助消化、利尿解乏

茶叶具有提神醒脑、降脂助消化、利尿解乏的作用。历代凡记述饮茶功效的古籍大多有提及,咖啡因是使茶叶具有上述作用的重要成分。

(2)降低血脂、降血糖,预防糖尿病、高血压及心血管疾病

随着人们生活水平的不断提高和饮食结构的改变,社会上的"三高"人群也越来越多,统计资料显示,在中国人的十大死亡原因中,与代谢疾病相关的死亡率高达35.7%,与"三高"相关的死亡人数占总死亡人数的27%。世界卫生组织曾明确提出,防止心血管病的第一道防线就是减少"三高"和控制"三高"。动物实验证明,茶叶中的茶多酚特别是儿茶素类物质具有较好的降低体内总胆固醇、甘油三酯、低密度脂蛋白(LDL)及提高高密度脂蛋白(HDL)的功效;动物实验及临床试验均证明,茶叶多糖具有显著降血糖的作用,能在一定程度上改善糖尿病病症,同时具有预防糖尿病的作用,此外,茶叶中的EGCE被证实亦具有显著的降血糖作用;茶叶中富含钾可以促进血钠(高血钠是引起高血压的原因之一)的排除,具有一定的预防高血压的作用。

(3)抗氧化、延缓衰老

茶叶中的多酚类及其氧化产物具有显著的抗氧化作用,这些物质是一些含有多个酚性羟基的化合物,较易氧化而提供质子,具有酚类抗氧化剂的通性,尤其是B环上的邻位酚羟基或连位酚羟基有较高的还原性,易发生氧化生成邻醌类物质,而提供H^+与自由基结合使之还原为惰性化合物或者是较为稳定的自由基,从而避免氧化损伤。研究表明,儿茶素对脂质过氧化反应有抑制作用,其效果比现有服用的维生素E更明显。

(4)防癌抗癌

现代医学研究表明,茶叶具有较好的防癌抗癌功效,其中起主要作用的成分亦为茶多酚。茶多酚在体外有抗诱变的活性,能抑制多类肿瘤,茶多酚具有抑制肝癌、皮肤癌、结肠癌、直肠癌、胃癌、肺癌等作用。

(5)预防和治疗辐射伤害

饮茶有助于预防和治疗辐射损伤,茶多酚类物质能防止各种辐射的影响,这些辐射包括日射病、石英灼伤、X射线等放射性疾病。茶多酚可防止UVA和UVB对皮肤的损伤,对UVA引起的晶状体病变有一定的阻止作用。

(6)抗菌、抗病毒

早在神农时期茶就被用于杀菌消炎。茶多酚具有抗菌广谱性,并具有很强的抑菌能力和极好的选择性,对自然界中几乎所有的动植物病原细菌都有一定的抑制能力。茶多酚不会使细菌产生耐药性,抑菌所需的茶多酚浓度较低。此外,茶色素也具有与茶多酚类似的抑菌作用。现代科学研究证明,茶叶还有良好的抗病毒作用。

(7)预防蛀牙

氟在茶叶中的含量远高于其他植物,特别是在老叶中,氟元素可以置换牙齿中的羟基磷灰石中的羟基,变为氟磷灰石,从而能较好地抵抗酸的侵蚀。茶叶中的多酚类物质也具有较强的杀菌作用,与氟共同作用达到综合性预防龋齿的效果。

任务2 茶叶的科学饮用

茶是健康饮料,科学地饮用、最大限度地发挥出茶叶的保健功效已成为当今社会人们科学生活的一个重要方面。

12.2.1 茶类特性

我国是世界上茶类最丰富的国家。根据加工方式的不同,我国最基本的茶叶种类有6种,分别为绿茶、黄茶、白茶、乌龙茶、红茶、黑茶,这六大茶类品性各异,基本茶类经再加工还可以生产出多种其他茶类。从中医学角度看,茶味苦微甘寒偏平、凉。但相对来说,绿茶性更偏凉,对肠胃的刺激性较大,而红茶性偏温,对肠胃的刺激性较小。刚炒制出来的新茶有较强热性,多饮易使人上火,而陈茶性趋寒,且越陈越寒。普洱茶根据发酵程度的不同,茶性也有一定的变化,发酵程度重的普洱茶具有"温补"的特性,而未发酵或发酵程度轻的普洱茶具有"攻"的特性。

研究表明,一般情况下,绿茶相对于红茶来说保留了较多的茶多酚,对肠胃的刺激性较大,黄茶、白茶、乌龙茶则介于两者之间,鲜叶原料越嫩茶叶中的茶多酚和咖啡因含量相对越高而茶多糖的含量相对越低。六大基本茶类中,黑茶的原料相对来说更粗老,含有较多的茶多糖,对治疗及预防糖尿病有一定作用,但同时它也具有较高的氟含量,若饮用过量易造成氟中毒。高档绿茶中,维生素C、维生素B_1、维生素B_2含量比红茶、乌龙茶一般要高1~2倍,有的甚至更多;高级绿茶的磷、钾等多种无机物含量一般也比红茶高,尤其是锌的含量通常要比红茶高1倍多;绿茶中,具有多种生理功效的茶多酚含量通常也比红茶、乌龙茶等高1倍以上。

12.2.2 茶叶的合理选用

1)根据季节选择茶叶

一年四季寒暑有别,干湿各异,茶叶的功效与季节变化有密切的关系,饮茶讲究四季有别。

春季,气温回暖,万物复苏,宜选择清香四溢的花茶以祛除寒邪,促进阳气生发;夏季,气候炎热,宜选择绿茶、白茶,清莹碧翠的绿茶,给人以清凉之感,绿茶性味苦寒,可以清热、消暑、解毒、止渴、强心;秋季,气候干燥,余热未消,宜选择属性平和的乌龙茶,不寒不热能消除余热,恢复生津;冬季,天气寒冷,宜选择性温味甘的红茶或普洱熟茶及发酵较重的乌龙茶,兼具生热暖胃及消油去腻的功效。

2)根据不同人群合理选择茶叶

(1)根据饮用者的"茶龄"选择茶叶

对于初次饮茶和偶尔饮茶者,宜选择高档名优绿茶或较注重香气的茶,如西湖龙井、洞庭碧螺春、黄山毛峰、蒙顶甘露等,高档名优绿茶原料细嫩,加工精细,滋味鲜醇,香气清高,汤色悦目。碧潭飘雪等高档茉莉花茶,或发酵程度较轻的清香型乌龙等因香气较好,比较容易使初饮茶者感受到茶叶的妙处。

对于有饮茶习惯的人，如喜欢清淡的口味，可选择高档名优绿茶、白茶或一些地方名茶，如竹叶青、旗枪、蒙顶黄芽、白牡丹等；喜欢浓醇茶味者，可选择炒青绿茶、普洱茶、铁观音、凤凰单枞等；有调饮习惯的人，可选择红茶、普洱熟茶，并在里面适当加奶、加糖。

（2）根据体质选择茶叶

饮茶有益健康，但须辨清体质合理选择茶叶饮用。在中医上，人的体质有燥热、虚寒之别，一般肠胃虚寒、体质较虚之人宜选择红茶、普洱熟茶等温性茶以利祛寒暖胃，而不宜选择绿茶、铁观音等对肠胃刺激较大的凉性茶。体质燥热者可选择绿茶、白茶等偏凉性的茶。

一般过敏体质的人喝绿茶易呕吐，故不宜选用绿茶。有抽烟喝酒习惯者一般易上火，宜选择绿茶等凉性茶。身体肥胖臃肿者可选择乌龙茶、普洱茶等降脂减肥效果较好的茶叶。老年人建议选择红茶、普洱熟茶等温性茶。

（3）根据职业环境选茶

经常接触到辐射的人员，如医院放射科的医生护士、长期使用电脑的工作者等可选择绿茶、普洱生茶等抗辐射效果较好的茶叶。茶叶中的茶多酚具有显著的抗辐射效果，一般来说，绿茶、普洱生茶等茶叶因没有经过发酵过程，茶多酚的含量相对较高。运动量较小的职业如单位的文职人员等较易发胖，心血管发病率较高，建议选择普洱熟茶、乌龙茶等具有较好减肥降脂作用、对预防心血管疾病有效的茶叶。绿茶中咖啡因的含量较高，兴奋作用强，脑力劳动者、驾驶员等可选择饮用绿茶来提神醒脑。

12.2.3 茶叶的科学饮用

1）合理安排饮茶时间

作为一种传统饮料，饮茶的时间并没有严格的规定，人们可以根据自己的需要随时饮用。但是，饮茶的利弊在很大程度上取决于饮茶时间的掌握，从科学、保健的角度来看，合理安排饮茶时间非常重要。

一般空腹时应少饮茶特别是浓茶。因为茶汤在空腹状态时吸收率高，容易引起头晕、心悸、手脚无力、胃部不适等“醉茶”现象，一旦发现“醉茶”，可以吃点甜点、水果或喝点糖水等加以缓解。饭前、饭后半小时到一小时内不宜大量饮茶，其一，茶水会稀释胃液、妨碍消化，影响很多常量元素（如钙等）和微量元素（如铁、锌等）的吸收。其二，茶叶中的多酚类物质容易跟食物中的蛋白质、铁元素等发生反应，使其难以被肠胃吸收，降低了食物的营养价值，长此以往，可能诱发贫血，在喝牛奶或其他奶类制品时不要同时饮茶。

茶叶中的咖啡因具有兴奋中枢神经和利尿的作用。临睡不宜饮茶，一是大脑太兴奋使人难以入眠；二是茶水摄入过多，加上咖啡因的作用造成夜间多尿，影响睡眠质量。

酒后不宜饮茶特别是浓茶，酒后饮茶因咖啡因的利尿作用会使来不及分解的乙醇或分解过程的中间产物如乙醛等过早进入肾脏，对肾脏刺激较大。同时，因茶与酒精均具有兴奋作用，两者共同作用加强了对心脏的刺激，特别是心脏病患者酒后喝茶的危害更大。

茶叶具有解烟毒的作用，在吸烟的同时，若能喝上点茶将降低尼古丁对人体的危害。

很多人喜欢用茶水服药或在服药后短时间内饮茶，但需要注意的是，一般情况下，不宜用茶水服药，特别是一些含铁剂（如硫酸亚铁、碳酸亚铁、枸橼酸铁胺等）、含铝剂（如氢氧化铝等)、酶制剂(如乳酶生等),这些药会与茶叶中的多酚类物质发生反应,从而影响药效。某些中药如麻黄、黄连、洋地黄等一般也不宜与茶水混饮。茶叶中的咖啡因具有兴奋中枢神经系统的作用,因此,镇静、催眠、镇咳类药物不宜与茶水同时服用,避免影响药效。一般认为,服药后2小时内不宜饮茶。某些维生素类药物、兴奋剂、利尿剂、降血脂、降血糖、升白类药物可以用茶水送服,茶叶中的儿茶素有助于维生素C的吸收,咖啡因具有兴奋、利尿的作用,茶多酚、茶多糖具良好的降血脂、血糖作用,在服用此类药物时,茶叶具有增效作用。

2)在适宜的茶水温度下饮茶

科学、合理地饮茶要求我们避免饮用过烫的茶水。烫饮,第一,因茶叶冲泡的时间较短,茶叶中的有效成分并没有充分溶出,影响茶汤的品尝及营养价值。第二,过高的温度会刺激食道咽喉黏膜,长此以往可能会促使细胞突变,导致口腔、食道肿瘤的发生。适合饮用的茶汤温度是当我们手摸杯壁不再感到烫手时即可。当然对于某些喜欢喝凉茶的人来说,如果你的脾胃强健,那么喝凉茶也是可以的,但如果你的脾胃虚寒,那么建议你还是尽量喝热茶。

3)特殊人群的合理饮茶

饮茶有益健康,但是对于一些身体条件特殊或者是患有某些疾病的人,饮茶时需特别注意。

神经衰弱或失眠者,因茶叶中的咖啡因具有兴奋神经系统、利尿作用,会使大脑一直处于兴奋的状态,再加上咖啡因的利尿作用,使人得不到休息,故不宜饮茶尤其是浓茶,特别是不能在临睡前饮茶。

茶叶中的多酚类、咖啡因等物质对肠胃有较大的刺激性。中医认为,茶性偏寒,一般脾胃虚寒者,应尽量少饮茶,特别是茶多酚含量相对较多且相对寒凉的绿茶,更不能喝浓茶,可适当喝相对温性的红茶、普洱熟茶等,但茶汤不宜过浓,宜热饮不宜冷饮。茶叶中的咖啡因能抑制胃内磷酸二酯酶的活性,促进胃酸的分泌,影响溃疡面的愈合甚至穿孔,从而加重病情,因此,胃溃疡患者宜少饮茶特别是浓茶。茶叶中的多酚类具有一定的收敛作用,能在一定程度上影响胃肠道消化液的分泌,影响食物消化、加重便秘,故便秘者不宜饮茶,但腹泻者饮茶有一定的止泻效果。此外,慢性胃炎患者也不宜多饮茶,但是少量饮用淡茶、加乳红茶,有助于消炎和胃黏膜的保护,还可以阻断体内亚硝基化合物的合成,防止癌前病变。

女性在几个时期饮茶时应特别注意:第一,月经期。女性月经期间经血会带走部分铁质,如果此时大量饮茶特别是浓茶,茶叶中多酚类物质将会妨碍肠黏膜对铁质的吸收利用,并在消化道中与食物中的铁离子结合形成沉淀,不利于血气恢复。茶叶的咖啡因对神经系统和心血管均有一定的刺激作用。在月经期间大量饮茶,特别是浓茶将使基础代谢增强可能诱发或加重经期综合征,引起痛经、经血过多、经期延长等现象。经期前后,女性的性情可能比较烦躁,可少量饮用花茶以起到疏肝解郁、理气调经的功效。第二,孕期。妇女在孕期不宜饮茶,茶叶中的咖啡因会造成孕妇心跳、排尿加快,加重心、肾的负担,同时,引起孕妇失眠。咖啡因也可能被胎儿吸收,对胎儿的发育不利。茶叶中的多酚类物质会妨碍人体对铁的吸收,孕妇饮茶特别是浓茶容易导致缺铁性贫血或母体营养不良。第三,哺乳期。女性在哺乳期忌大量饮茶特别是浓茶,茶叶中的多酚类物质被吸收进入血液后会产生收敛和抑制乳腺分泌的作用,造成乳汁不足,同时,茶叶中的咖啡因通过乳汁进入婴儿体内后,会引起婴儿过度兴奋或使肠发生痉挛,影响婴儿健康。第四,更年期。女性在更年期不应过量饮茶,否则会加重女性更年期头晕乏力、心动过速、感情冲动、睡眠不足、内分泌紊乱等症状。

茶多糖具有显著的降血糖效果,糖尿病患者适宜饮用原料稍粗老的茶叶(茶多糖含量较高),饮茶量可稍多些,以利于控制血糖、缓解口干口渴症状。

高血脂患者宜坚持适量地饮茶,以利于降低血脂、胆固醇。心动过速的冠心病患者或肾功能减退的病人宜少饮茶、饮淡茶或不饮茶,以免加重心肾负担。心动过缓的冠心病患者或高血压初期的患者可适量饮用茶水,如喝些高档绿茶以促进血液循环、降低胆固醇、增加毛细血管弹性。动脉粥样硬化患者忌过量饮茶,茶叶中的咖啡因、可可碱等会增加大脑皮质的兴奋性,引起脑血管收缩、供血不足、血流速缓慢,促使脑血栓发生。

缺钙、骨折、骨质疏松患者不宜多饮茶,特别是浓茶。有研究表明,茶叶中的生物碱(如咖啡因等)会抑制十二指肠对钙质的吸收,并促使尿中钙的排出,使人体钙质吸收少流失多,导致缺钙和骨质疏松,使骨折难以康复。

痛风病患者因茶叶中的多酚类物质会加重病情,故不宜饮茶特别是泡得过久的茶。

正在发烧的病人可适当饮用淡茶水,但不宜饮用浓茶,茶叶中的生物碱有提高体温的作用,会加重发热症状,同时因咖啡因的利尿作用还会降低解热药的功效。

身体肥胖或食用较多肉食的人适宜饮用乌龙茶、沱茶、普洱熟茶等。

喜食泡菜和腌腊肉制品者应多饮茶,特别要多饮儿茶素类物质含量较高的高级绿茶,以阻断亚硝胺合成的作用,抑制致癌物的形成。

儿童可适当饮用淡茶,忌饮浓茶。儿童饮些淡茶,可以补充部分维生素及钾、锌等矿物质营养成分,帮助消化。儿童饮茶、用茶水漱口还可以预防龋齿。但儿童忌饮浓茶,大量的茶多酚将妨碍人体对铁的吸收,影响儿童生长发育。

老年人要适时、适量、饮好茶。老年人的吸收功能、代谢机能衰退,粗老茶叶中氟、钙、镁等矿物质含量较高,过量饮用会影响骨代谢。老年人晚间、睡前尤其不能多饮茶、饮浓茶,以免兴奋神经,增加排尿量,影响睡眠。

4)不宜饮用的茶叶

霉变茶、烟焦茶不宜饮用,霉变的茶叶因含有大量的有害菌,容易引起人体腹痛、腹泻、头晕等症状,严重者将影响到某些脏器。烟焦茶中含有较多的致癌物,在身体中积累易引起细胞突变,有致癌的危险性。

隔夜茶不宜饮用,茶汤长时间暴露在空气中易滋生腐败微生物,使茶汤发馊变质。同时,茶多酚、维生素 C 等营养成分易氧化,造成营养价值降低。

久泡的茶不宜饮用,茶叶浸泡过久,茶叶中的一些有害物质(如农药残留等)就会浸出,将直接影响人体健康。

【思考题】

1. 茶叶有哪些主要活性成分?这些成分各有什么保健功能?
2. 如何科学合理地饮茶?

学习项目 13　茶叶储藏与保管

【学习目标】

知识目标

1. 了解茶叶储藏环境条件与茶叶品质的关系。
2. 了解茶叶在储藏过程中品质劣变的原因。
3. 掌握茶叶的储藏与保管的方法。

课程思政目标

1. 培养学生尊重自然、爱惜茶叶、勤俭节约的精神。
2. 培养学生尊重科学、遵循自然规律的态度。
3. 培养学生注重细节、认真钻研业务、为顾客负责的职业精神。

【任务引入】

茶叶生产加工有很强的季节性，但茶叶产品却需要周年供应市场，故无论是茶叶生产企业、茶叶商贸企业、茶馆业，还是普通的茶叶消费者，都会涉及茶叶的储藏过程。从事茶叶销售、茶事服务工作的人员，必须掌握不同茶类的储藏保管方法，妥善储藏、保管各种茶叶，才能保证茶叶在储藏期间品质不至于发生劣变，或使其品质得到提升，以保证其经济价值。

【案例导读】

2004 年，普洱茶开始逐渐升温，有位茶友买了 3 件普洱茶收藏着，期望过上几年可以卖个好价格。然而，事情并不如他所愿，2007 年下半年普洱茶价格大跌，这位茶友没舍得抛那几件茶，就一直保存着，也舍不得喝，直到 2013 年普洱茶又开始涨价。他想趁涨价把收藏了近 10 年的普洱茶卖了，也许能卖个好价。于是他邀约了几位懂茶的朋友到家里帮他品品，10 年了，品质应该转化得很不错了吧。然而，当大家品茶的时候却很疑惑，为什么喝不出 10 年茶的口感？后来得知，这位茶友把普洱茶用塑料袋密封了保存，还有几饼是用自封袋密封保存，大家喝的就是他用自封袋保存了近 10 年的普洱茶。

【案例分析】

我们常说“茶以新为贵”，但不是所有的茶都以新为贵，绿茶是“以新为贵”的典型代表，而普洱茶则是“以陈为贵”。普洱茶要在通风透气、清洁卫生、无杂味异味、能避免阳光直射或雨淋的环境下储藏，才能使其内质在储藏过程中进一步转化，品质得以提升。上述案例中的这位茶友因为不懂普洱茶的这种独特性，把普洱茶密封保存，才使储藏了近 10 年的普洱茶没有表现出相应的品质特点。

茶叶，以其独特的风味和良好的保健功效，已被人们公认为 21 世纪的健康饮品。新茶滋味鲜爽回甘，香气浓郁清冽，备受消费者喜爱。但由于茶叶生产加工的季节性很强，为随时满足市场供应和出口需要，绝大部分茶叶均需经过必要的储藏过程，若储藏管理不善，短期内极易失去新茶特征,甚至陈化和变质,导致品质和经济价值降低。因此,无论是哪种茶,都必须妥善储藏、保管才能保证其品质,发挥最大经济价值。

任务1　茶叶储藏的环境条件与品质的关系

茶叶在储藏过程中品质发生变化,主要是由于茶叶中所含的化学成分变化引起的,而这些化学成分的变化与茶叶储藏的环境条件有十分密切的关系,主要影响因素有温度、水分(茶叶含水量和储藏环境空气相对湿度)、氧气、光照四大因素。

13.1.1　水分

水分包括储藏环境中空气相对湿度和茶叶含水量。茶叶在储藏过程中,各种内含化学成分的变化与水分密切相关。水分是一切化学变化的介质,在影响茶叶品质变化的众多因素中,水分是最重要的一个影响因素。尤其是茶叶内含水分,它是储藏茶叶内含成分进行化学反应和微生物滋长的基本条件。茶叶含水量高,其内含成分化学反应就剧烈,茶叶品质劣变就严重。当含水量超过10%,茶叶还会发霉变质,从而失去饮用价值。另外,茶叶由于本身结构疏松,许多内含成分多带有羟基等亲水基团,因此,茶叶具有较强的吸湿性,能够吸附空气中的水分而使其含水量增加。所以,在储藏过程中,控制茶叶水分,就成了保持储藏茶叶原有新鲜品质的关键所在。

茶叶保鲜储藏的首要条件是茶叶一定要干燥。研究表明,茶叶水分含量过高会导致茶叶成分的显著变化。以绿茶为例,一般情况下,绿茶水分含量在5%以上时会加速其品质的变化。茶叶含水量达7%,任何保鲜技术或包装材料,都无法保持茶叶的新鲜风味。含水量超过8.8%时,茶叶就会发生霉变。陆锦时等调节绿茶含水量为高(8%~9%)、中(5%~6%)、低(2%~3%)3个水平,统一用聚乙烯薄膜袋包装,然后储藏在同一环境条件下。结果发现,储藏1年,初始含水量高的茶叶品质审评得分只有47分,而含水量低的得分为70.2分。这充分说明,绿茶品质变化与茶叶初始含水量有较密切的关系。袁建兴等通过对茶叶储藏保鲜中水浸出物、茶多酚、氨基酸、维生素等生化成分与含水量的典型相关分析,发现:在其他条件相同的情况下,上述4种成分的保留量,初始含水量低的(3.1%)较含水量高的(13.17%)分别高出5.48%,8.07%,3.55%和8.85%。这说明,茶叶品质与茶叶初始含水量有密切关系。茶叶中的含水量不仅对绿茶品质成分影响大,对其他茶叶也有很大作用。龚淑英、陈国风研究普洱茶储藏在不同条件下品质的变化,结果表明,茶叶含水量越高,茶多酚的保留量就越少。究其原因,可能是一定的含水量加快了茶叶中微生物的生长繁殖,从而加速了茶多酚的氧化聚合速度。

除了茶叶本身含水量的高低影响茶叶品质外,与茶叶含水量相关联的茶叶储藏环境的空气相对湿度也有很大的影响。茶叶是吸湿性非常强的食品,储藏环境的相对湿度过大,茶叶会迅速吸湿还潮,并且茶叶含水量越低吸湿越快。因此,茶叶储藏过程中,应保证茶叶水分含量在4%~6%(普洱茶除外,普洱茶的水分含量可达12%~14%)。储藏的环境条件必须干燥无异味,这样才能使茶叶储藏时间长,品质不劣变。

13.1.2 氧气

空气中约有21%的氧气(按体积计算),它很容易与其他物质发生氧化反应,从而使物质发生变化。茶叶在储藏过程中很多内含成分都能缓慢进行氧化,这种没有酶参与的氧化反应,称为自动氧化。茶叶在储藏过程中其内含成分醛类、脂类、茶多酚、氨基酸、维生素等在有氧气参与时都能进行自动氧化,使茶叶陈化,品质下降。据日本研究结果表明,绿茶脱氧储藏4个月后的品质评价指数要高于不脱氧储藏评价指数的28%,维生素的残存率高22.8%。大量研究表明,茶叶低氧储藏其品质保持效果显著,主要化学成分损失少。因此,氧气对茶叶品质陈化有着重要的影响,在储藏过程中,将茶叶包装内的含氧量降低至0.1%以下(可采用抽气充氮除氧、抽气充二氧化碳、抽真空或除氧剂除氧等),对保持茶叶品质有明显的效果。

13.1.3 光照

茶叶对光的反应很敏感,在储藏过程中,茶叶中的化学成分在光照下会加速其化学变化的速度,尤其是促进了茶叶中的色素及脂类物质等的氧化速度,从而加速茶叶陈化、变质。特别是绿茶,光照对茶叶的汤色、香气、滋味、色泽的影响都很大,其中对香气和滋味的影响更大。通过大量研究表明,茶叶在透明容器储藏10天,维生素C减少10%~20%,若用荧光灯照射茶叶30天,绿茶色泽变褐,失去绿色,香气和滋味明显下降,维生素C全部消失,氧化物大大增加。对光质而言,直射光照射的茶叶比漫射光照射的茶叶,其陈化和变质的速度要快得多。因此,茶叶在储藏过程中,应避免阳光直射,尽量使用不透明的容器储藏,延长其保质期。

13.1.4 温度

茶叶在储藏过程中品质的变化,即茶叶内含化学成分变化的结果,而温度是影响化学变化的重要条件,温度越高,反应速度越快,变化越激烈,品质陈化、变质也就加快。恩泽武雄研究指出,温度每升高10 ℃,化学反应速度增加3~5倍,茶叶在高温下其内含化学成分氧化加剧,茶多酚等有效物质急剧减少。试验研究认为,茶叶储藏温度在5 ℃以下为好,尤其是绿茶在5 ℃以下储藏可保持其“三绿”的特点;15~20 ℃时,色泽减退较慢,保色效果尚好;而在25 ℃以上时,色泽变化较快。由此可见,在茶叶储藏过程中温度是不可忽视的重要因素,最好低温储藏。

综上所述,茶叶在储藏过程中,由于受水分、温度、氧气、光照四大因素的综合影响,使其内含物质发生一系列的变化,从而导致陈化、变质。茶叶是一种具有疏松多孔性质的饮料,它对水分和异味有很强的吸附性。因此,储藏茶叶的环境还必须无异味,防止茶叶吸收异味而使其品质降低。

任务2 茶叶储藏方法

茶叶陈化劣变主要受水分、温度、氧气、光照四大因素的影响。因此,茶叶储藏过程中,应严格控制成品茶含水量和储藏环境空气湿度,并选择优良的包装材料和适宜的储藏方法进行妥善储藏保管。我国产茶历史悠久,很早以前就发明了石灰、木炭密封储藏法和热装真空储藏法，但这些储藏法已不适应目前茶叶生产、储运、营销等发展需要。20 世纪 90 年代以来，各种先进的储藏保鲜技术逐步推广，具体方法很多，目前较为有效的储藏方法主要有：低温冷藏法、真空和抽气充氮或二氧化碳法、脱氧包装储藏法、干燥剂储藏法、辐射储藏法和茶叶专用保鲜剂储藏法等。

13.2.1 低温冷藏法

低温冷藏法源于茶叶储藏过程中温度对品质的影响，茶叶内含物质化学反应速率与温度密切相关。温度升高，反应速率加快，而降低温度可减缓化学变化的速率，从而抑制茶叶内含物质的变化，可保持茶叶应有的色、香、味。该方法一般采用的温度是-5 ~5 ℃，并要求有严格的防潮包装，保质期在 1 年以上，能长时间保持品质，是现有的茶叶储藏保鲜方法中最为行之有效的方法。目前，珍贵名优绿茶、高档花茶和红碎茶均使用此法，效果尤佳。此外，若在-10 ℃储藏，可保持 2 ~3 年品质基本不变。

13.2.2 真空和抽气充氮或二氧化碳法

真空和抽气充氮或二氧化碳法实际上是脱氧储藏法中的一种。茶叶在储藏过程中其内含物质的化学变化大多数都需要氧气参与，在低氧或无氧下可抑制茶叶陈化劣变的进程。该方法是采用抽氧充氮机将茶叶包装内的氧气全部抽出，充入氮气或二氧化碳，从而抑制茶叶中有效物质的氧化，防止茶叶陈化劣变。若结合低温冷藏方法保存，效果更佳。中国农科院茶叶研究所采用铝箔包装袋充氮保存绿茶，6 个月后，维生素 C 的保留量达到 96% 以上，保鲜效果很好。但该法不足之处是：充入惰性气体后，外包装体积增大，包装易受重压漏气而失去保鲜作用。这种方法主要用于名茶储藏保鲜。真空包装储藏适于铁观音等颗粒坚实的茶叶的储藏。

13.2.3 脱氧包装储藏法

脱氧包装储藏法主要是利用物理化学的原理，在包装密封的容器内加入茶叶专用除氧剂，除氧剂可与包装容器内的氧反应，降低氧的浓度(经过 1 ~2 天可使氧的浓度从 21% 降低到 0.1% 左右，达到脱氧的目的)，使茶叶处于低氧或无氧状态下，从而抑制茶叶内含物质的氧化，防止茶叶氧化变质。目前，国内外的脱氧剂产品可分为两大类：一类是低化合价的无机化合物，如活性炭、活性铁；另一类是有机化合物，如复合碳水化合物。这些脱氧剂经我国茶叶研究工作者大量研究试验，结果表明其具有无毒、无异味、除氧性能可靠的特点，其保鲜效果在 1 年左右。

除氧剂包装储藏法比真空和抽气充氮或二氧化碳储藏法更显优势，具有效果显著、安全可靠、体积小、无毒无异味、成本低、使用方便易行等优点，非常适合茶叶的小包装。

13.2.4 干燥剂储藏法

茶叶吸湿性强，含水量高时容易发生氧化变质，甚至发霉。在储藏容器内放入生石灰、干木灰、变色硅胶等吸湿剂，防止茶叶吸湿返潮而变质。如变色硅胶储藏保鲜法就是其中之一，即将茶叶干燥至含水量 4% ~6%，摊凉后用塑料袋装好，放入马口铁桶内，上面放一小袋用纱布包好的有效变色硅胶,用双层盖好,常温保存。此法储藏茶叶简便易行、成本低,一般保存6个月左右品质无明显变化。

13.2.5 热装密封储藏法

此法实质上是脱氧的原始方法,将茶叶水分干燥至4%~6%,趁热立即密封,并设法迅速冷却,常温保存,对减缓茶叶品质变化有一定的效果,特别是工夫红茶和乌龙茶效果更佳。

13.2.6 辐射储藏法和茶叶专用保鲜剂储藏法

辐射储藏法是将干燥的茶叶装入防潮的包装材料内,用^{60}Co γ 射线以30万拉德剂量照射后密封,常温保存,储藏6个月以后,茶叶的色、香、味无明显变化。

茶叶专用保鲜剂储藏法是将干燥的茶叶用气密性良好的包装袋装好,再放入一包适量的茶叶专用保鲜剂密封,常温保存。此法对各种名优绿茶保鲜期在6个月以上,保质期可达18个月,是一项成本低、使用安全、方便,效果显著的茶叶储藏方法。

以上储藏方法适用于绿茶、红茶、乌龙茶、黄茶、花茶等茶类,这些茶类在储藏保存过程中一般必须密封低氧、避免阳光直射、低温、干燥、无异味,才能防止茶叶陈化劣变,延长其保鲜期和保质期,这也是茶叶储藏的基本原则。

普洱茶的储藏方法则与上述这些茶类有很大差异。普洱茶特有的品质和陈香是在人为创造条件快速后发酵或自然缓慢后发酵过程中形成的,通过后发酵的普洱茶中的主要化学成分茶多酚、氨基酸、糖类等各种物质发生了一系列复杂而深刻的化学变化,使得其外形色泽红褐,内质汤色红浓明亮,香气独特陈香,滋味醇厚回甘,叶底红褐。普洱茶的缓慢后发酵和快速后发酵之后的醇化过程必须在适宜的温湿度、良好的通风透光条件下才能完成,因此,普洱茶要在通风透气、清洁卫生、无杂味异味、能避免阳光直射或雨淋、温度、湿度适宜的环境下储藏。此外,因普洱熟茶和普洱生茶的香气差异很大,普洱熟茶和普洱生茶应分开储藏。

普洱茶具有"以陈为贵"的特点,在符合普洱茶储藏的环境条件下,普洱茶适宜长期保存。但是如果储藏条件不当,或品质达到至优的普洱茶仍一味不科学地无限期存放,必然使其茶叶中的有益成分逐渐分解、氧化,失去普洱茶应有的特殊风味,进而降低其品质。

〖思考题〗

1. 茶叶在储藏过程中为何会发生品质劣变?
2. 简述各种茶类的储藏方法。

【参考文献】

[1]林治.中国茶道300问[M].北京:世界图书出版公司,2017.
[2]刘勤晋.茶文化学[M].3版.北京:中国农业出版社,2014.
[3]刘修明.茶与茶文化基础知识[M].北京:中国劳动社会保障出版社,2007.
[4]柴奇彤.实用茶艺:修订版[M].北京:华龄出版社,2006.
[5]陈文华,余悦.茶艺师:基础知识[M].北京:中国劳动社会保障出版社,2004.
[6]高运华.茶艺服务与技巧[M].北京:中国劳动社会保障出版社,2005.
[7]周红杰,韦红.云南茶叶冲泡技艺[M].昆明:云南科技出版社,2006.
[8]周红杰.云南普洱茶[M].昆明:云南科技出版社,2004.
[9]乔木森.茶席设计[M].上海:上海文化出版社,2010.
[10]郑春英.中华茶艺[M].2版.北京:清华大学出版社,2019.
[11]陈子法.茶艺[M].北京:中国劳动社会保障出版社,2003.
[12]林治.中国茶艺学[M].北京:世界图书出版公司,2011.
[13]郑春英.茶艺概论[M].3版.北京:高等教育出版社,2018.
[14]龚永新.茶文化与茶道艺术[M].2版.北京:中国农业出版社,2014.
[15]饶雪梅,李俊.茶艺服务实训教程[M].北京:科学出版社,2008.
[16]骆少君.评茶员[M].北京:新华出版社,2004.
[17]贾红文,赵艳红.茶文化概论与茶艺实训[M].北京:清华大学出版社,2010.
[18]周红杰.云南名茶[M].昆明:云南科学技术出版社,2004.
[19]刘勤晋.普洱茶鉴赏与冲泡[M].北京:中国轻工业出版社,2009.
[20]叶羽晴川.普洱茶寻源Ⅱ[M].北京:中国轻工业出版社,2006.
[21]雷平阳.普洱茶记[M].重庆:重庆大学出版社,2018.
[22]徐亚和.解读普洱[M].昆明:云南美术出版社,2006.
[23]周巨根,朱永兴.茶学概论[M].北京:中国中医药出版社,2007.
[24]齐放,陈丽霞.插花[M].郑州:河南科学技术出版社,2001.
[25]王莲英,秦魁杰.中国传统插花艺术[M].北京:化学工业出版社,2019.
[26]叶羽.茶事服务指南[M].北京:中国轻工业出版社,2004.
[27]朱迎迎,张虎.插花艺术[M].3版.北京:中国林业出版社,2015.
[28]木霁弘,胡皓明,胡波.普洱茶[M].北京:中国轻工业出版社,2005.
[29]陈宗懋.中国茶叶大辞典[M].北京:中国轻工业出版社,2017.
[30]刘伯军.怎样开好茶艺馆[M].北京:金盾出版社,2006.
[31]陈文华.中国茶文化学[M].北京:中国农业出版社,2006.

[32]江用文,童启庆.茶艺师培训教材[M].北京:金盾出版社,2019.
[33]周文棠.茶馆[M].杭州:浙江大学出版社,2003.
[34]滕军.日本茶道文化概论[M].北京:东方出版社,1992.
[35]政协临沧市委员会.中国临沧茶文化[M].昆明:云南人民出版社,2007.
[36]徐庆生.中国名茶金针梅[M].北京:中国农业出版社,2010.
[37]云牧心.社交与礼仪知识全集[M].北京:北京工业大学出版社,2006.
[38]郑剑顺.茶艺服务技巧[M].厦门:厦门大学出版社,2012.
[39]丁以寿.中华茶艺[M].合肥:安徽教育出版社,2008.
[40]阮逸明,陈启坤.台湾乌龙茶[M].上海:上海文化出版社,2008.
[41]陈宗懋,杨亚军.中国茶经[M].上海:上海文化出版社,2011.
[42]杨亚军.评茶员培训教材[M].北京:金盾出版社,2009.
[43]王迎新.人文茶席[M].济南:山东画报出版社,2017.

茶艺师国家职业标准

1. 职业概况

1.1　职业名称

茶艺师。

1.2　职业定义

在茶艺馆里、茶室、宾馆等场所专职从事茶饮艺术服务的人员。

1.3　职业等级

本职业共设5个等级,分别为初级(国家职业资格五级)、中级(国家职业资格四级)、高级(国家职业资格三级)、技师(国家职业资格二级)、高级技师(国家职业资格一级)。

1.4　职业环境

室内、常温。

1.5　职业能力特征

具有较强的语言表达能力,一定的人际交往能力、形体知觉能力,较敏锐的嗅觉、色觉和味觉,有一定的美学鉴赏能力。

1.6　基本文化程度

初中毕业。

1.7　培训要求

1.7.1　培训期限

全日制职业学校教育,根据其培养目标和教学计划确定。晋级培训期限:初级不少于160标准学时;中级不少于140标准学时;高级不少于120标准学时;技师、高级技师不少于100标准学时。

1.7.2　培训教师

各等级的培训教师应具备茶艺专业知识和相应的教学经验。培训初级、中级茶艺师的教师应具有本职业高级以上职业资格证书;培训高级茶艺师的教师应具有本职业技师以上职业资格证书或相关专业中级以上专业技术职务任职资格;培训技师的教师应具有本职业高级技师职业资格证书或相关专业技术职务任职资格;培训高级技师的教师应具有本职业高级技师职业资格证书2年以上或相关专业高级专业技术职务任职资格。

1.7.3 培训场地设备

满足教学需要的标准教室及实际操作的品茗室。教学培训场地应分别具有讲台、品茗台及必要的教学设备和品茗设备;有实际操作训练所需的茶叶、茶具、装饰物,采光及通风条件良好。

1.8 鉴定要求

1.8.1 适用对象

从事或准备从事本职业的人员。

1.8.2 申报条件

1)初级(具备以下条件之一者)

①经本职业初级正规培训达规定标准学时数,并取得毕(结)业证书。

②在本职业连续见习工作2年以上。

2)中级(具备以下条件之一者)

①取得本职业初级资格证书后,连续从事本职业工作3年以上,经本职业中级正规培训达规定标准学时数,并取得毕(结)业证书。

②取得本职业初级资格证书后,连续从事本职业工作5年以上。

③取得经劳动保障行政部门审核认顶的,以中级技能为培养目标的中等以上职业学校本职业(专业)毕业证书。

3)高级(具备以下条件之一者)

①取得本职业中级资格证书后,连续从事本职业工作3年以上,经本职业高级正规培训达规定标准学时数,并取得毕(结)业证书。

②取得本职业中级职业资格证书后,连续从事本职业工作7年以上。

③取得高级技工学校或经劳动保障行政部门审核认证的,以高级技能为培养目标的高等职业学校本职业(专业)毕业证书。

④取得本职业中级职业资格证书的大专以上本专业或相关专业毕业生,连续从事本职业工作2年以上。

4)技师(具备以下条件之一者)

①取得本职业高级资格证书后,连续从事本职业工作5年以上,经本职业技师正规培训达规定标准学时数,并取得毕(结)业证书。

②取得本职业高级职业资格证书后,连续从事本职业工作7年以上。

③取得本职业高级职业资格证书后的高级技工学校本(职业)专业毕业生,连续从事本职业工作满3年。

5)高级技师(具备以下条件之一者)

①取得本职业技师资格证书后,连续从事本职业工作4年以上,经本职业高级技师正规培训达规定标准学时数,并取得毕(结)业证书。

②取得本职业技师职业资格证书后,连续从事本职业工作5年以上。

1.8.3 鉴定方式

分为理论知识考试和技能操作考核。理论知识考试采用闭卷笔试方式;技能操作考核采用实际操作、现场问答等方式,由2~3名考评员组成考评小组,考评员按照技能考核规定各自分别打分,取平均分为考核得分。理论知识考核和技能操作考核均实行百分制,成绩皆达60分以上者为合格。技师和高级技师鉴定还需进行综合评审。

1.8.4 考评人员与考生配备比例

理论知识考试考评员与考生配比为1∶15,每个标准教室不少于2名考评员;技能操作考核考评员与考生配比为1∶3,且不少于3名考评员。综合评审委员不少于5人。

1.8.5 鉴定时间

各等级理论知识考试时间不超过120分钟。初、中、高级技能操作考核时间不超过50分钟,技师、高级技师技能操作考核时间不超过120分钟;综合评审时间不少于30分钟。

1.8.6 鉴定场所设备

理论知识考试在标准教室内进行。技能操作考核在品茗室进行。品茗室设备及用具应包括:品茗台,泡茶、饮茶主要用具;辅助用品,备水器;备茶器,盛运器,泡茶席;茶室用品,泡茶用水,冲泡用茶及相关用品,茶艺师用品。鉴定场所设备可根据不同等级的考核需要增减。

2. 基本要求

2.1 职业道德

2.1.1 职业道德基本知识

2.1.2 职业守则

①热爱专业,忠于职守。

②遵纪守法,文明经营。

③礼貌待客,热情服务。

④真诚守信,一丝不苟。

⑤钻研业务,精益求精。

2.2 基础知识

2.2.1 茶文化基本知识

①中国用茶的源流。

②饮茶方法的演变。

③茶文化的精神。

④中外饮茶风俗。

2.2.2 茶叶知识

①茶树基本知识。

②茶叶种类。

③名茶及其产地。

④茶叶品质鉴别知识。

⑤茶叶保管方法。

2.2.3 茶具知识

①茶具的种类及产地。

②瓷器茶具。
③紫砂茶具。
④其他茶具。
2.2.4 **品茗用水知识**
①品茶与用水的关系。
②品茗用水的分类。
③品茗用水的选择方法。
2.2.5 **茶艺基本知识**
①品饮要义。
②冲泡技巧。
③茶点选配。
2.2.6 **科学饮茶**
①茶叶主要成分。
②科学饮茶常识。
2.2.7 **食品与茶叶营养卫生**
①食品与茶叶卫生基础知识。
②饮食业食品卫生制度。
2.2.8 **相关法律、法规知识**
①劳动法相关知识。
②食品卫生法相关知识。
③消费者权益保障法相关知识。
④公共场所卫生管理条例相关知识。
⑤劳动安全基本知识。

3. 工作要求

本标准对初级、中级、高级、技师及高级技师的技能要求依次递进,高级别包括低级别的要求。

3.1 初级

职业功能	工作内容	技能要求	相关知识
一、接待	(一)礼仪	1. 能够做到个人仪容仪表整洁大方 2. 能够正确使用礼貌服务用语	1. 仪容仪表仪态常识 2. 语言应用基本常识
	(二)接待	1. 能够做好营业环境准备 2. 能够做好营业用具准备 3. 能够做好茶艺人员准备 4. 能够主动、热情地接待客人	1. 环境美常识 2. 营业用具准备的注意事项 3. 茶艺人员准备的基本要求 4. 接待程序基本常识

续表

职业功能	工作内容	技能要求	相关知识
二、准备与演示	(一)茶艺准备	1. 能够识别主要茶叶品类,并根据泡茶要求准备茶叶品种 2. 能够完成泡茶用具的准备工作 3. 能够完成泡茶用水的准备工作 4. 能够完成冲泡用茶相关用品的准备工作	1. 茶叶分类、品种、名称知识 2. 茶具的种类和特征 3. 泡茶用水的知识 4. 茶叶、茶具和水质鉴定知识
	(二)茶艺演示	1. 能够在茶叶冲泡时选择合适的水质、水量、水温和冲泡器具 2. 能够正确演示绿茶、红茶、乌龙茶、白茶、黑茶和花茶的茶艺过程 3. 能够介绍茶汤的品饮方法	1. 茶艺器具应用知识 2. 不同茶艺演示要求及注意事项
三、服务与销售	(一)茶事服务	1. 根据顾客状况和季节不同推荐相应的茶饮 2. 能够适时介绍茶的典故、艺文,激发顾客品茗的兴趣	1. 人际交流基本技巧 2. 有关茶的典故和艺文
	(二)销售	1. 能够揣摩顾客心理,适时推荐茶叶与茶具 2. 能够正确使用茶单 3. 能够熟练使用茶叶茶具的包装 4. 能够完成茶艺馆的结账工作 5. 能够指导顾客进行茶叶的储存和保管 6. 能够指导顾客进行茶具的养护	1. 茶叶茶具的包装知识 2. 结账的基本程序知识 3. 茶具的养护知识

3.2 中级

职业功能	工作内容	技能要求	相关知识
一、接待	(一)礼仪	1. 能保持良好的仪容仪表 2. 能有效地与顾客沟通	1. 服务礼仪中的语言表达艺术 2. 服务礼仪中的接待艺术
	(二)接待	能够根据顾客特点,进行针对性的接待服务	
二、准备与演示	(一)茶艺准备	1. 能够识别主要茶叶品级 2. 能够识别常用茶具的质量 3. 能够正确配置茶艺茶具和布置表演台	1. 茶叶质量分级知识 2. 茶具质量知识 3. 茶艺茶具配备基本知识
	(二)茶艺演示	1. 能够按照不同茶艺要求,选择和配置相应的音乐、服饰、插花、薰香、茶挂 2. 能够担任3种以上茶艺表演的主泡	1. 茶艺表演场所布置知识 2. 茶艺表演基本知识

续表

职业功能	工作内容	技能要求	相关知识
三、服务与销售	(一)茶事服务	1. 能够介绍清饮法和调饮法的不同特点 2. 能够向顾客介绍中国各地名茶、名泉 3. 能够解答顾客有关茶艺的问题	1. 艺术品茗知识 2. 茶的清饮法和调饮法知识
	(二)销售	能够根据茶叶、茶具销售情况,提出货品调配建议	货品调配知识

3.3 高级

职业功能	工作内容	技能要求	相关知识
一、接待	(一)礼仪	保持形象自然、得体、高雅,并能正确运用国际礼仪	1. 人体美学基本知识及交际原则 2. 外宾接待注意事项 3. 茶艺专用外语基本知识
	(二)接待	能够用外语说出主要茶叶、茶具品种的名称,并能用外语对外宾进行简单的问候	
二、准备与演示	(一)茶艺准备	1. 能够介绍主要名优茶产地及品质特征 2. 能够介绍主要瓷器茶具的款式及特点 3. 能够介绍紫砂壶主要制作名家及其特色 4. 能够正确选用少数民族茶饮的器具、服饰 5. 能够准备饮茶的器物	1. 茶叶品质知识 2. 茶叶产地知识
	(二)茶艺演示	1. 能够掌握各地风味茶饮和少数民族茶饮的操作(3 种以上) 2. 能够独立组织茶艺表演并介绍其文化内涵 3. 能够配制调饮茶(3 种以上)	1. 茶艺表演美学特征知识 2. 地方风味茶饮和少数民族茶饮基本知识
三、服务与销售	(一)茶事服务	1. 能够掌握茶艺消费者需求特点,适时营造和谐的经营气氛 2. 能够掌握茶艺消费者的消费 3. 能够介绍茶文化旅游事项	1. 顾客消费心理学基本知识 2. 茶文化旅游基本知识
	(二)销售	1. 能够根据季节变化、节假日等特点,制订茶艺馆消费品调配计划 2. 能够按照茶艺馆要求,参与或初步设计茶事展销活动	茶事展示活动常识

3.4 技师

职业功能	工作内容	技能要求	相关知识
一、茶艺馆布局、设计	(一)茶艺馆设计要求	1. 能够提出茶艺馆选址的基本要求 2. 能够提出茶艺馆的设计建议 3. 能够提出茶艺馆装饰的不同特色	1. 茶艺馆选址基本知识 2. 茶艺馆设计基本知识
	(二)茶艺馆布置	1. 根据茶艺馆的风格,布置陈列柜和服务台 2. 能够主持茶艺馆的主题设计,布置不同风格的品茗室	1. 茶艺馆布置风格基本知识 2. 茶艺馆氛围营造基本知识
二、茶艺表演与茶会组织	(一)茶艺表演	1. 能够担任仿古茶艺表演的主泡 2. 能够掌握一种外国茶艺的表演 3. 能够熟练运用一门外语介绍茶艺 4. 能够策划组织茶艺表演活动	1. 茶艺表演美学特征基本知识 2. 茶艺表演器具配套基本知识 3. 茶艺表演动作内涵基本知识 4. 茶艺专用外语知识
	(二)茶会组织	能够设计、组织各类中、小型茶会	茶会基本知识
三、管理与培训	(一)服务管理	1. 编制茶艺服务程序 2. 能够制定茶艺服务项目 3. 能够组织实施茶艺服务 4. 能够对茶艺馆的茶叶、茶具进行质量检查 5. 能够正确处理顾客投诉	茶艺服务管理知识
	(二)茶艺培训	能够制订并实施茶艺人员培训计划	培训计划和教案的编制方法

3.5 高级技师

职业功能	工作内容	技能要求	相关知识
一、茶艺服务	(一)茶饮服务	1. 能够根据顾客要求和经营需要设计茶饮 2. 能够品评茶叶的等级	1. 茶饮创新基本原理 2. 茶叶品评基本知识
	(二)茶叶保健服务	1. 能够掌握茶叶保健的主要技法 2. 能够根据顾客的健康状况和疾病配置保健茶	茶叶保健基本知识
二、茶艺创新	(一)茶艺编制	1. 能够根据需要编创不同茶艺表演,并达到茶艺美学要求 2. 能够根据茶艺主题,配置新的茶具组合 3. 能够根据茶艺特色,选配新的茶艺音乐 4. 能够根据茶艺需要,安排新的服饰布景 5. 能够用文字阐释新编创的茶艺表演的文化内涵 6. 能够组织和训练茶艺表演队	1. 茶艺表演编创基本原理 2. 茶艺队组织训练基本知识
	(二)茶会创新	能够设计并组织大型茶会	大型茶会创意设计基本知识

续表

职业功能	工作内容	技能要求	相关知识
三、管理与培训	(一)技术管理	1. 制订茶艺馆经营管理计划 2. 能够制订茶艺馆营销计划并组织实施 3. 能够进行成本核算,对茶饮合理定价	1. 茶艺馆经营管理知识 2. 茶艺馆营销基本法则 3. 茶艺馆成本核算知识
	(二)人员培训	1. 能够独立主持茶艺培训工作并编写培训讲义 2. 能够对初、中、高级茶艺师进行培训 3. 能够对茶艺技师进行指导	1. 培训讲义的编写要求 2. 技能培训教学法基本知识 3. 茶艺馆人员培训知识

4. 评分表

4.1 理论知识

项目			初级(%)	中级(%)	高级(%)	技师(%)	高级技师(%)
基本要求		职业道德	5	5	5	3	3
		基础知识	45	35	25	22	12
相关知识	接待	礼仪	5	5	5	—	—
		接待	10	10	10	—	—
	准备演示	茶艺准备	5	5	10	—	—
		茶艺演示	20	25	30	—	—
	服务销售	茶事服务	5	10	10	—	—
		销售	5	5	5	—	—
	茶艺馆布局设计	茶艺馆设计要求	—	—	—	10	—
		茶艺馆布置	—	—	—	10	—
	茶饮服务	茶饮服务	—	—	—	—	10
		茶叶保健服务	—	—	—	—	10
	茶艺表演与茶会组织	茶艺表演	—	—	—	25	—
		茶会组织	—	—	—	10	—
	茶艺创新	茶艺编创	—	—	—	—	30
		茶会创新	—	—	—	—	10
	管理培训	服务管理(技术管理)	—	—	—	10	15
		茶艺培训(人员培训)	—	—	—	10	10
合计			100	100	100	100	100

4.2 技能操作

项目			初级(%)	中级(%)	高级(%)	技师(%)	高级技师(%)
技能要求	接待	礼仪	5	5	5	—	—
		接待	10	10	15	—	—
	准备与演示	茶艺准备	20	20	20	—	—
		茶艺演示	50	50	45	—	—
	服务与销售	茶事服务	10	10	10	—	—
		销售	5	5	5	—	—
	茶艺馆布局设计	茶艺馆设计要求	—	—	—	10	—
		茶艺馆布置	—	—	—	10	—
	茶饮服务	茶饮服务	—	—	—	—	10
		茶叶保健服务	—	—	—	—	10
	茶艺表演与茶会组织	茶艺表演	—	—	—	30	—
		茶会组织	—	—	—	25	—
	茶艺创新	茶艺编创	—	—	—	—	30
		茶会创新	—	—	—	—	25
	管理与培训	服务管理(技术管理)	—	—	—	15	15
		茶艺培训(人员培训)	—	—	—	10	10
合计			100	100	100	100	100